L'ÂNE D'OR

Collection fondée

par

Alain Segonds

LA CONFIANCE DANS LES CHIFFRES

THEODORE M. PORTER

LA CONFIANCE
DANS LES CHIFFRES

La recherche de l'objectivité
dans la science et dans la vie publique

Traduction de l'anglais
par
Gérard Marino

PARIS

LES BELLES LETTRES

2017

www.lesbelleslettres.com
Retrouvez Les Belles Lettres
sur Facebook et Twitter.

Titre original :
Trust in Numbers

© 1995, Princeton University Press

ISBN : 978-2-251-44653-0

Préface de l'auteur pour la présente édition

Il m'est particulièrement agréable de voir paraître *Trust in numbers* en traduction française car ma connaissance du français a eu au fil des ans une grande importance pour mes travaux. En 1979, quand j'ai commencé une thèse d'histoire sur les statistiques dans les sciences de la nature et les sciences sociales, mon directeur de thèse, Charles Gillispie, m'a immédiatement initié aux textes français sur l'histoire de l'usage électoral et judiciaire de la théorie de la probabilité. Je n'ai pas tardé à découvrir aussi sur un rayon de bibliothèque un recueil d'articles, *Pour une histoire de la statistique*, qui m'a aidé à comprendre que les recensements et les statistiques administratives sont aussi une part importante de l'histoire.

Trust in numbers était à l'origine une étude sur la quantification économique, ce qui m'a rapidement conduit à m'intéresser au rôle des ingénieurs d'État français, en particulier ceux du corps des Ponts et Chaussées. Ce projet nécessitait des recherches d'archives pour lesquelles Charles m'a alors indiqué les personnes à rencontrer. À mon arrivée à Paris pour un premier voyage d'études, j'éprouvais une certaine appréhension. Mais au lieu des savants froids et intimidants que des stéréotypes américains m'avaient amené à redouter, j'ai trouvé des personnes étonnamment chaleureuses, d'une grande gentillesse. Il y a eu d'abord Bernard Bru, un statisticien de formation aux impressionnantes connaissances en histoire, qui, dès qu'il a reçu ma première lettre, m'a téléphoné pour m'inviter à dîner chez lui puis m'a donné des indications sur les archives et les bibliothèques. À ma seconde visite, Éric Brian m'a pris en charge, m'offrant des conversations animées sur les domaines de la recherche auxquels nous nous intéressions tous deux, mais aussi des dîners chez lui et des conseils sur les sources. J'ai rencontré Antoine Picon à la bibliothèque de l'ancienne École des ponts et chaussées, rue des Saints-Pères. Il partageait volontiers avec autrui son savoir incomparable sur l'histoire du corps et de ses archives. Les lecteurs du présent livre trouveront d'abondantes preuves de ma dette envers les recherches et les intuitions de ces chercheurs français et de beaucoup d'autres. Je ne peux manquer de mentionner aussi Alain Desrosières, autour duquel s'était constituée une école d'historiens et de sociologues de la statistique et de la comptabilité. C'est spécialement grâce à lui que l'histoire et la sociologie de la statistique restent des domaines pour lesquels la connaissance du français est au moins aussi importante que celle de l'anglais, ce qui va à l'encontre de la tendance de notre époque au monolinguisme. Le mérite n'en revient pas seulement aux brillantes qualités des savants francophones mais aussi à leur capacité d'attirer l'attention du public en rappelant, dans la campagne du « statactivisme », les enjeux politiques des statistiques publiques.

Je dois ajouter que ce que je voyais comme une tradition spécifiquement française de la recherche sur l'histoire de la statistique ne l'était nullement aux yeux des savants auxquels je me référais. Je me souviens d'un débat à Paris, en 1992, au séminaire de Marc Barbut sur l'*Histoire du calcul des probabilités et de la statistique*, où je présentais mes idées – encore à l'état d'ébauches – sur l'objectivité quantitative, comme une synthèse des intuitions de certains savants, dont quelques Français présents dans l'assistance. Pendant la discussion, je me suis bientôt rendu compte qu'ils en étaient surpris et ne se pensaient certainement pas comme des alliés dans le cadre d'un mouvement savant particulier. Je suis sûr qu'ils avaient raison bien que mon point de vue extérieur ne fût pas complètement faux.

En tout cas, les savants français m'ont rendu la pareille en rattachant mon travail à un cercle que j'avais fréquenté. Alain Desrosières parlait souvent d'un « groupe de Bielefeld » qui avait été selon lui une importante source d'inspiration pour ses propres travaux. Bielefeld est une ville industrielle du nord de l'Allemagne où a été fondée après-guerre une excellente université, dotée d'un centre de recherche interdisciplinaire novateur, le ZiF. Un groupe hétérogène de spécialistes et d'hommes de science, venus de pays et de disciplines très variés, s'y est réuni pendant un an, de 1982 à 1983, pour débattre et mener des recherches sur l'histoire et la philosophie des probabilités et du hasard. Le groupe était animé par le philosophe Lorenz Krüger, dont l'idée audacieuse était d'examiner, dans la période de 1800 à 1930, le rôle croissant du hasard dans un large éventail de domaines scientifiques. Ces changements, suggérait-il, pouvaient être compris comme une révolution scientifique de grande ampleur, correspondant au schéma proposé par le célèbre livre de Thomas Kuhn, *La Structure des révolutions scientifiques*. En ce qui concerne le sujet lui-même – le hasard, la statistique et la probabilité – notre inspiration venait surtout de Ian Hacking, qui avait publié en 1975 *The Emergence of Probability* et qui travaillait alors à *The Taming of Chance* (publié en 1980).

S'il s'est trouvé des participants pour croire que ces changements de grande envergure pouvaient être décrits comme une mutation intellectuelle générale, ils n'ont guère été nombreux, et même Lorenz Krüger a bientôt commencé à abandonner ce point de vue. Cependant, tous étaient intrigués par les interactions entre disciplines et entre lieux différents. Le ZiF considère aujourd'hui ce projet, à juste titre, comme un brillant succès. Il a abouti à la publication d'un recueil d'articles, *The Probabilistic Revolution* (1987), en deux volumes, suivi par une synthèse collective, *The Empire of Chance* (1989). Au début de 1982, j'avais fini ma thèse de Ph.D. juste à temps pour que ma participation soit acceptée quand les organisateurs ont reçu une subvention supplémentaire. Le groupe est resté à mes yeux (dès alors et encore aujourd'hui) extrêmement divers. Les grandes lignes de mon livre, *The Rise of Statistical Thinking* (1986), étaient déjà tracées pour la plupart et n'ont nullement été remaniées en profondeur par l'année à Bielefeld. Certains d'entre nous, cependant, commençaient à réfléchir à la relation des statistiques avec l'*objectivité* en tant que valeur publique et idéal scientifique. Au chapitre 7 (« Numbers Rule the World ») du livre collectif, *Empire of Chance*, Lorraine Daston et moi-même avons esquissé ce que cela pourrait signifier. Par la suite, chacun de nous l'a développé à sa manière dans d'autres écrits. Cela a été l'une des origines de *Trust in Numbers*. Je me suis efforcé d'y incorporer des éléments provenant de différentes sources, en particulier les points de vue français que je trouvais si stimulants et un courant de recherche de la London School of Economics sur la sociologie de la comptabilité.

Tout en réfléchissant à la manière d'écrire sur l'histoire de la quantification, du calcul et de la statistique, je devais résoudre deux problèmes : définir précisément mon sujet et trouver des sources qui lui ouvriraient un champ d'investigation fructueux. Même les chapitres plus théoriques de la première partie du livre confrontent constamment leurs formulations plutôt théoriques avec des situations spécifiques où elles sont pertinentes. Dans ce but, j'ai souvent puisé dans les recherches d'autres savants, même si j'ai parfois brossé de petits tableaux à partir de sources primaires, sur des sujets particuliers tels que la normalisation biologique. Ceux-ci n'ont jamais seulement valeur d'exemples mais permettent toujours d'approfondir le sujet. Je n'ai jamais été favorable à l'idée que les historiens devraient simplement tirer leurs perspectives théoriques d'autres disciplines. Explorer un problème concret d'histoire donne l'occasion d'une réflexion nouvelle et souvent l'exige. Je n'ai pas commencé bien entendu par une *tabula rasa*, cependant de nombreuses idées de ce livre sont nées d'une réflexion sur la dynamique et les conséquences des situations historiques que j'essayais de comprendre. Les divers exemples de la première partie du livre ouvrent la voie, dans la seconde, à un examen approfondi du cas des comptables et de celui plus spécifique des ingénieurs d'État français et américains.

Un des moments les plus importants de la formulation du sujet a été celui où j'ai pris conscience que l'idéal d'objectivité impersonnelle, mécanique et soumise à des règles, n'était pas tiré de la physique ou d'une autre science de la nature. Le problème de l'objectivité apparaît de la manière la plus claire et la plus intéressante dans les domaines qui sont vulnérables aux contestations extérieures, par exemple lors des auditions judiciaires et administratives ou des confrontations avec le public. Je soutiens que l'objectivité « mécanique » ou obéissant à des règles est moins l'aboutissement de la science triomphante, de la physique ou de l'astronomie, qu'une manœuvre défensive pour parer à une menace. Les ingénieurs américains dépendaient de l'analyse économique pour convaincre les opposants que leurs décisions n'étaient pas le fruit d'une corruption par des groupes d'intérêts mais étaient dictées par les chiffres, ou du moins que l'agence fédérale agissait de manière rigoureuse et désintéressée. C'était, bien souvent, moins de vérité qu'on avait besoin que de normalisation. J'évoque en ce sens un « culte de l'impersonnalité ». Staline et Hitler sont célèbres pour le culte de la personnalité qu'ils ont suscité, exigeant presque d'être adorés, et beaucoup de dictateurs de nations moins puissantes ont essayé de les imiter. Au moment où j'écris cette préface, cet état d'esprit semble prospérer de nouveau. La vénération de l'impersonnalité s'en distingue radicalement, car elle implique un sens du pouvoir qui n'est ni prétentieux ni emphatique, mais humble et effacé. Ce sens du pouvoir, comme celui sur lequel Michel Foucault met l'accent, agit de l'intérieur. Dans les situations que j'ai étudiées ici, il est souvent empêtré dans ses propres contradictions. Un de mes grands plaisirs, pendant la phase de recherche et d'écriture de ce livre, a été de découvrir que les répliques échangées lors de procédures bureaucratiques laissaient souvent transparaître, sous une apparence de morne ennui, un humour digne d'une fine comédie absurde. Il n'y manquait pas toutefois une dimension tragique. La raison publique doit-elle être déchirée entre respect méthodique des règles et démagogie grossière ? La confiance dans les chiffres, telle que je la décris ici, signifie le rejet de l'interprétation, si ce n'est sa suppression pure et simple. En réalité, l'interprétation est une nécessité indépassable.

Trust in Numbers a reçu un accueil tout à fait favorable, pour un ouvrage savant, dès sa première publication. Le premier tirage a été rapidement épuisé et le livre a reparu en édition économique. Il n'a pas trouvé tout de suite sa place dans une discipline particulière sauf, peut-être, dans le domaine multi-disciplinaire qu'on appelle « Science, technique et société » ou « *Science and Technology Studies* » (STS). Les historiens des sciences s'intéressaient aux perspectives qu'il ouvrait sur l'objectivité, mais pas tellement, du moins au début, à son véritable sujet, les interactions de diverses formes de quantification. Les historiens de l'économie, qui dans les années 1990 se concentraient encore sur la théorie ou la méthodologie de l'économie, commençaient tout juste à prêter plus d'attention aux aspects empiriques et statistiques de leur discipline, grâce surtout aux brillants tra-vaux de Mary Morgan, qui avait participé au projet de Bielefeld. À partir du nouveau millénaire, mon livre a trouvé un public dans différentes sciences sociales, surtout en sociologie puis en anthropologie, et dans les publications savantes des professions médicales, de l'enseignement ou des affaires. L'intérêt suscité par le livre a été au moins aussi grand à l'étranger qu'aux États-Unis. L'aspect le plus satisfaisant pour moi est qu'il a continué à se vendre et à être lu. Si le nombre de citations signifie quelque chose, il évolue au cours du temps selon une courbe ascendante. Google montre autant de citations en 2016 que pendant les huit ans qui se sont écoulés de sa publication à 2002. La première traduction, en japonais, est parue en 2014, et celle en français est la seconde.

En tant qu'auteur, je suis bien sûr curieux de savoir qui lit et cite mon livre, et pourquoi. Je soupçonne qu'une des raisons de la lenteur avec laquelle les citations augmentaient au début, a quelque chose à voir avec son statut disciplinaire ambigu. Je suppose, cependant, que le principal facteur consiste dans les conditions de plus en plus politiques de la quantification. En 1995, il me semblait que le genre d'objectivité que je décrivais, le renoncement au jugement de l'expert, commençait à décliner dans les disciplines sociales à mesure que leurs praticiens pre-naient de l'assurance. Je supposais aussi, en me fondant sur le contraste que j'avais mis en évidence entre le corps des Ponts et Chaussées et son équivalent américain, le corps des ingénieurs de l'armée, que la demande d'une quantification soumise à des règles était plus impérieuse aux États-Unis et que la bureaucratie européenne, plus protégée, en avait moins besoin. Cette prévision s'est révélée tout à fait fausse. Divers accords internationaux, signés pour beaucoup d'entre eux par l'Union européenne, ont amélioré le rôle des chiffres à l'occasion d'efforts d'unification et de normalisation. La création de bases de comparaison pour les écoles, les hôpitaux et diverses autres institutions est aujourd'hui encouragée de toutes parts. Les hommes de science et les spécialistes tendent eux-mêmes, semble-t-il, à évaluer les membres de leur communauté d'après le nombre de publications, le nombre de citations et les facteurs d'impact, et à se dispenser complètement de lire leurs travaux ou de juger leur qualité.

L'intérêt contemporain pour les normes et les indicateurs, lié à ce qu'on appelle souvent la « gouvernance néolibérale », a aussi encouragé un souci des chiffres. Certains de ces chiffres standard ont été sévèrement critiqués ces dernières années, telle la fameuse mesure, depuis longtemps obsolète, de la production économique nationale, le PIB (produit intérieur brut), fort peu soucieuse de travaux domestiques, de durabilité environnementale et de bien public. Simultanément, le *big data* a eu une croissance fulgurante et les algorithmes sont devenus des objets de vénération. L'algorithme est un substitut de la compréhension, une base pour prendre des décisions sans avoir besoin de réelles connaissances. J'observe ces changements d'un œil évidemment sceptique. Je ne pense pas, toutefois, que nous devrions nous tirer d'affaire sans mesures ni algorithmes, mais seulement que nous devrions les regarder comme complémentaires – et dépendants – du jugement humain, plutôt que comme des solutions pour le remplacer.

Quoi qu'il en soit, ceux qui font la critique du « meilleur des mondes » des chiffres, et même certains de ses promoteurs, s'intéressent à présent à ses triomphes et ses imperfections, son arrière-plan et ses perspectives, et jusqu'à ses ironies. Mon livre poursuit ainsi sa carrière et semble attirer un public de plus en plus nombreux. Mon lecteur idéal, même s'il s'irrite parfois, rira souvent. Quand les choses vraiment importantes paraissent arides et ennuyeuses, quelque chose d'amusant, d'une drôlerie souvent irrésistible, est en train de se passer peut-être à peine sous la surface. Je fais de mon mieux pour y emmener mes lecteurs.

Theodore M. PORTER
5 février 2017

Préface de l'auteur (1995)

La science, aujourd'hui, est communément considérée avec un mélange de crainte et d'admiration. Jusqu'à une date très récente, pourtant, les historiens des sciences de langue anglaise étaient plus susceptibles de lui reprocher ses prétentions que de craindre son pouvoir. Le reproche, en l'occurrence, naissait de la vénération. Karl Popper et Alexandre Koyré, qui ont donné forme en particulier à partir des années 1950 à de brillantes traditions en philosophie et en histoire des sciences, s'accordaient pour dire que la science avait pour objet des idées et des théories. Koyré donnait la priorité à l'expérience de pensée sur le travail des mains et des instruments et se demandait, dans un texte fameux, si Galilée avait jamais fait la moindre expérience. Popper admettait que l'expérimentation pouvait réfuter les théories mais considérait que la tâche essentielle était d'articuler la théorie de manière adéquate. L'expérimentateur n'avait rien d'autre à faire qu'exécuter ce que dictait cette dernière. Tous deux célébraient la science comme un modèle d'accomplissement intellectuel et philosophique. Aucun ne donnait de raison de penser qu'elle puisse avoir quelque rapport avec la technologie. Et l'imagination hiérarchique de l'historien ou du philosophe des sciences pouvait encore moins concevoir que les sciences sociales aient un véritable pouvoir.

Ce problème des relations de la science avec la technologie a largement inspiré la vive controverse (qui paraît aujourd'hui sans objet et dépourvue de cohérence) sur les mérites relatifs des explications « externes » ou « internes » du changement scientifique. Plutôt que d'ouvrir le débat, la plus grande partie de la profession tenait pour acquis que la science avait des liens extrêmement lâches avec le monde pratique de l'ingénierie, de la production et de l'administration. Rétrospectivement, je peux voir que j'ai eu amplement l'occasion au cours de mes études de me faire une opinion plus judicieuse. Mes professeurs ont su voir avant moi qu'il serait trop restrictif de concevoir l'entreprise scientifique comme la recherche de théories. Je crois cependant que, parmi les historiens des sciences de ma génération, je n'étais pas le seul à penser que le lien couramment admis de la science et de la technologie ou de la science et de l'expertise administrative impliquait quelque chose de fondamentalement spécieux, et que ces connexions supposées faisaient un honneur immérité à chacune de ces entreprises en faisant paraître la science plus pratique et ses « applications » plus intellectuelles que ni l'une ni les autres ne le sont vraiment.

C'est une critique de ce genre qui sous-tendait la formulation originale de ce projet. J'envisageais d'examiner l'histoire de l'économie néo-classique, la discipline la plus mathématique des sciences sociales – peut-être même la plus mathématique de toutes les disciplines. L'économie estime au plus haut point ces mathématiques suprêmement abstraites, et pourtant les économistes entretiennent l'image d'une discipline qui a la capacité de dire aux entreprises et aux gouvernements comment gérer leurs affaires plus efficacement. Je comptais montrer à travers une analyse des relations de l'économie avec la politique que l'économie universitaire était une sorte de sport, sans aucune incidence sur la pratique de l'économie.

Ce n'est pas le livre que j'ai écrit. Je n'ai pas tardé à me rendre compte que l'économie néo-classique avait eu dans ses rangs beaucoup de critiques qui étaient mieux informés que je n'étais susceptible de le devenir. Je me suis aussi aperçu que l'économie est une discipline mettant en jeu une plus grande variété d'outils, de buts et de pratiques que je ne l'avais cru, et même si je pense toujours qu'il serait nécessaire de faire un examen plus approfondi des relations entre les mathématiques de l'économie et les pratiques sur lesquelles s'appuient les prévisions économiques et les conseils stratégiques, je ne suis pas à même de l'entreprendre. En tout cas, mon soupçon antérieur, selon lequel les mathématiques et la politique étaient presque indépendantes, n'était pas vraiment la meilleure manière de formuler un projet d'histoire. Sa justesse eût été encore plus fâcheuse que ses faibles fondements. Si, en effet, les mathématiques néo-classiques étaient sans rapport avec le monde économique, mon histoire des relations entre l'économie et la politique se réduirait à l'histoire d'une chose inexistante.

J'ai donc abordé le problème par une autre voie. L'interpénétration de la science et de la technologie, je l'admets à présent, est indéniable, en particulier au xxᵉ siècle. Celle des connaissances sociales et de la politique sociale ne l'est qu'un peu moins. Comment pouvons-nous rendre compte du prestige et de la puissance des méthodes quantitatives dans le monde moderne ? La réponse habituelle, que donnent aussi bien les défenseurs que les critiques, est que l'enquête sociale et économique a commencé à souhaiter la quantification à la suite des succès obtenus par celle-ci dans l'étude de la nature. Mais c'est une justification qui ne me satisfait pas. Elle n'est pas tout à fait sans fondement mais elle élude des questions cruciales. Pourquoi le genre de succès obtenu dans l'étude des étoiles, des molécules ou des cellules devrait-il devenir un modèle attrayant pour la recherche sur les sociétés humaines ? Et d'ailleurs, comment devons-nous interpréter la presque omniprésence de la quantification dans les sciences de la nature ? J'entends montrer dans ce livre l'avantage qu'il y a à chercher l'explication dans la direction opposée. Quand nous commencerons à comprendre l'attrait irrésistible de la quantification dans les affaires, le gouvernement et la recherche sociale, nous aurons aussi appris quelque chose de nouveau sur son rôle dans la chimie physique et dans l'écologie.

Mon approche consiste à considérer les chiffres, les courbes et les formules avant tout comme la base de stratégies de communication. Ils sont étroitement liés à des formes de communautés et par conséquent à l'identité sociale des chercheurs. Affirmer cela n'implique pas que leur description des objets n'a aucune validité ou que la science pourrait tout aussi bien se passer d'eux. La première affirmation est manifestement erronée, tandis que la seconde est absurde ou vide de sens. Cependant, seule une infime proportion des chiffres et des expressions quantitatives partout répandus dans le monde d'aujourd'hui a des prétentions à incarner une loi de la nature, ou même à fournir des descriptions complètes et exactes du monde extérieur. Ils sont imprimés pour transmettre des résultats sous une forme familière, normalisée, ou pour expliquer comment un travail a été fait, d'une manière qui peut être comprise n'importe où. Ils résument commodément une multitude d'événements et de transactions complexes. Pour communiquer, on dispose également de langues vernaculaires. Quelle est la particularité du langage de la quantité ?

Ma réponse à cette question cruciale est en somme que la quantification est une technologie de la distance. Le langage des mathématiques est fortement structuré et obéit à des règles strictes. Il exige de ceux qui l'utilisent une discipline sévère, qui est à peu près uniforme sur la majeure partie du globe. Cette discipline ne s'est pas installée automatiquement et, dans une certaine mesure, c'est l'aspiration à une discipline sévère, en particulier dans l'enseignement, qui a donné forme aux mathématiques modernes[1]. En outre, il arrive souvent que la rigueur et l'uniformité des techniques quantitatives disparaissent presque complètement dans un cadre relativement privé ou informel. Dans leurs usages publics et scientifiques, cependant, les mathématiques (peut-être plus que la loi) ont longtemps été presque synonymes de rigueur et d'universalité. Les règles de la collecte et du traitement des chiffres étant largement partagées, ceux-ci peuvent être aisément transportés par-delà les océans et les continents et utilisés pour coordonner des activités ou régler des différends. Chose plus importante, peut-être, le fait de s'appuyer sur des chiffres et des traitements quantitatifs rend moins nécessaire la connaissance intime et la confiance de personne à personne. La quantification est bien adaptée à une communication qui fran-

---

1. RICHARDS, *Mathematical Visions*

chit les limites d'un lieu ou d'une communauté. Un discours hautement discipliné aide à produire un savoir indépendant des individus qui le créent.

Cette dernière expression livre ma définition de travail de l'objectivité. Du point de vue philosophique, c'est une définition faible. Elle n'implique pas de rapport de vérité avec la nature. Elle a plus à voir avec l'exclusion du jugement, la lutte contre la subjectivité. Cette impersonnalité a longtemps été considérée comme une caractéristique de la science. Mon ouvrage soutient cette identification d'une façon générale et tend à considérer que c'est elle, plus que toute autre chose, qui explique l'autorité des déclarations scientifiques dans la vie politique contemporaine. Mais encore une fois je suis peu enclin à faire de la science le moteur immobile de cette recherche d'objectivité. En science, comme dans les affaires politiques et administratives, le mot « objectivité » désigne un ensemble de stratégies permettant de traiter le problème de la distance et de la méfiance. Si le laboratoire, comme le village de l'Ancien Régime, est le lieu du savoir personnel, la discipline, comme l'État centralisé, correspond à une forme plus publique de connaissance et de communication. C'est surtout grâce à la quantification que la science a formé un réseau mondial et non pas une simple collection de communautés de recherche locales.

Certaines des meilleures et des plus influentes études récentes de la science ont cherché à comprendre celle-ci comme un phénomène tout à fait local. La microhistoire, un genre qui a connu un brillant succès dans l'histoire culturelle, est aussi devenue influente en histoire des sciences. J'ai beaucoup appris de ces travaux et j'espère avoir suffisamment apprécié leurs mérites. Ils offrent un excellent point de départ pour l'étude de la science, précisément parce qu'ils rendent problématique l'universalité des connaissances scientifiques. Mais ils ne la nient pas. La science, après tout, a remarquablement réussi à imposer ses revendications universelles et à obtenir une reconnaissance internationale. Expliquer ce succès et analyser ses implications devraient faire partie des problèmes fondamentaux de l'histoire des sciences. Le compte rendu que je livre ici est surtout culturel et, au sens

large, politique. Je suggère que les problèmes d'organisation et
de communication rencontrés par la science sont analogues à
ceux de l'ordre politique moderne. Cela ne veut pas dire que la
science ne serait pas contrainte de façon importante par les propriétés des objets naturels, ni même que les formes de langage et
de pratique que j'examine sont indépendantes de ces propriétés.
Je ne prétends pas que la quantification ne soit qu'une solution
politique à un problème politique. Mais elle l'est sûrement entre
autres choses, et la compréhension que nous en avons sera bien
pauvre si nous ne la relions pas aux formes de communautés
dans lesquelles elle s'épanouit.

Le sujet de ce livre, tel que je l'ai présenté jusqu'ici, est autant
sociologique ou même philosophique qu'historique. N'ayant
d'autorité dans aucun des deux premiers domaines, je tremble
à l'idée d'écrire un livre qui ne soit pas, en toute sûreté, d'histoire.
L'enchaînement des sujets et des arguments y est pourtant difficile à concilier avec le récit ou l'analyse historique. En effet, cet
ouvrage ne correspond vraiment à aucun genre établi d'écriture
savante. Mais j'aime à penser qu'il y a de la méthode dans cette
folie. Je devrais peut-être expliquer dès le début les pressions et
les stratégies qui ont donné forme à cette étude.

J'ai commencé, comme je l'ai déjà expliqué, avec l'intention
d'étudier l'histoire moderne de la quantification sociale et ses
rapports avec les disciplines universitaires. Les professions et les
bureaucraties ont bientôt retenu mon attention. Cette recherche,
effectuée en grande partie dans des sources primaires, est présentée dans les chapitres III et V à VII, et est utilisée ailleurs pour
appuyer divers arguments. C'est là le cœur de l'ouvrage. Ces
chapitres attestent mon allégeance aux normes de ma propre
discipline, qui exige que les explications générales fassent leurs
preuves dans des récits analytiques respectant la richesse des
situations historiques. Les autres chapitres sont plus généraux,
voire théoriques, et s'inspirent fortement d'autres champs du
savoir. Ils viennent en conclusion de mon matériel proprement
historique, mais les chapitres les plus empiriques sont aussi responsables du point de vue qu'ils présentent. Au contraire, avant

d'être à même d'écrire les sections narratives, j'ai voulu réfléchir longuement aux questions qu'elles abordent.

Le présent livre est divisé en trois parties et neuf chapitres. La première partie est consacrée à la manière dont les chiffres sont validés : c'est-à-dire, comment ils sont normalisés dans de vastes domaines. Le premier chapitre traite de certains aspects des sciences de la nature et le chapitre ii, des sciences sociales. Le chapitre iii porte sur leurs relations et montre que cette activité de quantification pratique, comme toute aspiration à formuler de grandes vérités théoriques, a été fondamentale pour l'identité et l'*ethos* de la science moderne. Le chapitre iv discute les différentes formes d'ordre politique qui permettent ou encouragent la quantification. Il examine certaines questions morales et politiques soulevées par cette tendance à créer des règles quantitatives rigoureuses dans des domaines précédemment occupés par un style de jugement plus informel.

La deuxième partie présente quelques tentatives remarquables de quantification sociale et économique dans un contexte explicitement politique et bureaucratique. J'y soutiens que le passage de l'avis des experts à des critères explicites de décision n'est pas dû aux efforts de puissants initiés pour prendre de meilleures décisions, mais est apparu comme une stratégie d'impersonnalité répondant aux pressions extérieures auxquelles ils étaient soumis. Le chapitre v traite des actuaires britanniques du xixᵉ siècle, qui ont su résister à ces pressions, et des comptables américains du xxᵉ siècle, qui n'y ont pas réussi. Les chapitres vi et vii montrent qu'il existe un contraste similaire, mais plus subtil, dans l'usage de l'analyse économique des coûts et des avantages par les ingénieurs français du xixᵉ siècle et les ingénieurs américains du xxᵉ siècle. Bien que, comme j'y insiste dans la première partie, les chiffres et les systèmes de quantification puissent être très puissants, la tendance à remplacer le jugement personnel par des règles quantitatives est une marque de faiblesse et de vulnérabilité. Je l'interprète comme une réponse à une situation de méfiance liée à l'absence d'une communauté sûre et autonome.

La troisième partie s'efforce d'appliquer aux disciplines universitaires les perspectives développées dans la deuxième partie pour des professions et des bureaucraties. Le chapitre VIII évalue l'incidence des cultures bureaucratiques sur la science, puis montre comment la statistique inférentielle est devenue la norme en médecine et en psychologie en réponse à la faiblesse interne d'une discipline et à des pressions réglementaires externes. Enfin, le chapitre IX examine l'économie morale des communautés scientifiques. J'y soutiens que la poussée apparemment incessante de l'objectivité et de l'impersonnalité de la science n'est pas tout à fait universelle, et doit être comprise en partie comme une adaptation à la désunion institutionnelle et aux frontières perméables des disciplines.

Je ne prétends pas avoir écrit une histoire générale de la quantification. J'y ai inclus très peu de matériel antérieur à 1830, et presque rien hors de l'Europe occidentale et de l'Amérique du Nord. Les limites géographiques sont peut-être moins excusables que les temporelles, et l'histoire du colonialisme, des organisations internationales et des pays à économie planifiée fournissent tous des matériaux extrêmement riches pour l'histoire de la quantification. J'examine à plusieurs reprises les disciplines les mieux établies, mais sans en traiter aucune en profondeur, préférant me concentrer sur le rôle de la quantification dans des domaines appliqués tels que la comptabilité, l'assurance, les statistiques officielles et l'analyse coûts-avantages. Même à l'intérieur de ces limites, je n'ai pas été exhaustif, bien au contraire. Chacun des thèmes qui viennent d'être mentionnés pourrait faire l'objet de tout un sous-domaine historique. De même que beaucoup d'autres que je n'ai pas traités du tout. La plus grande ambition que je puisse raisonnablement avoir pour ce livre, c'est peut-être que certains d'entre eux le seront un jour. Il sera alors possible dans quelques décennies d'étudier le terrain de façon systématique. La principale raison qui m'a poussé à traiter de divers sujets et de plusieurs pays plutôt que d'écrire une monographie sur un seul est de donner une idée de la richesse potentielle de ce domaine. Cette stratégie a aussi un autre but qui me tient à cœur : convaincre les lecteurs que l'histoire de l'objectivité quantitative est malgré tout un sujet d'enquête possible et non pas simplement un mélange d'études.

Je souhaiterais cependant une dernière chose, c'est que ce sujet devienne une spécialité autonome. L'un des développements vraiment encourageants de l'histoire des sciences au cours de la dernière décennie est que son isolement a pris fin. Ce n'est pas pour moi une mince satisfaction de voir que l'histoire de la statistique suscite de l'intérêt et qu'elle est de plus en plus étudiée à l'université, aussi bien en littérature, en philosophie, en sociologie, en psychologie, en droit, en histoire sociale et dans plusieurs disciplines des sciences de la nature, que dans l'histoire des sciences et de la statistique elle-même. J'ai encore plus d'espoir pour l'histoire de la quantification car elle porte sur l'étude culturelle de l'objectivité. Il existe déjà, il est vrai, une littérature considérable, très récente dans sa grande majorité, qui traite directement des questions que je pose dans ce livre. Jusqu'à présent, il n'y avait pas vraiment de débat général, mais plutôt un grand nombre de discussions locales, en général isolées par discipline. Je pense que les barrières sont en train de tomber et j'espère que ce livre aidera à abattre quelques pans de muraille. Je me suis inspiré librement et abondamment de plusieurs ensembles de littérature savante, avant tout parce qu'ils sont indispensables à mes arguments, mais aussi dans l'espoir que ceux qui ont contribué à élaborer l'un d'entre eux, ou ont su le goûter, vont apprécier de le retrouver inopinément intégré à un environnement plus vaste.

Remerciements

Une grande partie de ce livre étant une synthèse des travaux d'autres auteurs, son texte et ses notes elles-mêmes doivent être considérés comme l'expression de mes obligations envers eux. La place me manque pour exprimer individuellement ma reconnaissance aux amis et aux adversaires qui m'ont posé des questions provocatrices ou qui ont fait d'utiles commentaires en répondant à certaines de mes présentations ou de mes publications précédentes, dont les idées sont reprises dans le présent livre. Je remercie Ayval Ramati d'avoir mis sa compétence au service de mes recherches et David Hoyt pour son aide dans la préparation du manuscrit. J'ai bénéficié sur l'ensemble de mon texte des commentaires de Lorraine Daston, Ayval Ramati, Margaret Schabas, Mary Terrall et Norton Wise, et, sur des chapitres particuliers, de Lenard Berlanstein, Charles Gillispie et Martin Reuss.

Cette étude a été très généreusement soutenue pendant sa longue gestation par plusieurs fondations et fonds destinés à la recherche : la Earhart Foundation, le Sesquicentennial Fund et le fonds pour les bourses d'études de la faculté d'été de l'université de Virginie, la Thomas Jefferson Memorial Foundation, l'Academic Senate de l'université de Californie, à Los Angeles, le National Endowment for the Humanities, la John Simon Guggenheim Memorial Foundation et la bourse DIR 90-21707 de la National Science Foundation. J'exprime ici ma reconnaissance pour l'accès qui m'a été donné à des matériaux d'archives, aux

Archives nationales, à la Bibliothèque nationale, à la bibliothèque de l'École nationale des ponts et chaussées, à Paris, à celle de l'École polytechnique, à Palaiseau ; aux National Archives de Washington (D.C.), de Suitland (Maryland), de Laguna Niguel (Californie) et de San Bruno (Californie) ; à la Water Resources Library de l'université de Californie, à Berkeley ; et à l'Office of History du corps des ingénieurs de l'armée, à Fort Belvoir (Virginie).

Enfin, c'est un plaisir de reconnaître certaines dettes de nature plus personnelle. Diane Campbell et moi avons essayé pendant dix ans de trouver deux emplois universitaires au même endroit. La situation est devenue encore plus désespérée pour moi lorsque j'ai abandonné à contre-cœur mon poste à l'université de Virginie pour suivre Diane à Irvine, où se trouvait son nouveau travail en biologie à l'université de Californie. Pendant toutes ces années, j'ai souvent reçu le soutien et les encouragements de mes amis et de mes collègues et, de façon plus tangible, leurs lettres et leurs appels téléphoniques. Je leur en serai toujours reconnaissant. De façon étonnante, cela a bien fini : une proposition de travail en 1991 a résolu d'heureuse façon (à soixante miles près) ce problème de géographie universitaire. Enfin je voudrais remercier mes parents, Clinton et Shirley Porter, ma femme, Diane Campbell, et mon fils, David Campbell Porter, pour leur amour et leur patience.

Université de Californie, Los Angeles
mars 1994

LA CONFIANCE DANS LES CHIFFRES

Introduction

Les traditions d'objectivité

> « Toute parole tombée des lèvres de la logique mérite d'être notée, dit la Tortue. Soyez donc assez bon pour l'écrire sur votre carnet. »
> (Lewis CARROLL, « Ce que se dirent Achille et la Tortue », *Mind*, 1895)*

Peu de mots soulèvent autant de passions que celui d'« objectivité ». Sa présence est évidemment requise pour fonder la justice, un gouvernement honnête et un vrai savoir. En excès, toutefois, elle écrase les individus, rabaisse les cultures minoritaires, dévalue la créativité artistique et discrédite une sincère participation politique démocratique. Malgré ces critiques, sa résonance est très positive. C'est rarement la vraie objectivité qui est visée par des attaques mais plutôt les imposteurs qui l'utilisent pour masquer leur propre malhonnêteté, ou peut-être la fausseté et l'injustice de toute une culture. Le plus souvent, elle n'est pas définie de manière précise mais simplement invoquée pour louer ou blâmer. Aux États-Unis, les scientifiques, les ingénieurs et les juges sont généralement supposés être objectifs. Les politiciens, les avocats et les représentants ne le sont pas.

* Épigraphe : HOFSTADTER, *Gödel, Escher, Bach*, p. 43-45 (trad. *Gödel, Escher, Bach*, p. 49-52).

Reste la question délicate de savoir ce que signifie cette manière d'attribuer l'objectivité. Il ne s'agit pas seulement d'un titre honorifique universel, car elle s'applique plus facilement au bureaucrate méprisé qu'à l'entrepreneur indispensable. Elle a cependant plusieurs sens distincts, qui tendent à renforcer les associations positives du terme et en même temps à obscurcir celui-ci. Son étymologie suggère une connaissance des objets. Paradoxalement, jusqu'au xviiie siècle, ceux-ci étaient pour nous généralement des objets de la conscience plutôt que des choses physiques ; les entités réelles existant en dehors de nous étaient appelées « sujets ». Mais dans l'usage philosophique courant, l'objectivité est presque synonyme de réalisme, tandis que « subjectif » se réfère à des idées et des croyances qui n'existent que dans l'esprit. Quand les philosophes parlent de l'objectivité de la science, ils entendent généralement par là sa capacité de connaître les choses comme elles sont vraiment[1].

Dans la génération précédente, les positivistes considéraient ces prétentions comme simplement métaphysiques et donc dénuées de sens. Mais ils ne dédaignaient pas d'utiliser le terme. Il existe d'autres conceptions de l'objectivité de la science. La plus influente a défini l'objectivité comme la capacité de parvenir à un consensus. Normalement, il suffit que ce consensus soit valable à l'intérieur d'une communauté de spécialistes d'une discipline. Nous pourrions, avec Allan Megill, l'appeler « objectivité disciplinaire », par opposition à « l'objectivité absolue » de l'alinéa précédent. Cette forme d'objectivité n'a pas d'existence autonome. Son acceptabilité pour ceux qui sont à l'extérieur d'une discipline dépend de certaines suppositions, qui sont rarement formulées sauf en cas de grave contestation. Les spécialistes qui prétendent à l'objectivité doivent fournir la preuve de leur expertise. Ils doivent se comporter de façon appropriée. Ils doivent sembler

---

1. Sur les significations de l'objectivité, voir MEGILL, « Introduction : Four Senses of Objectivity » ; DASTON – GALISON, « Image of Objectivity » ; DASTON, « Objectivity and the Escape from Perspective » ; DEAR, « From Truth to Disinterestedness ». Pour un examen philosophique de l'objectivité et de ses alternatives, voir RORTY, *Objectivity, Relativism, and Truth* (trad. *Objectivisme, relativisme et vérité*).

raisonnablement désintéressés ou, du moins, on ne devrait pas s'attendre à ce qu'ils usent de leur autorité lorsque leur intérêt personnel ou professionnel est en jeu. Nous faisons confiance aux physiciens pour nous expliquer les transitions de phase dans l'hélium en surfusion mais nous sommes plus sceptiques s'ils se présentent dans un tribunal comme experts rémunérés ou quand ils parlent des grands avantages économiques qui accompagneront la construction d'un supercollisionneur supraconducteur.

Cependant, les physiciens contrôlent un vaste domaine à l'extérieur duquel nul ne leur demande de justifier leurs conclusions. L'objectivité disciplinaire se remarque surtout lorsqu'elle est absente. Si des experts ont du mal à parvenir à un consensus ou si celui-ci ne satisfait pas l'extérieur, c'est l'objectivité mécanique qui intervient. Elle était préférée par les philosophes positivistes, et elle a un puissant attrait pour le grand public. Elle entraîne des limitations personnelles. Elle signifie suivre des règles. Celles-ci mettent un frein à la subjectivité : elles doivent empêcher les préjugés personnels ou les préférences d'affecter le résultat d'une recherche. Suivre des règles peut être ou non une bonne stratégie dans la quête de la vérité. Mais s'appesantir sur cette différence n'est pas de bonne rhétorique. Mieux vaut parler pompeusement d'une méthode rigoureuse que font respecter les pairs de la discipline et qui annule les partis pris du chercheur en conduisant infailliblement à des conclusions valables.

La tension entre l'objectivité disciplinaire et l'objectivité mécanique est la préoccupation centrale de ce livre. Mais ces deux sens de l'objectivité ne seront pas examinés seulement sur le terrain de la science, et il est donc important de considérer également la signification de l'objectivité dans le discours explicitement moral et politique. Dans la plupart des contextes, l'objectivité signifie équité et impartialité. Quelqu'un qui « n'est pas objectif » a laissé les préjugés ou l'intérêt personnel fausser son jugement. La crédibilité des tribunaux dépend de leur capacité d'échapper à semblables accusations. Ils y parviennent dans une large mesure en mettant les parties en litige dans une situation parfaitement contrôlée et en autorisant des juges et des jurés indépendants à résoudre la question et à appliquer la loi. L'objectivité des jurés ne signifie pas autre chose que leur désintéressement présumé, puisque, par définition, ils n'ont pas d'expertise particulière. On attend de même des juges qu'ils soient impartiaux, mais ils doivent être aussi des professionnels compétents. Leur expertise doit inclure une capacité de suivre les règles – une objectivité mécanique – mais il n'est pas possible de les empêcher d'exercer leur discernement.

Deux des trois significations discutées dans le livre de Kent Greenawalt, *Law and Objectivity*, se rapportent directement à l'objectivité comme équité. La « sécurité juridique » se réfère à la capacité de tout homme de loi ou de toute personne intelligente interprétant la loi d'aboutir aux mêmes conclusions. Elle ne nécessite pas que le droit existant soit moralement défendable, mais seulement que des juges différents appliquent la loi de la même manière dans la plupart des cas. Ainsi définie, cette sorte d'objectivité n'est pas réservée aux initiés d'une discipline, bien qu'il puisse arriver que seuls ceux qui se sont plongés dans la culture juridique puissent atteindre cette cohérence du jugement. Greenawalt observe, d'autre part, que traiter les gens de façon impersonnelle selon des « normes objectives » est au centre de ce que nous appelons l'« autorité de la loi ». Celle-ci nécessite généralement de prévoir une échelle des peines assez inflexible pour les divers actes criminels, et de laisser un minimum de latitude pour des ajustements discrétionnaires fondés sur des déductions subjectives concernant le caractère et les intentions. Ces deux sens de l'objectivité impliquent que les règles devraient décider et que le jugement tant professionnel que personnel devrait être tenu en échec. Ils signifient l'alliance de l'objectivité en tant qu'idéal de savoir et de l'objectivité en tant que valeur morale[2].

Il est important de comprendre que l'objectivité mécanique ne peut jamais être purement mécanique. Greenawalt cite l'exemple de cette simple demande, prononcée par un directeur lorsqu'un subordonné entre dans son bureau : « Fermez la porte, je vous prie. » Il faut une certaine expérience du monde, et peut-être aussi du bureau en question, pour savoir quelle porte doit être fermée

---

2. Greenawalt, *Law and Objectivity*.

et quand ; pour juger s'il faut d'abord indiquer une raison pour laquelle elle devrait rester ouverte ; et aussi pour comprendre que si le président de l'entreprise apparaît soudain à la porte en question, il ne faudra pas tenir compte de la demande. Il est rare qu'il y ait besoin de préciser ces choses, au moins à l'intérieur d'une culture. Des questions similaires, et parfois de bien plus difficiles, se présenteront en remplissant des papiers, en faisant des comptes, un recensement ou un graphique. Par ailleurs, dans le droit, la philosophie et la finance en particulier, où des gens astucieux font métier d'exploiter des ambiguïtés, une grande part de ce qui, autrement, va sans dire finit par devoir être dit.

En pareilles circonstances le raisonnement mathématique et quantitatif est particulièrement apprécié. Mais ce n'est pas une panacée. Appliquer les mathématiques au monde est toujours difficile et problématique. Les critiques de la quantification dans les sciences de la nature ainsi que dans le domaine social ou humaniste ont souvent jugé que le recours aux chiffres élude tout simplement les questions profondes et importantes. Même lorsque c'est le cas, il est fort possible qu'une méthode objective soit beaucoup plus estimée qu'une méthode profonde. Tout domaine de connaissances quantifiées, comme tout domaine de connaissances expérimentales, est en un sens artificiel. Mais la réalité est construite par un artifice. Aujourd'hui, un large éventail de méthodes quantitatives est à la disposition des scientifiques, des chercheurs, des gestionnaires et des bureaucrates. Elles sont devenues extrêmement flexibles, de sorte que n'importe quelle question, ou presque, peut être formulée dans ce langage. Une fois mises en place, elles permettent au raisonnement de devenir plus uniforme, et en ce sens plus rigoureux. Même en leur point faible – le contact entre les chiffres et le monde –, les méthodes de mesure et de comptage obéissent à des règles strictes ou bien sont officiellement approuvées. De sorte que les mesures rivales sont très désavantagées. Les méthodes de traitement et d'analyse de l'information numérique sont maintenant bien développées et parfois presque complètement explicites. Une fois que les chiffres sont disponibles, les résultats peuvent souvent être obtenus par

des procédés automatiques. De nos jours, cela se fait généralement par ordinateur[3].

Le rôle croissant de l'expertise quantitative dans les prises de
décision publiques est une évolution bien connue des savants.
Cependant, nous ne disposons pas d'une histoire satisfaisante de
celle-ci. C'est dû principalement à l'incapacité de concilier deux
points de vue rivaux sur le développement des méthodes quantitatives et de l'expertise en général. Selon le premier, cette histoire
se présente comme une accumulation progressive de méthodes
plus rigoureuses, ou du moins plus puissantes. Le second les
réduit à une idéologie et considère qu'il faut les expliquer surtout
par des structures sociales de domination, mais en tenant compte
des buts souvent néfastes de ceux qui les répandent. Ce sont là des
arguments de partisans qui ont momentanément oublié la valeur
des nuances. Mais ce n'est pas seulement de modération dont
on a besoin. L'expertise, bien plus encore que la science, ne peut
être simplement comprise comme le résultat d'une réflexion et
d'une expérimentation solitaires, ni même de la dynamique d'une
communauté disciplinaire. Il s'agit d'un rapport entre professionnels – souvent des universitaires, qu'ils soient scientifiques ou
spécialistes des sciences sociales – et fonctionnaires. Leur appréciation de l'expertise, à son tour, reflète leur relation à un public
encore plus large. Pour comprendre dans quelles circonstances est
née la demande d'objectivité quantitative, nous devons examiner
non seulement la formation intellectuelle des experts mais, ce qui
est encore plus important, la base sociale de l'autorité.

Nous disposons maintenant de quelques études qui ont pris
cette idée comme point de départ. Beaucoup d'historiens américains soutiennent que les sciences sociales des années 1890
et 1900 sont nées d'un sentiment nouveau d'interdépendance
chez les Américains et, en définitive, des processus sociaux et
économiques qui ont produit cette interdépendance[4]. Il y a là

---

3. PORTER, « Objectivity and Authority ». Naturellement, même l'emploi d'un
progiciel requiert des choix qui comportent toujours une part d'incertitude. Et
les bons chercheurs en sciences sociales doivent éditer leurs données brutes.
4. HASKELL, *Emergence of Professional Social Science*.

sans doute quelque chose de vrai, même si l'économie mondiale n'est pas brusquement apparue à la fin du xixᵉ siècle. Mais la forme d'expertise qui a répondu spécifiquement à ce sentiment d'interdépendance n'est pas la plus importante et n'est pas du tout caractéristique de l'usage public des sciences sociales. Elle consiste, dans la description qu'en donne Thomas Haskell, en une conception philosophique de l'interdépendance humaine, offrant à un public désorienté la consolation d'une explication. En fait, il y avait plusieurs explications rivales du monde social industrialisé ; elles n'étaient pas toutes consolatrices et venaient pour la plupart de prédicateurs ou d'organisateurs du travail plutôt que de professeurs. Les chercheurs en sciences sociales de l'université n'ont guère eu de succès dans la formation de l'opinion publique. Leur expertise s'adresse surtout au monde bureaucratique, souvent avec l'assentiment des élus[5]. La culture publique autorise les spécialistes universitaires non pas à publier des déclarations générales mais à rassembler des résultats très spécifiques.

Assurément, ce n'est pas le seul type d'expertise. Il existe une sorte de sagesse, née d'une longue expérience, qui est souvent transmise de parent à enfant ou de maître à disciple. À l'époque moderne, l'expérience personnelle et le contact avec un maître ont de plus en plus été complétés ou remplacés par un enseignement formel dans une université ou tout autre établissement d'enseignement. La compétence ineffable de la profession ou de la corporation y est, autant que possible, formelle et explicite, de sorte qu'on y insiste moins sur les secrets du métier. Aux yeux des citoyens des grandes sociétés démocratiques, c'est plus acceptable car plus ouvert et moins personnel. Néanmoins, le savoir d'expert n'est possédé, presque par définition, que par quelques-uns, et cet art ne se réduit jamais à une poignée de règles que n'importe qui peut trouver et apprendre dans un manuel. Si bien que l'intuition ou l'avis des spécialistes continue à inspirer un certain respect, même si le médecin, par exemple,

---

5. Church, « Economists as Experts » ; Dumez, *L'Économiste, la science et le pouvoir*, chap. 3-4. Voir aussi Gigerenzer *et al.*, *Empire of Chance*.

ne peut pas expliquer exactement pourquoi le problème doit être dans le foie. Toutefois, médecins et patients ont appris à ne pas se contenter d'une opinion fondée sur ce qui est à peine plus que de l'intuition. Il est préférable d'employer un instrument, de faire un prélèvement, de donner des preuves spécifiques.

Dans les affaires publiques, plus encore que dans les privées, l'expertise est devenue de plus en plus inséparable de l'objectivité. En effet, pour revenir à l'exemple précédent, c'est en partie parce que la relation de médecin à patient n'a plus de caractère privé – car elle risque d'être dévoilée dans une salle d'audience – que les instruments sont désormais essentiels dans presque tous les aspects de la pratique médicale. Dans les affaires publiques, s'appuyer seulement sur un avis éclairé semble antidémocratique, à moins qu'il ne provienne d'une commission spécifique pouvant être considérée comme représentant les divers intérêts en jeu. L'idéal est que l'expertise soit mécanisée et objectivée. Elle doit être fondée sur des techniques spécifiques approuvées par un corps de spécialistes. C'est à cette condition que le simple avis, avec toutes ses lacunes et ses particularités, semble presque disparaître.

Cet idéal d'objectivité mécanique, de savoir entièrement basé sur des règles explicites, n'est jamais complètement accessible. Même en matière purement scientifique, l'importance de la connaissance tacite est maintenant largement reconnue[6]. Lorsqu'on s'efforce de résoudre les problèmes posés de l'extérieur de la communauté scientifique, l'intuition éclairée est encore plus décisive. La rhétorique publique de l'expertise scientifique, cependant, ignore soigneusement cet aspect de la science. L'objectivité ne découle pas essentiellement de la sagesse acquise par une longue carrière mais de l'application de méthodes approuvées, ou peut-être de la mythique « méthode scientifique » unitaire, à des faits supposés neutres. Les préjugés du chercheur ne devraient

---

6. Polanyi, *Personal Knowledge*. Polanyi tendait à idéaliser cette « dimension tacite » car elle faisait paraître les scientifiques plus humains et la science moins mécanique. Comme le note toutefois Steve Fuller dans « Social Epistemology », cela a une conséquence incontestablement non démocratique, qui est de placer la science sous le contrôle total des initiés.

pouvoir en aucun cas fausser les résultats. Il est, bien sûr, possible que des enquêteurs ou des fonctionnaires soient équitables en raison de leur impartialité foncière, ou peut-être de leur parfaite indifférence pour le résultat, mais comment le savoir ? Dans une tradition politique qui idéalise l'autorité de la loi, s'appuyer sur un simple avis, aussi éclairé soit-il, semble de mauvaise politique.

C'est pourquoi la foi dans l'objectivité tend à être associée avec la démocratie politique, ou du moins avec des systèmes dans lesquels les acteurs bureaucratiques sont très vulnérables aux ingérences extérieures[7]. La capacité de produire des prédictions ou des recommandations de principe que l'expérience semble justifier par la suite joue sans doute en faveur d'une méthode ou d'une procédure, mais on donne parfois un poids considérable aux estimations quantitatives, même si personne ne défend leur validité avec une réelle conviction[8]. L'attrait des chiffres est particulièrement irrésistible pour les fonctionnaires bureaucratiques dépourvus d'un mandat électif populaire ou de droit divin. Arbitraire et parti pris sont les raisons habituelles pour lesquelles ces fonctionnaires sont critiqués. Une décision prise au moyen de chiffres (ou d'autres sortes de règles explicites) est, au moins en apparence, juste et impersonnelle. L'objectivité scientifique répond ainsi à une exigence morale d'impartialité et d'équité. La quantification est une façon de prendre des décisions sans avoir l'air de décider. L'objectivité donne de l'autorité aux fonctionnaires qui en possèdent très peu en propre.

7. On pense naturellement aux pays autrefois communistes d'Europe de l'Est. Mais ils présentent des différences importantes avec les démocraties politiques, que je n'ai pas essayé de traiter dans ce livre.
8. KEYFITZ, « Social and Political Context ».

Première partie

Le pouvoir des chiffres

Mais n'oublions pas que l'encre est la principale arme missive
dans toutes les batailles des savants, et qu'on la projette
par une sorte d'outil appelé plume ; ces plumes sont tirées sur l'ennemi
en *nombre* infini par les plus vaillants des deux camps,
avec une habileté et une violence égales, comme s'ils s'agissait
d'un combat de porcs-épics.

(Jonathan Swift, *La bataille [...] entre*
les livres anciens et les livres modernes, 1710)

Chapitre I

Un monde d'artifices

> Je pensais que les sciences de la nature
> avaient pour tâche de découvrir les faits
> de la nature et non pas de les créer.
>
> (Erwin Chargaff, 1963)*

RENDRE LA CONNAISSANCE IMPERSONNELLE

La crédibilité des chiffres, ou encore de la connaissance sous toutes ses formes, est un problème social et moral. On n'en a pas suffisamment pris la mesure. Depuis les années 1970, les débats sur l'objectivité qui ont opposé les camps philosophique et sociologique se sont polarisés essentiellement sur la question du réalisme. L'affirmation selon laquelle la science est une construction sociale a trop souvent été interprétée comme une attaque de sa validité ou de sa vérité. Je considère cela comme une erreur et comme une manière de se détourner de questions plus importantes. Peut-être pourrions-nous aboutir si nous mettions en doute la capacité de la science d'atteindre à la vraie

* Épigraphes : de la 1ʳᵉ partie, Swift, *Œuvres*, p. 539 ; du chap., Chargaff, *Essays on nucleic acids*, p. 192 (cité aussi dans Abir-Am, « Politics of Macromolecules », p. 237).

nature des choses. Mais la réponse ne peut guère être propre à la science, à moins que nous supposions que la recherche systématique est en principe incapable d'identifier des entités réelles, même si nous pouvons le faire, comme par instinct, dans la vie quotidienne. Je trouve cela invraisemblable, tout autant que la doctrine opposée. Ce livre ne présuppose et ne défendra aucune position particulière sur la question philosophique très controversée du réalisme.

S'il faut commencer par une profession de foi, je dirais que les acteurs humains intéressés font la science, mais qu'ils ne peuvent pas la faire de la manière qui leur convient. Ils sont contraints, mais pas absolument, par ce qui peut être observé dans la nature ou peut être amené à se produire en laboratoire. Les interventions expérimentales, guidées mais non pas dominées par des prétentions théoriques, ont souvent été remarquablement efficaces. Il reste des questions subtiles sur ce qui devrait être considéré comme étant la vérité. Je me contenterai de citer la formule, simple mais élégante, de Ian Hacking : « Ce n'est pas la métaphysique qui rend le mot "vrai" si pratique, mais l'esprit, dont l'âme est la brièveté[1]. » Supposons pour les besoins du raisonnement que l'investigation scientifique soit capable de produire de vraies connaissances sur les objets et les processus du monde. Elle doit néanmoins le faire par des processus sociaux. C'est le seul moyen.

Accepter ce point, c'est seulement fixer les termes dans lesquels on traitera d'un problème, et non pas le résoudre. Par quels processus sociaux spécifiques la connaissance scientifique se fait-elle ? Quelle est l'étendue du cercle d'enquêteurs et de juges impliqués dans le processus de décision de ce qui est vrai ? Le point de vue couramment admis a longtemps été que, dans les sciences parvenues à leur maturité, la vérité est élaborée ou négociée par une communauté de spécialistes de disciplines dont les institutions sont assez fortes pour écarter les idéologies sociales et les revendications politiques. Vers la fin de cet ouvrage, j'essaierai de montrer que l'efficacité de cette séparation a été exagérée

---

1. HACKING, « Self-Vindication ».

– que les sciences ont été contraintes de redéfinir leur domaine propre afin d'en avoir le monopole et qu'une grande partie de ce qui passe pour une méthode scientifique est une invention de communautés faibles, en partie en réponse à la vulnérabilité de la science à des pressions extérieures. Mais pour le moment, contentons-nous de penser aux processus de construction de la connaissance qui sont internes aux disciplines.

Selon une forme de discours individualiste sur la science, encore très employée à certaines fins, les découvertes sont faites dans les laboratoires. Elles sont le fruit d'une patience inspirée, de mains expertes et d'un esprit curieux mais sans préjugés. De plus, elles parlent d'elles-mêmes, ou du moins elles parlent de manière trop puissante et avec trop d'insistance pour que les préjugés humains puissent les réduire au silence. Il serait faux de supposer que ces croyances ne sont pas sincères, mais presque personne ne pense qu'elles puissent servir de base à l'action dans un contexte public. Tout scientifique qui, lors d'une conférence de presse, annonce une prétendue découverte sans soumettre ses affirmations à la critique d'autres spécialistes, est automatiquement accusé de chercher à faire de la publicité. Les normes de la communication scientifique supposent que la nature ne parle pas sans ambiguïté, et que la connaissance n'est reconnue comme telle que si elle a été agréée par les spécialistes de la discipline. Une vérité scientifique est peu estimée tant qu'elle n'est pas devenue un produit collectif. Ce qui se passe dans un laboratoire particulier n'est qu'une étape de sa construction.

L'examen par les pairs a reçu à une époque récente le statut presque mythique de marque de respectabilité scientifique[2]. Il rivalise avec l'inférence statistique comme principal mécanisme permettant de certifier qu'une conclusion est impersonnelle et, dans ce sens important, objective. Toutefois, il n'est en aucun cas suffisant en soi pour établir la validité et l'importance d'une assertion. C'est en effet une erreur de parler comme si la validité des assertions de vérité (*truth claims*) était le principal résultat de

---

2. Sur son histoire, voir BURNHAM, « Editorial Peer Review » et KNOLL, « Communities of Scientists ».

la recherche expérimentale. Une réussite expérimentale se reflète dans les instruments et les méthodes autant que dans les hypothèses factuelles d'autres laboratoires. Le quotidien de la science porte au moins autant sur la transmission de compétences et de pratiques que sur l'élaboration de doctrines théoriques[3]. Les assertions de vérité expérimentale dépendent avant tout de la possibilité que des chercheurs d'autres laboratoires réussissent à produire des résultats suffisamment similaires et qu'ils soient convaincus que cette similitude est vraiment suffisante.

C'est justement la façon dont se produit cette transmission des compétences, des pratiques et des croyances qui est une des questions cruciales des études contemporaines sur la science. De manière significative, le problème s'est posé dans le cadre d'un nouvel intérêt pour les laboratoires et les expériences. Dans les années 1950, Michael Polanyi soutenait déjà que la science comportait une part essentielle de « connaissance tacite », une connaissance qui ne pouvait être clairement exprimée ni réduite à des règles. En pratique, cela signifiait que les livres et les articles de revues sont nécessairement des vecteurs inadéquats de ces connaissances, car ce qui compte le plus ne peut être transmis par des mots. Suivant son raisonnement, l'institution fondamentale pour la transmission de la science est l'apprentissage d'un étudiant auprès d'un scientifique qu'il a pris pour maître[4].

Argumenter de cette façon, c'est diminuer l'importance de l'article ou du manuel et localiser la connaissance avant tout dans le laboratoire et non dans la bibliothèque. C'est douter de l'universalité de la science que de la confiner dans des espaces particuliers. En principe, il est bien sûr facile d'ouvrir une brèche dans les barrières érigées autour de ces espaces. La nature, supposons-nous, est uniforme : un autre chercheur effectuant les mêmes procédures, que ce soit sur un autre continent ou dans un autre siècle, devrait obtenir les mêmes résultats. Un tel principe, cependant, ne compte guère s'il ne peut être mis en pratique. En

---

3. Un exemple de la manière dont l'intérêt pour la théorie s'est reporté sur la pratique est celui de PICKERING, *Science as Practice*.
4. POLANYI, *Personal Knowledge*, p. 207.

fait, cette reproduction n'est rien moins que facile. Cette idée a été développée plus complètement par Harry Collins, qui estime que la reproduction indépendante est effectivement impossible. Ceux qui tentent de construire leur propre copie d'un instrument ou d'un dispositif expérimental nouveau sur la base de la seule information imprimée, d'ordinaire n'y parviennent pas. Des rapports détaillés et des communications privées permettent de reproduire plus facilement une expérience, mais compromettent aussi toute prétention à l'indépendance. La façon habituelle d'apprendre à utiliser un nouvel instrument ou une nouvelle technique est d'en faire directement l'expérience. C'est uniquement de cette façon, affirme Collins dans une étude de cas généralement considérée aujourd'hui comme un modèle du genre, que le laser TEA a été reproduit[5]. Il a peut-être exagéré son propos, mais c'est un phénomène que les scientifiques ayant la pratique des laboratoires ont compris depuis longtemps. Dans les années 1930, par exemple, Ernest Lawrence avertissait qu'il serait imprudent de tenter de construire un cyclotron sans envoyer quelqu'un se familiariser avec celui de son laboratoire de Berkeley. « Son maniement est assez délicat, expliquait-il, et il faut une certaine expérience pour le faire fonctionner correctement[6]. »

Cette argumentation peut avoir des implications importantes pour notre compréhension des prétentions à la vérité scientifique. Si le montage d'une expérience est vraiment si délicat et les phénomènes si difficiles à reproduire de manière fiable ; et si les résultats expérimentaux ne sont presque jamais reproduits de façon indépendante mais toujours en utilisant des instruments qui ont été étalonnés par rapport à l'original, alors les régularités expérimentales devraient peut-être être interprétées en termes de compétence humaine plutôt que d'entités stables sous-jacentes et d'effet de lois générales de la nature. Ou, si ces options ne sont pas incompatibles, au moins le problème du transfert des compétences au-delà des limites d'un laboratoire particulier doit-il être considéré comme critique. Sans cette transmission, il ne pourrait

---

5. Collins, *Changing Order*.
6. Cité dans Heilbron – Seidel, *Lawrence and his Laboratory*, p. 318.

y avoir aucune sorte d'objectivité, puisque chaque laboratoire aurait sa propre science. Pour reprendre l'expression de Polanyi, la science ne serait que du « savoir personnel ».

Polanyi lui-même ne pensait pas qu'elle le fût : « Chaque fois que l'habileté du spécialiste est à l'œuvre dans la science ou la technologie, on peut supposer qu'elle ne persiste que parce qu'il n'a pas été possible de la remplacer par une grandeur mesurable. Car une mesure a l'avantage d'une plus grande objectivité, comme le montre le fait que les mesures donnent, dans le monde entier, des résultats comparables entre les mains de tous les observateurs[7]. » Ici, toutefois, il attribue à la nature même de la mesure ce qui en fait a été accompli dans certains domaines au prix d'efforts héroïques. L'élaboration de systèmes de mesure qui puissent prétendre à une validité générale n'est pas simplement une question de patience et de soin, mais aussi d'organisation et de discipline. Des constructions administratives de ce genre sont au cœur de la plupart des connaissances expérimentales et observationnelles. Les mathématiques et la logique sont moins exigeantes de ce point de vue.

Le raisonnement théorique n'échappe pas, bien sûr, à la critique. Par exemple, il prête le flanc à l'accusation selon laquelle il aurait été conçu par un cerveau fiévreux et n'aurait aucun rapport avec un monde réel quelconque. D'autre part, il s'adapte très bien à la page imprimée, qui, rétrospectivement, semble être son milieu naturel. Il peut ainsi être transmis beaucoup plus facilement qu'une chose dépendant d'une expérience particulière. Et une déduction rigoureuse peut presque forcer l'assentiment. Dans le cas extrême des mathématiques pures, ceux qui acceptent les axiomes, même comme des fictions utiles, devraient être amenés inéluctablement aux conclusions. Mais il est rare assurément qu'une théorie scientifique mathématisée soit si limpide ou si rigoureuse que sa signification et sa portée puissent être saisies directement par des lecteurs éloignés. De plus, l'appréciation de ce genre de science est plus facile pour ceux qui appartiennent à la même communauté intellectuelle que l'auteur.

---

7. Polanyi, *Personal Knowledge*, p. 55.

Comme l'observe Polanyi, même faire une déduction à partir d'une formule reste un art : « Il existe des règles qui ne sont utiles que dans l'exploitation de notre savoir personnel. » Collins affirme la même chose à propos de la déduction mathématique et de l'intelligence artificielle[8]. Toutefois, la distance représente un obstacle beaucoup moins grand pour les sciences purement théoriques que pour les sciences expérimentales, et le problème de la reproduction se trouve par conséquent réduit. Il n'est guère étonnant que le terme de « science », qui signifie connaissance démontrée, ait été appliqué à la logique, à la théologie et à l'astronomie, bien avant l'apparition de communautés de chercheurs expérimentaux[9].

Au xviie siècle, l'expérimentation a toujours été associée à des pratiques comme l'alchimie, avec toutes ses connotations mystérieuses et secrètes[10]. Comment cette connaissance privée a-t-elle été transformée en matériau apte à une culture de l'objectivité ? La littérature historique commence à peine à s'intéresser à cette question. Les sociologues l'ont prise plus au sérieux. Les réponses en cours d'élaboration se développent dans deux directions au moins. L'une d'elles se concentre sur la manière dont les résultats expérimentaux, observés normalement par un petit nombre de personnes, ont fini par être tenus pour vrais par presque tout le monde. Ce fut avant tout un triomphe de la rhétorique – ce que j'appelle ici « les technologies de la confiance » – et aussi de la discipline. Ces questions sont au cœur des première et troisième parties du présent livre, même si ce n'est pas principalement au sujet des laboratoires.

L'autre explication générale de la réification (*objectification*) de l'expérience souligne la diffusion des pratiques de laboratoire. La reproduction indépendante d'une expérience peut être rare mais la reproduction des méthodes ne l'est pas. Au xviiie siècle,

---

8. *Ibid.*, p. 31 ; COLLINS, *Artificial Experts* (trad. *Experts artificiels*).

9. FUNKENSTEIN, *Theology and the Scientific Imagination*, p. 28 (trad. *Théologie et imagination scientifique*, p. 31), note que la « non-équivocité » a été une des valeurs les plus durables de la science et des lois en Occident depuis les temps les plus anciens.

10. HANNAWAY, « Laboratory Design ».

la connaissance expérimentale avait été définie, dans une large mesure, en termes de reproductibilité potentielle. Des philosophes expérimentaux du XVIIe siècle comme Robert Boyle manifestaient une vive prédilection pour l'événement étrange, dont le caractère irréductible était considéré comme un témoignage de l'avantage de l'expérience sur la vaine théorisation. Mais des événements singuliers constituaient une base médiocre pour construire des communautés de chercheurs, puisque ceux qui n'étaient pas présents ne pouvaient pas en faire grand-chose, à part espérer qu'ils avaient été fidèlement décrits. Lorraine Daston cite en exemple Charles Dufay, un chercheur français des années 1720 et 1730, qui a incarné un idéal de l'expérience différent. Alors que Boyle était fameux pour sa prolixité, Dufay était austère, n'informant ses lecteurs que de ce qui était essentiel pour produire un effet. Et il considérait que celui-ci ne devait pas être mentionné tant qu'il n'avait pas été soumis à un sérieux contrôle expérimental[11]. Ces pratiques ont amélioré la similitude de la nature avec un système régi par des lois, puisque les phénomènes se comportant bien en laboratoire auraient par la suite un statut ontologique plus sûr que de simples événements. Elles ont également favorisé un idéal de connaissance publique, au moins dans la communauté des spécialistes, puisque le contrôle rigoureux des laboratoires offrait de meilleures possibilités de reproduire des travaux en plusieurs lieux.

Pourtant, même la reproduction d'une expérience de Newton qui nous semble élémentaire, la séparation des couleurs à l'aide d'un prisme, peut rencontrer des obstacles redoutables[12]. Le contact personnel, entraînant souvent des séjours prolongés dans d'autres laboratoires, a toujours été extrêmement précieux pour le partage de méthodes et de résultats. Les contemporains de Boyle ont saisi toutes les occasions de voir fonctionner sa pompe à air et de constater les résultats qu'il déclarait avoir produits[13]. À notre

---

11. Lorraine DASTON, « The Cold Facts of Light and the Facts of Cold Light », conférence donnée à l'université de Californie (UCLA) en février 1990, dans DASTON – PARK, *Wonders and the Order of Nature*.

12. SCHAFFER, « Glass Works ».

13. SHAPIN – SCHAFFER, *Leviathan and the Air-Pump* (trad. *Léviathan et la pompe à air*).

époque, la diffusion des instruments et des techniques à travers un contact direct a été institutionnalisée de diverses façons. La plupart impliquent de brèves ou longues visites. Ceux qui veulent maîtriser un instrument nouveau ou une technique nouvelle se rendent, s'ils sont jeunes, dans un laboratoire où l'un ou l'autre est mis en œuvre ; s'ils sont bien établis, ils font venir un étudiant diplômé ou un chercheur postdoctoral de ce laboratoire. De sorte que la connaissance ne se diffuse pas uniformément vers l'extérieur du lieu de sa découverte. Elle se déplace de nœud en nœud à l'intérieur de réseaux, et ce qui paraît avoir une validité universelle est en pratique le triomphe du clonage social[14].

Peu après la naissance d'une nouvelle technique, lorsqu'elle est encore en pointe dans son domaine, des contacts personnels seront en général décisifs pour sa diffusion dans d'autres laboratoires. Peut-être est-ce là justement ce que signifie « en pointe » dans la science expérimentale. Mais une expérience qui réussit – par définition encore – ne restera pas longtemps dans le domaine du savoir-faire complexe et de l'apprentissage personnel. On peut de nouveau prendre comme exemple caractéristique la pompe à air. Boyle a demandé à des souffleurs de verre de se surpasser, il a fait appel aux plus habiles spécialistes du cuir et de la cire à cacheter, et a eu besoin d'une grande fortune personnelle pour construire une pompe qui a fonctionné de temps en temps. Dès l'époque de Boyle, cependant, il existait des boutiques spécialisées dans les instruments scientifiques, et elles ont rapidement ajouté des pompes à air à leur catalogue. Les pompes à air qui étaient incapables de reproduire les phénomènes expérimentaux associés au vide ont été d'abord vendues à quelques clients malheureux, puis plus du tout. À mesure que les pompes ont été améliorées et normalisées, les phénomènes sont devenus plus facilement reproductibles[15]. Ces derniers temps, ces technologies ont proliféré. Ce ne sont pas seulement les instruments qui ont été normalisés ; la nature l'a été elle aussi. Les

---

14. SCHAFFER, « Late Victorian Metrology ».

15. SHAPIN – SCHAFFER, *Leviathan and the Air-Pump* (trad. *Léviathan et la pompe à air*).

chimistes achètent dans des catalogues des réactifs purifiés – et ils seraient bien désemparés s'ils devaient les extraire du sol. Les scientifiques faisant des recherches sur le cancer dépendent de souches de souris brevetées et ne sauraient comment interpréter les résultats issus de mulots ordinaires.

Le développement de la science a nécessité, dans une large mesure, le remplacement de la nature par des technologies humaines. Se fondant sur cette idée, Ian Hacking a écrit un livre important sur la philosophie des sciences. Une expérience réussit, observe-t-il, quand elle permet de manipuler des objets de façon fiable. Certains de ces objets au moins, par exemple les lasers, ne peuvent exister hors du laboratoire. La plupart ou la totalité ne peuvent être trouvés sous une forme pure, sauf quand ils sont créés par des interventions humaines. Mais à mesure que ces objets artificiels ou purifiés sont manipulés de façon plus fiable, on se met à les employer dans d'autres expériences et parfois aussi dans des processus à l'extérieur du laboratoire. C'est peut-être en ce sens fondamental que les laboratoires sont autojustificatifs [16].

Bruno Latour soutient que la science est aujourd'hui inséparable de la technologie et, pour symboliser leur fusion, il utilise le terme de « technoscience ». Il montre que toutes deux visent à créer des boîtes noires, des entités artificielles qui sont traitées comme des unités et que personne n'est en mesure de démonter. Les boîtes noires du scientifique peuvent être des lois ou des assertions de causalité aussi bien que des technologies des matériaux, mais la production de ces derniers dépend d'instruments et de réactifs, de même que les instruments ne peuvent être construits, employés ou interprétés sans l'aide de connaissances scientifiques. Nos interventions sont devenues trop puissantes pour que nous puissions parler encore utilement de la science comme de ce qui permet d'apprendre ce qui se passe dans la nature, indépendamment de l'activité humaine. Chaque assertion scientifique est le résultat de la mobilisation d'un réseau

---

16. Hacking, *Representing and Intervening* (trad. *Concevoir et expérimenter*) ; *idem*, « Self-Vindication ».

d'alliés : les réactifs, les microbes, les instruments, les citations et les personnes. Si le réseau est fort, un fait nouveau est créé. C'est un artefact, mais il n'en est pas moins réel, car il peut être mobilisé à son tour dans les réseaux qui soutiennent des faits nouveaux. Le progrès de la science expérimentale est la capacité croissante de faire et d'utiliser de nouvelles choses, et en même temps de transformer le monde que la science prétend décrire. Latour affirme comme Élie Zahar que le succès des mathématiques dans la théorie scientifique « n'est pas un miracle, mais le résultat d'un processus ardu d'ajustement mutuel[17] ».

Cet ajustement s'étend aussi, au-delà des théories et des expériences, aux scientifiques eux-mêmes. Le « laboratoire auto-justificatif » dépend également d'une sélection appropriée des personnes et de l'exclusion de celles qui refusent d'accepter sa discipline. En psychologie par exemple, comme l'explique Liam Hudson, les expérimentateurs « durs » méprisent ceux qui sont humanistes, mais ils préfèrent ne pas l'admettre.

> Acculés, ils soulignent le fait regrettable que, chez les psychologues, ce sont les étudiants les plus faibles qui se spécialisent dans les branches les plus humaines : ceux qui ont une licence avec mention assez bien, les jeunes filles qui éprouvent de l'intérêt pour les personnes. Il s'ensuit – le dur le remarque avec un regret évident – que dans les domaines les plus humains le niveau est plus faible. Cet argument est difficile à réfuter, d'autant plus que ses prophéties sont autoréalisatrices. En tant qu'enseignants et examinateurs, les esprits durs sont en mesure de donner du poids à leurs propres hypothèses. Dans un esprit aussi ouvert que celui de n'importe qui, ils conçoivent des cours et écrivent des articles favorisant les candidats dont le genre d'intelligence leur convient pour la recherche expérimentale. Ils font ainsi fonctionner un système social auto-entretenu.

Appliqué aux plus prestigieuses sciences de la nature, l'argument semble à première vue moins crédible, mais c'est seulement parce qu'elles n'ont pas de branches cliniques ou humanistes. Ou plutôt, que ces branches ont été expulsées du domaine de

---

17. LATOUR, *Science in Action* (trad. *Science en action*) ; *idem, Guerre et paix des microbes* ; citation tirée de ZAHAR, « Role of Mathematics », p. 7.

la science et ne se retrouvent à présent que dans des genres tels
que la littérature sur la nature, la poésie et l'action en faveur de
l'environnement. Mais la sélection sociale, qui a une dimension
sexualisée au moins aussi forte en physique et en biologie qu'en
psychologie, explique en grande partie la spécificité de la science
moderne en tant que forme de connaissance et de pratique[18].

QUANTIFICATION ET POSITIVISME

Les chiffres, eux aussi, créent de nouvelles choses et transforment
la signification des anciennes. C'est particulièrement significatif
dans les sciences humaines, comme essaiera de le montrer le
prochain chapitre. Mais les activités de mesure étaient essentielles
à la formation de certaines des idées les plus fondamentales des
sciences physiques. Il y a moins de trois siècles, la température
était un concept médical pouvant servir à la description de l'atmosphère, tout comme on employait le tempérament pour caractériser le corps humain. Les physiciens expérimentaux forgèrent
un concept plus étroit et plus opérationnel de la température.
Ils l'ont fait avec très peu de théorie ; l'idée que la chaleur est
mouvement et que la température est une mesure de l'énergie
moléculaire moyenne n'a pas été développée avant la fin du
xixe siècle. À la fin du xviiie siècle on pensait communément que
la chaleur pouvait être du mouvement ou bien une substance
et que la mesure pouvait se faire dans les deux cas. Du moins
le mercure des thermomètres montait-il quand les choses devenaient plus chaudes et baissait-il quand elles refroidissaient. Et
on pouvait mélanger des liquides de températures différentes
pour apprendre quelque chose sur la moyenne des degrés de
chaleur. Une mesure confuse, s'appuyant sur quelques analogies simples, a ainsi donné naissance à des concepts quantitatifs
tels que la « capacité calorifique » et la « chaleur latente ». Les

---

18. HUDSON, *Cult of the Fact*, p. 55-56 ; GILLISPIE, « Social Selection ». Sur le
genre, il existe à présent une abondante littérature ; l'ouvrage classique est celui
de KELLER, *Reflections on Gender and Science*.

phénomènes, semblait-il, pouvaient être décrits avec autant de précision qu'en mécanique[19].

Il est à noter que cet engouement pour la mesure a conduit à la neutralisation des concepts autant qu'à leur création. La température a un sens moins humain depuis que les physiciens expérimentaux s'en sont saisis. Diderot, d'humeur plus romantique, déplorait que les mathématiques impliquent un éloignement de la nature. Dans les années 1830, un philosophe de la nature, l'hégélien Georg Friedrich Pohl, comparait la description mathématique des circuits électriques, due à Georg Simon Ohm, à un guide de voyage qui, ignorant un paysage charmant et ses habitants, aurait préféré enregistrer avec précision les heures d'arrivée et de départ des trains[20].

À la fin du xviiie siècle, les quantificateurs de la philosophie naturelle expérimentale étaient tout à fait prêts à sacrifier des concepts riches dans le but de promouvoir la rigueur et la clarté. C'était en effet prôné explicitement par l'influente philosophie d'Étienne Bonnot de Condillac. Condillac était un nominaliste. Il n'y avait, selon lui, aucune raison pour aspirer à une compréhension de la vraie nature des choses, ni même pour supposer que les choses ont une vraie nature. Dans un monde sans types fixes, les êtres humains sont libres d'imposer à la nature l'ordre le plus susceptible de leur servir. Condillac admirait les classifications rigoureuses. Il était aussi partisan d'une quantification poussée. Il considérait l'algèbre comme le modèle du langage, parce qu'elle permet d'aller par le raisonnement des valeurs connues aux inconnues. Cela ne signifie pas trouver des lois mathématiques de la philosophie naturelle mais plutôt, comme le remarque Charles Gillispie, équilibrer les comptes[21]. La mesure et même la mathématisation étaient

19. FELDMAN, « Late Enlightenment Meteorology » ; HEILBRON, *Electricity in the 17th and 18th Centuries*.

20. GILLISPIE, *Edge of Objectivity*, chap. 5 ; TERRALL, *Maupertuis and Eighteenth-Century Scientific Culture* ; JUNGNICKEL – McCORMMACH, *Intellectual Mastery of Nature*, vol. 1, p. 56.

21. GILLISPIE, *Science and Polity in France*, p. 65. Sur Condillac, voir RIDER, « Measures of Ideas », et, plus généralement, FOUCAULT, *Les Mots et les Choses*.

souvent préférées comme un moyen d'échapper à la théorie : il n'était pas nécessaire de choisir entre la substance et le mouvement dans la théorie de la chaleur, ni de trouver la loi exacte régissant l'action capillaire. Pour Lavoisier et Laplace, par exemple, les résultats quantitatifs des expériences qu'ils avaient menées avec leur calorimètre à glace étaient des données que les chercheurs soutenant des théories différentes pouvaient facilement accepter[22].

Max Horkheimer et Theodor Adorno déplorent dans leur *Dialectique de la raison* que la science positiviste remplace « le concept par la formule, la cause par la règle et la probabilité[23] ». Certes, les mathématiques n'ont pas toujours été alliées au recul positiviste de la compréhension causale, qui a tellement troublé les critiques de Francfort. En pratique, comme le soutient Nancy Cartwright, il est même impossible d'entreprendre une analyse statistique sans supposer une structure explicative[24]. Dans les écrits théoriques, des courants de réalisme mathématique, tendant parfois à un mysticisme géométrique ou numérologique, ont traversé la science depuis Pythagore. Mais la conception des mathématiques comme une simple description n'a pas eu moins d'influence. C'est la principale raison qui a conduit à conserver sa place à l'astronomie mathématique, face aux disciplines causales, plus élevées, de la physique et de la théologie (aristotéliciennes), dans les universités de la Renaissance. L'Église catholique a tenté de la même manière de neutraliser le copernicianisme de Galilée. Les scientifiques ont souvent adopté cette rhétorique pour se protéger. Newton, incapable de trouver un mécanisme satisfaisant pour les forces qu'il avançait, pestait contre de simples hypothèses comme l'éther de Descartes. Des quantificateurs s'intéressant à la mesure plutôt qu'à la formulation de lois mathématiques ont souvent trouvé le langage du descriptivisme particulièrement attrayant.

---

22. ROBERTS, « A Word and the World », et HEILBRON, « Introductory Essay », dans FRÄNGSMYR, *Quantifying Spirit*.

23. HORKHEIMER – ADORNO, *Dialektik der Aufklärung*, p. 11 (trad. *Dialectique de la raison*, p. 23).

24. CARTWRIGHT, *Nature's Capacities and Their Measurement*.

À première vue, cela semble un langage humble, effacé, et il ne fait aucun doute qu'il pourrait remplir cette fonction. John Heilbron, qui a écrit des pages incisives sur le descriptivisme comme phénomène culturel, attribue sa popularité chez les physiciens, vers la fin du XIXe siècle, à leur besoin de ne pas offenser les puissances supérieures dans un domaine encore traditionnellement dominé par l'aristocratie et l'Église[25]. Mais Uriah Heep était humble lui aussi. La modestie métaphysique avait bien des avantages. Les philosophes positivistes et les scientifiques de terrain n'ont pas hésité à s'en saisir.

Entre autres avantages, et non des moindres, il y avait la compatibilité du positivisme avec la recherche d'une maîtrise de la nature. Quelque chose d'analogue était déjà supposé dans le statut inférieur des mathématiciens de la Renaissance, lesquels étaient considérés comme des techniciens et des artisans plutôt que comme des hommes en quête de vérité[26]. À une époque plus récente, cette hiérarchie a été nivelée, ou même inversée, et la prédominance de l'expérience est devenue elle-même un caractère accepté de la connaissance. Dans les sciences de la nature, le positivisme d'Ernst Mach a été particulièrement influent chez les expérimentateurs. Des biologistes tels que Jacques Loeb et une multitude d'admirateurs de B.F. Skinner ont considéré la « nature » comme lui l'esprit, et de la même manière. Elle était, au mieux, inconnaissable et n'était peut-être qu'une prétentieuse notion métaphysique. Si le rat franchit le labyrinthe ou si l'essai expérimental donne des résultats cohérents, nous savons tout ce qu'il est possible de savoir[27].

À cette pratique de la science qui ne rêvait pas de compréhension profonde, on prêtait une autre vertu, la certitude rigoureuse. En partie en réponse à la profusion des représentations de l'électricité à la fin du XIXe siècle, de nombreux physiciens se sont limités à une description purement mathématique des

25. HEILBRON, « Fin-de-siècle Physics ».
26. Uriah Heep, personnage de *David Copperfield*, de Dickens (N.D.T.). BIAGIOLI, « Social Status of Italian Mathematicians ».
27. PAULY, *Controlling Life*.

phénomènes. Les plus influents ont peut-être été Gustav Kirchhoff et Heinrich Hertz ; tous deux ont écrit des traités généraux sous une forme presque purement mathématique. Ils cherchaient à donner des descriptions rigoureuses de phénomènes observables, à partir desquelles il fût possible de faire des déductions sans introduire d'hypothèses causales. Hertz, par exemple, a construit sa mécanique sans faire appel à la force, une entité qui lui semblait douteuse. Les forces pouvaient tout à fait être remplacées de manière adéquate dans les équations par des accélérations. En renonçant à une prétendue connaissance des causes et des mécanismes, la physique pouvait, espérait-il, atteindre une validité presque intemporelle.

Le descriptivisme – peut-être devrions-nous plutôt dire, le « positivisme » – avait un troisième avantage, sans doute encore plus important. Comme il ne faisait aucune supposition sur les causes opérantes réelles, il était presque complètement neutre à l'égard du sujet traité. Ce n'est pas un hasard si le positivisme est devenu presque synonyme de scientisme. Auguste Comte, son fondateur, a voulu caractériser la science d'une manière qui s'appliquerait aussi bien à la sociologie qu'à l'astronomie, sans pour autant réduire aucunement l'une à l'autre. Plus d'un siècle plus tard, les positivistes du cercle de Vienne ont laissé un testament au nom révélateur, l'*Encyclopedia of Unified Science*. Vers la fin du siècle, Ernst Mach et ses alliés ont soutenu à plusieurs reprises qu'une philosophie de la science ne pouvait être valable si elle ne s'appliquait qu'à la physique. Pour lui, le positivisme affaiblissait l'emprise du matérialisme, ouvrant la voie à une psychophysique qui unifiait la physique et la psychologie en unissant l'esprit à la matière[28].

La passion de quantification positiviste a trouvé un écho dans les vastes ambitions sociales attribuées à la science : c'est ce qu'illustre parfaitement la carrière de Karl Pearson. Du début des années 1890 jusqu'à sa mort, plus de quarante ans plus tard, Pearson a consacré ses talents prodigieux à l'élaboration d'une méthode statistique et à son application à des questions biolo-

---

28. PORTER, « Death of the Object » ; HEIDELBERGER, *Innere Seite der Natur*.

giques et sociales. Il a été pratiquement le fondateur de la statistique mathématique et était convaincu que c'était la discipline qui permettait le mieux de raisonner dans presque tous les domaines de l'activité humaine. Y compris dans le gouvernement et l'administration, qui avaient été pendant trop longtemps entre les mains de gentlemen et d'aristocrates ignorants en matière de science.

Pearson, bien qu'anglais, gardait de ses années d'études une affinité durable pour la culture allemande. Son positivisme, comme celui de Mach, découlait de son antimatérialisme. Le monde, pour lui, n'était pas fait d'objets réels mais de perceptions. Le vrai but de la science était de les mettre en ordre. La nature n'avait pas en soi de forme définitive. Il ne s'ensuivait pas, cependant, que ce que nous appelons « connaissance » fût arbitraire ou purement personnel. La nature, ou plutôt la compréhension que nous en avons, devait être ordonnée par la méthode. Cela pouvait s'appliquer aussi bien au domaine social ou encore biologique qu'à celui de la physique. « Le domaine de la science est illimité ; ses matériaux sont infinis : tout groupe de phénomènes naturels, toute phase de la vie sociale, tout stade du développement passé ou présent est matière scientifique. *L'unité de toute science consiste seulement dans sa méthode, et non dans ses matériaux.* » Cette méthode consistait « à classifier soigneusement et laborieusement les faits, à comparer leurs relations et leur enchaînement, et enfin à découvrir par l'imagination disciplinée un bref énoncé ou une *formule* qui résume en quelques mots un large ensemble de faits. Une telle formule [...] est appelée loi scientifique »[29].

La nature n'était pas tout à fait passive face à l'investigation scientifique. Bien que doutant de l'utilité de parler d'un monde existant indépendamment, Pearson invoquait des facultés perceptives « normales » pour expliquer comment les sciences pouvaient parvenir à un consensus. Ces facultés, pensait-il, étaient données par la nature, c'est-à-dire par la sélection naturelle. La nature a également soumis des phénomènes à notre perception. Mais nous

---

29. PEARSON, *Grammar of Science*, p. 12 et 77 (trad. *Grammaire de la science*, p. 15 et 97-98 [non suivie ici]). Au sujet de l'insistance de Pearson sur la méthode, afin d'étendre le domaine de la science, voir YEO, « Scientific Method ».

n'avons jamais pu avoir accès à des entités ou à des causes. Il pourrait être raisonnable de parler de force, par exemple, mais seulement comme « une mesure commode du mouvement, et non pas sa cause ». Les atomes et les molécules sont des « notions » qui peuvent utilement « réduire la complexité de notre description des phénomènes ». Leur statut est à peu près le même que celui de « notions géométriques » comme le cercle, qui n'est autre que la limite d'une expérience sensible. Leur validité est dans tous les cas définie par leur utilité, ce qui pourrait même varier d'une situation à une autre. C'est pourquoi Pearson ne voyait rien de répréhensible à l'emploi par différentes disciplines d'expressions apparemment contradictoires[30].

Ce qu'il préférait, toutefois, ce n'était pas la modélisation mais une description et une analyse austèrement quantitatives. Là, il n'y avait pas de contradiction entre disciplines mais un ensemble cohérent de concepts qui pouvaient être universellement appliqués. Les plus importants d'entre eux étaient les outils de la statistique ; et entre ces constructions mentales et le monde on pouvait aisément établir des correspondances. Nulle part on ne trouve de ressemblance parfaite avec les lois, soulignait-il. Partout nous trouvons des corrélations. Autrement dit, même en mécanique, il y a toujours quelque variation inexpliquée. Cela ne devrait pas nous causer d'inquiétude. La possibilité de la science ne dépend que de manière extrêmement générale de la nature des phénomènes qui sont étudiés. Une corrélation, après tout, n'est pas une vérité profonde sur le monde mais un moyen pratique de résumer une expérience. La science, telle que la concevait Pearson, était une philosophie plus sociale que naturelle. Il n'en trouvait pas la clé dans le monde mais dans une méthode d'investigation ordonnée. Pour Pearson, la connaissance scientifique dépendait d'une approche correcte, ce qui signifiait avant tout dompter la subjectivité de l'homme[31].

---

30. Pearson, *Grammar of Science*, p. 203-204, 353 et 260 (trad. *Grammaire de la science*).

31. Pour une discussion plus approfondie, voir Porter, « Death of the Object ».

LA NORMALISATION DES MESURES

On pourrait objecter que la philosophie de Pearson cherche plus à administrer le monde qu'à le comprendre. Mais les normes et les mesures uniformes imposées par la bureaucratie ont été indispensables pour métamorphoser des compétences locales en connaissances scientifiques valables de façon générale. La science telle que nous la connaissons repose sur l'administration de la nature : une stupéfiante réussite sociale. Pearson a brillamment saisi l'esprit qui anime beaucoup d'activités de quantification, tant bureaucratiques que scientifiques. Sa philosophie s'applique particulièrement bien aux campagnes de normalisation des mesures. Nous pouvons prendre comme exemple représentatif le relevé topographique rectangulaire des États-Unis. Les enquêteurs n'ont pu ignorer complètement la courbure de la Terre, mais c'est la seule concession qu'ils ont faite à la nature. Les bassins versants et les montagnes ne les ont pas empêchés d'appliquer un maillage uniforme sur le pays [32].

Cela n'implique pas que la quantification soit intrinsèquement opposée à la nature. Le maillage uniforme et ses équivalents ne sont pas la seule forme que peut prendre la connaissance quantifiée. Les arpenteurs-géomètres étaient tout à fait capables de tracer les positions des rivières et d'utiliser des lignes de niveau pour représenter le relief en détail. La surface d'un pays peut être décrite quantitativement d'une infinité de façons. Mais un maillage carré a souvent été préféré par les gouvernements centraux en raison de sa plus grande simplicité. Un travail parfaitement organisé a été nécessaire pour le réaliser mais, une fois en place, il a permis d'enregistrer et de faire respecter des revendications territoriales à des centaines de miles de distance, avec le strict minimum de jugement ou de savoir local.

Comme l'a observé Otis Dudley Duncan, il est rare que la mesure sociale soit simplement imposée de l'extérieur. En réalité, la quantification est plutôt implicite « dans le processus social

---

32. H. Johnson, *Order upon the Land.*

lui-même, avant toute intrusion de la part des scientifiques[33] ».
La mesure naturelle, en revanche, est apparemment imposée de
l'extérieur. Pourtant, elle peut à juste titre être considérée elle
aussi comme implicite dans un processus social : le processus
social consistant à exploiter et à étudier la nature. Celui-ci a duré
longtemps, bien sûr, avant que des gens que nous reconnaissons
comme des chercheurs en sciences de la nature aient commencé à
s'y ingérer. Il y a cependant quelque chose de fondamentalement
trompeur dans cette manière de poser la question. Assurément,
il y avait de la mesure, mais de quel type ? Les scientifiques,
dans les sciences sociales comme dans les sciences de la nature,
ont profondément modifié ces processus sociaux. Ce qu'ils ont
apporté était une sorte d'objectivité, une mesure qui aspirait à
être indépendante des coutumes et du savoir local. En cela, ils ont
été des alliés de l'État centralisateur et des grandes institutions
économiques. C'est presque au même problème de la séparation
de la connaissance d'avec son contexte local que l'on doit faire
face dans les sphères politiques, économiques et scientifiques.

Il est difficile de dire si la mesure du temps est un fait social
ou naturel. Il y a quelques siècles encore, le temps social était
empreint de naturel. Le temps indiqué par les cadrans solaires a
d'abord été séparé en jour et nuit. Chacune de ces deux parties
durait douze heures. La frontière entre les deux était marquée
par le lever et le coucher du soleil. Exprimées dans le temps
homogène aujourd'hui en vigueur, les heures diurnes duraient
plus longtemps en été qu'en hiver. C'était tout à fait approprié,
car la journée de travail durait aussi plus longtemps en été
qu'en hiver. L'identification du temps avec les cycles naturels
était encore plus prononcée pour le temps calendaire que pour
le temps diurne. Il y avait une saison pour chaque chose : les
plantations, l'irrigation, le désherbage, la moisson, le pâturage, la
transhumance. Pour les peuples nomades, les cycles saisonniers
étaient encore plus élaborés : époques de la chasse au chevreuil
dans les bois, de la cueillette des baies dans les prairies, de la
pêche au saumon qui vient frayer dans les rivières, de la chasse

---

33. Duncan, *Social Measurement*, p. 36.

aux oiseaux migrateurs dans les estuaires. La position du Soleil et des étoiles ou une classification des jours aidaient à identifier ces moments, mais il y avait aussi des signes biologiques pour tempérer l'inflexibilité des cieux[34].

La demande d'un calendrier plus strict et plus prévisible a été suscitée par les besoins administratifs de l'Église et de l'État : il y avait une date pour payer les impôts, pour se présenter au service militaire, pour faire le carême ou encore pour célébrer Pâques. L'heure de l'horloge, de même, avait pris une signification religieuse et le respect ponctuel de l'heure des matines dans les monastères a été parmi les premières incitations à vivre par l'horloge[35]. Les relations de travail dans l'industrie ont eu une influence encore plus grande : dès le début de l'industrialisation, l'horloge a été un des principaux facteurs de discipline dans les usines, les écoles et les bureaux. Sa souveraineté croissante s'est construite nécessairement aux dépens du rythme diurne naturel de la lumière et de l'obscurité, de celui de la chaleur et du froid. Cela faisait partie, en somme, d'un régime artificiel, la conquête technologique, économique et sociale du temps. À la fin du XIXe siècle, avec le développement des réseaux de chemins de fer, on a même commencé à trouver souhaitable d'imposer des heures uniformes sur de larges bandes de terre s'étendant du nord au sud. Un peu plus tard, rencontrant une forte opposition de la part des agriculteurs et d'autres populations dépendant encore des cycles naturels, des gouvernements ont déclaré pour la première fois que le temps devrait être avancé chaque printemps et retardé chaque automne[36].

Des considérations semblables s'appliquent aux mesures de longueur, de poids et de volume. Ce sont des mesures physiques, mais ce sont aussi bien des mesures sociales, et, comme la plupart d'entre elles, elles existaient bien avant tout intérêt pour

34. Le cycle saisonnier mentionné ici reflète l'expérience des Indiens de la Nouvelle-Angleterre : voir CRONON, *Changes in the Land*, chap. 3 ; MERCHANT, *Ecological Revolutions*.

35. LANDES, *Revolution in Time*, chap. 3 (trad. *L'Heure qu'il est*, chap. 3).

36. THOMPSON, « Time, Work Discipline, and Industrial Capitalism » ; O'MALLEY, *Keeping Watch*.

la science. Il n'est guère possible d'imaginer une économie de marché et de commerce là où il n'y aurait ni prix ni mesures, ni par conséquent un usage considérable de la quantification. Comme beaucoup d'unités étaient à l'origine anthropomorphes, nous pouvons identifier un éloignement de la nature dans le glissement progressif vers des unités arbitraires. Mais il n'est guère important de savoir si un système de mesure est basé sur le pied et la livre ou sur le mètre et le kilogramme. Le changement vraiment important est celui qui a mené à la normalisation et à la convertibilité. La pratique de la quantification a radicalement changé au cours des trois derniers siècles, en particulier avec l'entrée en scène des scientifiques et des bureaucrates[37].

À notre époque, la mesure ne signifie rien d'autre que précision et objectivité. Notre échange idéal est impersonnel. Les consommateurs posent rarement les yeux sur le propriétaire ou le producteur des articles qu'ils achètent ; les négociants et les courtiers peuvent même ne jamais voir les produits qui font l'objet de leurs transactions. La confiance interpersonnelle est un élément important de certaines de ces transactions, mais elles dépendent encore plus de la foi dans les mécanismes technologiques et réglementaires impersonnels garantissant que les balances indiquent un bon poids et que l'étiquetage des boîtes est honnête. Les mesures de capacité, qui sont plus difficiles à contrôler que celles de poids, ne sont presque plus en usage, sauf pour les liquides. On n'imagine guère qu'il pourrait y avoir désaccord sur ce qui constitue une livre de beurre ou un hectare de terrain. Les laboratoires scientifiques acceptent sans commentaire ni contrôle particulier les indications en nanosecondes, milligrammes ou angströms données par les instruments.

Dans les sociétés de l'Ancien Régime, en revanche, la mesure a toujours été un sujet de négociation. Mais tout n'était pas négociable. Witold Kula remarque qu'au xviiie siècle, en Europe, les hôtels de ville exposaient en général un récipient d'un boisseau,

---

37. Sur la persistance de traditions de quantification radicalement hétérogènes, voir Lave, « Values of Quantification ».

valable pour cette région. Si quelqu'un mettait en doute l'exactitude d'un boisseau particulier, son contenu pouvait être versé dans l'officiel pour vérifier s'ils étaient égaux. Mais la question n'était pas réglée pour autant. Tout le monde savait que le grain pouvait être tassé davantage en le versant d'une plus grande hauteur, et dans certains cas la méthode de remplissage pouvait être spécifiée dans les contrats ou par la loi. Plus fondamentale encore était la question de la hauteur du tas dépassant le bord du récipient. Même les boisseaux aplanis pouvaient contenir des quantités variables selon que l'on avait appliqué la radoire avec ou sans pression. Il y avait en somme toujours de la place pour le pouvoir, la négociation ou la fraude dans la détermination de la hauteur du tas.

Ce système de mesures discrétionnaires pouvait fonctionner assez bien dans des circonstances favorables. Les grains avaient un juste prix, et la flexibilité des mesures laissait une certaine latitude pour garantir le fonctionnement du système. Par exemple, le blé étant plus estimé que l'avoine, il était généralement échangé par mesures rases, tandis que l'avoine était vendue par mesures combles. Un tas approprié pouvait être aussi négocié pour le blé sale, vêtu ou sentant le moisi. La pratique des marchands qui conservaient le juste prix en achetant par boisseaux combles et en vendant au même tarif par boisseaux ras était indispensable à leur subsistance. Kula mentionne que les mesures agraires polonaises variaient souvent en fonction de la qualité du sol, de sorte qu'une unité de terre représentait une valeur productive plus ou moins égale. Cette unité a été souvent définie comme la surface d'un terrain sur lequel une certaine quantité de graines pouvait être convenablement semée. En cas de litige, on le réglait en faisant appel au « semeur le meilleur et le plus honnête, qui ne se trompait pas même d'un pot[38] ». Sans ces médiateurs honnêtes, le système ne pouvait guère fonctionner. Mais, dans un régime basé sur la confiance, ces mesures discrétionnaires pouvaient être bien plus utiles que le résultat d'une objectivité aveugle produit par un arpenteur-géomètre.

38. KULA, *Les Mesures et les Hommes*, p. 50.

Il ne faudrait pas croire que nous avons là une heureuse *Gemeinschaft*, où la confiance était universelle et les abus impossibles. Les mesures pouvaient être une source importante de conflits et aussi de ressentiment, en particulier dans les transactions entre partenaires inégaux. Kula observe que ce système discrétionnaire de mesure était intimement lié à un régime fondé sur des privilèges sociaux plutôt que sur une loi uniforme. Les seigneurs recevaient presque toujours leurs fermages et redevances féodales en boisseaux combles. Les plus entreprenants présentaient périodiquement un nouveau boisseau. Si le récipient avait le même volume intérieur que le précédent, il pouvait cependant être plus plat et plus large, de manière à contenir un tas plus haut. Les paysans ne manquaient pas de remarquer ces changements, ou peut-être à l'occasion de les imaginer, mais ils n'avaient pas le pouvoir social de se plaindre effectivement. Lorsque, durant les premiers temps de la Révolution, ils ont eu la possibilité de rédiger des cahiers de doléances, les mesures figuraient parmi les griefs les plus fréquemment mentionnés. Le boisseau local, disaient-ils, était devenu de plus en plus grand, au profit des seigneurs. Il était temps d'instituer un seul vrai boisseau, valable pour l'ensemble de la France.

Kula conclut que dans le monde préindustriel, le qualitatif l'a toujours emporté sur le quantitatif. Le régime discrétionnaire, basé aussi sur la négociation, favorisait clairement les intérêts locaux au détriment du pouvoir central, comme cela a été universellement reconnu. L'avantage donné au jugement sur l'objectivité des mesures n'était que la partie visible de l'iceberg. Chaque région, parfois chaque village, avait ses propres mesures. Kula note que dans l'ancienne Silésie, les « villes [nouvellement affranchies] ont créé leurs propres boisseaux, symboles de leur liberté souveraine[39] ». C'était en fait plus qu'un symbole, car cela compliquait l'administration et le recouvrement de l'impôt par de plus hautes instances. Même le gouvernement d'un État relativement centralisé tel que la France était confronté à d'innombrables juridictions dotées de

39. *Ibid.*, p. 31.

leurs propres mesures. En outre, les unités différaient selon les types de matériaux ou de substances. Les mesures servant aux échanges étaient différentes pour la soie et le lin, ou pour le lait et le vin. Aucune n'était décimalisée. La monnaie ne l'était pas non plus. L'arithmétique pouvait être si compliquée que même les commerçants locaux étaient déjà à la limite de leurs compétences lorsqu'ils devaient faire une règle de trois. La conversion des unités d'une région à l'autre exigeait généralement le concours d'un maître de comptes, procurant ainsi un moyen d'existence à la plupart des mathématiciens au début de l'Europe moderne[40]. Cela a au moins freiné, sinon parfois bloqué, le développement des réseaux commerciaux à grande échelle, et l'expansion du capitalisme a été un des deux facteurs ayant le plus incité à unifier et à simplifier les mesures.

L'autre, bien sûr, était l'État, parfois en collaboration avec de grands intérêts industriels ou commerciaux, et parfois agissant pour ses propres raisons. Des mesures normalisées et des nomenclatures uniformes étaient au moins aussi utiles à l'activité gouvernementale centralisée qu'au commerce et à la production à grande échelle. Les mesures anglaises avaient atteint un certain degré de normalisation avant le xviiie siècle, mais la révolution française a été l'événement qui a déclenché la création de mesures uniformes sur tout le continent. Kula, qui rattache l'égalité métrologique à l'égalité juridique, observe que les révolutions politiques ont introduit le système métrique en Russie et en Chine. Des mesures uniformes et précises ont contribué à faire sortir l'économie d'un ordre fondé sur les privilèges pour la faire entrer dans le domaine du droit. Elles ont également renforcé le contrôle administratif sur les questions de fiscalité et de développement économique. Cependant, un impressionnant déploiement de force a d'abord été nécessaire, de la part de l'État, pour faire adopter le nouveau système. En France, cela a pris plus de quarante ans.

---

40. HEILBRON, « The Measure of Enlightenment » ; SCHNEIDER, « Maß und Messen » ; *idem*, « Forms of Professional Activity ». Sur la difficulté d'apprendre à compter à une époque de mesures non décimales très variées, voir COHEN, *A Calculating People*.

Comme personne ne savait ce qu'étaient le litre et le kilogramme, l'État devait commencer par les exprimer en unités locales. Le premier plan élaboré par les autorités était de rassembler toutes les mesures locales et de les envoyer à Paris pour être converties en équivalents métriques. Ce qui aurait réellement fait de Paris un centre de calcul. Mais c'était tout à fait irréalisable.

La résistance des provinces rendait la chose particulièrement difficile. Lorsque les paysans français avaient rédigé leurs cahiers de doléances, ils n'avaient souhaité ni le litre ni le kilogramme. Car le système métrique n'avait pas été conçu pour les paysans. Il ne rétablissait pas le vrai boisseau mais le mettait au rebut, en faveur d'un système de mesures et de noms entièrement inconnus, tirés pour la plupart d'une langue morte étrangère. L'institutionnalisation du système métrique soulevait des difficultés particulières à cause de l'aspiration à l'universalisme qui a contribué à lui donner forme. Cet universalisme correspondait à l'idéologie de la Révolution et plus particulièrement à l'idéologie de l'Empire. Il s'accordait bien aussi avec les idéaux des hommes de science, qui après tout l'avaient conçu. Les nouvelles unités avaient reçu des noms grecs, tout comme Lavoisier et ses collaborateurs avaient forgé des noms grecs pour les nouveaux éléments de la chimie.

Mieux encore, les concepteurs du système métrique aspiraient, pour leurs mesures, à un cadre de référence tout à fait universel. L'exemple le plus fameux en est le mètre, qui a été défini comme étant la dix-millionième partie de la distance entre le pôle et l'équateur. C'était là, selon la commission de scientifiques qui l'a proposée la première, une unité naturelle, indépendante de toute nation. Cela semble illustrer une aspiration typiquement scientifique à une parfaite objectivité, comme l'admiration de Max Planck pour les constantes universelles, lesquelles sont entièrement distinctes de tout trait et de tout intérêt humains, et doivent donc être également valables pour des non-humains[41]. Cette définition du mètre, cependant, était aussi une réponse à

41. HEILBRON, *Dilemmas of an Upright Man*, p. 53-54 (trad. *Planck : 1858-1947*, p. 56) ; MIROWSKI, « Looking for Those Natural Numbers ».

une incertitude politique plus locale. La plupart des scientifiques français préféraient définir cette unité comme étant la longueur d'un pendule qui bat les secondes. Mais il était par ailleurs question que le temps fût également décimalisé, et il est apparu peu judicieux de définir le mètre en fonction de quelque chose d'éphémère comme la seconde[42].

Le fait que la définition du mètre – fondée sur la Terre – soit extrêmement détachée du monde n'était pas essentiel pour construire un système de mesures rationaliste. Mais la collaboration de la science avec l'État pour définir le système métrique reflète une certaine communauté d'intérêts. Chacun, à sa manière, voulait l'autorité de la loi. La validité de la loi n'était pas censée dépendre d'une connaissance intime ou de contacts personnels, mais devrait être applicable à de grandes distances et par des étrangers. La participation des scientifiques à l'établissement des normes est devenue encore plus cruciale à partir des années 1790, ce qui n'est pas surprenant. À certains égards, le point culminant de cette activité a été atteint à la fin du XIXe siècle, quand des chercheurs de très haut rang ont collaboré pour définir des normes électriques[43]. Une nouvelle phase de cette relation a été inaugurée par la création à Berlin, en 1871, du premier vrai bureau de normalisation, la Physikalisch-Technische Reichsanstalt, fondée et dirigée par Hermann von Helmholtz[44]. Il n'y a guère de preuves de l'existence d'une incompatibilité entre les intérêts de la science et ceux de l'État ou des grandes industries. Selon Peter Lundgreen : « L'alliance de la neutralité scientifique et de l'autorité publique fournit un outil très convaincant pour régler ou du moins diminuer les conflits. » Il cite Ulysses Grant, qui a demandé sans succès au Congrès en 1877 l'instauration d'un test gouvernemental des matériaux : « Ces expériences ne peuvent pas être correctement réalisées par des entreprises privées, non seulement à cause de leur coût mais parce que les résultats

42. KULA, *Les Mesures et les Hommes* ; HEILBRON, « The Measure of Enlightenment » ; ALDER, « Revolution to Measure ».

43. SMITH – WISE, *Energy and Empire*, chap. 20 ; SCHAFFER, « Late Victorian Metrology ».

44. CAHAN, *Institute for an Empire*.

doivent reposer sur l'autorité de personnes désintéressées[45]. » Les bureaux de normalisation nécessitent normalement la collaboration de la science, du gouvernement et de l'industrie.

Ces bureaux publics ne sont pas les seuls endroits où les procédures de mesure sont établies et coordonnées. Les groupements commerciaux ont la même fonction pour des industries particulières. Les scientifiques ont souvent réussi une uniformisation sans faire appel à une agence gouvernementale centralisée. Mais cela impliquait nécessairement une intervention active. Comme le dit Latour, toutes les mesures « sont aussi des mesures mesurantes et celles-là construisent une commensurabilité qui n'existait pas avant leur mise au point ». L'établissement de cartes météorologiques de la pression atmosphérique illustre les difficultés rencontrées. À la fin du XIXe siècle, il existait déjà un réseau d'observatoires couvrant la plus grande partie de l'Europe. Les indications des instruments pouvaient être rassemblées presque immédiatement au moyen du télégraphe. En principe, tout le monde mesurait les mêmes grandeurs. Mais les instruments et les pratiques restaient en désaccord, et il était extrêmement difficile de les coordonner. Pendant des années, comme s'en plaignait le Norvégien Vilhelm Bjerknes, le manque de coordination est apparu sur la plupart des cartes météorologiques sous la forme d'un cyclone complètement artificiel sur Strasbourg. À l'évidence, l'observatoire de Strasbourg produisait des relevés de pression systématiquement plus faibles que la plupart des autres. Coordonner les observatoires était une aussi grande réussite que de définir un cadre théorique permettant d'analyser leurs résultats[46].

Elle semble pourtant insignifiante, comparée à certaines des tâches auxquelles doivent faire face aujourd'hui les bureaux de normalisation publics. Leur travail consiste à fournir aux fonctionnaires, à tous les niveaux du gouvernement, des spécifications et des tolérances pour toutes sortes de mesures. Elles ont une

---

45. LUNDGREEN, « Measures for Objectivity », p. 94 et 45.
46. FRIEDMAN, *Appropriating the Weather*, p. 62-66 ; LATOUR, *Nous n'avons jamais été modernes*, p. 153.

certaine valeur pour la recherche scientifique pure, mais leur but principal se trouve au point d'intersection de la science et de la réglementation. L'une d'elles, particulièrement importante de nos jours, concerne le contrôle de la pollution de l'air, de l'eau et des sols. Afin de réglementer les substances potentiellement dangereuses, il faut prescrire des façons de les mesurer. J.S. Hunter écrit à propos du National Bureau of Standards des États-Unis : « Nous avons maintenant atteint le stade où il existe une méthode prescrite par le gouvernement fédéral pour mesurer presque chaque phénomène physique, chimique ou biologique[47]. » La raison de ces prescriptions, bien sûr, n'est pas principalement de se protéger contre la fraude dans la science, bien que le fait d'avoir un protocole de mesure officiellement approuvé soit souvent utile aux scientifiques. Mais il s'agit plutôt d'empêcher les agents économiques, tels que les pollueurs, de choisir une méthode de mesure en vue de se présenter sous le jour le plus favorable. Il a été estimé officiellement que cette activité de mesure absorbe environ 6 % du produit national brut des États-Unis. Hunter déplore que presque toutes les mesures restent extrêmement inadéquates malgré ces nombreuses ressources et spécifications. Pour des raisons réglementaires plus encore que scientifiques, les mesures n'ont aucune valeur si elles ne sont pas raisonnablement normalisées. Il s'est avéré extrêmement difficile d'obtenir des exploitations agricoles, des laboratoires, des usines et des détaillants qu'ils signalent, sous la même forme et en suivant le même protocole de mesure, les quantités des myriades de substances qu'ils rejettent.

Faire une mesure à des fins publiques est rarement aussi simple qu'appliquer un mètre sur un objet. Hunter parle pompeusement mais de façon appropriée de « systèmes de mesure ». Dans le cas des effluents, il propose qu'un système de mesure approprié devrait inclure des critères pour (1) le choix des échantillons ; (2) la manipulation et la conservation des échantillons ; (3) le contrôle des réactifs analytiques ; (4) les méthodes de mesure, y compris l'étalonnage des instruments ; (5) la garde des échan-

---

47. Hunter, « National System of Scientific Measurement », p. 869.

tillons ; (6) les méthodes d'enregistrement et de traitement des données ; (7) la formation du personnel ; et (8) le contrôle du biais interlaboratoires. Il est clair que mesurer de façon adéquate signifie aussi bien discipliner les gens que normaliser les instruments et les processus. Si cela n'est pas réalisé, les mesures ne seront pas fiables. Tant que subsisteront des incohérences, les rejets mesurés ne pourront pas être efficacement quantifiés, quelle que soit la quantité de chiffres recueillis. En effet, les spécifications ne sont pas suffisantes à elles seules ; elles doivent être mises en œuvre en des millions de lieux différents, en étalonnant des millions d'instruments et des millions de personnes selon la même norme.

Même si tout cela était fait, on pourrait encore avoir des doutes. Hunter ne s'inquiète pas ouvertement de savoir si nous connaissons la quantité d'une substance donnée qui est réellement rejetée. Le problème concret le plus urgent est de garantir que chacun mesure et déclare ses rejets de la même façon. Alors nous pourrons du moins parler avec raison de quantification adéquate. Ensuite, il sera possible de combiner et de traiter les données – par exemple additionner toutes les déclarations le long d'une rivière donnée en tant que mesure de la quantité totale d'une certaine substance qui y est rejetée. Il est presque impossible de tolérer des différences dans les pratiques de mesure. Si un fabricant excentrique mais consciencieux décidait d'investir des ressources supplémentaires pour embaucher un chimiste particulièrement ingénieux, afin d'effectuer les analyses avec le plus grand soin en utilisant les méthodes de recherche les plus récentes, ce serait considéré par les instances de réglementation comme une source fâcheuse de biais interlaboratoires et potentiellement de fraude – et non pas une amélioration bienvenue de l'exactitude. Il y a une forte incitation à préférer des mesures précises et normalisables à celles qui sont très exactes. Dans la plupart des cas, l'exactitude n'a pas de sens si les mêmes opérations et les mêmes mesures ne peuvent pas être effectuées en plusieurs endroits. Cela est particulièrement vrai, et particulièrement urgent, là où les résultats de la recherche doivent être employés en dehors de la communauté scientifique.

LA NORMALISATION BIOLOGIQUE

Il n'existe aucun domaine où les résultats de la recherche de haut niveau doivent être employés en autant d'endroits qu'en médecine. C'est surtout au siècle dernier que les rapports entre la recherche et la pratique ont pris de l'importance. Ils ont été rendus possibles en partie en soumettant les médecins, avant qu'ils ne soient autorisés à exercer, à une formation universitaire poussée dans les sciences concernées. Cela n'aurait eu toutefois que très peu d'effet si les cliniciens n'avaient eu accès pour leur diagnostic à des analyses et à des images donnant des informations sous une forme identique à celle des laboratoires de recherche. La thérapeutique n'est pas moins dépendante de la normalisation des médicaments. Il est sans doute impossible que des milliers de pharmaciens travaillant principalement avec des substances à base de plantes puissent fournir des médicaments uniformes. Même les grandes entreprises pharmaceutiques de la fin du xixe siècle ont constaté que les différents lots d'un même médicament étaient très variables. Vers 1900, le rôle principal de la science dans l'industrie pharmaceutique n'était pas de développer de nouveaux médicaments mais de les tester et de les normaliser[48].

Les méthodes de normalisation les plus importantes ont été chimiques. L'isolement de principes actifs a permis la synthèse de médicaments, ce qui a supprimé ou diminué grandement le problème de la variabilité naturelle. Une classe importante de médicaments, cependant, résistait à l'isolement chimique. Ils faisaient l'objet, au début du xxe siècle, d'une nouvelle discipline de « normalisation biologique » à vocation nettement internationale. L'idée de base était de tester sur des animaux des médicaments dont on soupçonnait la forte variabilité naturelle et de mesurer leurs effets. Les doses pouvaient alors être modifiées selon que le lot en question se révélait être relativement fort ou faible.

Les pharmaciens étaient opposés aux conséquences centralisatrices de ce projet, perçues comme une menace pour leur

---

48. LIEBENAU, *Medical Science and Medical Industry*, p. 6-8, 21 et 41.

autonomie. La réalisation de tests chimiques sur les médicaments faisait partie de leur métier, après tout, et les essais biologiques ne semblaient pas très compliqués en principe. En 1910, deux Américains décrivirent une méthode pour tester la digitaline, en la disant « si simple qu'elle peut être maîtrisée par un pharmacien d'officine et réalisée avec les appareils qu'il a à portée de main ». Cela signifiait des mesures physiologiques peu compliquées. Le « pharmacien progressiste » devait seulement tester chaque cueillette de feuilles en déterminant la dose mortelle minimale par kilogramme de chat. Ce qui devait être appelé « unité de chat ». Les chats sont faciles à utiliser, expliquaient les auteurs, et leur mort « n'affecte pas autant la portion sentimentale de la population que ne le fait l'emploi des chiens ». Ils ont en outre une réponse d'une « extraordinaire uniformité ».

C'est du moins ce qu'il semblait au début. Une note de bas de page, peut-être ajoutée dans les épreuves, avertissait qu'on avait découvert récemment des chats tolérant une dose 50 % plus forte, de sorte qu'il fallait désormais un « nombre d'observations quelque peu supérieur » pour que la méthode soit fiable[49]. La portion sentimentale de la population n'en avait sans doute pas été enchantée. Et il y avait d'autres problèmes. On avait découvert que la digitaline extraite de la digitale avait plusieurs composants actifs. Les médecins s'opposaient à la simplification du médicament, préférant l'avantage ineffable d'une union des éléments constituants. Les animaux de test potentiels étaient apparemment sensibles à des principes actifs différents. L'« unité de grenouille » était déjà tombée en discrédit, parce que les grenouilles toléraient différemment le médicament en été et en hiver et qu'elles étaient souvent tuées par son effet sur leurs nerfs plutôt que sur leur cœur. En 1931, il y avait plus de sept cents articles, employant une grande variété d'animaux, sur le test quantitatif de la digitaline. Joshua H. Burn, un des meilleurs spécialistes de ce domaine, faisait remarquer en 1930 que les essais biologiques « restent un sujet d'amusement ou de désespoir, plutôt que de satisfaction

---

49. HATCHER – BRODY, « Biological Standardization of Drugs », p. 361, 369 et 370.

ou de respect de soi. Nous avons des unités de chat, de lapin, de rat, de souris, de chien et, toute dernière addition, des unités de pigeon. Le champ des animaux domestiques de laboratoire ayant été presque épuisé, il reste pour les esprits les plus hardis à découvrir des méthodes pour lesquelles pourrait être décrite une unité de lion ou d'éléphant »[50].

Il est possible que ces désaccords, souvent teintés d'orgueil national, sur les catégories de cobayes de laboratoire (l'animal sacrificiel préféré de Paul Ehrlich) n'aient pas beaucoup dérangé le pharmacien progressiste testant la digitaline. La preuve de la variabilité au sein des espèces – et la nécessité qui en découle de tester les médicaments sur de nombreux animaux – était un problème plus grave. En pratique, la normalisation biologique était une des forces conduisant à la consolidation de l'industrie pharmaceutique et à une redéfinition de l'art du pharmacien. Les grandes entreprises avaient les moyens d'engager du personnel scientifique pour effectuer les tests nécessaires[51]. Toutefois, les chercheurs et les gouvernements aspirent à quelque chose de mieux que des unités conventionnelles variant selon les fabricants, même si celles-ci pouvaient être présumées fiables. Les scientifiques s'efforçaient de vaincre la variabilité de la nature en élevant des animaux de laboratoire bien normalisés. Mais ils avaient peu de chance de réussir dès lors qu'ils ne pouvaient même pas se mettre d'accord sur les meilleures espèces à utiliser pour le test d'un médicament. La ligne de conduite la plus prometteuse était de constituer un ensemble d'étalons, comme le mètre en platine, auxquels les médicaments de chaque type seraient comparés. Cela a suscité d'extraordinaires prouesses d'organisation et a nécessité finalement la collaboration de plusieurs gouvernements et organisations internationales.

L'antitoxine diphtérique en a fourni le modèle. Dans les dernières années du XIXᵉ siècle, Paul Ehrlich a constaté que, tandis

---

50. Burn, « Errors of Biological Assay », p. 146 ; sur la digitaline, voir Stechl, *Biological Standardization of Drugs*, p. 132-149. Les méthodes étaient aussi classées d'après leur durée : une heure, quatre heures ou douze heures.

51. Stechl, *Biological Standardization of Drugs*, chap. 9.

que la toxine diphtérique était instable, l'antitoxine pouvait se conserver à l'état sec. Il a comparé d'autres échantillons d'antitoxine avec l'échantillon étalon en les testant dans des systèmes identiques, sur les toxines provenant d'une source unique. Son prestige de découvreur a suffi à faire de son antitoxine l'étalon auquel les autres devaient être comparés. Ehrlich a consolidé cette norme en envoyant des échantillons de son antitoxine aux chercheurs qui le souhaitaient.

Au cours de la première guerre mondiale, les matériaux allemands n'étant plus disponibles, l'un des échantillons auxiliaires, à Washington, est devenu pour quelque temps l'étalon international. En 1921, la Société des Nations a convoqué une conférence pour le comparer avec l'étalon d'Ehrlich et pour savoir s'il avait varié. Ayant constaté que ce n'était pas le cas, la conférence l'a alors défini comme l'« unité internationale de sérum antidiphtérique ». L'année suivante, en 1922, elle a établi de même une unité de sérum antitétanique. Beaucoup d'autres ont suivi, y compris la digitaline, dont l'étalon a été constitué d'une moyenne tirée d'un mélange de feuilles de provenances diverses. La SDN a mis en place en 1924 une commission permanente de la Normalisation biologique. Elle a confié la garde des sérums étalons à l'Institut sérothérapique de l'État danois, à Copenhague, et de tous les autres à l'Institut national de la recherche médicale, à Londres[52].

La normalisation de l'insuline est une bonne illustration du fonctionnement de ce système. Les chercheurs de Toronto qui l'ont découverte ont d'abord défini l'unité d'insuline comme la dose nécessaire pour produire un certain taux d'hypoglycémie chez les lapins pesant deux kilogrammes. Mais, comme le soulignait le principal chercheur britannique sur la normalisation biologique, Henry H. Dale, une telle unité ne pouvait pas « maintenir l'uniformité requise lorsqu'elle est déterminée par des institutions différentes dans différents pays, sur des animaux élevés dans des conditions différentes ». Une conférence internationale a donc décrété que la préparation de l'insuline sous forme sèche et stable était la meilleure façon de « définir et stabiliser l'unité ». « La pré-

---

52. Miles, « Biological Standards ».

paration étalon servirait alors de monnaie commode, au moyen de laquelle l'unité pouvait être transmise à tous les pays concernés. » Un dixième de gramme en a été ainsi envoyé à « une organisation responsable dans chaque pays », ou au moins dans ceux qui ont été considérés comme ayant une organisation responsable. Les scientifiques de chaque pays pouvaient alors mener leurs propres comparaisons comme ils l'entendaient. La publication officielle de la conférence comportait néanmoins des articles décrivant en détail les deux méthodes existantes : mesure de la glycémie chez le lapin, et déclenchement de convulsions chez la souris[53].

La Société des Nations et, plus tard, l'Organisation mondiale de la santé (de l'ONU) ont développé un système élaboré pour maintenir et diffuser les normes. A.A. Miles a expliqué en 1951 comment cela fonctionnait. La plupart des étalons étaient séchés, scellés, plongés dans un gaz inerte tel que l'azote, et maintenus dans l'obscurité à – 10 °C. De temps en temps, ils étaient sortis de la chambre froide et comparés avec des échantillons plus près du terrain. Malheureusement, les normes s'usaient lentement, et la tâche vraiment difficile était d'assurer leur stabilité. La réponse des animaux ne pouvait pas être la norme officielle, puisque « les animaux eux-mêmes ne peuvent pas être spécifiés avec précision ». Elle est restée, explique Miles, « la norme cachée ». « À l'intérieur d'un même laboratoire, où les employés ont une longue habitude de leurs animaux, de leur élevage et de leur alimentation, et effectuent continuellement un certain type de dosage, leur expérience combinée de la norme, même si elle est en grande partie incommunicable, constitue un contrôle précieux de sa puissance »[54].

« L'adoption de normes stables de ce genre met l'estimation des propriétés biologiques dans la même situation que la mesure des longueurs et des poids », affirmait J.H. Burn dans son manuel de normalisation biologique[55]. Il admettait cependant que les

---

53. Société des Nations, Health Organisation, *The Biological Standardisation of Insulin*, Genève, Société des Nations, avril 1926 ; citations tirées de Henry H. Dale, « Introduction », p. 5-8.
54. Miles, « Biological Standards », p. 289 et 287.
55. Burn *et al.*, *Biological Standardization*, p. 5.

problèmes y étaient plus grands. En effet, des efforts héroïques étaient nécessaires pour étendre les avantages de la normalisation à la technologie, à la réglementation, à la médecine et à la société elle-même. Aussi importante qu'ait été la normalisation pour des sciences bien établies et sans liens étroits avec leurs applications, elles peuvent accomplir beaucoup sans elle. L'organisation de la science en communautés disciplinaires et sous-disciplinaires favorise un large partage du savoir personnel. En outre, l'intérêt personnel des scientifiques est moins susceptible de les inciter à la tromperie, de sorte qu'il n'est pas nécessaire de définir les règles et les normes de manière rigoureuse. Dans le monde anonyme et multiforme de la médecine, de l'industrie, de l'agriculture et de la réglementation, les méthodes de travail informelles sont presque impossibles à harmoniser. Des règles claires, renforcées par une surveillance régulière, sont d'autant plus importantes.

Ce sont toutefois des différences de degré, non de nature. Quelle que soit la validité à laquelle les lois et les mesures scientifiques peuvent prétendre relativement au monde extérieur, cela n'a jamais suffi à les valider sur le plan opérationnel au-delà des frontières culturelles, linguistiques et de l'expérience. Ce que nous appelons l'« uniformité de la nature » est en réalité un triomphe de l'organisation humaine, à travers la réglementation, l'éducation, la fabrication et la méthode. Les nombres aussi ont dû être validés, mais ils se sont également révélés indispensables pour faire avancer ce projet. Karl Pearson n'a été ni le premier ni le dernier à avoir le culte de la quantification, qu'il considérait comme constitutive de la méthode scientifique. Elle avait l'attrait de l'impersonnalité, de la discipline et des règles. Au moyen de ces matériaux, la science a façonné un monde.

Chapitre II

Comment sont validés les chiffres sociaux

> [Les mathématiques] sont des machines
> qui [...] peuvent penser pour nous ; il y
> a autant d'avantages à s'en servir que,
> dans l'industrie, de celles qui travaillent
> pour nous.
>
> (Jules Dupuit, 1844)*

DISCIPLINE ET VALIDITÉ

La racine latine de *validité* signifie « pouvoir ». Le pouvoir doit être exercé de diverses façons pour valider les mesures et les comptages. Personne ne doute sérieusement qu'il existe une certaine quantité de phosphore, par exemple, dans un rejet donné d'eaux usées. Mais pour faire une mesure valable de ces rejets il faut exercer un pouvoir social de grande envergure. Cela implique non seulement un personnel discipliné mais aussi de bonnes relations publiques. Si les fabricants ou les écologistes pensent que le processus de mesure n'est pas fiable ou, pire, biaisé, il pourrait être amené à disparaître. Si les méthodes les plus exactes sont

---

* Épigraphe : Dupuit, « De la mesure », p. 375. Ce chapitre est tiré de Porter « Objectivity as Standardization ».

trop coûteuses, les moins bonnes peuvent devenir la norme. Utiliser les meilleures méthodes dans certains cas particuliers éveillera alors les soupçons, ou du moins cela posera des problèmes d'interprétation lorsqu'on voudra faire une comparaison avec les résultats des méthodes classiques. Aucune de ces incertitudes ne traduit une remise en question des faits concernés. Il y a plus d'une solution possible parce qu'il y a plus d'une méthode de mesure possible, ce qui suppose qu'il existe plusieurs mesures potentiellement valables.

Un exemple tiré des statistiques publiques révèle ce qui est en jeu. En principe, la population d'un pays est un chiffre relativement peu problématique. Mais il n'est pas entièrement déterminé par la distribution des individus dans un territoire. Tout d'abord il faut décider de la façon de compter les touristes, les étrangers, légaux ou illégaux, le personnel militaire et les personnes qui ont plus d'une résidence ou plusieurs nationalités. Une fois ces problèmes résolus, les chiffres de la population dépendront encore des méthodes spécifiées pour les obtenir. Aux États-Unis, il y a eu de vives controverses pour savoir s'il fallait incorporer dans les chiffres officiels l'estimation par le Bureau du recensement de son propre sous-dénombrement. Ce sous-dénombrement étant supposé affecter particulièrement les sans-abri des quartiers défavorisés, ces estimations sont loin d'être politiquement neutres. Pour le recensement de 1990, le secrétaire d'État au Commerce a décidé de ne pas les utiliser, en alléguant comme raison ou comme prétexte que de tels ajustements ne peuvent jamais être suffisamment objectifs.

Mais naturellement, le dénombrement lui-même n'est rendu objectif qu'en spécifiant en détail quels efforts seront faits pour localiser et compter les gens qui résident à de nouvelles adresses ou qu'on ne peut jamais trouver chez eux ou encore qui n'ont pas de résidence fixe. Toute méthode qui fonctionne systématiquement au détriment de certains territoires ou de catégories raciales et ethniques particulières sera immanquablement contestée, puisque la répartition du pouvoir politique et des recettes fédérales dépend des chiffres. Le Bureau du recensement est si vulnérable à la critique extérieure qu'il ne peut s'appuyer uniquement sur le jugement professionnel, au mépris de la politique. Les évaluations de la population ont été jusqu'à présent trop sensibles aux corrections ponctuelles pour recevoir l'accueil favorable qui pourrait les valider[1].

Tout aussi décisives pour la détermination des modes de quantification sont les formes d'expertise et les relations de pouvoir au sein d'une main-d'œuvre. Les différences entre les sondages d'opinion et les études universitaires de l'attitude sont instructives à cet égard. Ces deux stratégies d'enquête ont été élaborées principalement aux États-Unis pendant l'entre-deux-guerres. Les sondages d'opinion faisaient respecter une discipline stricte aux employés et aux personnes interrogées. Ayant appris que des formes logiquement équivalentes de la même question produisent des distributions de réponses très différentes, les enquêteurs utilisaient une stricte normalisation pour minimiser cette source de variation. Leurs employés recevaient la consigne de poser les questions dans un ordre précis et en les formulant exactement de la même façon ; les sondés étaient tenus de choisir, parmi un petit nombre de réponses types, celle qui était la meilleure expression de leur opinion. Au contraire, les études universitaires de l'« attitude » encourageaient généralement l'enquêteur à reformuler les questions et à faire varier leur ordre, et permettaient aux sujets de répondre avec leurs propres mots. Les chercheurs espéraient s'assurer de cette manière que la question avait été bien comprise et que la réponse était l'expression authentique de croyances ou de sentiments.

Cela reflétait une conception différente de ce qui était en question : les universitaires ne se contentaient pas de recueillir ce qu'ils considéraient comme l'expression superficielle d'opinions. Il fallait naturellement une certaine pénétration pour atteindre le niveau plus profond des engagements et des croyances qui permettraient aux chercheurs de donner une explication du comportement. Ces styles d'enquête divergents étaient aussi étroitement liés à des formes différentes d'organisation sociale.

---

1. Sur le recensement, voir ALONSO – STARR, *Politics of Numbers* ; ANDERSON, *American Census*.

Les chercheurs universitaires effectuaient une grande partie du travail eux-mêmes, ou utilisaient le travail des étudiants de troisième cycle qui pouvaient être formés à exercer leur discernement d'une façon prescrite. Les sondages d'opinion, en revanche, nécessitaient de nombreuses études à grande échelle réalisées par des assistants mal payés, comme des femmes au foyer, qui n'étaient pas initiés aux arcanes du métier. On ne comptait pas sur leur jugement, c'est pourquoi la forme relativement fixe et objective du questionnaire à choix multiples était de rigueur[2]. Des règles strictes sont presque indispensables, à moins que ceux recueillant les données soient eux-mêmes très bien socialisés dans le métier. Comme Jacques Bertillon le faisait remarquer en 1903, à propos des problèmes extraordinaires que posait la collecte de données statistiques internationales sur les causes de la mort, il est toujours préférable en cas de difficultés de disposer de normes claires plutôt que de dépendre du jugement. « Quelle que soit la solution qu'on adopte, il est préférable que cette solution soit uniforme. » Cela a été exprimé sous forme plus caustique en 1978 par deux chercheurs étudiant le codage des certificats de décès : « On ne peut obtenir de statistiques comparables si chacun fait ce qu'il ou elle pense être correct »[3].

Dans les cas extrêmes, la forme d'organisation sociale existante pouvait déterminer si l'on pouvait compter effectivement. Le recensement complet d'une grande population nécessite des structures bureaucratiques perfectionnées, que peu d'États possédaient avant le xixe siècle. Pour faire une estimation de leur population, les Français se sont fondés, au xviiie siècle, sur une forme d'échantillonnage et de calcul probabiliste[4]. Les quatre premiers recensements en Grande-Bretagne, de 1801 à 1831, ont été faits par l'Église anglicane. Une tentative de recensement particu-

---

2. Converse, *Survey Research in the United States*, p. 138, 194 et 267-304 ; Fleming, « Attitude : The History of a Concept » ; Porter, « Objectivity as Standardization », d'où quelques phrases ont été reportées ici.

3. La première citation provient de l'édition de 1903 des *Nomenclatures des maladies* ; la seconde d'un article de Constance Perry et Alice Dolman ; toutes deux se trouvent dans Fagot-Largeault, *Causes de la mort*, p. 204 et 229.

4. Bru, « Estimations laplaciennes ».

lièrement intéressante et ambitieuse, que Marie-Noëlle Bourguet a étudiée dans un livre admirable, a été réalisée en France en l'an 9 de la République (1800-1801). C'était une époque de politique relativement modérée, qui avait mis fin provisoirement aux guerres incessantes de la période révolutionnaire. Le bureau de Statistique, qui disposait d'une large autonomie, était dirigé par des hommes qui concevaient ce projet comme la promotion d'un gouvernement libéral. Ils espéraient que, par la collecte et la diffusion d'une grande quantité de données dans toute la France, ils pourraient favoriser l'unité nationale et tenir informés l'ensemble des citoyens. D'autre part, ils voulaient savoir si la France était prospère sous le gouvernement républicain. Ils envoyèrent des questionnaires aux préfets de tous les départements pour demander une grande quantité d'informations, pour la plupart quantitatives. Ils voulaient connaître la population, bien entendu, mais ils demandaient également des informations détaillées sur l'économie. Quelle était la superficie des terres, quelle proportion de celles-ci était arable, plantée de vignobles, de vergers, de prairies ou de forêts ? Ils demandaient des renseignements sur les animaux domestiques : quel nombre de vaches, de chèvres et de moutons y avait-il dans la région, et de quelles races ; quelle quantité de lait, de laine, de cuir et de viande produisaient-ils ? Ils voulaient classer la population par professions, ou suivant les biens immobiliers et la richesse, mais certainement pas selon les critères de statut social qui avaient prévalu avant la Révolution.

Les préfets, nouvellement installés et surchargés de travail, furent déconcertés et dépassés par ces demandes. Ils devaient remplir un tableau qui était long de plusieurs pages et ne disposaient nullement de la bureaucratie qui eût été nécessaire pour le faire. Ils ont donc demandé l'aide des érudits et des notables locaux : de bons citoyens dont les familles étaient dans la région depuis longtemps et qui se prévalaient de leur connaissance intime des traditions, des coutumes et des produits de leur région. Le fruit de leurs recherches, dans les départements où elles ont donné un résultat, a été une collection de monographies, pleines d'informations utiles sur le caractère du paysage et des habitants, leur costume, leurs usages, leurs coutumes et leurs fêtes, ce qu'ils produisaient ou fabriquaient. Les érudits n'étaient pas idéologiquement opposés aux chiffres, et lorsque des informations ont pu être obtenues sur les naissances, les mariages ou les exportations, les rapports les ont transmises. Mais il était peu probable de voir ces bénévoles d'élite se rendre de maison en maison pour poser des dizaines de questions pertinentes sur les habitants, leur richesse et leur production. Même s'ils avaient voulu le faire, ces savants n'étaient pas assez nombreux pour interroger plus qu'une petite fraction de la population. Et même si l'information avait pu être recueillie de quelque façon, ni les préfets, ni le bureau de Statistique lui-même ne disposaient des ressources nécessaires pour la synthétiser.

On peut voir dans ces relations entre statisticiens et notables locaux une violente collision de cultures. Le bureau de Statistique voulait un type d'information que seule une vaste bureaucratie disciplinée aurait pu fournir. Les auteurs des rapports étaient des savants et des érudits qui nourrissaient un tout autre idéal de savoir. Ils ne pouvaient être convertis en agents automatisés des enquêtes d'autres personnes. Une troisième culture a fait une entrée énergique quelques années plus tard, en la personne de l'empereur et général Napoléon Bonaparte. Les objectifs libéraux des statisticiens ne signifiaient rien pour lui. Il voulait des informations spécifiques, axées sur la conscription, les réquisitions, les taxes et la gestion de l'économie en temps de guerre. Le bureau de Statistique était incapable de fournir ce qu'il exigeait, et, en 1811, il a fini par le fermer.

Ces difficultés administratives et politiques révèlent un obstacle plus général rencontré par les statisticiens français en 1800. La France n'était pas encore susceptible d'être réduite à des statistiques. Le manque de centralisation et d'administration bureaucratique ne permettait pas de former le personnel nécessaire, mais cela impliquait aussi que de nombreux aspects de la nation française ne pouvaient pas être décrits sous forme statistique. La France révolutionnaire restait, à bien des égards, une société de l'Ancien Régime. Assurément, sa population pouvait être comptée, bien que dans une société fortement stratifiée la plupart des gens ne fussent pas convaincus de l'utilité de dénombrer cette multitude d'êtres si différents. Le classement des gens en catégories était une tâche particulièrement épineuse. Il était difficile de continuer à utiliser les rangs et les ordres que la Révolution avait officiellement abolis dans les rapports. Et le bureau de Statistique s'est bientôt aperçu qu'il n'y avait pas d'ensemble unique de catégories pouvant convenir à toute la France. Jean-Antoine Chaptal, reconnaissant ce fait, émit une circulaire invitant les autorités locales à introduire de nouvelles catégories dans les tableaux si nécessaire. Bourguet souligne toutefois que c'était une concession dommageable, car elle signifiait « reconnaître l'existence d'une réalité diverse, locale, irréductible aux catégories homogènes d'une comptabilité nationale[5] ». Les métiers étaient souvent indéterminés, et en tout cas ils variaient d'une région à une autre. Les hiérarchies du travail, les professions et l'administration étaient à la fois instables et diversifiées. Les érudits locaux ont, semble-t-il, eu raison de préférer des statistiques verbales, descriptives, à des statistiques uniformes, strictement quantitatives. Complexe et sensible aux différences régionales, leur travail est pour cette raison très mal adapté aux exigences d'une administration centralisée. Des statistiques adaptées à un usage bureaucratique devaient attendre la refonte du pays.

RÈGLES ET INTERVENTIONS

Quelques décennies plus tard, Balzac estimait que la France avait été reconstruite selon les exigences des statisticiens. « [La société] a tout isolé pour mieux dominer, elle a tout partagé pour affaiblir. Elle règne sur des unités, sur des chiffres agglomérés comme des grains de blé dans un tas[6]. » Cette évolution vers l'individualisme n'étant pas seulement le résultat de la « société » mais aussi de la puissance administrative croissante de l'État, l'entreprise statis-

---

5. BOURGUET, *Déchiffrer la France*, p. 216 ; voir aussi BRIAN, *Mesure de l'État*, 2ᵉ partie.
6. BALZAC, *Le Curé de village*, chap. 12, p. 131.

tique était, dans une certaine mesure, autojustificative. En effet, le concept de société lui-même était en partie une construction statistique. Les régularités du crime et du suicide mises en évidence par les premières enquêtes de « statistiques morales » ne pouvaient évidemment pas être attribuées à l'individu. De sorte qu'elles sont devenues des propriétés de la « société » et, de 1830 jusqu'à la fin du siècle, elles ont été communément considérées comme la meilleure preuve de son existence réelle[7].

La puissance créatrice des statistiques ne se limite pas à des entités globales comme la société. Chaque catégorie est en puissance une nouvelle chose. Les tableaux de mariage ont révélé que, chaque année, un petit nombre d'hommes de moins de trente ans épousaient des femmes septuagénaires. Voilà un phénomène qui pourrait être étudié. Le statisticien curieux pourrait comparer les taux dans différents pays, ou selon la foi religieuse ou encore les lois de l'héritage, afin de comprendre cet aspect de la vie sociale. Une entité statistique plus courante, pour nous, est le taux de criminalité. Il y avait des crimes, bien sûr, avant que les statisticiens n'occupent ce domaine, mais il est douteux qu'il y ait eu des taux de criminalité. De même, les gens – ou des personnes qu'ils rencontraient – se trouvaient parfois sans travail avant que cela ne devienne un phénomène statistique. L'invention du taux de criminalité dans les années 1830 et du taux de chômage vers 1900 est l'indice d'une autre sorte de phénomène, un état de la société impliquant une responsabilité collective plutôt que la situation malheureuse ou répréhensible de certaines personnes[8].

Ian Hacking donne un exemple frappant de la création d'une entité statistique. En 1825, John Finlaison attestait devant une commission restreinte de la Chambre des communes que, bien que la mortalité fût soumise à une loi de la nature qui était bien connue, la maladie ne l'était pas. Cet état de choses était inacceptable pour le gouvernement, en particulier parce que des milliers de sociétés amicales de travailleurs (*friendly socie-*

---

7. PORTER, *Rise of Statistical Thinking*, chap. 2 ; HACKING, « Statistical Language ».
8. HIMMELFARB, *Poverty and Compassion*, p. 41.

ties) avaient entrepris d'assurer leurs membres contre les conséquences des maladies. La commission restreinte redoutait les
faillites qui pouvaient bientôt survenir. En avril, la commission
avait intimidé Finlaison pour lui faire admettre l'existence possible de lois de la maladie. Le rapport de la commission avait
ensuite résumé son témoignage de façon trompeuse comme une
confirmation que la maladie « peut être réduite à une loi quasi
certaine ». Un commentaire de 1852, croyant fidèle le résumé de
la commission, s'étonnait que ces lois de la maladie n'eussent
pas été dégagées, étant donné l'abondance des matériaux
contenus dans les rapports quinquennaux des sociétés amicales.
À cela, le conseil du nouvellement créé Institut (britannique)
des actuaires répondit en niant l'existence de lois valables dans
l'ensemble de ce domaine. « L'idée qu'il existe un taux "fixe"
de la mortalité et un taux "fixe" de la maladie est évidemment
indéfendable. Il y a des raisons de croire que ces taux diffèrent
dans chaque association [d'assurance], peut-être pas largement
mais de façon significative »[9].

Cette variabilité, estimaient les actuaires, expliquait pourquoi une compagnie d'assurance avait besoin d'être gérée de
façon compétente et professionnelle par des hommes comme
eux-mêmes. Cela ne signifiait pas, cependant, laisser ces
compagnies à la merci de la nature et de la constitution de leurs
assurés. Les compagnies peuvent prendre soin d'elles-mêmes
en faisant en sorte que la maladie dans une organisation
donnée reste dans les limites de son propre ensemble de
lois. Un certain William Sanders expliquait en 1849, à une
autre de ces nombreuses commissions parlementaires sur les
sociétés amicales, comment il avait préservé la solvabilité de
la Birmingham General Provident and Benevolent Institution.
Les tables donnant les taux de maladie étaient importantes,
déclarait-il, mais l'élément décisif était des règles strictes pour
définir les limites de la maladie convenable. Le témoignage
s'est déroulé comme suit :

---

9. HACKING, *Taming of Chance*, p. 47 ; TOMPKINS, « Laws of Sickness and
Mortality » ; « Editorial Note », *Assurance Magazine*, 3 (1852-1853), p. 15-17 : 15.

T.H. Sutton Sotheron [de la commission] : Ne serait-il pas suffisant de simplement calculer de bonnes tables pour protéger la société ; pourquoi devez-vous avoir de surcroît de bonnes règles ?

Sanders : Bien au contraire, je préfère faire confiance à une société avec des tables moyennes et de bonnes règles, qu'à une excellente avec de mauvaises règles.

Sir H. Halford [de la commission] : La sévérité des règles consiste-t-elle à restreindre les paiements ?

Sanders : Bien sûr, elle consiste à imposer des limites à l'assurance ; nous ne permettons pas à nos membres de s'assurer contre la maladie pour un montant tel que, compte tenu de leur situation et de leurs revenus, cela révélerait une tentation de fraude.

Halford : Vous faites sans doute allusion à un strict contrôle de la réalité de la maladie ?

Sanders : Nous enquêtons sur cela, bien sûr ; nous ne payons que sur présentation d'un certificat médical. De plus, les parties sont visitées par des membres ordinaires, et ces visites sont rapportées chaque semaine au secrétaire.

Halford : Bien entendu, vous interdisez tout travail pendant la maladie ?

Sanders : Nos règles sur ce point sont plus strictes que la plupart[10].

En bref, la maladie ne pouvait pas être quantifiée de façon fiable avant d'avoir été explorée et subdivisée. Cette surveillance de la maladie est devenue encore plus importante ces derniers temps. Sinon, le Trésor public serait vidé par des épidémies de maladies non autorisées, et, suivant la logique du néo-ricardianisme, toute plus-value passerait inéluctablement dans les mains des médecins.

L'assurance-vie était en quelque sorte moins vulnérable à la simulation, et la perspective d'une quantification fiable sans intervention était d'autant plus favorable. Pour certains usages, tels que la surveillance de la santé de l'ensemble de la population d'un pays, les tables de mortalité générales étaient considérées comme appropriées. Elles supposaient habituellement une cohorte

10. *Report from the Select Committee on the Friendly Society Bill*, Parliamentary Papers, 1849, XIV, 1, témoignage de William Sanders, p. 43-56 : 46. Les statistiques des accidents variaient aussi selon les formes d'intervention : voir Bartrip – Fenn, « Measurement of Safety ».

de naissances de 10 000 individus de chaque sexe et donnaient, pour chaque année jusqu'à l'âge de cent ans, le nombre attendu de survivants. Les régularités étaient bien entendu sujettes à des fluctuations causées par le choléra ou le mildiou de la pomme de terre. Les compagnies d'assurance-vie considéraient cependant que c'était le moindre de leurs problèmes. Une société qui admettrait tous les demandeurs aurait bientôt pour membres une majorité de malades et de mourants, ce qui serait fatal à la compagnie ainsi qu'à ses membres. Même s'il existait des « lois générales de la mortalité », ce qui était matière à controverse chez les actuaires, elles ne pouvaient servir de fondement à l'assurance-vie. Les actuaires du xixᵉ siècle reconnaissaient que leur travail nécessitait la création d'un domaine doté d'un ordre artificiel. Ce qu'ils cherchaient à réaliser principalement par une sélection habile des assurés.

Les historiens modernes de l'assurance soutiennent le point de vue des actuaires victoriens sur l'importance de cette sélection. Clive Trebilcock explique que la compagnie The Pelican n'a pas été rentable pendant tout le xixᵉ siècle parce qu'elle « n'était tout simplement pas compétente dans la sélection de ses assurés[11] ». Il semble qu'elle assurait de trop nombreux aristocrates débauchés, tandis que d'autres compagnies préféraient les sobres classes moyennes. L'importance capitale d'une sélection appropriée était universellement reconnue. La Compagnie anglo-bengali de prêt sans intérêts et d'assurance-vie (Anglo-Bengalee Disinterested Loan and Life Assurance Company), imaginée par Charles Dickens dans son roman de 1843-1844, *Martin Chuzzlewit*, révélait son irresponsabilité aux lecteurs de Dickens en admettant sans discernement de nouveaux assurés. Le Dʳ Jobling, le médecin de la compagnie, recevait une commission sur chaque nouvelle police[12].

11. Trebilcock, *Phoenix Assurance*, p. 605.
12. Dickens, *Martin Chuzzlewit*, chap. 27, p. 509-510 (trad. chap. xxvii, p. 1082-1084). Il apprenait aussi au lecteur qu'il n'y avait pas de capital versé, que la compagnie donnait des chiffres faux dans sa publicité et que ses primes étaient trop faibles. La nature louche de l'entreprise se manifestait clairement dans le caractère des membres de sa direction.

Le choix des assurés posait un difficile problème de confiance et de surveillance. Une compagnie saine prenait soin de nommer dans son conseil d'administration des représentants de l'expertise médicale ainsi que financière. La pratique habituelle des sociétés d'assurance-vie dans les premières décennies de l'industrie était d'exiger que chaque demandeur comparaisse personnellement devant les administrateurs réunis. Sa demande était examinée et la décision était éventuellement prise de le considérer comme un assuré « de choix ». Mais parfois cet examen pouvait poser de gros problèmes, surtout si le demandeur vivait loin de Londres. Charles Babbage indiquait en 1826, dans son étude sur les établissements d'assurance, que la plupart des compagnies étaient prêtes à renoncer à cette visite moyennant un certain pourcentage. Nul n'avait jamais calculé, ajoutait-il avec désapprobation, à combien il devait s'élever[13].

Il est clair que les compagnies avaient besoin de toute façon de quelques informations sur les demandeurs qu'elles examinaient. La source la plus pratique de conseils était leurs agents dans d'autres villes qui avaient sollicité le client en premier lieu. Mais les agents pouvaient n'avoir aucune expertise médicale, et en tout cas, il était dangereux de compter sur le discernement de personnes travaillant à la commission. Trebilcock montre que dans le cas de l'assurance incendie, au moins, le manque de jugement ou la cupidité de certains agents ont fait subir à la Phoenix Assurance des pertes énormes d'abord à St. Thomas, puis à Liverpool[14]. La compagnie The Pelican nomma un médecin-conseil à son conseil d'administration en 1828 et essaya de garder le contrôle de la qualité et des références de ses médecins. Mais l'attention qu'ils prêtaient aux questions médicales était seulement intermittente. Le grand nombre de polices annulées témoigne de la fréquence des erreurs. Son conseil d'administration s'intéressait en général davantage aux placements qu'aux tâches actuarielles ou médicales. C'était peut-être la raison pour laquelle la compagnie avait

---

13. Babbage, *Institutions for the Assurance of Lives*, p. 125.
14. Trebilcock, *Phoenix Assurance*, p. 211-212, 419 et 552.

subi une forte mortalité[15]. La Royal Exchange Assurance avait de meilleurs résultats avec ses actuaires et ses médecins-conseils, et donc aussi dans ses activités d'assurance-vie. Elle a nommé un médecin-conseil en 1842, quatorze ans après le Pelican, et n'a pas exigé de certificat médical des demandeurs d'assurance avant 1838. Il faudrait probablement interpréter cela non pas comme un signe d'indifférence, mais plutôt d'extrême intérêt personnel, une réticence à déléguer à d'autres ces décisions cruciales, relatives à la qualité des assurés[16].

Quatre actuaires, convoqués en 1843 devant une commission parlementaire des Sociétés par actions, ont décrit en détail comment étaient identifiés les bons assurés. Tout d'abord, on demandait au candidat s'il avait eu « certaines maladies bien précises ». Il devait donner les noms de son « médecin traitant et d'un ami intime connaissant ses habitudes et son état de santé ». Des demandes de renseignements étaient ensuite envoyées par lettre à l'ami ainsi qu'au médecin, et le demandeur lui-même était invité à se présenter « soit devant les directeurs, dans les bureaux de l'assurance, soit devant un médecin-conseil qu'ils pourraient désigner, ou les deux ». Le président de la commission restreinte, Richard Lalor Sheil, n'était pas convaincu que cet entretien avec le conseil d'administration pût servir à quelque chose. « Je considère qu'il est très utile », répondit Charles Ansell. « Mais c'est surtout sur le rapport médical qu'on se base, n'est-ce pas ? », lui demanda-t-on. « Je ne dirais pas cela ; je connais en effet des cas où les administrateurs sont assez audacieux pour avoir un avis complètement différent de celui du médecin-conseil et accepter le demandeur qu'il rejetait, ou parfois le contraire. » Un autre actuaire, Griffith Davies, intervint en disant que les administrateurs n'acceptaient presque jamais un demandeur que le médecin-conseil avait rejeté, mais en rejetaient souvent d'autres que le médecin avait approuvés. « Il y a un autre avantage, reprit Ansell, que savent utiliser parfois des hommes d'expérience voyant les demandeurs d'assurance : c'est que les habitudes

---

15. *Ibid.*, p. 607-608.
16. Supple, *Royal Exchange Assurance*, p. 176-177 et 99.

des hommes sont souvent indiquées par leur apparence, et cela conduit souvent à interroger les intéressés sur leurs habitudes », telles que la consommation d'alcool [17]. L'assurance-vie n'était pas destinée aux gens dissolus ou de mauvaise réputation.

Comme les compagnies, au milieu du siècle, n'étaient encore ni très grandes ni bureaucratiques, les actuaires participaient eux aussi à la sélection des assurés, et la revue de l'Institut des actuaires, l'*Assurance Magazine*, publiait occasionnellement des conseils à ce sujet. En 1859-1860, elle a publié un recueil de préceptes médicaux pour identifier les mauvais demandeurs. « L'œil exercé du médecin-conseil reconnaîtra immédiatement l'ivrogne invétéré à son visage bouffi caractéristique » et rejettera sa demande. Une attaque, même légère, d'apoplexie « rend un demandeur tout à fait impossible à accepter », et aucune compagnie respectable n'envisagerait sérieusement de prendre « un goutteux qui est un noceur aux habitudes sédentaires » [18].

LA CRÉATION DE CHOSES

Les catégories statistiques officielles occupent un terrain contesté. Les chiffres qu'elles contiennent sont menacés par l'incompréhension ainsi que par l'intérêt personnel. Les statisticiens sont confrontés à un problème de reproductibilité très voisin de celui rencontré dans la mesure des concentrations dans les effluents. Des milliers d'agents doivent être formés pour classer une humanité indisciplinée en catégories dociles. Dans chaque bureau, des employés élaborent des savoir-faire, discutant entre eux de la classification professionnelle la plus appropriée à un dentiste à la retraite qui gère des locations de vacances ou à un apprenti romancier qui pour le moment

17. *Report of the Select Committee on Joint Stock Companies, together with the Minutes of Evidence*, British Parliamentary Papers, House of Commons, 1844, VII, p. 147-148.

18. WARD, « Medical Estimate of Life », p. 252, 338 et 336 ; réimpr. de *American Life Assurance Magazine*. Cette section est tirée de PORTER, « Precision and Trust ».

attend de trouver sa place dans un tableau. Alain Desrosières et Laurent Thévenot, de l'INSEE, l'Institut national de la statistique, examinant les problèmes de codage, nous apprennent que, même dans cet organisme statistique exemplaire, un nouvel entretien affectera un employé, jusque dans 20 % des cas, à une autre catégorie professionnelle que celle qui lui était initialement attribuée[19].

À l'occasion, les incertitudes sont plus profondes, et ce sont les catégories elles-mêmes qui sont contestées. La catégorisation raciale et ethnique inspire une grande passion, et elle est toujours très controversée aux États-Unis. Les militants et les bureaucrates ont réussi à créer la catégorie des « Hispaniques », comprenant les Américains d'origine mexicaine, cubaine, portoricaine, ibérique, ainsi que ceux d'Amérique centrale et d'Amérique du Sud, mais elle était loin d'être universellement acceptée chez les gens qu'elle désigne[20]. En Allemagne, aux États-Unis et en France, on trouve trois formes assez différentes d'êtres humains correspondant à ceux qui en anglais sont appelés *professionals*. Desrosières et Thévenot ont analysé les ambitions politiques et administratives qui leur ont donné naissance. Toutes trois reflètent l'abandon de la catégorisation par secteur, qui mettait les médecins avec les infirmières et les cadres de l'industrie automobile avec les travailleurs à la chaîne, en faveur d'un respect plus strict de la hiérarchie. Dans chaque cas, il y a aussi une histoire plus locale. La catégorie allemande de l'*Angestellte*, nom donné aux employés salariés en dehors du secteur public, a été inventée à l'époque des lois de Bismarck sur l'assurance sociale pour que ces gens respectables ne soient pas assimilés aux ouvriers salariés, ni représentés par des syndicats socialistes. L'Américain *professional* est apparu au début du xxᵉ siècle pour établir une distinction entre les hommes de savoir voués à un idéal de service et les directeurs commerciaux. Les statisticiens français ont forgé le nom de « cadre » lors de la planification économique des années 1930 et 1940.

19. DESROSIÈRES – THÉVENOT, *Catégories socioprofessionnelles*, p. 39.
20. PETERSON, « Politics and the Measurement of Ethnicity ».

Le fait que la catégorisation dépende de circonstances particulières semble impliquer que les catégories sont très contingentes, et donc fragiles. Une fois mises en place, elles peuvent cependant se révéler d'une résistance impressionnante. Des légions d'employés des statistiques collectent et élaborent des chiffres en supposant que les catégories sont valables. Les journaux et les fonctionnaires désireux d'analyser les caractéristiques numériques d'une population n'ont guère la possibilité de remanier les chiffres pour en obtenir d'autres. Elles deviennent ainsi des boîtes noires difficilement contestables sauf, de façon limitée, par les initiés. Une fois devenues officielles, elles deviennent de plus en plus réelles.

Desrosières en donne une illustration frappante. En 1930, personne en France ne parlait de cadres ni ne savait même ce que c'était. L'origine du concept se trouve dans un mouvement de solidarité de la classe moyenne, s'opposant aux ploutocrates et aux travailleurs. Le terme de « cadre » a d'abord été appliqué sous Vichy à ces ingénieurs et à ce personnel d'encadrement. C'est devenu après-guerre une catégorie de planification dans les statistiques officielles. Il fallait une définition étroite pour que ses membres puissent être comptés et bientôt rattachés à une multitude de caractéristiques numériques. À présent on peut apprendre dans les journaux français ce que les cadres pensent des problèmes du moment, ou la façon dont ils s'habillent et ce qu'ils lisent[21]. Les catégories statistiques constituent de plus en plus la base de l'identité individuelle et collective. Pour Thévenot, les histoires comme celles-ci sont au cœur de la formation des classes sociales, qui, selon lui, sont inséparables des instruments des statistiques sociales contribuant à leur articulation[22]. L'identité nationale, elle aussi, peut se former en partie à travers l'articulation de statistiques publiques – ou encore, être menacée comme en Italie par un manque flagrant d'uniformité statistique[23]. Les

21. Desrosières, « How to Make Things Which Hold Together » ; Desrosières, « Spécificités de la statistique » ; ainsi que Desrosières – Thévenot, *Catégories socioprofessionnelles* ; Boltanski, *Les Cadres*.

22. Thévenot, « La politique des statistiques ».

23. Anderson, *Imagined Communities* (trad. *Imaginaire national*) ; Revel, « Knowledge of the Territory » ; Patriarca, *Numbers and Nationhood*.

statistiques publiques sont en mesure de décrire la réalité sociale en partie parce qu'elles aident à la définir.

Dans les pays industrialisés occidentaux, comme dans les économies planifiées qui se sont formées au nom du socialisme marxiste, la quantification a fait partie d'une stratégie d'intervention et non pas seulement de description. Le romancier Alexandre Zinoviev a bien caractérisé le cas soviétique, sur un ton légèrement sarcastique :

> Les espoirs de découvertes scientifiques dans le domaine de la prévision du futur ne reposent sur rien. Premièrement la futurologie en URSS est une prérogative des hautes instances du parti et celles-ci ne permettraient pas que la piétaille scientifique se mêle de faire des découvertes dans ce domaine. Deuxièmement le futur n'est pas prédit, il est planifié. Il est par principe impossible de le prévoir. On peut par contre le planifier. L'histoire tend dans une certaine mesure à correspondre au plan. C'est ce qui se passe avec les plans quinquennaux : on le remplit toujours en tant que directives d'action, jamais en tant que prévisions[24].

Theodor Adorno a fait à ce sujet une remarque sur la relation de quantification avec le capitalisme qui existe dans l'industrie culturelle. Pendant qu'il était réfugié aux États-Unis, par l'un des plus étranges caprices du destin de l'histoire intellectuelle, il a été associé à une étude de la radio dirigée par un autre émigré de langue allemande, l'archi-quantificateur Paul Lazarsfeld. Adorno a évoqué ainsi cet épisode : « Lorsque je me trouvais dans l'obligation de "mesurer la culture", comme on disait, j'étais amené à réfléchir sur le fait que la culture est justement cet état d'esprit qui exclut toute velléité de la mesurer. » Mais, décida-t-il, cela n'exclut pas nécessairement l'étude quantitative des divertissements de masse. « Ce qui justifie la méthode quantitative c'est que les produits de l'industrie culturelle sont eux-mêmes pour ainsi dire planifiés selon un point de vue statistique. L'analyse quantitative les mesure à leur propre aune »[25].

---

24. ZINOVIEV, *Homo Sovieticus*, p. 112.
25. ADORNO, « Wissenschaftliche Erfahrungen in Amerika », p. 712 et 733 (trad. « Recherches expérimentales aux États-Unis », p. 275 et 296 ; cette trad. n'a pas été suivie ici).

Comme avec les méthodes des sciences de la nature, les technologies quantitatives utilisées pour étudier la vie sociale et économique fonctionnent mieux si le monde qu'ils visent à décrire peut être reconstruit à leur image. Si les tests psychologiques prédisent les niveaux scolaires, c'est en partie parce que des tests tout à fait semblables sont utilisés dans les écoles pour évaluer les élèves. S'ils sont en corrélation avec la réussite dans les affaires, cela est dû entre autres aux méthodes, importées des écoles de commerce, de résolution quantitative de problèmes. La remarque de Zinoviev sur les plans dans l'économie soviétique s'applique sans grands changements aux sociétés commerciales bureaucratiques occidentales : la quantification est à la fois un moyen de planification et de prévision. Les systèmes comptables et les processus de production sont mutuellement dépendants. La comptabilité analytique, par exemple, était impossible tant que les produits manufacturés, ainsi que les machines et les ouvriers, n'étaient pas profondément normalisés. Mais en même temps, une comptabilité perfectionnée est indispensable pour fonder une économie de production de masse. Un monde de production artisanale et de troc serait de peu d'utilité pour les outils des quantificateurs et leur serait imperméable.

On a parfois souligné que les comptes servent moins à représenter une situation qu'à guider le comportement des grandes entreprises. Il en va sans doute ainsi, bien qu'il y ait là davantage qu'un soupçon de fausse dichotomie. Des chiffres non crédibles en tant qu'assertions de vérité seront aussi moins efficaces lorsqu'il s'agira de prévoir le développement et de coordonner l'activité. Mais le mode impératif tend à définir l'indicatif. Une description adéquate compte peu si les chiffres ne sont pas en outre raisonnablement normalisés. C'est seulement de cette manière que le calcul établit des normes et des lignes directrices d'après lesquelles les acteurs peuvent être jugés et se juger. Les sociétés commerciales ont tôt commencé à évaluer les ouvriers par la quantité de leur production, ce qui avait le double avantage d'être facile à mesurer et lié sans ambiguïté à la rentabilité de l'entreprise. L'un des objectifs essentiels de la comptabilité était d'appliquer cette évaluation objective à des niveaux de responsabilité plus élevés, et donc de gérer de grandes entreprises multipolaires autant que possible selon des normes claires et explicites. Comme l'observait G.C. Harrison en 1930, c'était beaucoup plus facile à mettre en pratique dans le cas de l'« homme à cinq dollars par jour » que dans celui des cadres dirigeants. Mais des sociétés comme Du Pont et General Motors jugeaient déjà leurs divisions opérationnelles en utilisant un indice standard de rentabilité, le retour sur investissement ou RSI[26].

Toutes ces mesures entraînent nécessairement une perte d'information. Dans certains cas, comme celui de la comptabilité, le résultat net peut avoir une telle crédibilité que cette perte ne semble pas du tout pertinente. Mais cette attitude suppose que le résultat net est déterminé sans ambiguïté par les activités qu'il résume. Il ne l'est jamais. Lorsque les chefs d'entreprise sont jugés sur leurs comptes, ils apprennent à les optimiser, éventuellement grâce à des artifices comme de repousser l'entretien nécessaire et les autres frais à long terme[27]. Les estimations non financières peuvent être encore plus souples. Le Congrès a donné au Service des forêts (United States Forest Service) un mandat l'autorisant à couper seulement la quantité de bois renouvelée par la croissance annuelle. Depuis que cette loi est entrée en vigueur, les taux de croissance ont été grandement améliorés, au moins dans les comptes du Service des forêts, par l'emploi de nouveaux herbicides, pesticides et variétés d'arbres. Grâce à ces estimations douteuses, la loi a été rendue inoffensive[28].

Étant donné la façon dont les mesures peuvent être sapées par des manipulations intéressées, on peut douter qu'elles correspondent à quoi que ce soit. Mais une mesure plausible jouissant d'un soutien institutionnel suffisant peut néanmoins

---

26. Citation tirée de MILLER – O'LEARY, « Accounting and the Governable Person », p. 253 ; CHANDLER, *Strategy and Structure* (trad. *Stratégies et structures*) ; JOHNSON, « Management Accounting ».

27. HOPWOOD, *Accounting System*, p. 2-3.

28. Richard Brown, de la National Wildlife Federation, cité dans CAUFIELD, « The Pacific Forest », p. 68 ; voir aussi HAYS, « Politics of Environmental Administration », p. 48.

devenir réelle. Des grandeurs comptables telles que le retour sur investissement sont exemplaires. Comme le soulignent Peter Miller et Ted O'Leary, celui-ci ne fonctionne pas seulement comme une donnée transmise au plus haut niveau de la direction pour la tenir informée. Ce n'est pas non plus l'instrument d'un pouvoir coercitif permettant à une administration centralisée de prendre des décisions par-dessus la tête des cadres intermédiaires. Dans la mesure où il est devenu réel, il sert de fondement à une sorte d'autodiscipline essentielle, qui assujettit l'intérêt du personnel d'encadrement à celui de l'entreprise. La réussite des entreprises dépend d'une activité décentralisée vigoureuse. Les chiffres à eux seuls ne fournissent jamais assez d'informations pour prendre des décisions précises concernant le fonctionnement d'une entreprise. Leur but ultime est d'inculquer une éthique. Les mesures de rentabilité – les mesures de rendement en général – ne réussissent que dans la mesure où elles deviennent, selon l'expression de Nikolas Rose, des « technologies de l'âme ». Elles assurent la légitimité des actions administratives, surtout parce qu'elles fournissent des normes par rapport auxquelles les gens se jugent. Les notes à l'école, les résultats aux examens standardisés et le résultat net sur une feuille comptable ne peuvent avoir d'efficacité que si leur validité, ou du moins leur vraisemblance, est acceptée par les personnes dont ils sont censés mesurer les réalisations ou la valeur. Lorsque c'est le cas, les mesures atteignent leur but en donnant un sens aux activités mêmes qui sont mesurées. C'est ainsi que les individus sont rendus gouvernables ; pour reprendre l'expression de Foucault, ils font preuve de « gouvernementalité ». Les chiffres créent les normes et peuvent être comparés à elles ; elles font partie des formes de pouvoir les plus discrètes, et cependant omniprésentes, des démocraties modernes[29].

29. MILLER – O'LEARY, « Accounting and the Governable Person » ; MILLER – ROSE, « Governing Economic Life » ; ROSE, *Governing the Soul*. Deux ouvrages classiques traitant de la comptabilité dans les entreprises multipolaires : BROWN, *Centralized Control* ; SLOAN, *My Years with General Motors* (trad. *Mes années à la General Motors*).

L'INFORMATION

Cette activité créatrice de choses conditionne une grande partie de ce que nous connaissons sous le nom d'« information ». Bien sûr, pratiquement toutes les activités humaines supposent une certaine forme de savoir, et aucune société ne saurait fonctionner sans partager cette connaissance. En ce sens, le terme moderne de « société de l'information » est tout à fait inutile, car un village de paysans ne pourrait pas plus se passer d'information que le siège social d'une grande entreprise commerciale. Mais il suffit de prêter un peu attention aux nuances pour voir que beaucoup de choses ont changé. L'une d'elles, que les gourous de l'information n'ont pas manqué de souligner, est que les tableaux de recensement révèlent une forte augmentation du nombre et de la variété des personnes qui vivent principalement de l'accumulation et de l'échange des connaissances et dont les mains restent blanches et douces. Une autre est l'explosion du matériel factuel imprimé, de sorte que la maîtrise de l'écriture et du calcul (littérisme et numérisme) sont devenus indispensables dans le monde industriel (ou postindustriel).

Cette explosion des connaissances est beaucoup moins impressionnante que nous ne sommes souvent incités à le croire. Le savoir ne dépend pas en général de l'imprimé, et si les premiers agriculteurs, charpentiers, bouchers et forgerons modernes s'étaient donné autant de peine pour décrire leur travail que pour le faire, ils auraient pu remplir des volumes, tout comme nos chercheurs le font aujourd'hui. Mais leur ordre était fondé sur des façons plus personnelles de partager les compétences et d'échanger les biens. Les enfants des paysans recevaient de leurs parents les connaissances subtiles de la vie agricole. Les commerçants apprenaient leur métier au cours d'un long apprentissage qui combinait enseignement technique et moral. Les personnes extérieures n'avaient pas besoin de savoir tout cela, et, en effet, partager les compétences avec tous sans distinction aurait tendu à affaiblir l'exigence de qualité et d'autorégulation sur laquelle était réglée la vie des corporations[30].

Les affaires publiques sont aussi restées en grande partie privées au moins jusqu'à la fin du xviiie siècle. Il n'y avait nul besoin de mécanisme élaboré pour préserver le secret, même si les institutions, tant publiques que privées, avaient souvent de bonnes raisons de garder leurs secrets[31]. Cela reflétait plutôt la faiblesse des institutions de promotion des connaissances publiques. L'information politique comme celle des affaires était diffusée principalement par des réseaux de relations personnelles. En effet, les relations politiques et commerciales étaient souvent indissociables et ni les unes ni les autres ne pouvaient se distinguer aisément de l'amitié. Les Américains du xviiie siècle traitaient les lettres privées comme une affaire publique, et une lettre pouvait être ouverte et lue plusieurs fois, entre personnes de connaissance, de l'expéditeur au destinataire. La famille était au centre de beaucoup d'échanges d'informations, et les lettres au sein des familles de l'élite mêlaient souvent les nouvelles familiales et publiques. Ceux qui n'avaient pas de relations susceptibles de les renseigner sur les affaires politiques de manière informelle étaient supposés ne pas avoir vraiment besoin de les connaître. Les élites consultaient les journaux locaux comme une extension de leur savoir personnel. Seuls les journaux étrangers étaient considérés comme de l'information pure. Même les imprimés avaient souvent un caractère personnel, et on s'attendait à ce que quelqu'un arrivant de loin avec un journal ou une proclamation interprète et explique son contenu[32].

Comment pouvait-il en être autrement ? Il n'y avait pas de raison de se fier à un document anonyme. Les informations

---

30. SEWELL, *Work and Revolution* (trad. *Gens de métier et révolutions*).

31. Par exemple, la Bank of England, qui au début du xixe siècle a créé des « moyennes mobiles » dans un esprit de dissimulation, quand le Parlement lui a demandé de révéler ses avoirs en espèces ; voir KLEIN, *Statistical visions in time*.

32. Sur l'information au xviiie siècle, voir BROWN, *Knowledge Is Power*. Il ne faut pas généraliser trop hâtivement à partir des observations de Brown sur l'Amérique coloniale ; cependant, beaucoup de ces choses sont aussi vraies pour l'Europe.

impersonnelles étaient très difficiles à trouver. Comme le montre l'étude de Bourguet, même la bureaucratie française en 1800 ne pouvait pas en produire beaucoup. Les rapports scientifiques dépendaient pour leur crédibilité du statut social de l'auteur et de témoins, dont le nom et la fonction étaient souvent indiqués. Le manque de confiance était aggravé par des problèmes de comparabilité, qui résultaient de la diversité des institutions et de l'absence de normalisation des produits de base et des mesures. Dans la société de l'information, l'information consiste avant tout à communiquer avec des gens qui ne se connaissent pas entre eux, et qui ne peuvent donc pas fonder une compréhension commune sur une base personnelle. Cette information était encore peu importante au xviiie siècle. Comme la plupart des nouvelles circulaient dans la sphère privée, de bonnes sources d'information étaient synonymes de pouvoir. Cela reste vrai, en un sens, mais une grande partie de ce qui devait être appris en privé il y a deux siècles a depuis été remplacé par des connaissances formalisées et imprimées. Cela a été favorisé par l'énorme développement de l'édition de journaux à partir de la fin du xviiie siècle, associé à ce que R.R. Palmer a appelé l'« âge de la révolution démocratique » et à l'« espace public » de Jürgen Habermas[33]. Mais le fait d'avoir recours habituellement à des informations factuelles publiées supposait une discipline commune spécifiant la manière dont elles devaient être produites et interprétées. Dans la plupart des cas, cela nécessitait aussi la création administrative de nouvelles choses.

L'action de la chambre de commerce de Chicago, étudiée dans un livre de William Cronon, en est un exemple remarquable. Avant le développement des chemins de fer, il était de pratique courante dans le commerce des grains que les agriculteurs chargent leur blé dans des sacs d'un boisseau et lui fassent descendre une rivière en bateau. Un meunier ou un grossiste en aval offrait un prix pour le blé après en avoir examiné attentivement un échantillon. En pareilles circonstances, il est difficile de parler de « prix du blé » ni même d'information. Le Midwest semblait plat et uniforme, mais le produit de chaque ferme était unique. Il était sans doute possible de dire que le blé de bonne qualité atteignait un certain prix, mais un négociant eût été imprudent d'en acheter si lui-même ou une personne de confiance n'était pas sur place pour passer ses doigts dans les grains. Cette inspection personnelle continuait jusqu'au bout, quand le blé arrivait finalement aux consommateurs sous forme de farine ou de pain.

Dans les années 1850, cependant, les marchés étaient de plus en plus centralisés. La chambre de commerce de Chicago, une organisation bénévole fondée en 1848 par des hommes d'affaires, a commencé presque immédiatement à imposer une certaine uniformité à ce monde haut en couleur. Elle a d'abord redéfini le boisseau en l'exprimant en unités de poids. Les sacs d'un boisseau convenaient au transport fluvial mais pas aux silos à grains. Un problème encore plus important pour les silos était la qualité. Il n'était guère pratique de conserver le grain de chaque agriculteur dans un compartiment séparé. À partir de 1856, la chambre de commerce a entrepris de définir des catégories uniformes de blé. Leurs premiers efforts ont failli provoquer une catastrophe. Lorsque les agriculteurs ont découvert qu'ils recevraient à peu près le même prix pour un excellent blé propre que pour du blé sale, humide ou germé, ils ont commencé à se plaindre amèrement. Ils se sont mis en outre à mélanger leur blé avec de la terre et de la menue paille, ou du moins à ne plus prendre soin de le garder propre. Bientôt le prix du blé de Chicago sur les marchés de New York a baissé de cinq à huit *cents* au-dessous de celui du Milwaukee. Le nouveau système s'est avéré lui-même suffisant pour générer des informations impersonnelles sous la forme d'un prix uniforme, mais en causant un énorme préjudice aux agriculteurs et aux négociants locaux.

En 1857, la chambre de commerce a introduit une classification du blé fondée sur la qualité. À cette fin, elle a nommé un inspecteur municipal des grains, chargé de veiller à la répartition en catégories dans les différents silos. Mais la classification par les exploitants de silos – qui y étaient intéressés – s'est avérée insatisfaisante. En 1860, on a ordonné à l'inspecteur en chef de former ses propres assistants, instituant ainsi une petite bureau-cratie. Pour une somme fixe, ces inspecteurs devaient certifier la catégorie de tout chargement de grain destiné à être négocié à la Bourse de Chicago. Pour ce faire, ils devaient avoir le droit d'entrer dans les silos et d'inspecter le grain personnellement. Chaque lot était classé dans l'une des quatre catégories, de la meilleure qualité jusqu'au deuxième choix. Les exploitants de silos n'avaient que ces quatre qualités et trois variétés principales de blé à garder séparées.

Mais, bien entendu, ils ne l'ont pas fait car la qualité est continue et les catégories discrètes. Ils ont vite compris qu'ils pouvaient augmenter leur profit en mélangeant tous les grains jusqu'à la qualité la plus basse. Ce n'est pas resté longtemps secret. Bientôt les agriculteurs se sont plaints que ce mélange détournait au profit de louches exploitants un revenu qui leur appartenait de droit. Ils ont gagné la sympathie des journaux et des élus, qui ont menacé d'intervenir dans le commerce des grains. Contrôler la politique était aussi important que classer le blé pour la normalisation des grains, et la chambre de commerce a rejoint les agriculteurs qui demandaient des lois contre le mélange de qualités de blé différentes.

Finalement, les bureaucrates et les négociants ont réussi à créer ce qui n'avait jamais existé dans les fermes et encore moins dans la nature : des catégories uniformes de produits. Par la suite, le blé put être acheté et vendu à la Bourse de Chicago par des négo-ciants qui ne l'avaient jamais vu et ne le verraient jamais – qui ne savaient pas distinguer le blé de l'avoine. Ils pouvaient même acheter et vendre à terme des produits de base qui n'existaient pas encore. C'est ainsi qu'un réseau d'activités réglementées a fait naître un espace d'information, dans le sens moderne du terme. Un négociant en blé prospère n'avait plus besoin de passer son temps à juger de la qualité de la production de chaque agricul-teur dans les exploitations agricoles, les ports et les terminaux ferroviaires. En 1860, les connaissances nécessaires au négoce du blé avaient été séparées du bon grain et de l'ivraie. Elles se composaient maintenant de données sur les prix et de données de production, qui se trouvaient dans des documents imprimés

de minute en minute. Bien entendu, le besoin de contacts personnels et de sources d'information privées n'avait pas disparu.
De plus en plus, toutefois, les rumeurs elles-mêmes naissaient là
où était l'action – non pas dans les exploitations agricoles mais
sur le parquet de la Bourse[34].

34. CRONON, *Nature's Metropolis*, chap. 3. Voir aussi PORTER « Information,
Power, and the View from Nowhere ».

Chapitre III

La mesure en économie
et les valeurs de la science

Pour l'ingénieur social (*social engineer*),
la science politique devient une espèce
de *technologie sociale*.

(Karl POPPER, 1962)*

LA QUANTIFICATION COMME TECHNOLOGIE SOCIALE

Un manuel de science traite surtout de théorie. C'est particulièrement vrai de la physique, reine des sciences aujourd'hui, que les débutants et ceux qui sont étrangers à cette matière confondent parfois avec les mathématiques. Entrent dans cette catégorie de personnes extérieures la plupart des chercheurs en sciences sociales qui ont quelque peu réfléchi à l'œuvre accomplie par les sciences de la nature et à ce que cela implique pour les sciences humaines. Lorsque le problème est posé dans ces termes abstraits, même les expérimentateurs disent souvent que leur rôle est de tester la théorie. J'ai discuté dans le chapitre I certaines des

---

* Épigraphe : POPPER, *Open Society*, p. 22 (trad. p. 27, modifiée). Ce chapitre est basé sur PORTER « Rigor and Practicality ».

raisons de croire que l'expérience a une vie propre, une vie de pratiques instrumentales. Mais, évidemment, c'est aussi une vie de pratiques littéraires, d'analyse, d'écriture et d'argumentation. La quantification joue dans la vie expérimentale moderne un rôle à peine moins central que celui des mathématiques dans la théorie physique. Un de ses objectifs est de servir de pont entre la culture matérielle du laboratoire et les prédictions issues de la théorie formelle. On considère souvent que c'est le rôle décisif que joue la quantification expérimentale dans la pratique de la science. Ce n'est pas le cas. Les chercheurs dont le sujet d'étude est dépourvu de théorie mathématique s'appliquent souvent tout autant à exposer leurs méthodes ainsi que leurs résultats sous forme quantitative et à éliminer les conclusions qui ne peuvent pas s'exprimer ainsi.

La quantification est une technologie sociale. Alors que les idéaux mathématiques modernes plongent leurs racines dans la géométrie antique, laquelle mettait l'accent sur la démonstration et était largement séparée du domaine des nombres, l'arithmétique et l'algèbre sont nées sous la forme d'arts appliqués. Elles étaient associées à une activité de marchand : la tenue de la comptabilité. Cela est resté vrai au xvie siècle et jusqu'à un certain point encore au xixe. Dans la science, de même, les mesures quantitatives et le maniement des nombres remontent à l'Antiquité, mais leur place était clairement subordonnée à la démonstration mathématique. À la Renaissance, ces activités représentaient une grande partie de l'astronomie mathématique, laquelle servait à prédire la position des planètes et à déterminer la date de Pâques. C'est dans ce but que les positions des étoiles et des planètes étaient soigneusement mesurées. Jusqu'à Kepler, peu de gens se souciaient vraiment d'accorder les mesures avec une théorie physique. La vie de la mesure n'était pas tout à fait à part, mais simplement elle n'était pas au service de la théorie.

Même à la fin du xviiie siècle, quand les sciences expérimentales se sont ralliées à une éthique de la mesure, cette vie est restée aussi étroitement liée au monde pratique du commerce et de l'administration qu'à la théorie exacte. L'équilibre chimique a été introduit en chimie par le dosage des minerais, avec l'encouragement de l'administration publique des mines. Pour Lavoisier c'était un test décisif de maîtrise expérimentale, mais même alors, cela n'avait presque rien à voir avec la vérification d'une théorie. Un autre bon exemple est l'emploi du baromètre pour la mesure de l'altitude. Pascal a déduit d'une théorie qualitative, en 1648, que le niveau du mercure devait baisser quand le baromètre était placé à une altitude plus élevée, et c'est évidemment ce qui s'est produit. Les ingénieurs militaires du xviii⁰ siècle avaient besoin de beaucoup plus de précision pour que le baromètre puisse servir à établir des cartes topographiques de régions montagneuses : ce fut la motivation principale des progrès en hypsométrie barométrique[1].

Dans de nombreux domaines, y compris la barométrie, il y eut bientôt des théories mathématiques à vérifier. La vérification des théories a parfois beaucoup encouragé à augmenter la précision des mesures. Un des premiers exemples remarquables a été la question, objet d'un débat entre newtoniens et cartésiens, de savoir si la Terre était une sphère aplatie ou allongée. De manière significative, comme le montre Mary Terrall, cette dernière assertion n'était pas une conséquence de la théorie cartésienne mais une ancienne conclusion de cartographes français, laquelle a été contestée par la suite pour des motifs newtoniens. Les célèbres expéditions du milieu du siècle visant à mesurer la courbure de la Terre en Laponie et au Pérou avaient ainsi des raisons théoriques pour rechercher une précision et une fiabilité plus grandes, mais le problème de la précision était déjà suffisamment important en cartographie pour avoir été soulevé indépendamment[2]. En tout cas, l'emploi de mesures exactes pour départager deux théories n'est pas du tout usuel. Pendant près de deux siècles, la précision quantitative a été conçue comme un élément central de la science expérimentale, même dans les cas où les mesures ne peuvent pas être rattachées à une théorie mathématique. La quête de la précision a été soutenue dans les sciences pour des raisons ayant

---

1. Feldman, « Applied Mathematics ».

2. Terrall, « Representing the Earth's Shape » ; Greenberg, « Mathematical Physics ».

plus à voir avec l'économie morale qu'avec la rigueur théorique. La précision a été appréciée comme un signe d'application, de compétence et d'impersonnalité. La quantification a également eu un rôle essentiel dans la gestion des personnes et de la nature.

Cet impératif pratique fait partie de ce que j'appelle l'« idéal de la comptabilité ». Utiliser ce terme à propos de la science peut apparaître comme un crime de lèse-majesté, mais il devrait sembler assez inoffensif à ceux qui peuvent vivre sans un monarque absolu. La comptabilité est manifestement une activité banale qui met en évidence la dimension artisanale de la quantification. C'est une façon d'organiser la vie commerciale et bureaucratique qui attire notre attention sur le rôle analogue de la mesure dans le développement de la méthode expérimentale dans les sciences. Nous devons nous garder de l'écarter comme routinière et sans originalité. La grisaille qui est censée entourer les comptes et les statistiques aide à maintenir leur autorité. Considérée comme un phénomène social, la comptabilité est beaucoup plus puissante et plus problématique que ne s'en avisent en général les universitaires ou les journalistes.

La dimension morale de la comptabilité, comme modèle d'impersonnalité et d'objectivité inoffensives, est définie au chapitre iv et historicisée au chapitre v. Ici, je cherche à attirer l'attention sur son efficacité dans l'administration. Les comptes et les statistiques, au sens large, rattachent le monde à ce que Latour appelle des « centres de calcul »[3]. Inévitablement, pour arriver à gérer des phénomènes il est aussi nécessaire de convaincre un public. Lorsque l'État français, ou n'importe quel autre État, a décidé de commencer à fournir aux ouvriers de l'industrie une assurance contre les accidents, il a eu besoin de statistiques afin d'établir un budget. Quand il a imposé aux villes des taxes proportionnelles aux résultats du recensement, la controverse sur la population était inévitable et, avec elle, la demande que les chiffres fussent certifiés par le sceau de l'objectivité[4]. Les scien-

3. LATOUR, *Science in Action* (trad. *Science en action*) ; DESROSIERES, *Politique des grands nombres*.
4. Voir les « remarques » de LEGOYT, p. 284. Sur l'assurance, voir DUHAMEL, « De la nécessité d'une statistique ».

tifiques ont été profondément conscients de ces aspects de la quantification. À de rares exceptions près, ils ont été réticents à s'engager dans une théorie, y compris une théorie mathématique, qui ne puisse être intégrée de quelque façon dans un monde de mesures et de contrôles expérimentaux. Il est assez facile d'appuyer cela sur les déclarations de scientifiques éminents ; j'en mentionne quelques-unes plus loin. La pertinence de la métaphore de la comptabilité est toutefois mieux mise en évidence, sous forme graphique, dans la manière dont les sciences de la nature abordent les questions économiques. C'est le principal sujet du présent chapitre.

LA THÉORIE STÉRILE

William Whewell, comme la plupart des scientifiques et des ingénieurs auxquels nous nous intéressons dans ce chapitre, regardait l'usage des statistiques en économie comme une alternative à la théorie abstraite, ou du moins un complément indispensable de celle-ci. En Angleterre, pendant les années 1830 et 1840, le principal défenseur d'une économie statistique et historique était Richard Jones. Whewell, qui était son ami intime, a entretenu une correspondance suivie avec lui et est devenu à sa mort son exécuteur littéraire. Tous deux faisaient partie des premiers membres de la Société de statistique de Londres. Whewell comptait sur Jones pour effectuer les enquêtes économiques empiriques dont il était partisan mais qu'il ne se souciait pas de faire lui-même. Non pas qu'il fût trop fier pour effectuer le dur travail de collecte et d'analyse des faits. Mais c'est surtout d'une autre manière qu'il a soutenu Jones : en écrivant une théorie mathématique. Cela peut sembler une alliance improbable : pourquoi le grand ennemi de la déduction en économie aurait-il dû tenter de la mathématiser ? Pour détruire ses ennemis, bien sûr. Whewell comptait sur les mathématiques pour imposer une discipline à l'économie politique théorique et pour empêcher qu'on ne l'applique sans discernement.

L'économie politique n'était pas la principale préoccupation scientifique de Whewell. C'était un esprit universel – un organisateur scientifique de premier plan ; directeur du Trinity College de Cambridge, auteur d'ouvrages de réflexion sur des thèmes pédagogiques, il était aussi astronome, géologue et minéralogiste. Il a consacré une grande partie de ses travaux scientifiques à l'étude du mouvement des marées, ce qui impliquait la collecte d'énormes quantités de données quantitatives dont il espérait qu'elles pourraient s'accorder avec les prédictions mathématiques. Il est surtout connu aujourd'hui comme l'auteur d'une *History of the Inductive Sciences*, en trois volumes, suivis de deux autres sur la *Philosophy of the Inductive Sciences* et d'un dernier, *On the Philosophy of Discovery*.

C'est dans la pensée philosophique de Whewell qu'il faut évidemment commencer à chercher pour comprendre son approche critique de l'économie politique[5]. Nous y voyons, en premier lieu, que l'histoire ou la philosophie de Whewell ne traitait pas d'économie politique. C'était, en fait, un enseignement de l'histoire par l'exemple, et son auteur ne trouvait rien dans l'économie politique qui pût se prêter à devenir un modèle pour d'autres recherches scientifiques : en revanche, les économistes avaient beaucoup à apprendre des disciplines les plus efficaces, c'est-à-dire les sciences de la nature. Whewell critiquait l'économie ricardienne, non pas parce qu'il pensait que le modèle des sciences de la nature ne convenait pas à l'économie politique, mais parce que les économistes politiques s'étaient trop écartés du modèle historique de la recherche scientifique réussie.

Ce modèle comportait, tout d'abord, l'induction. Whewell se considérait comme un fervent disciple de Francis Bacon et a soutenu à plusieurs reprises que la science devait procéder, par induction, à des généralisations toujours plus grandes. Il fallait résister à la tentation de sauter de quelques faits observés par hasard à de grands principes qui embrassent tout et procéder ensuite par le chemin facile de la déduction. C'est ce qu'avait fait, pensait-il, David Ricardo. Unir les mathématiques à l'éco-

---

5. Hollander, « Whewell and Mill on Methodology ».

nomie politique ricardienne serait « faire de celle-ci quelque chose d'inintelligible ». Si les économistes « ne comprennent pas ce qu'est le bon sens parce que leur tête est pleine de théories extravagantes, ils seront balayés et ignorés »[6].

Le raisonnement verbal, affirmait-il, n'est pas assez fiable. Il ne nécessite pas des prémisses énoncées clairement et il permet à des hypothèses auxiliaires de passer inaperçues. Il ne prévoit pas de contrôle clair pour se prémunir contre les erreurs de raisonnement. Il est trop imprécis pour que ses résultats soient confrontés avec les juges intransigeants que sont l'expérience et l'observation. L'économie mathématique pourrait surmonter ces défauts. Le résultat, bien sûr, peut être souvent de montrer que nous ne sommes pas encore en mesure de faire un raisonnement déductif correct, que nos prémisses ne sont pas suffisamment en accord avec le monde. Mais cela même est un savoir précieux. Des résultats précis, même s'ils sont erronés, doivent être préférés à des conclusions vagues et trop générales, à ces « exposés que nous font sans cesse les économistes, de ce qui doit être nécessairement mais n'est pas encore, et aux "vérités" universelles auxquelles chaque cas particulier est une exception[7] ».

Compte tenu de tout cela, on n'est guère surpris par les conclusions de Whewell. Ricardo avait laissé des hypothèses tacites douteuses se glisser dans son argumentation. Une fois exposés et explicités, les résultats qualitatifs de Ricardo pouvaient être confrontés à des travaux historiques et empiriques tels que ceux de Jones. Whewell ne semblait pas prévoir de les justifier complètement. Il affirmait aussi avoir trouvé des erreurs dans le raisonnement verbal abstrait de Ricardo. Ricardo s'est trompé, par exemple, en déduisant l'effet qu'aurait la prospérité croissante de l'Angleterre sur la rente et les profits, et le domaine sur lequel des taxes de toutes sortes finiraient par s'abattre. Non que Whewell pensât qu'un mathématicien puisse arriver à des

6. Whewell à Jones, 23 juillet 1831, dans Todhunter, *Whewell*, vol. 2, p. 353 et 94. Les intentions négatives de Whewell apparaissent clairement dans deux lettres de 1829 à Jones, citées dans Henderson, « Induction », p. 16.

7. Compte rendu fait par Whewell de l'ouvrage de Jones, *Essay*, p. 61.

conclusions précises et décisives sur ces points. Son but était plus critique que constructif : montrer « de quel type de données peut dépendre la solution exacte de ces problèmes et quel est leur nombre »[8]. Les mathématiques ne devraient pas supplanter l'investigation empirique mais lui préparer le terrain, en révélant la faiblesse des déductions verbales.

Cet emploi des mathématiques pour montrer le caractère peu concluant d'une théorie existante n'était pas rare au xixe siècle. Fleeming Jenkin, un autre scientifique britannique, travaillait avec des objectifs similaires. Jenkin était un ami intime de William Thomson (lord Kelvin), James Clerk Maxwell et Peter Guthrie Tait, et était lui-même professeur d'ingénierie à l'université d'Édimbourg. Il structurait son économie d'après la physique des moteurs thermiques[9]. Ses articles de 1868 et de 1870 utilisaient des mathématiques graphiques plutôt qu'analytiques et leur but était au moins en partie constructif. Ils étaient toutefois inspirés en grande partie par son aversion pour l'une des principales conclusions de l'économie politique classique, la doctrine dite du « fonds salarial ». Elle soutenait qu'une somme d'argent limitée est disponible pour les salaires à un moment donné et que les syndicats, ne pouvant rien faire pour l'accroître, ne peuvent pas améliorer la condition des travailleurs. Jenkin objectait que cette doctrine est dénuée de sens tant que nous ne savons pas comment le fonds est déterminé. « Aucun économiste n'a jusqu'ici énoncé la loi de l'offre et de la demande permettant de faire ce calcul[10]. » Pour arriver à comprendre comment les causes interagissent, il fallait, sinon une formule mathématique abstraite, du moins des techniques quantitatives généralisables. Sans une amélioration considérable des données empiriques, déclarait-il, la solution resterait indéterminée.

Il cherchait ensuite l'équilibre entre l'offre et la demande. Celles-ci sont, bien sûr, fonction du prix ou, dans le problème particulier abordé ici, du taux de salaire. La forme de ces courbes

---

8. Whewell, « Mathematical Exposition », p. 2 et 32.
9. Wise, « Exchange Value ».
10. Jenkin, « Trade-Unions », p. 9 et 15.

n'est pas une donnée intemporelle de la nature mais dépend, comme l'écrit Jenkin, de l'état d'esprit du capitaliste et des travailleurs. « Les lois des prix sont aussi immuables que celles de la mécanique, mais supposer que le taux de salaire n'est pas sous le contrôle de l'homme serait aussi absurde que de supposer que les hommes ne peuvent pas améliorer la construction des machines. » C'est pourquoi de prétendues lois de l'offre et de la demande « n'aident guère, ou pas du tout, à déterminer quel sera à long terme le prix d'un objet »[11]. La structure du marché a de l'importance : les travailleurs non syndiqués sont comme des marchandises qu'il faut liquider lors d'une faillite. Aussi l'organisation en syndicats peut-elle certainement améliorer le sort des travailleurs. Dans quelle mesure ? Dans un article ultérieur, Jenkin suggéra de mesurer de façon empirique les variations de l'offre et de la demande pour résoudre le problème des effets de la taxation, et les mêmes méthodes s'appliqueraient aux salaires[12]. Mais compte tenu de la composante mentale, qu'il soulignait tant, dans la détermination des taux de salaire, la prédiction ici pourrait être au-dessus de la portée de l'économiste.

Nous pourrions être tentés de considérer cette attitude empirique comme typiquement britannique, en particulier à l'époque de Whewell et de Charles Babbage, dont les écrits économiques insistaient sur les comptes, les statistiques et les machines[13]. En fait, elle n'a jamais été plus marquée que dans l'Allemagne impériale, où l'économie historique avait remporté une victoire complète sur la théorie classique. L'école historique allemande était une école statistique. Quelques-uns de ses membres, notamment Wilhelm Lexis et Georg Friedrich Knapp, utilisaient des mathématiques de haut niveau, bien que généralement comme des outils pour la critique. Leur but était de réfuter l'individualisme « atomistique » et de nier la possibilité de « lois naturelles » de la société.

---

11. JENKIN, « Graphic Representation », p. 93 et 87.
12. JENKIN, « Incidence of Taxes ».
13. BABBAGE, *On the Economy of Machinery and Manufactures* (trad. *Traité sur l'économie des machines et des manufactures*).

Il est curieux mais révélateur que, dans le *Methodenstreit* entre les partisans historicistes de Gustav Schmoller et l'école déductiviste autrichienne de Carl Menger, la quantification fût clairement du côté de l'histoire. Bien qu'antidéductive, elle fournissait, d'un autre point de vue, une voie médiane entre les théories verbales de Menger et la nouvelle théorie marginaliste mathématique que Lexis critiquait comme excessivement abstraite. Une théorie déductive, accusait-il, ne peut guère montrer que des tendances. Ses propositions ne donnent pas de « prévision fiable des événements réels, et ne peuvent par elles-mêmes décider des mesures à prendre afin de poursuivre les objectifs de l'économie[14]. » Pour l'école historique, les objectifs de l'économie étaient d'abord pratiques et administratifs. Ses membres visaient surtout des réformes sociales, afin d'améliorer la vie des travailleurs. L'intervention efficace de l'État dans les affaires économiques, pensaient-ils, reposait sur une expertise qui avait fait ses preuves par son adéquation empirique. Bien sûr, c'était plus facile à dire qu'à réaliser. Mais, s'ils avaient à choisir, ils préféraient des comptes rendus descriptifs et des statistiques à une théorie déductive formelle. Le même point de vue se retrouve chez la plupart des chercheurs des sciences de la nature qui ont écrit sur des questions économiques.

L'ÉCONOMIE DES INGÉNIEURS ET DES PHYSICIENS

Les ingénieurs sont souvent appelés par leur profession à pratiquer l'économie. Les physiciens, du moins en tant que chercheurs, ne le sont pas en général. Mais la ligne de séparation entre la physique et l'ingénierie n'a pas toujours été très marquée. Leur proximité était encore assez grande pendant la majeure partie du XIXe siècle en raison de l'importance majeure qu'avaient prise, dans la physique et l'ingénierie, d'abord les moteurs thermiques puis l'électricité. Au début du siècle, en

14. Lexis, « Zur mathematisch-ökonomischen Literatur », p. 427.

particulier, les rapports entre les idées de la thermodynamique et de l'économie pouvaient être très étroits. Chacune faisait usage des concepts de l'autre. L'économie ne se réduisait nullement à un simple parasite de la physique ; les idées économiques et physiques se sont développées ensemble, en partageant un contexte commun. Un point de vue économique, l'idée de l'énergie d'équilibrage des comptes par des transformations et des échanges, constituait la métaphore centrale de la thermodynamique. Ces idées ne sont généralement pas venues de personnages tels que Ricardo ou Jean-Baptiste Say. La mentalité économique dont il est question ici était plus étroitement associée à la comptabilité qu'à de hautes théories. Cette conception économique elle-même combinait déjà une théorie de la valeur travail avec un ensemble d'analogies relatives aux moteurs[15].

C'est peut-être en Grande-Bretagne que cette forme d'économie a été la mieux développée. Comme Norton Wise l'a montré, le travail, c'est-à-dire l'énergie, a servi là-bas de fondement à une économie alternative. L'économie de l'énergie était idéalement propre à devenir une économie de la mesure, car elle a permis d'évaluer la productivité du travail par rapport à une norme absolue. Elle a rendu commensurables le travail des machines, des animaux et des hommes. Les champions de l'économie de l'énergie n'étaient généralement pas hostiles au libre-échange, au laissez-faire ou aux autres grandes doctrines de l'économie politique classique. Cependant, ils ne se contentaient pas d'une science économique qui était essentiellement théorique. Il y avait là une forme de raisonnement économique, et plus fondamentalement un système de pratique économique, qui allait permettre aux scientifiques d'évaluer la productivité des machines et de la main-d'œuvre, et de les améliorer. Dans cette économie, les statistiques des usines, des travailleurs et de la production avaient un sens. La quantification pouvait aider l'administration et orienter les efforts d'amélioration des ingénieurs et des réformateurs.

15. Wise, « Work and Waste ».

En Grande-Bretagne, parmi les premiers défenseurs de la nouvelle physique française du travail, le plus important était Whewell, auteur d'un manuel paru en 1841 sur la *Mechanics of Engineering*. Il voulait élever l'ingénierie au-dessus du simple savoir-faire et introduire la théorie physique, alliée à la mesure physique. Son livre fit du pied-livre l'unité commune de travail d'une force. De sorte que les machines pouvaient être comparées avec les humains et les animaux, et leurs avantages exprimés en termes familiers. James Thomson, frère du célèbre physicien William et lui-même ingénieur éminent, en a donné en 1852 un calcul typique. Il a mesuré que sa pompe pouvait élever de l'eau à un débit de 22 700 pieds-livres par minute. Un homme ne peut en élever que 1 700 par minute et cela huit heures par jour seulement. Sa pompe faisait donc le travail de quarante hommes. Le travail physique, comme le remarque Wise, était ici littéralement la valeur de la main-d'œuvre[16].

Chose encore plus importante, cette formulation permettait une nette distinction entre le travail utile et celui dépensé en vain, et donnait effectivement une expression quantitative de l'efficacité. C'était précieux pour l'ingénieur industriel, car le calcul pouvait enfin être utilisé pour déterminer une combinaison optimale de travail de la machine et de travail humain. William Thomson (lord Kelvin) a montré comment le calcul énergétique et le calcul financier pouvaient être combinés pour optimiser la télégraphie. Après avoir établi une méthode de calcul du retard des signaux dans un fil, cela devenait « un problème économique facile à résoudre […], de déterminer les dimensions du fil et de la gaine isolante qui, pour un prix donné du cuivre, de la gutta-percha et du fer, donneront un effet d'une rapidité donnée avec la plus petite dépense initiale ». À peu près à la même époque, James Thomson cherchait à déterminer par le calcul s'il était énergétiquement avantageux de faire bouillir de l'urine pour en tirer de l'engrais, produisant ainsi davantage de nourriture pour les travailleurs, ou d'utiliser directement le feu du charbon pour le travail productif[17].

16. *Ibid.*, p. 417.
17. Citation (1855) tirée de Wise – Smith, « The Practical Imperative », p. 245.

Avec ce dernier exemple, nous commençons à découvrir les avantages qu'offraient, aux yeux des amis des classes pauvres et laborieuses, les calculs énergétiques et en particulier ceux que faisaient certains philanthropes, issus en droite ligne de l'école de Gradgrind. R.D. Thomson, de la Société philosophique de Glasgow, attendait avec impatience le jour « où la lumière de la science permettra aux gardiens des pauvres de gouverner nos semblables frappés par la pauvreté, à l'aide de règles précises et définitives »[18]. À cette fin, les habitants de Glasgow goûtaient le plaisir d'utiliser un tableau donnant la valeur nutritive de divers aliments : haricots, pois, blé, seigle, avoine, choux et navets. R.D. Thomson déterminait le rapport valeur nutritive/coût de différents types de pain, dans le but de minimiser le coût de la fourniture d'énergie à la force de travail humaine. Pour lui, c'était un peu comme mesurer la teneur en énergie du charbon ou l'efficacité des machines. Lewis Gordon, premier professeur d'ingénierie dans une université britannique, partageait ce point de vue. Des bilans d'énergie approfondis allaient permettre à l'ingénieur de concevoir et de faire fonctionner les usines avec un maximum d'efficacité.

L'économie de l'énergie n'était pas incompatible avec le médium de quantification économique le plus usuel : l'argent. La caractéristique essentielle ici est la recherche de la mesure : de la quantification en unités normalisées, comparables. Il s'agissait d'une forme d'économie calquée sur la physique, qui visait moins à l'élégance théorique qu'à la gestion et à l'efficacité pratiques. Le contraste avec l'économie mathématique développée, deux décennies plus tard, par William Stanley Jevons et Léon Walras ne pouvait guère être plus frappant. L'économie de l'énergie quantifiée, contrairement à celle de l'utilité mathématisée, a suscité l'intérêt voire l'enthousiasme des physiciens contemporains.

Ce fut le cas aussi en France où en réalité a eu lieu pour la première fois la fructueuse confrontation de la physique avec l'ingénierie et l'économie. Sous l'Ancien Régime, déjà, l'aide des

---

18. Cité dans WISE, « Work and Waste », p. 224. Thomas Gradgrind, personnage des *Temps difficiles*, de Dickens.

membres de l'Académie des sciences avait été sollicitée pour prendre des décisions technologiques et économiques. Beaucoup d'entre eux ont aussi participé à des études démographiques ou économiques quantitatives, comme le bilan de la nation française que Lavoisier a tenté de faire pendant la période révolutionnaire[19]. L'étude de l'énergie et du travail était étroitement associée à la culture de l'École polytechnique, le premier établissement au monde à faire des mathématiques et des sciences le cœur de la formation de l'ingénieur. Peu de temps après sa fondation en 1795, le fait d'avoir été formé à Polytechnique est devenu une condition requise pour entrer dans deux corps distingués d'ingénieurs d'État, le corps des Mines et celui des Ponts et Chaussées (mais aussi des canaux, ports et chemins de fer). Les mathématiques enseignées à ces ingénieurs étaient souvent très abstraites et le rôle qu'elles jouaient dans leur formation n'avait rien d'évident. Beaucoup les ont accusées de mieux convenir à la formation de mathématiciens plutôt que d'ingénieurs, soutenant même qu'elles avaient plus de choses à voir avec une accréditation qu'avec une pratique. Quelle que soit leur signification profonde, elles ont garanti que les polytechniciens étaient aptes à la manipulation des nombres et des formules. À ce modeste niveau d'abstraction, du moins, les ingénieurs français ont mis en pratique leurs connaissances mathématiques.

Un exemple remarquable en est l'étude des moteurs. Quand les guerres napoléoniennes prirent fin en 1815, les Français se trouvèrent avoir des dizaines d'années de retard par rapport aux Britanniques dans la technologie des moteurs à vapeur, lesquels sont alors devenus un sujet important d'études scientifiques ainsi que d'ingénierie[20]. Les ingénieurs français ne se sont pas contentés de s'intéresser aux moteurs comme à un problème de savoir-faire et d'ingéniosité technique. Claude Navier, Gustave Coriolis, Jean-Victor Poncelet et Charles Dupin croyaient en

---

19. Voir l'introduction de Perrot et le texte de Lavoisier, *De la richesse territoriale du royaume de France.*
20. Fox, « Introduction », dans Carnot, *Réflexions.*

l'unité de l'ingénierie et de la science et, afin de parler de l'efficacité des moteurs, ils ont cherché un vocabulaire scientifique approprié. Semblable vocabulaire, naturellement, supposait la possibilité de faire des mesures. C'est dans ce contexte qu'ils ont introduit la notion, essentielle en physique, de travail : l'action d'une force sur une certaine distance, plus facile à mesurer que le produit d'un poids par la hauteur à laquelle il a été élevé. Comme leurs adeptes britanniques, ils entendaient cela aussi comme une mesure de la puissance de travail, du travail dans le sens familier et économique du terme[21].

La mesure du travail et d'autres quantités ont été au cœur de la tradition française de l'économie de l'ingénierie. « Les ingénieurs font l'économique, les autres en parlent[22] », proclamait un polytechnicien français du xxᵉ siècle. L'École polytechnique et l'École des ponts et chaussées avaient reconnu depuis longtemps que le travail de l'ingénieur exigeait une familiarité avec les idées économiques. Il était toujours douteux que les écrits de ceux qui s'appelaient eux-mêmes des « économistes » fussent capables de fournir ce dont les ingénieurs avaient besoin. L'économie classique, accusaient certains, était trop difficile à appliquer, trop qualitative, trop dogmatique. En général, les ingénieurs n'ont approuvé l'économie libérale qu'en tant que dogme[23]. Ils cultivaient leur propre tradition d'économie appliquée, qui n'a fait qu'emprunter un peu à Say, à Joseph Garnier et à d'autres économistes classiques français.

L'intérêt très ancien des ingénieurs français pour les questions économiques et leur soupçon que les économistes ne pouvaient leur fournir exactement ce dont ils avaient besoin ressortent tous deux clairement de la décision du conseil de l'École polytechnique, en 1819, d'instituer un nouveau cours intitulé « Arithmétique sociale ». Selon ce conseil :

21. GRATTAN-GUINNESS, « Work for the Workers » ; GRATTAN-GUINNESS, *Convolutions in French Mathematics*, chap. 16. Les mesures comparatives de la puissance de travail de l'homme et de celle des machines remontent au début du xviiiᵉ siècle, surtout en France ; voir LINDQVIST, « Labs in the Woods ».

22. F. Caquot, cité dans DIVISIA, *Exposés d'économique*, p. x.

23. PICON, *L'Invention de l'ingénieur moderne*, p. 396 et 452-453.

Quand on considère le développement que prend tous les jours l'industrie en France, et qu'on envisage les rapports nécessaires de cette
industrie avec la forme de gouvernement établie par la Charte, on doit
sentir que l'exécution des travaux publics tendra, dans un très-grand
nombre de cas, à passer dans le système de concession et d'entreprise.
Il faut donc que désormais nos ingénieurs sachent régler et diriger ce
mouvement. Il faut qu'ils sachent évaluer l'utilité ou l'inconvénient particulier et général de telle ou telle entreprise ; il faut par conséquent
qu'ils aient des idées justes et précises sur les éléments de toutes ces
spéculations, c'est-à-dire, sur les intérêts généraux de l'industrie et de
l'agriculture, sur la nature et l'influence des monnaies, sur les emprunts,
les assurances, les fonds d'associations, d'amortissement ; en un mot, sur
tout ce qui peut servir à apprécier les bénéfices et les charges probables
de toutes les entreprises : tel est l'ensemble des objets qui viennent d'être
ajoutés au programme[24].

Le conseil ajoutait ensuite que, dans le monde d'alors, la tranquillité publique ne pouvait être assurée que si les classes supérieures étaient en mesure de justifier leur richesse et leur pouvoir
par leur vertu et leur savoir. L'étude de l'arithmétique sociale
était conçue pour promouvoir ces qualités dans l'élite française.

Le cours a été effectivement instauré. Il était enseigné non pas
par un économiste mais par le physicien François Arago, jusqu'à
ce que Félix Savary lui succède en 1830. Arago semble rétrospectivement un choix naturel, car il eut une action aussi bien politique que scientifique. Mais il a enseigné une compilation plutôt
banale de sujets centrés sur les probabilités mathématiques, dont
quelques-uns portaient directement sur les besoins des ingénieurs
et des directeurs. Emmanuel Grison observe que le cours a été
créé pendant une période où Laplace cherchait à orienter le programme vers les mathématiques pures[25]. Mais Laplace n'a pas fait
disparaître la perspective économique de l'ingénierie française.
La véritable menace pour l'économie venait d'une éthique de la

---

24. Cité dans FOURCY, *Histoire de l'École polytechnique*, p. 350.
25. Sur les réformes de Laplace, voir le chapitre VI. CRÉPEL, *Arago*, recons-
titue ce cours à partir de notes prises par des étudiants. Voir aussi GRISON,
« François Arago ».

monumentalité. C'était moins typique au xixe qu'au xviiie siècle, mais les ingénieurs d'État français continuaient à préférer les structures permanentes à d'autres moins coûteuses[26]. Cependant, l'économie faisait partie de la pratique courante des ingénieurs et n'exigeait aucune formation particulière.

C'est ce qui apparaît clairement dans un certain nombre d'articles sur des sujets d'ingénierie, publiés par le corps des Ponts et Chaussées dans ses *Annales*. L'efficacité ne pouvait jamais être ignorée par des ingénieurs. Même dans la planification des travaux publics, ce souci était souvent prédominant. Navier, dont on peut douter de l'intérêt pour la construction à bon marché en général, a souligné la nécessité d'intégrer des considérations économiques dans la définition du meilleur tracé pour une voie ferrée ou un canal. Dans ce but, des paramètres physiques tels que l'efficacité mécanique devaient être rendus commensurables avec les coûts de construction, d'entretien, de chargement et de déchargement. L'ingénieur devait alors chercher à minimiser le coût moyen de transport d'une tonne de marchandises sur un kilomètre. L'article de Navier sur ce sujet lui donne un certain droit à être considéré comme un pionnier de la comptabilité moderne. L'action de ce physicien éminent, chef du corps des Ponts et Chaussées, dans les domaines économique et comptable, montre à quel point ces sujets ont été pris au sérieux par les ingénieurs français[27]. Le problème se posait sous une forme particulièrement insistante, mais d'autant plus difficile à quantifier, quand il fallait choisir les premières villes qui devaient avoir une ligne de chemin de fer, ou décider combien investir dans les chemins de fer et combien dans les canaux[28]. Mais il se posait aussi dans les détails de génie civil les plus ordinaires. Le choix des matériaux pour une route ou les décisions à prendre concernant la pente des rampes et le rayon des courbes d'une voie ferrée étaient des problèmes économiques, comme le reconnaissaient

26. Picon, *L'Invention de l'ingénieur moderne*, p. ex., p. 346 ; C. Smith, « The Longest Run ».
27. Voir Navier, « Comparaison des avantages ».
28. Voir le compte rendu, par Léon, de l'ouvrage de Chevalier, *Travaux publics de la France*.

les ingénieurs d'État dans un certain nombre d'articles sur la construction de routes[29].

Jules Dupuit, le seul ingénieur français du xixᵉ siècle auquel ses écrits économiques ont valu une réputation durable, a commencé sa carrière économique en écrivant sur les problèmes d'ingénierie qu'il a rencontrés comme ingénieur en chef à Châlons-sur-Marne. Il remporta en 1842 deux médailles d'or du corps des Ponts et Chaussées pour des articles d'ingénierie : le premier sur la force nécessaire pour tirer un fourgon sur une route en fonction du type de fourgon et de sa charge ; le second sur la réduction des frais d'entretien des routes[30]. Les deux articles étaient liés ; Dupuit plaidait avec succès pour la levée des restrictions sur le poids et la largeur des roues, car la croissance de l'économie des transports l'emportait sur l'augmentation des frais d'entretien des routes. Plus généralement, il montrait comment éviter de laisser cette discussion s'enliser dans une problématique à courte vue. Dupuit proposait de mettre de la « rigueur mathématique » dans ce sujet en évaluant les frais d'entretien régulier. Cela signifiait réparer précisément la partie de la chaussée détruite par l'usure, ce qui évitait les dégâts considérables et coûteux causés par les ornières. Formulé de cette manière, l'entretien des routes est devenu un problème quantitatif. L'usure de la chaussée, la vitesse à laquelle sa surface est réduite en poussière, devait être une fonction linéaire du trafic et pouvait être mesurée en volume de pierres par kilomètre de route. Il devenait alors facile de calculer les frais d'entretien pour une matière donnée et de les réduire au minimum en choisissant un revêtement approprié à l'importance du trafic.

---

29. Par exemple, Coriolis, « Durée comparative de différentes natures de grès » ; Reynaud, « Tracé des routes », qui, cependant, concluait que les formules donnant le coût de construction en fonction des pentes étaient trop imparfaites pour qu'on puisse s'appuyer sur elles et que les techniques de quantification informelles étaient meilleures.

30. Dupuit, *Titres scientifiques*, p. 3-10 (exemplaire de la Bibliothèque nationale) ; voir aussi Tarbé de Saint-Hardouin, *Quelques mots sur M. Dupuit*, et Dossier Dupuit 10, Correspondance, II (hors catalogue), tous deux à la bibliothèque de l'École nationale des ponts et chaussées (BENPC), Paris.

La solution de Dupuit au problème de l'entretien des routes était une solution économique, mais il a dû commencer par des mesures physiques avant de pouvoir l'exprimer en termes monétaires. Il concluait, dans une perspective économique plus large, en notant que près de vingt fois plus d'argent était dépensé par le trafic sur les routes que pour leur entretien. Si, en augmentant l'entretien de 20 %, on pouvait réduire ces frais de 10 %, la « société » bénéficierait d'un rendement de plus de huit pour un. De même, construire un pont qui réduit d'un kilomètre le trajet quotidien de 500 mineurs équivaut à 36 500 francs par an, un excellent investissement si la construction et l'entretien du pont coûtent seulement 10 000 francs par an. « C'est en vain qu'on voudrait essayer de lutter contre la puissance irrésistible de ces chiffres [31]. »

LA TARIFICATION DES OUVRAGES PUBLICS

La question des péages est un autre problème économique auquel étaient inévitablement confrontés les ingénieurs des chemins de fer. Aucune norme unique n'a jamais obtenu l'approbation générale, bien qu'une littérature considérable lui eût été consacrée. La façon habituelle de l'aborder, introduite par Navier, était de la considérer comme un problème de justice distributive et d'imputer les dépenses au prorata de l'usage. Dans un article de 1844, paru dans les *Annales des Ponts et Chaussées*, Adolphe Jullien s'est efforcé de définir une unité homogène de trafic ferroviaire. Il l'a fait en définissant d'abord des facteurs de conversion entre voyageurs et fret, et ensuite un convoi moyen, composé de 6,25 voitures de voyageurs, 1,7 fourgon à bagages, 0,29 wagon postal et 0,03 fourgon à chevaux. Ce qui faisait un total de 118,61 équivalents voyageurs. La dépense moyenne par

---

31. Dupuit, « Sur les frais d'entretien des routes », p. 74. Il a été critiqué par Garnier, « Sur les frais d'entretien des routes ». Les arguments de Dupuit pour un entretien systématique n'étaient pas originaux, alors que son traitement quantitatif l'était. Voir Etner, *Calcul économique en France*, chap. 2.

train est de 1,4877 franc par kilomètre, le coût par unité de trafic est de 0,01254 franc. Jullien doublait ensuite ce chiffre, un peu arbitrairement, pour tenir compte de l'administration et de l'intérêt sur le capital. C'était là le juste prix du trafic ferroviaire[32].

Mais ce n'était pas une base adéquate pour l'établissement des tarifs, insistait l'ingénieur Alphonse Belpaire, des Ponts et Chaussées belges. L'usage confus, disait-il, que fait Jullien des valeurs moyennes aboutit à un mélange si hétéroclite de causes et de résultats que nous ne pouvons découvrir l'influence d'aucun d'entre eux. « Quelle peut être l'utilité d'un pareil amalgame[33] ? » Il est inutile d'imputer des coûts à des causes si cela ne nous permet pas de prévoir les dépenses pour tout type de train. Il pensait qu'un point essentiel était que les coûts ne croissent pas linéairement avec le volume. Nous voulons savoir de combien diminue le coût à mesure que le volume augmente, afin de pouvoir décider si les tarifs peuvent être réduits. Cela nécessite d'imputer les coûts à leurs causes particulières et donc de faire une « analyse minutieuse ».

C'est ce qu'il fournit, dans un livre de six cents pages sur les opérations du système ferroviaire belge en 1844. Il s'y donne la tâche ardue d'identifier les causes des coûts variables, et de répartir les coûts fixes de façon uniforme sur une unité appropriée, comme les voitures, les voyageurs ou les voyages des usagers. Il ne cherche pas à calculer une grande moyenne unique, mais essaie de faire des calculs séparés pour chaque ligne ferroviaire, ou du moins chaque catégorie de ligne. Il n'insiste pas trop sur la rigueur mathématique de ses calculs. Il reconnaît, par exemple, que ses chiffres dépendent beaucoup de la situation particulière des différentes lignes. « Si l'observateur est un de ces hommes à idées exactes et absolues, qui n'admet ni les hypothèses ni les approximations, qui rejette tout ce qui n'est pas d'une exactitude rigoureuse et mathématique, il abandonne son calcul, et la question restera éternellement au même point, à moins qu'un esprit moins scrupuleux ne s'en empare[34]. »

32. JULLIEN, « Du prix des transports » ; RIBEILL, *Révolution ferroviaire*, p. 87-101.
33. BELPAIRE, *Traité des dépenses d'exploitation aux chemins de fer*, p. 26.
34. *Ibid.*, p. 587-588.

Une solution de rechange, évidemment non moins scrupuleuse, a été esquissée dans un autre article de Navier, d'abord publié en 1830. Navier n'y cherchait pas à imputer les coûts, mais à mesurer les avantages et à montrer comment des travaux pouvaient être exécutés pour maximiser ces derniers. Creuser un canal, note-t-il, coûte environ 700 000 francs par lieue. Cela peut être converti en frais d'intérêt annuels de 35 000 francs (à 5 %). L'entretien et l'administration ajoutent 10 000 francs par lieue et par an. Or, la différence entre le coût du transport par canal et par route, pour une tonne de marchandises, est de 0,87 franc par lieue. Il est alors facile de calculer qu'un canal devient un bon investissement si 52 000 tonnes (soit 45 000 francs, divisés par 0,87 franc par tonne) y sont transportées chaque année. Le problème est que si on percevait un péage de 0,87 franc par tonne pour l'utilisation du canal, une grande partie du trafic reviendrait sur les routes à cause de la lenteur du transport par canal. La conclusion évidente est que les recettes pour creuser et exploiter les canaux ne doivent pas être tirées des usagers. Les Britanniques, entichés d'entreprises privées, refusent d'accorder les subventions nécessaires, mais l'État français pourrait le faire. Son administration dispose « de tous les éléments de succès : expérience, lumières supérieures, puissance, richesse, crédit, dévouement[35] ».

On remarquera que Navier n'incluait pas l'économie dans cette liste de vertus. Il préférait généralement un ouvrage ayant une structure solide, mettant en œuvre les dernières avancées de la science, à un ouvrage simplement peu coûteux. Navier était connu pour rejeter au nom du corps les projets de ponts proposés par des entreprises privées, parce que les principes qui sous-tendaient leur conception ne pouvaient pas être formulés mathématiquement[36]. Mais les mathématiques ne triomphaient pas toujours. Au moment même où il défendait par le calcul

35. NAVIER, « De l'exécution des travaux publics », p. 16. Voir ETNER, *Calcul économique en France*, et EKELUND – HÉBERT, « French Engineers ».

36. KRANAKIS, « Social Determinants of Engineering Practice », p. 32. Bien plus tard, en 1887, Veron Duverger caractérisait les ingénieurs d'État comme des « théoriciens […] qui ont une nette tendance à la réglementation oppressive et une

les avantages des travaux publics, il était au centre d'un scandale concernant un pont aux Invalides, à Paris. Navier voulait un ouvrage monumental, qui allait en outre montrer la supériorité des calculs mathématiques raffinés des ingénieurs d'État sur le simple empirisme de constructeurs ignorants. Les ponts suspendus, une nouvelle technologie, permettaient un type de mathématisation jusqu'ici impossible pour les structures traditionnelles. Son projet, trop coûteux pour être réalisé par les entrepreneurs, était contesté par eux. Pis encore, les ancrages de son pont se rompirent quand la construction fut presque terminée. Des ancrages solides dépendaient d'une connaissance intime des types de sol, un aspect des ponts suspendus qui n'avait pas été annexé par les mathématiques. Le pont de Navier a été démoli et les matériaux ont été réutilisés pour la construction de trois structures moins coûteuses, construites par des entreprises privées. Cette triste histoire est sans doute une aberration. Mais le dédain que montrait Navier pour l'idée de rentabiliser un pont ne l'était pas. Ni ne l'était son penchant pour l'analyse mathématique[37].

Son idéal de la gestion publique quantitative est devenu assez commun dans le corps des Ponts et Chaussées. Les écrits économiques les plus théoriques de cette tradition ont été publiés dans les années 1840 par Dupuit. Le concept d'utilité marginale décroissante, qui était peut-être implicite dans les écrits de certains de ses prédécesseurs, était explicite et fondamental dans les siens. L'avantage du voyage ferroviaire n'est pas le même pour tous les usagers, mais est identique à ce qu'ils sont prêts à payer. Certaines personnes vont payer un prix très élevé pour la commodité et la rapidité d'un voyage en chemin de fer ; d'autres n'utiliseront les chemins de fer que s'ils sont gratuits. La seule façon cohérente de représenter la valeur d'un bien ou d'un service est de le faire sous la forme de prévisions de la demande. S'il est offert à un prix très élevé, la demande sera proche de zéro. À bas prix, elle peut être très forte.

tyrannie mathématique absolument contraire à l'esprit de l'entreprise commerciale et industrielle ». Cité dans ELWITT, *Making of the Third Republic*, p. 150.

37. KRANAKIS, « Affair of the Invalides Bridge » ; PICON, *L'Invention de l'ingénieur moderne*, p. 371-384.

La forme de comptabilité économique introduite par Dupuit est devenue influente dans le corps des Ponts et Chaussées au début des années 1870, mais elle avait d'abord été accueillie avec un mélange d'opposition et d'incompréhension. Son évaluation relativement faible de l'utilité des travaux publics était suspecte chez les ingénieurs des Ponts et Chaussées. Pire encore était son argument que les ouvrages vraiment utiles pouvaient être amortis, à condition que les frais des usagers soient imputés en proportion non pas des dépenses mais des différentes utilités du transport. D'après lui, les voyageurs et les expéditeurs qui bénéficiaient le plus du transport ferroviaire devaient payer davantage. De cette façon, l'augmentation d'utilité publique apportée par une nouvelle ligne de chemin de fer pouvait être transformée en recettes sans décourager les chargements qui pouvaient au moins payer le coût de transport variable. Cette stratégie économique, soulignait-il, est applicable aussi bien à l'État qu'à l'industrie privée, et rien dans ce cas ne justifie particulièrement la propriété publique des lignes de chemin de fer ou des canaux[38]. Dupuit était un libéral non interventionniste militant. Il appuyait ses convictions sur les mathématiques. « L'usage en a fait [de l'économie politique] une science morale : le temps en fera, nous en sommes convaincus, une science exacte qui, empruntant à l'analyse et à la géométrie leurs procédés de raisonnement, donnera à ses démonstrations la précision qui leur manque aujourd'hui. » « Si vous contestez la liberté commerciale, si vous contestez la pesanteur de l'air, si vous admettez que les trois angles d'un triangle font un peu plus ou un peu moins que deux droits, vous pouvez être excellent citoyen, bon père de famille, littérateur charmant, industriel habile, mais vous n'êtes certainement ni économiste, ni physicien, ni géomètre. » De plus, il considérait que la sûreté de l'économie politique mathématique était décisive pour la politique. Le véritable rôle du législateur, expliquait-il, est de « consacrer les faits démontrés par l'économie politique »[39].

---

38. Dupuit, « Influence des péages », p. 213.
39. Dupuit, *Titres scientifiques*, p. 31 ; Dupuit, *La Liberté commerciale*, p. 230 ; Dupuit, « Mesure de l'utilité des travaux publics », p. 332.

Aux yeux de nombreux ingénieurs du corps des Ponts et Chaussées, le libéralisme de Dupuit empiétait trop sur leur domaine. Il était critiqué par l'ingénieur Louis Bordas pour avoir confondu l'utilité avec de simples prix. Bordas a également contesté Dupuit d'un point de vue pratique. Ces variations de la demande en fonction du prix, jugeait-il, sont au mieux des courbes purement hypothétiques et ne pourront jamais être connues. « Quelle théorie peut-on donc édifier sur une base aussi variable et qui dépend du goût en même temps que de la fortune de chaque consommateur[40] ? » Dupuit reconnaissait que quelques « tâtonnements » seraient nécessaires. Mais même si « la solution rigoureuse est pratiquement impossible, cependant cette science seule peut fournir les moyens d'en approcher ». Il ajoutait que les économistes politiques, comme les géomètres, « ont d'autant plus besoin de s'appuyer sur les principes rigoureux des éléments de la science, que les données dont on dispose sont plus incomplètes et plus incertaines »[41]. Quelques décennies plus tard, comme le montre le chapitre VI, les arguments de Dupuit ont été en effet traduits en stratégies de quantification adaptées à la gestion des travaux publics.

Une façon plus générale d'aborder, dans la tradition de l'ingénierie publique française, le problème des péages, a été développée dans les années 1880 par Émile Cheysson. La carrière de Cheysson illustre mieux que toute autre la combinaison d'administration, de réforme, d'économie et de statistiques qui était à la disposition des ingénieurs des Ponts et Chaussées. Après avoir obtenu ses diplômes de Polytechnique et des Ponts et Chaussées, Cheysson a travaillé dans les années 1860 comme ingénieur des chemins de fer, puis au début des années 1870 dans la sidérurgie, au Creusot. En 1877, il rejoint l'administration française où il s'occupe de statistiques et d'économie générale des travaux publics. Plus tard, il a dirigé la préparation d'un nouveau relevé

----

40. Bordas, « Mesure de l'utilité des travaux publics », p. 257 et 279.

41. Dupuit, « Influence des péages », p. 375 ; Dupuit, « Mesure de l'utilité des travaux publics », p. 372 et 373 ; Dupuit, « De l'utilité et de sa mesure », dans *De l'utilité*, p. 191.

topographique de la France et a très vite été connu pour ses élégants graphiques et cartes statistiques. Il a utilisé les statistiques en protecteur et en réformateur, et non pas seulement en tant que statisticien. Au milieu des années 1860, il s'était associé à Frédéric Le Play (lui-même issu de l'École des mines) et par la suite il est resté profondément attaché aux idéaux de réforme sociale poursuivis par le groupe de Le Play.

Cheysson ne voulait pas voir la valeur d'une étude statistique diminuée par une dévotion excessive à la rigueur mathématique. En 1886, membre du jury d'un concours sur les valeurs moyennes, il fut si déçu de ne recevoir qu'un article – et de plus simplement mathématique –, qu'il écrivit lui-même un essai sur le sujet pour le rapport du jury. Le thème du prix avait été proposé par lui-même et faisait partie de sa campagne pour développer une méthode statistique générale. Il considérait que pour favoriser une gestion habile des travailleurs, il fallait que les ingénieurs comprennent les statistiques. Il voulait utiliser les nombres pour détourner l'économie de ses abstractions, insistant plutôt sur « l'étude des conditions qui produisent le bien-être, la paix et la vie du plus grand nombre ». Cela devait permettre d'améliorer la satisfaction ainsi que l'efficacité. Sanford Elwitt suggère que cette idéologie de l'ingénierie est devenue le fondement du social-libéralisme hégémonique de la fin du siècle. Pour utiliser sa métaphore, Cheysson a jeté un pont entre les réformateurs partisans de Le Play et les sociaux-libéraux républicains[42]. Mais l'ingénierie sociale de Cheysson semble s'écarter un peu moins de l'ancien paternalisme patronal que ne le laisse entendre Elwitt. La réification (*objectification*) des travailleurs reste incomplète dès lors que la façon de les traiter n'est pas décidée uniquement par des formules. Les relations avec les employés sont restées sous Cheysson une question de bon jugement des patrons, lequel doit être éclairé par les statistiques mais non pas déterminé par elles.

Dans les vues de Cheysson sur l'économie politique, on peut aussi trouver une certaine révérence pour le bon sens et le jugement sain, par opposition au calcul mécanique. Comme beaucoup

---

42. Elwitt, *Third Republic Defended*, p. 51 ; citation de Cheysson p. 67.

d'ingénieurs, il prenait la physique pour modèle. L'économie, comme d'habitude, souffrait de la comparaison. Il manquait, disait-il, une unité commune : la valeur de l'argent est trop variable et l'utilité est impossible à mesurer. Contrairement à beaucoup d'autres, il n'a pas insisté sur l'énergie comme solution de rechange[43]. Au lieu de cela, il admettait que l'économie ne pouvait nullement prétendre à être une science exacte. Cette remarque était dirigée contre ceux qui le prétendaient, comme les théoriciens de l'utilité marginale. « Les tentatives d'appliquer à ces questions les procédés rigoureux du calcul algébrique se sont révélées stériles car les équations sont impuissantes à embrasser toutes les données de cet ordre de phénomènes[44]. »

Toutefois, Cheysson a développé des idées tendant à introduire des critères automatiques de décision. Sa remarquable contribution à la mécanisation du jugement est un article sur la géométrie des statistiques, publié d'abord en 1887 dans une revue d'ingénierie. Il a été écrit pour prendre la défense de l'enseignement commercial spécialisé et combattre l'idée qu'il n'y aurait pas d'autre école que la pratique pour former un bon homme d'affaires ou un chef d'entreprise industrielle. Toutes les compétences de l'ingénieur dans l'amélioration de l'efficacité et dans la réduction des coûts ne serviront à rien si de mauvaises décisions sont prises sur des produits, des matériaux, des marchés ou des prix. Telle était alors en France, d'après lui, la situation la plus répandue. La statistique géométrique était proposée comme un remède à cela. À la différence de l'économie politique, ce n'était pas une simple abstraction, une « analyse spéculative », mais un outil quantitatif développé pour résoudre des problèmes pratiques dans les affaires publiques et privées. Elle permettrait au décideur de calculer directement une solution valable, au lieu de chercher en tâtonnant un meilleur prix ou un taux d'imposition optimal.

---

43. Il existait une tradition continue bien que relativement discrète des économistes de l'énergie datant environ de 1870. Elle était en grande partie délibérément subversive par rapport au courant dominant de l'économie. Voir MARTINEZ-ALIER, *Ecological Economics*.

44. CHEYSSON, « Cadre, objet et méthode de l'économie politique », p. 48.

Cheysson préconisait l'emploi de méthodes graphiques pour résoudre les problèmes d'optimisation, mais il admettait que l'analyse pouvait aboutir aux mêmes résultats. L'analyse nécessitait des mathématiques raffinées, tout en manquant du charme intuitif de cette « langue universelle », la statistique graphique. Supposons que nous voulions déterminer quel tarif appliquer pour le voyage par chemin de fer sur une certaine ligne ou sur un réseau. Nous devons tracer deux courbes : l'une, comme celle de Dupuit, pour la demande, et l'autre pour les frais, toutes deux en fonction du prix par kilomètre. Ces courbes peuvent être difficiles à mesurer, concédait-il, mais elles existent réellement. Une fois qu'elles ont été établies, il est facile de tracer une courbe des recettes nettes et de trouver son sommet. Du point de vue de la société de chemins de fer, c'est la quantité à maximiser. Cela peut être, affirmait-il, une solution rigoureuse. Dans certains cas, une extrapolation peut être nécessaire, mais seulement si le tarif optimal est hors de la plage que les compagnies de chemins de fer ont essayée. Ce fut le cas pour la Nordbahn autrichienne, dont il trouva que la « zone expérimentale » était même bien au-dessus de l'optimum de rentabilité.

Il était naturel de demander d'abord ce type d'analyse pour les chemins de fer, où les tarifs étaient étroitement réglementés. Cheysson affirmait cependant que ses méthodes étaient très générales. Ses courbes pouvaient être utilisées pour trouver les meilleurs salaires, c'est pourquoi les amis des travailleurs ne devaient pas les ignorer. Elles pouvaient guider une décision d'investissement ou le choix des fournisseurs de matériaux, ou même des taux et du tarif de l'impôt. Il reconnaissait une limitation sérieuse à sa méthode : elle ne pouvait pas concilier des objectifs incompatibles. Le meilleur prix du point de vue du producteur n'est pas celui que souhaite le consommateur et, de même, le Trésor et le contribuable ne s'accordent pas facilement. C'est pourquoi d'autres ingénieurs ont cherché une base de calcul convenant aussi bien à un juste prix qu'à un prix maximisant les recettes. Cheysson a laissé ces considérations au jugement des parties responsables. Mais résoudre le problème, fût-ce d'un seul point de vue, lui semblait un grand progrès et, dans certains cas, comme avec la Nordbahn autrichienne, cela a attiré l'attention sur des changements favorables à la fois aux usagers et à la compagnie[45].

WALRAS AFFRONTE LES POLYTECHNICIENS

« L'économique ! », s'écriait Divisia dans sa célébration des ingénieurs-économistes français.

> Que nous voilà loin de ces sonores controverses qui tournent en rond depuis des décades ou des siècles, de ces intelligentes et subtiles dissections qui paraissent jeux de mandarins, de ces prévisions qui capotent une fois sur deux, de ces « expériences » qui n'en sont pas et n'ont même pas la valeur d'une leçon des faits ! De l'économique ? Après tout, y a-t-il ici rien de plus qu'un projet bien fait, comme doivent savoir en faire tous nos ingénieurs[46] ?

L'objet du mépris de Divisia était la profession d'économiste et les méthodes de l'économie néo-classique. La France peut prétendre à juste titre, tout autant que la Grande-Bretagne, avoir inventé au xixe siècle cette économie théorique. L'économie mathématique était-elle réellement si éloignée du désir de quantification pratique qui dominait chez les ingénieurs français ?

Philip Mirowski soutient apparemment le contraire, à savoir que l'économie a commencé à devenir mathématique à la fin du xixe siècle, à la suite d'un effort concerté visant à copier les physiciens et les ingénieurs. Il ajoute cependant que cette tentative a échoué et que les analogies mathématiques sur lesquelles elle était fondée étaient impossibles à défendre[47]. Les arguments des critiques de l'économie comme Whewell et Cheysson tendent peut-être à soutenir cette accusation d'échec.

---

45. CHEYSSON, « Statistique géométrique ». Sur les méthodes graphiques dans l'ingénierie française, voir LALANNE, « Tables graphiques ».

46. DIVISIA, Exposés d'économique, p. 101.

47. MIROWSKI, More Heat than Light (trad. Plus de chaleur que de lumière). Pour un point de vue plus favorable, voir SCHABAS, A World Ruled by Number.

Les ingénieurs-économistes, cependant, ne rejetaient pas tous l'économie politique classique. Navier et ses admirateurs, par exemple, étaient derrière les définitions et le cadre conceptuel, sinon la politique, de Say. Dupuit était plus critique, et ceux qui l'ont suivi semblent n'avoir guère senti le besoin de regarder à l'extérieur de la tradition française d'ingénierie du calcul économique. Les économistes contemporains leur ont généralement rendu la pareille. Comme le souligne François Etner, ces ingénieurs avaient pour rôle de résoudre des problèmes en calculant des services publics et non pas d'expliquer les mécanismes de l'économie. Il est vrai que leur travail a souvent conduit, en fait, à des formules générales, mais pour des raisons moins économiques qu'administratives[48].

La carrière de Léon Walras, le grand protagoniste français de l'économie mathématique du XIXe siècle, met en lumière les différences entre les ingénieurs calculateurs et l'école économique qui leur semblerait la plus proche. Comme A.A. Cournot avant lui, Walras n'avait guère réussi à obtenir le soutien ni même à susciter l'intérêt de ceux qu'il considérait comme les idéologues libéraux qui dominaient l'économie politique en France. Sa carrière s'était entièrement déroulée en exil – c'était ainsi qu'il se considérait lui-même –, à l'université de Lausanne. Des études récentes sur Cournot et Walras, observant qu'ils étaient presque complètement isolés de l'école juridique et littéraire française de l'économie politique, les ont rattachés, non pas à l'ingénierie et aux traditions scientifiques, mais à « une idéologie scientifique où règne l'exemple de la mécanique classique, et […] une institution – l'École polytechnique – où se cristallise un problème : l' "application" des mathématiques »[49]. Ces économistes s'appuient effectivement sur la culture mathématique, mais l'histoire de leurs relations avec les partisans de la quantification appliquée est celle de continuels malentendus qui ont leur racine dans des buts incompatibles.

48. Etner, *Calcul économique en France*, p. 199 et 238-239.

49. Ménard, *Cournot*, citation p. 12 ; Dumez, *Walras* ; Ingrao – Israel, *La mano invisibile* (trad. *The Invisible Hand*).

L'École polytechnique est, par son origine, une école d'ingénieurs. La Révolution avait besoin en effet d'ingénieurs militaires pour ses guerres incessantes. Son orientation scientifique était liée à une tradition d'ingénierie appliquée qui s'est trouvée associée à un révolutionnaire enthousiaste, Gaspard Monge, l'inventeur de la géométrie projective. Sous l'Empire, les jeunes hommes étaient enrôlés dans l'armée dès le début de leurs études à l'École polytechnique. Cela visait principalement à renforcer la discipline et à étouffer la tradition révolutionnaire qui s'y était déjà implantée. Napoléon a également orienté davantage le programme vers l'ingénierie et, bien entendu, le génie militaire. Il a réduit les cours de mathématiques avancées et de chimie pour laisser plus de temps à l'étude des fortifications et des sujets connexes[50].

On associe souvent à la chute de Napoléon un renversement radical de cette philosophie de formation. Terry Shinn soutient que, sous la Restauration, un programme centré exclusivement sur l'ingénierie appliquée semblait subvertir les hiérarchies sociales naturelles et que, pour cette raison, il avait été infléchi en 1819 vers la science théorique, voire la littérature. C'est Laplace plutôt que Monge qui exerçait la plus grande influence. Il voulait intégrer Polytechnique à son empire de la science[51].

Semblable retournement est peu plausible. D'une part, beaucoup de scientifiques éminents issus de Polytechnique, entre autres Biot, Fresnel, Ampère, Carnot et Poisson, y ont fait leurs études avant 1819. D'autre part, comme le souligne Jean Dhombres, l'introduction en 1819 de nouveaux cours d'arithmétique sociale et de théorie des machines suggère que l'impératif pratique y restait puissant[52]. L'enseignement d'arithmétique sociale, cependant, était très éloigné de la comptabilité. À l'évidence, il y avait des influences contradictoires. Les étudiants de Polytechnique étaient généralement fiers de leur traditionnel sens pratique. Mais cela ne peut être attribué au programme, qui ne semble pas avoir

---

50. L. P. WILLIAMS, « Science, Education, and Napoleon I », p. 378.
51. SHINN, *Savoir scientifique et pouvoir social*. Sur Laplace comme bâtisseur d'un empire scientifique, voir Fox, « Rise and Fall of Laplacian Physics ».
52. DHOMBRES, « L'École polytechnique », p. 30-39.

joué un rôle décisif dans la formation de leur identité d'ingénieur. Si Polytechnique était une école d'ingénieurs ce n'était pas pour autant un établissement voué aux écrous et boulons ou au gravier et pavés. L'ingénierie à l'École polytechnique était aussi abstraite et mathématique que l'étude des routes, des ponts ou de l'artillerie, et peut-être davantage encore.

Tel est aussi le style des mathématiques que l'on trouve dans le traité de Cournot, paru en 1838, sur l'économie mathématique. Toutefois, Cournot n'était pas issu de Polytechnique mais de l'École normale supérieure. C'était un établissement plus orienté vers l'université et la recherche que Polytechnique, mais le contraste est devenu plus marqué dans la deuxième moitié du siècle[53]. Le modèle de Cournot, comme le souligne Claude Ménard, n'était pas l'ingénierie mais la mécanique rationnelle, et une grande partie de ses mathématiques venaient directement de la physique. Il ne s'intéressait pas à la pratique bancaire ou à l'économie des machines à vapeur, ni ne recueillait de formules empiriques liant les prix à la quantité d'or ou les courants d'échanges à des niveaux de prospérité. Dès qu'il eut fini son grand ouvrage sur l'économie politique, il commença un livre sur la probabilité et les statistiques, mais dans aucun des deux il ne mit l'accent sur les statistiques empiriques. Il considérait les recommandations pratiques, au mieux, comme d'heureux sous-produits d'une formulation mathématique rigoureuse de l'économie politique[54].

On peut interpréter les mathématiques économiques de Cournot comme un reflet de son engagement plus général en faveur de la rationalisation de la société. Mais à la différence de l'économie de Belpaire, Navier ou Dupuit, la sienne était plus propre à offrir un réconfort métaphysique qu'à fournir un plan d'action concret pour l'administration. Sa stratégie de mathématisation économique excluait l'histoire, avec son irrationalité

---

53. ZWERLING, « The École normale supérieure », avance l'hypothèse que 1840 est l'année où l'École normale a dépassé l'École polytechnique comme lieu de formation à la recherche scientifique.

54. MÉNARD, *Cournot*, p. 63-64.

et son perpétuel déséquilibre. Dans son analyse philosophique, il insistait sur le fait qu'il existait un art de l'économie, situé en dehors de la théorie mathématique, et inversement qu'il fallait réserver un espace pour une science pure séparée de la pratique[55]. Ménard voit à juste titre cette idée, et son élaboration, comme une remarquable réussite de Cournot. Il était prêt à payer le prix de la rationalité mathématique en excluant tout le domaine de l'« économie sociale », toutes les complications qui ne feraient que troubler les eaux limpides du pur raisonnement économique. Dans les décisions économiques concrètes, affirmait-il, entrent en jeu un si grand nombre de facteurs complexes, que l'intelligence pratique doit l'emporter sur la compréhension scientifique[56].

Cournot était cependant profondément soucieux de décrire dans ses mathématiques quelque chose de réel. Les devises, l'or lui-même fluctuant trop pour servir d'unités économiques, il cherchait à montrer mathématiquement comment un « prix moyen », analogue au « soleil moyen » de l'astronomie, pouvait définir un cadre de référence stable en économie observationnelle[57]. Son économie était donc conforme à la volonté de développer la mesure qui était si caractéristique de la physique du xixe siècle[58]. De manière significative, c'est précisément en ce point que les chemins de Walras et de Cournot se sont séparés. Dans ses lettres à l'économiste respecté, qui était son aîné, Walras affirmait être allé plus loin que lui, surtout dans la pureté et la rigueur de ses méthodes. « Vous vous placez, écrivait-il, immédiatement au bénéfice de la loi des grands nombres et sur le chemin qui mène aux applications numériques ; et moi, je demeure en deçà de cette loi sur le terrain des données rigoureuses et de la pure théorie[59]. »

55. *Ibid.*, p. 44, 93-110, 139 et 200.

56. *Ibid.*, p. 5 et 15.

57. Cournot, *Théorie des richesses*, p. 22-25.

58. Cournot a aussi écrit sur le travail des machines : voir Ménard, « La machine et le cœur », p. 142.

59. Walras à Cournot, le 20 mars 1874, lettre 253, dans Jaffé, *Correspondence of Léon Walras*.

Walras ne parlait pas toujours ainsi de ses travaux. Dans ses lettres à Jules Ferry – une ancienne relation – qui était alors ministre de l'Instruction publique, il était au contraire désireux de revendiquer un intérêt pratique pour ses idées théoriques. Il soutenait que le problème urgent des tarifs de chemin de fer ne pouvait pas être résolu tant que la théorie économique n'était pas plus développée[60]. Et Walras, à la différence de Cournot, écrivait sur des questions pratiques. Il a même participé activement à des campagnes de réforme économique : une première fois, au début de sa carrière, en faveur du libre-échange, et une seconde fois, vers la fin, en tant que défenseur de la socialisation de la terre. Mais la manière dont il s'était lui-même caractérisé dans sa lettre à Cournot est correcte. Cournot formulait sa théorie principalement en fonction de variables macroscopiques, comme la quantité de monnaie. L'originalité de Walras comme théoricien repose surtout sur les déductions qu'il a tirées d'un modèle abstrait de libre-échange et qui l'ont conduit à une théorie encore plus abstraite de l'équilibre général. Son approche microéconomique pouvait être utilisée comme un langage pour décrire le comportement d'une entreprise maximisant son profit, mais Walras ne l'a pas fait. Bien que s'intéressant vraiment à la politique publique, il n'a pas cherché à établir de connexions entre celle-ci et sa théorie.

Les liens de Walras avec Polytechnique étaient, comme ceux de Cournot, ambigus. Son niveau en mathématiques était insuffisant pour lui permettre de réussir le concours d'entrée. Il avait cependant étudié comme auditeur libre à l'École des mines, qui, comme celle des ponts et chaussées, n'acceptait comme étudiants ordinaires que les meilleurs diplômés de Polytechnique. De manière significative, l'École des mines était plus aristocratique que celle des ponts et chaussées, et c'est peut-être pour cela qu'elle était plus indulgente pour les connaissances non appliquées. En tout cas, Walras n'a guère cherché à appliquer ses mathématiques à des problèmes tels que l'administration des chemins de fer. Quand il a publié sa théorie, dans les années 1870, les tarifs de chemin

60. Walras à Ferry, le 11 mars 1878, lettre 403 dans *ibid*. Voir aussi la lettre 444 à Ferry.

de fer faisaient souvent l'objet de débats. Des solutions quantitatives étaient recherchées par de nombreux ingénieurs, et pas seulement en France. Le libéralisme économique ne pouvait donner de réponse au problème des tarifs mais seulement suggérer que le marché trouverait la meilleure solution si les monopoles étaient supprimés. Ce n'était pas ce que les administrateurs de l'État voulaient entendre. Ils étaient plutôt à la recherche de stratégies de gestion et de techniques de prise de décision. Le langage de la théorie de Walras aurait pu être utilisé pour convertir le problème politique de la fixation des tarifs en un problème économique, celui de trouver un maximum d'utilité ou de recettes.

Contrairement à la plupart des ingénieurs des Ponts et Chaussées, Walras ne se souciait aucunement de voir ces décisions réduites à un calcul mécanique. Mais il insistait lui-même sur le profond fossé séparant ses mathématiques économiques des problèmes pratiques de gestion. Ce type d'économie n'impressionnait pas les polytechniciens. Il avait toutes les raisons de les courtiser, car il désespérait d'avoir des partisans en France. Pendant un certain temps il a fondé de grands espoirs sur le Cercle des actuaires français, dominé par les polytechniciens. Son but avoué était d'appliquer le raisonnement quantitatif à toutes sortes de décisions économiques.

L'histoire des relations de Walras avec eux est instructive. En 1873, il fit une communication lors d'une réunion de l'Académie des sciences morales et politiques à Paris dans l'espoir de faire connaître ses travaux aux principaux économistes français. Déçu, sans être surpris, par leur incompréhension, il eut d'autant plus de plaisir à recevoir par la suite des nouvelles d'Hippolyte Charlon, qui avait entendu parler de sa communication par Hermann Laurent. Charlon informait Walras des ambitions mathématiques du Cercle des actuaires et lui en ouvrait la revue comme un moyen de faire connaître ses travaux. Walras, pour sa part, se déclarait agréablement surpris de découvrir qu'il était moins isolé en France qu'il ne l'avait cru[61].

---

61. Lettres d'Hippolyte Charlon, du 22 septembre 1873, et à Charlon, du 15 octobre 1873, numéros 234 et 236, *ibid*.

Il envoya bientôt à Charlon un mémoire, le chapitre fondamental des *Éléments d'économie pure*, en vue d'une publication séparée, dans l'espoir d'attirer l'attention sur son prochain livre. Après une longue attente, Charlon lui écrivit que le *Journal des actuaires français* avait décidé de ne pas publier son mémoire. Bien que Charlon eût trouvé qu'il était « très remarquable et abond[ait] en idées justes », il était cependant « hors de la voie pratique et positive dans laquelle nous avons lancé notre *Journal*. Il y a une foule de sciences qui, plus que l'économie politique, emploient ou peuvent employer des méthodes mathématiques. Ce n'est pas une raison pour qu'elles soient l'objet de notre publication ». Il y a apparemment, supposait-il, une regrettable « incompatibilité d'humeur entre les économistes et les actuaires »[62].

Walras n'eut pas plus de chance avec le mathématicien Laurent. Celui-ci prenait le modèle des sciences physiques très au sérieux et se demandait si les comparaisons économiques entre des périodes différentes pouvaient être facilitées en utilisant une mesure d'énergie comme unité économique standard, plutôt que la monnaie ou l'utilité[63]. Laurent apparaît, en effet, un peu irréaliste, bien que dans ses intentions conscientes, il illustre le désir, typique des économistes polytechniciens, de rendre l'économie pratique. Cela nécessitait, pensait-il, de la rendre mathématique.

En 1902, Laurent publia un petit livre sur l'économie politique, « selon les principes de l'école de Lausanne » de Walras et Vilfredo Pareto[64]. Il est clair qu'il ne rejetait pas leurs travaux. Il les trouvait prometteurs, à la différence de ces théories purement verbales que Laurent tenait pour responsables de l'impuissance des économistes à s'accorder sur quoi que ce soit[65]. L'économie, expliquait-il, se divise naturellement en quatre parties : les statistiques, les « faits économiques », la théorie des opérations financières et la théorie de l'assurance. Il faisait à la théorie de Walras l'honneur de la mettre dans la catégorie des faits économiques.

62. Charlon à Walras, le 30 janvier 1876, lettre 347, *ibid.*
63. *Ibid.*, vol. 3. La correspondance avec Laurent commence en 1898 par la lettre 1374.
64. Laurent, *Petit traité d'économie politique.*
65. Jaffé, *Correspondence*, lettre 1380.

Mais les mathématiques ne pouvaient élever l'économie au rang de science véritable que si elle était étroitement liée à l'étude de la réalité empirique. Cela impliquait selon lui une attention particulière aux statistiques : une économie sans statistiques est comme une physique sans expérience. Laurent a même écrit un ouvrage de statistiques, cette « partie expérimentale de l'économie politique[66] ».

Ce livre traitait plus de probabilité que des résultats empiriques des recenseurs et des chercheurs en sciences sociales. Il faut convenir que l'empirisme de Laurent était surtout une question de bonnes intentions. Il était cependant suffisamment réel pour mettre la correspondance avec Walras sur la voie de l'incompréhension. Laurent voulait sortir des limites étroites de l'analyse de l'équilibre général. Mécontent de l'économie statique, il cherchait dans la théorie économique une base pour étudier quantitativement le développement des économies au cours du temps. C'est dans ce but qu'il proposait d'utiliser une unité d'énergie plutôt que l'ineffable « utilité » de Walras, comme base de l'analyse économique. Walras répondit que ce ne serait valable que si l'énergie était équivalente à l'utilité marginale – ce dont il doutait – et que les formules de la dynamique n'avaient pas leur place dans sa théorie. « Dans mon désir d'établir patiemment les bases de la science nouvelle, je me suis à peu près borné jusqu'ici à l'étude des phénomènes d'économique statique. » Laurent n'a pas été convaincu, et Walras en a conçu de l'amertume. Il n'y a pas de « connaissance profonde », conclut-il, à l'Institut des actuaires[67].

Cheysson était, lui aussi, membre de l'Institut des actuaires, et sa critique de l'économie mathématique reflétait un point de vue similaire[68]. L'impuissance de Walras à prendre de l'influence sur ces actuaires et ces économistes de l'École polytechnique

---

66. Laurent, *Statistique mathématique*, iv, p. 1.

67. Laurent à Walras, le 29 novembre 1898, et réponse du 3 décembre 1898, lettres 1374 et 1377 ; ainsi que Walras à Georges Renard, juillet 1899, lettre 1409, toutes dans Jaffé, *Walras*. Sur le Cercle (devenu plus tard l'Institut) des actuaires, voir Zylberberg, *L'économie mathématique en France*.

68. Alcouffe, « Institutionalization of Political Economy ».

ou à développer ses propres outils d'économie pratique éclaire le statut de la quantification pratique dans la France de la fin du XIXe siècle. C'était en grande partie une tradition autonome, cultivée pour des raisons administratives plutôt que scientifiques. Les modèles très abstraits à l'aide desquels Walras avait construit une théorie de l'équilibre général ne pouvaient guère influencer les processus de décision des directeurs du génie civil. Le philosophe Renouvier, un autre polytechnicien, objectait à Walras que l'écart existant « entre la science et l'art de l'*ingénieur-économiste* (si vous voulez me passer cette expression) » est beaucoup plus grand qu'« entre la science et l'art de l'ingénieur-géomètre [69] ». Appliquée aux ingénieurs des Ponts et Chaussées, cette assertion serait très discutable. Mais en ce qui concerne Walras, elle était tout à fait valable. Même avant ses désaccords avec Charlon et Laurent, il insistait sur la distinction entre ses objectifs et une simple quantification. Il refusait de reconnaître Dupuit comme son prédécesseur. Dupuit avait écrit sur les courbes statistiques de la demande ; lui sur l'optimum d'utilité [70].

L'ÉCONOMIE, LA PHYSIQUE ET LES MATHÉMATIQUES

Les pionniers de l'économie néo-classique s'appuyaient beaucoup sur la physique mathématique pour donner une structure théorique à leur discipline. S'inspirant de la statique et de la physique de l'énergie, les économistes ont construit un ensemble de modèles mathématiques aussi impressionnants et aussi exigeants que ceux des sciences de la nature. Mais les physiciens ne se montraient guère enthousiastes en général, parfois même très critiques, et pas seulement en France. L'astronome américain Simon Newcomb, porte-parole influent de la « méthode scientifique », fournira notre dernier exemple. Newcomb était un admirateur de l'économie politique et soutenait le projet de la rendre plus scientifique. Il a écrit un traité d'introduction à l'économie

---

69. Renouvier à Walras, 18 mai 1874, lettre 274, dans JAFFÉ, *Walras.*
70. Voir Walras à Jevons, 25 mai 1877, lettre 357, *ibid.*

politique, rempli d'analogies mécaniques destinées à décrire les processus économiques. Pourtant, alors que les travaux de Walras et Jevons étaient disponibles depuis dix ans, il n'y utilise pas le calcul, la base mathématique indispensable de l'économie marginaliste. Il insiste sur le fait qu'une économie fructueuse doit être étroitement liée aux statistiques. Et il critique l'économiste mathématicien britannique Jevons, en disant qu'il est vain de fonder l'économie sur des sentiments subjectifs. Il faut plutôt se concentrer sur les phénomènes visibles, les actions humaines qui, seules, peuvent être correctement quantifiées[71].

Pourquoi les physiciens étaient-ils si peu réceptifs à l'économie mathématique ? Certes, ils pouvaient en comprendre les mathématiques. Mais ils étaient incapables de voir l'intérêt d'une économie purement théorique. À quelques exceptions près, les physiciens du XIXe siècle considéraient que la mesure était plus au centre de leur discipline que les déductions mathématiques. William Thomson (lord Kelvin) a observé que « si vous pouvez mesurer ce dont vous parlez et l'exprimer en chiffres vous savez quelque chose à son sujet ; mais si vous ne pouvez pas le chiffrer, votre connaissance est bien maigre et ne peut suffire[72] ». Il est peu probable que ceux qui en ont fait une devise gravée dans la pierre en haut du bâtiment des sciences sociales, à l'université de Chicago, aient su que Kelvin déplorait là le « nihilisme » de la théorie physique de Maxwell et qu'il eût encore moins soutenu l'économie néo-classique.

Il ne faut pas attribuer à la légère cette froideur aux seules convictions méthodologiques. Presque tous les critiques mentionnés ici étaient au moins proches de l'ingénierie, et beaucoup étaient des ingénieurs professionnels. Les Français, en particulier, utilisaient l'économie comme une aide aux décisions administratives. L'économie n'avait pas à leurs yeux l'intérêt d'une recherche pure, comme l'avait, au moins pour certains d'entre eux, la physique. De sorte que leurs objections étaient souvent plus pratiques que scientifiques. De manière significative, l'économie mathéma-

---

71. Newcomb, *Principles of Political Economy* ; Moyer, *Simon Newcomb*.
72. Cité dans Wise – Smith, « Practical Imperative », p. 327-328.

tique était plus attrayante pour ceux qui étaient indifférents, ou même opposés, aux applications de l'économie politique que pour ceux qui cherchaient à rationaliser les décisions économiques. De ce point de vue, Whewell paraît exemplaire. Vers la fin du siècle, Herbert S. Foxwell estimait que l'un des grands mérites de la nouvelle théorie marginaliste de Jevons et Alfred Marshall était d'avoir « rendu désormais pratiquement impossible à l'économiste instruit de mal distinguer les limites de la théorie et de la pratique ou de refaire les confusions qui ont conduit au discrédit des études et presque arrêté leur croissance ». Il allait même jusqu'à penser que les économies mathématique et historique étaient unies pour s'opposer au détournement de la théorie[73]. L'économie mathématique avait le modeste mérite de son inutilité démontrable, qui était moralement supérieure à une fausse utilité.

Donald McCloskey a récemment écrit, apparemment sans enthousiasme, que les valeurs de l'économie théorique ressemblent beaucoup plus à celles des mathématiques qu'à celles de la physique[74]. Les mathématiques modernistes, comme le soutient Herbert Mehrtens, ont signifié précisément un retrait du monde de l'espace et du temps, de la chair et du sang ; et l'entrée dans un monde où le *Geist* n'est plus confiné dans un corps soumis à la pesanteur et à la souffrance[75]. Les purs théoriciens ont beaucoup fondé leurs prétentions à être l'âme de la discipline sur leurs références scientifiques. C'est, au mieux, très discutable. Les écrits économiques des physiciens et des ingénieurs, au moins jusque dans les années 1930, suggèrent que les ambitions des scientifiques ont été plus étroitement associées aux idéaux de quantification et de contrôle qu'à la formulation mathématique abstraite. La mesure n'était pas simplement un lien avec la théorie, mais une technologie de gestion des événements et une éthique qui structurait la pratique scientifique et lui donnait un sens.

---

73. FOXWELL, « Economic Movement in England », p. 88 et 90.
74. McCLOSKEY, « Economics Science ».
75. MEHRTENS, *Moderne, Sprache, Mathematik*. Cette idée des mathématiques comme délivrance venait de Carl Friedrich Gauss en 1802.

Chapitre IV

La philosophie politique de la quantification

> La société bourgeoise [...] rend compa-
> rable ce qui est hétérogène en le rédui-
> sant à des quantités abstraites. Pour la
> raison, ce qui ne se réduit pas à des
> chiffres, et finalement à l'unité, n'est
> qu'illusion.
>
> (Max HORKHEIMER
> et Theodor ADORNO, 1944)*

La quantification n'est pas encore devenue un sujet de philosophie politique. Non que sa dimension politique ait été ignorée.
Une profusion de points de vue apparemment contradictoires
ont été avancés par les moralistes, les critiques et les chercheurs
quantitatifs eux-mêmes. Ce corpus de textes comprend quelques
polémiques inconsidérées, mais aussi des analyses nuancées et
réfléchies. Les meilleurs arguments sont loin d'être tous du même
côté. Malheureusement, il n'y a guère eu de dialogue. Les critiques, surtout à gauche, présentent la mentalité quantitative
comme moralement indéfendable, comme un obstacle à l'utopie.
Les partisans de la quantification ont parfois répondu à leurs
adversaires, mais le plus souvent en défendant sa légitimité en

* Épigraphe : HORKHEIMER – ADORNO, *Dialektik der Aufklärung*, p. 13 (trad.
Dialectique de la raison, p. 25, ici non suivie).

tant qu'instrument au service de la connaissance et non pas de l'organisation d'un système politique et d'une culture.

La défense intellectualiste de la quantification porte assurément sur les problèmes éthiques. Un système de dogmes manifestement faux ou invérifiables, s'il est le produit de la puissance de l'État et non de la libre conviction, a des implications morales évidentes pour quiconque se soucie de la liberté individuelle. Ce point a été en effet au cœur de certaines des défenses philosophiques de la science les plus influentes du xxᵉ siècle. John Dewey considérait la science comme une alliée de la démocratie et affirmait que la méthode scientifique ne signifie rien de plus que la soumission des croyances à l'enquête sceptique. Karl Popper la présentait comme un antidote contre les totalitarismes du siècle. La science, disait-il, « libère les capacités critiques de l'homme. » Elle signifie ouverture et universalisme ; les scientifiques « parlent un seul et même langage, même s'ils utilisent des langues maternelles différentes ». C'est le langage de l'expérience, mais pas de n'importe quelle expérience. La science apprécie les expériences de « caractère public », les observations et les expériences qui peuvent être répétées, et qu'il ne faut donc pas nécessairement accepter sans examen[1].

Bien que Popper n'insiste pas, dans sa philosophie politique, sur la quantification de la science, ses paroles peuvent facilement être appliquées à cette dernière. Un langage plus rigoureux contribue au projet d'universalisation de l'expérience. Mais d'un point de vue technique, il pourrait avoir, comme le dit Daniel Defoe, « le style d'une grande perfection [...] d'un homme qui, parlant à cinq cents personnes ayant toutes sortes de capacités ordinaires, sauf des idiots ou des fous, devrait être compris de toutes de la même manière ». Des définitions rigoureuses et des significations spécialisées sont toutefois essentielles si l'on veut éviter ainsi toute ambiguïté. Dans la formulation plus ambivalente de John Ziman, le langage des chiffres peut être opposé à la « langue naturelle normale », avec ses « failles telles que des

---

1. WESTBROOK, *John Dewey*, p. 141-144 et 170 ; POPPER, *The Open Society and Its Enemies*, vol. 1, p. 1 ; vol. 2, p. 218 (trad. *La Société ouverte*, vol. 1, p. 9).

termes mal définis ou des expressions ambiguës », qui permettent de « s'écarter de la logique d'un raisonnement ». Les énoncés scientifiques, de même que les documents légaux, « doivent être rédigés dans un langage complexe, formalisé (et finalement rebutant) »[2]. On soupçonne à juste titre quelque paradoxe dans cette alliance de clarté et d'arcanes. La réflexion sur la quantification, du vaste point de vue de la morale sociale, a tendance à retourner chaque chose en son contraire et à souligner les ambiguïtés morales.

OBJECTIVITÉ/RÉIFICATION *(OBJECTIFICATION)*

Bien qu'il soit évidemment possible d'utiliser les chiffres de manière simple et informelle, la quantification, que son objectif soit public ou scientifique, a été généralement associée à un esprit de rigueur. Le calculateur idéal est l'ordinateur, partout vénéré en particulier parce qu'il est incapable de subjectivité. Les mathématiques ont longtemps été en mesure de prétendre à une sorte de crédibilité puisqu'elles sont supposées – exagération pardonnable – imposer à leur discours des règles si contraignantes que les désirs et les préjugés des individus en sont éliminés. La nature, elle aussi, est souvent considérée comme l'incarnation de ce qui nous est étranger et donc objectif, mais la nature a des apparences diverses, et c'est un aspect opposé qui a été exalté par les moralistes stoïciens et les poètes romantiques. La nature enregistrée de façon impersonnelle par l'appareil photo ou l'illustrateur peut prétendre davantage être l'image de l'objectivité, même si (comme le savent bien les observateurs d'oiseaux) cet idéal n'est pas sans contradictions[3]. Une stricte quantification, par la mesure, le comptage et le calcul, est une des stratégies les plus crédibles pour traduire objectivement la nature ou la société.

2. DEFOE, *The Complete English Tradesman*, p. 23 ; ZIMAN, *Reliable Knowledge*, p. 12.

3. DASTON – GALISON, « Image of Objectivity » ; DENNIS, « Graphic Understanding ». Sur l'objectivité des représentations statistiques, voir BRAUTIGAM, *Inventing Biometry*, chap. 6.

Son autorité n'a cessé de s'étendre et de grandir en Europe et en Amérique pendant près de deux siècles. Dans les sciences de la nature, son règne a commencé encore plus tôt. Elle a aussi été énergiquement combattue.

Cet idéal d'objectivité est tout autant politique que scientifique. L'objectivité signifie l'autorité de la loi et non pas des hommes. Elle implique la subordination des intérêts personnels et des préjugés aux normes publiques. Nulle part cela n'a été plus clairement reconnu que dans les travaux de l'éminent quantificateur, Karl Pearson. Le raisonnement de Pearson est en effet si clair et si intransigeant que la plupart des lecteurs modernes reculent devant ses conclusions.

L'objectivité comme impersonnalité est souvent assimilée à l'objectivité comme vérité. Pearson, en positiviste convaincu, ne faisait pas semblable erreur. Il insistait sur ses valeurs morales plus encore que sur ses valeurs épistémologiques. Toujours admirateur des institutions religieuses, sinon des dogmes religieux, Pearson était à peine moins explicite qu'Auguste Comte lorsqu'il attribuait à la science le rôle de successeur du christianisme. Il affirmait dans « The Ethic of Freethought » que la science n'admet « pas de motif intéressé, ni de travaux visant à soutenir un parti, un individu ou une théorie ; ce genre d'action ne conduit qu'à la distorsion de la connaissance, et ceux qui ne cherchent pas la vérité d'un point de vue impartial sont, dans la théologie de la libre pensée, les ministres de la synagogue de Satan[4] ». La méthode était un rituel religieux qui permettrait aux libres penseurs d'expulser le démon de l'intéressement.

Ce serait bon pour la science, naturellement. Mais recevoir une éducation dans le domaine des sciences et de ses méthodes était tout aussi important pour les non-scientifiques. Pearson voulait réorganiser les programmes scolaires autour de la science, non pas pour faire des techniciens mais pour donner la meilleure éducation morale possible. La salle de classe scientifique pouvait devenir une fabrique de citoyens. « L'homme scientifique doit par-dessus tout s'efforcer de faire abstraction de lui-même

---

4. Pearson, « Ethic of Freethought », p. 19-20.

dans ses jugements, de proposer un raisonnement qui soit aussi vrai pour chaque esprit individuel que pour le sien. » La science conduit à des « séries de lois qui ne laissent aucune place à la fantaisie individuelle ». « La science moderne, en tant qu'elle exerce l'esprit à une analyse exacte et impartiale des faits, est une éducation spécialement propre à déterminer un civisme de bon aloi[5]. » La science, en un mot, signifiait le socialisme : l'élévation des règles générales et des valeurs sociales au-dessus de la subjectivité et des désirs égoïstes de l'individu.

Cette exaltation de l'objectivité de la science est souvent confondue avec l'élitisme. Telle qu'elle est ici définie, cependant, elle n'a rien d'élitiste. L'éducation préconisée par Pearson devait faire de tout homme un expert et rendre tous les experts interchangeables. En fait, Pearson trouvait le moyen de faire des citoyens plus objectifs que les autres. Mais nous ne devons pas manquer de reconnaître l'éthique d'abnégation puritaine qui imprègne son écriture. Son objectivisme ferait même du sujet humain un objet destiné à être formé en fonction des besoins sociaux et jugé selon des normes strictes et uniformes. Charles Gillispie et Donald Worster soutiennent, en se plaçant à des points de vue opposés, que l'esprit d'objectivité dans la science occidentale entraîne un détachement de la nature non négligeable[6]. Evelyn Fox Keller ajoute que le contrôle de la nature est aussi le contrôle de soi. La *Grammaire de la science* de Pearson le montre avec une clarté inégalée.

Ce défi lancé à la subjectivité a des conséquences importantes qui ne sont pas souvent reconnues. Les fortes personnalités appartiennent généralement à une élite sociale. Cela a été au moins implicitement reconnu dans les systèmes éducatifs des sociétés hiérarchisées, qui ont presque toujours conçu leur mission comme une formation du caractère et non pas seulement une acquisition de connaissances, et encore moins de compétences

---

5. Pearson, *Grammar of Science*, p. 6 et 8 (trad. *Grammaire de la science*, p. 7-8 et 11).

6. Gillispie, *Edge of Objectivity*, en particulier la préface de la 2e édition (1990) ; Worster, *Nature's Economy*. Sur le contrôle expérimental du moi, voir E. Keller, « Paradox of Scientific Subjectivity ».

techniques. Les Allemands du xixe siècle qui avaient reçu leur éducation dans un lycée classique se distinguaient du commun des mortels par leur *Bildung*. C'était un concept riche, qui impliquait la culture ou l'éducation ainsi que l'instruction. Il signifie littéralement « forme », la formation du caractère. Jan Goldstein montre que l'éducation des élites françaises à la même époque était concentrée sur le moi cartésien, unitaire, qui devait être défendu contre les nombreuses forces tendant à le briser. De manière significative, Karl Pearson, suivant en cela Ernst Mach, déniait toute permanence et toute intégrité au moi, dont la fonction pouvait maintenant être remplacée par des règles et des méthodes[7].

La formation de l'identité personnelle par l'éducation a toujours été, implicitement ou explicitement, la formation d'une culture, en général une culture d'élite. L'insistance sur la quantification tend à détruire cette culture ou à compenser son absence. Le politologue américain Harold Lasswell faisait remarquer en 1923 que l'expertise formelle n'était rien moins que « monarchique ». Le système politique américain faisait, selon lui, un plus grand usage de la connaissance quantifiée, objective, à cause précisément de son caractère démocratique. En revanche, les Britanniques pouvaient s'appuyer sur des modes de raisonnement et de communication moins formels parce que leurs dirigeants politiques et administratifs formaient une élite d'une grande cohésion[8].

Le rapport de la quantification avec l'ouverture culturelle devrait être examiné de manière plus approfondie qu'il n'est possible de le faire ici. La politique actuelle en faveur du multiculturalisme a fait davantage prendre conscience aux savants que les méthodes scientifiques ont une dimension sexualisée ainsi qu'idéologique. On entend souvent dire que les mathématiques expriment la culture particulière des hommes, ou même des hommes blancs. Pourtant, la situation est certainement beau-

---

7. RINGER, *Decline of the German Mandarins* ; GOLDSTEIN, « Psychological Modernism in France » ; PORTER, « Death of the Object ».

8. Extrait d'une lettre à Charles Merriam, citée dans Ross, *Origins of American Social Science*, p. 403-404.

coup plus ambiguë et, finalement, l'accent mis aujourd'hui sur la quantification a eu probablement pour résultat d'ouvrir certaines cultures professionnelles aux femmes et aux personnes d'ethnies différentes. Exemplaire à cet égard est la quantophrénie insistante qui règne dans la gestion bureaucratique de la diversité. Les bureaux et les tribunaux d'*affirmative action* ne peuvent pas facilement comprendre toutes les décisions concernant les embauches et les salaires prises au siège social d'une société, dans un département d'université ou un cabinet d'avocats, mais ils peuvent réunir des chiffres pour révéler une affaire, *a priori* bien fondée, de pratiques discriminatoires dans telle ou telle unité.

Il vaudrait la peine de faire une enquête dans les sièges sociaux des entreprises américaines, au sujet de la répercussion qu'a eue sur la diversité l'essor des écoles de commerce enseignant des stratégies de gestion hautement quantitatives. En Europe et en Amérique, les mathématiques ont longtemps été masculines, ce qui a eu souvent pour conséquence d'exclure les femmes des sciences et de l'ingénierie. Mais le style impersonnel des interactions et des décisions, favorisé par le fait qu'elles s'appuyaient beaucoup sur la quantification, a aussi fourni une alternative partielle à une culture des affaires, basée sur des clubs et des contacts informels – un réseau d'anciens élèves –, qui était et reste un obstacle encore plus grand pour les femmes et les minorités. Il n'est pas étonnant que la « culture de la non-culture », pour reprendre une expression de l'étude de Sharon Traweek sur les physiciens[9], soit maintenant fortement encouragée dans de nombreux contextes par la Communauté européenne. Le langage de la quantification peut être encore plus important que l'anglais dans la campagne européenne cherchant à créer un environnement unifié pour les entreprises et l'administration. Il vise en effet à remplacer les cultures locales par des méthodes systématiques

9. TRAWEEK, *Beamtimes and Lifetimes*, p. 162. Un problème encore plus important que l'ouverture est soulevé de manière émouvante par l'étude de Traweek, c'est celui du sacrifice que les femmes et les hommes doivent faire pour réussir dans cette culture. Il convient d'ajouter que chez les physiciens expérimentaux, l'engagement dans la quantification n'est qu'une petite partie de cette question.

et rationnelles. Un dessin humoristique français fort révélateur représente des individus très divers entrant à l'école de gestion de Fontainebleau et, en sortant, des eurocrates identiques, blancs, de sexe masculin, adaptés aux affaires. Les résonances en sont à la fois égalitaires et oppressives.

Dans les sciences sociales quantitatives, la réification (*objectification*) des personnes a un autre aspect crucial. La quantification sociale signifie ranger les personnes par catégories pour les étudier, en faisant abstraction de leur individualité. Ce n'est pas entièrement néfaste, bien qu'on l'ait récemment beaucoup critiqué. De nombreuses études statistiques des populations humaines – probablement la plupart d'entre elles – ont pour but d'améliorer la condition des travailleurs, des enfants, des mendiants, des criminels, des femmes ou des minorités raciales et ethniques. Les écrits, en particulier ceux non publiés, des premiers statisticiens des faits sociaux et des pionniers de l'enquête sociale respirent la bienveillance et la bonne volonté. Ceux qui ont été imprimés, cependant, ont généralement adopté la froide rhétorique de la factualité, qui a permis aux femmes aussi bien qu'aux hommes d'assumer le rôle d'enquêteur scientifique et non pas simplement de représentant d'un organisme de bienfaisance[10].

Cette suppression du sentiment moral en faveur de la rigueur et de l'impartialité était refusée par beaucoup et avait un coût psychologique trop élevé pour d'autres. Souvent, cependant, la distance morale encouragée par une méthode d'enquête quantitative a rendu le travail beaucoup plus facile. Ce n'est pas un hasard si les chiffres ont été le vecteur privilégié des enquêtes sur les ouvriers d'usine, les prostituées, les victimes du choléra, les fous et les chômeurs. C'était évident au début de l'industrialisation de la Grande-Bretagne et de la France, et c'est resté vrai sans grands changements en Amérique au début du xxᵉ siècle. Les philanthropes de la classe moyenne et les travailleurs sociaux utilisaient les statistiques pour apprendre quelque chose sur toutes sortes

---

10. Bulmer *et al.* [éd.], *Social Survey in Historical Perspective*, en particulier p. 35-38 de l'introduction des éditeurs ; voir aussi Sklar, « Hull-House Maps and Papers » ; Lewis, « Webb and Bosanquet ».

de gens qu'ils ne connaissaient pas et, souvent, ne se souciaient pas de connaître en tant que personnes. Le calcul n'était pas gêné, mais favorisé, par leur étrangeté, car les moyennes doivent toujours paraître moins significatives quand elles sont tirées d'une population de personnalités fortes et intéressantes. Une méthode d'étude qui ignorait l'individualité semblait en quelque sorte plus appropriée dans le cas des classes inférieures[11].

Enfin, les chiffres ont souvent été un moyen d'agir sur les gens, d'exercer un pouvoir sur eux. Michel Foucault et beaucoup de ses admirateurs ont pour cette raison traité sévèrement les sciences sociales modernes dans la plupart de leurs manifestations. Les chiffres transforment les gens en objets à manipuler. Là où le pouvoir ne s'exerce pas ouvertement, il agit plutôt en secret, insidieusement. Ian Hacking et Nikolas Rose ont observé de façon particulièrement pénétrante l'autorité des normes statistiques et comportementales, à travers lesquelles se crée un langage tyrannique de normalité et d'anormalité[12]. Ceux qui ne sont pas conformes sont stigmatisés, et la plupart des autres ont intériorisé les valeurs d'une bureaucratie de plus en plus généralisée d'experts et de calculateurs. De manière significative, leur pouvoir est inséparable de leur objectivité. Les normes fondées sur des moyennes témoignent, vis-à-vis des choix humains, d'une séduisante indépendance qui renforce leur crédibilité.

TRANSPARENCE/SUPERFICIALITÉ

Le premier grand enthousiasme statistique des années 1820 et 1830 est né d'un engagement à la transparence dans les chiffres. Les statisticiens de Londres décidèrent, le plus officiellement du monde, qu'il fallait laisser les faits parler d'eux-mêmes et qu'il n'y avait pas de place pour les opinions lors des séances d'une

---

11. Gigerenzer et al., Empire of Chance, chap. 7. Cette préférence pour l'étude quantitative des faibles subsiste aujourd'hui, bien que le réseau des quantificateurs se soit étendu à tout un chacun.

12. Hacking, Taming of Chance ; Rose, Governing the Soul.

société de statistique. Cela répondait à la crainte de la British Association for the Advancement of Science, à laquelle les statisticiens avaient trouvé le moyen de s'affilier, que la section statistique ne devînt trop politique. Mais cela concordait également avec le puissant empirisme des sciences de la nature en Grande-Bretagne, au début du xixᵉ siècle, et en effet la devise *aliis exterendum* (être décortiqué par d'autres) de la Statistical Society faisait écho à celle de la Royal Society, au xviiᵉ siècle, *nullius in verba* (rien dans les mots)[13].

Naturellement, cette exclusion officielle de l'opinion ne doit pas être prise pour argent comptant. Les statisticiens britanniques avaient bien sûr des opinions. Il s'agissait d'une forme d'autoreprésentation convenant à une rhétorique de circonstance. Paraître indépendant de la politique était avantageux non seulement dans les milieux scientifiques mais aussi celui des juges. Dans l'Angleterre du xixᵉ siècle, le pouvoir de décision judiciaire et le savoir personnel étaient de plus en plus cernés par des règles adaptées à la « société d'étrangers » en train de naître[14]. Ce désintéressement était particulièrement apprécié lorsque les statisticiens voulaient se présenter devant une puissance supérieure, à titre de connaisseurs impartiaux. Autrement dit, les statisticiens étaient plus enclins à insister sur leur objectivité quand ils étaient faibles et devaient faire appel à plus fort qu'eux. Mais, la grande majorité des statisticiens étant issue des classes dirigeantes, c'était loin d'être toujours nécessaire. Au moins, rien ne s'opposait à l'emploi de termes lourds de jugements moraux tels qu'« apathiques », « avilis » ou « honorables » pour décrire les pauvres[15]. Il y a eu cependant des époques où les hommes obstinés étaient censés se tenir à l'écart et laisser les chiffres parler d'eux-mêmes. Et pas seulement en Grande-Bretagne. Cette volonté d'ouverture de la démonstration était dans la meilleure tradition des mathématiques ; depuis les anciens Grecs, l'idée de démonstration géo-

---

13. Hɪʟᴛs, « *Aliis exterendum* » ; Pᴏʀᴛᴇʀ, *Rise of Statistical Thinking*, chap. 2 et 4 ; Dᴇᴀʀ, « *Totius in verba* ».

14. Wɪᴇɴᴇʀ, *Reconstructing the Criminal*.

15. Hɪᴍᴍᴇʟꜰᴀʀʙ, *Poverty and Compassion*, p. 116 ; sur la Statistical Society, voir Cᴜʟʟᴇɴ, *The Statistical Movement*.

métrique a reflété un « idéal de connaissance ouverte », avec des implications tant juridiques et politiques qu'épistémologiques[16]. Les Américains ont montré un penchant particulier pour la rhétorique antirhétorique cultivée par les statisticiens britanniques. Mais c'est peut-être en France qu'a eu lieu le débat le plus intéressant sur la moralité politique de la statistique.

FAIRE DE LA FRANCE UNE SOCIÉTÉ STATISTIQUE

En France, la tradition statistique de l'Ancien Régime était étatiste et secrète. Les chiffres de la population avaient des répercussions évidentes dans le domaine du pouvoir, c'est pourquoi il était dans l'intérêt de la monarchie de les connaître mais, pour la même raison, il ne semblait pas judicieux de permettre leur libre diffusion. Condorcet défendait un point de vue différent, plus libéral, sur les chiffres, et il espérait qu'il pourrait être mis en œuvre par la Révolution. Lui-même a été englouti par elle, mais les circonstances sont bientôt devenues favorables à son programme. Le bureau de Statistique, qui s'est développé autour de 1800, avait pour but de recueillir et de publier l'information afin de promouvoir un civisme informé. Cet idéal n'a malheureusement pas pu subsister longtemps sous le Premier Empire. Le gouvernement de la Restauration soutenait encore moins la recherche quantitative. Même sous la monarchie de Juillet et le Second Empire, l'État français n'avait pas une politique très active en matière de statistiques. Les statisticiens en étaient pleinement conscients. « Pourquoi le taire ? écrit A. Legoyt en 1863, la statistique est impopulaire. Les gouvernements ne se sont décidés que sous la pression de l'opinion, représentée, hélas ! par un très petit nombre de savants seulement[17] ». Le désir de statistiques publiques fiables n'a jamais complètement disparu mais il a subsisté surtout chez d'énergiques bénévoles, travaillant à

---

16. FUNKENSTEIN, *Theology and the Scientific Imagination*, p. 358 (trad. *Théologie et imagination scientifique*, p. 408-409).
17. LEGOYT, « Congrès de statistique », p. 271.

titre personnel ou agissant de leur propre initiative dans quelque recoin de l'administration. Éric Brian montre comment un petit nombre de libéraux et de scientifiques ont lutté pour préserver la tradition statistique dans ce cadre ingrat[18].

La philosophie de la statistique française était pour cette raison assez semblable à celle de l'Angleterre, où le ton était donné, même pour les statistiques officielles, par les organismes de statistique bénévoles de Londres et de Manchester. Peut-être les Français allaient-ils même encore plus loin. La statistique impliquait la présentation de chiffres obtenus par l'observation directe. En 1876 déjà, le comité de l'Académie des sciences qui organisait le prix Montyon (de statistique) exprimait des doutes sur la valeur de la manipulation mathématique de chiffres recueillis par autrui. Ces derniers se ramenaient à une « conjecture économique » plutôt qu'à une connaissance factuelle. La statistique était en outre une science résolument libérale. Les statisticiens ne toléraient guère l'intervention économique de l'État. Ils croyaient profondément à la valeur éducative des données chiffrées, honnêtement rapportées et largement diffusées[19]. Pour beaucoup d'entre eux, soumettre leur travail à l'attention du public était la seule façon d'en accroître l'influence.

C'est ainsi qu'en France, après la Restauration, la rhétorique dominante de la statistique a souligné pendant un demi-siècle la transparence des faits. Faisant écho à la politique de la London Statistical Society qui avait été fondée deux décennies plus tôt, la Société de statistique de Paris nouvellement créée déclara dans une résolution, en 1860, que « la statistique n'est pas autre chose que la connaissance ou la science des faits ». C'était, ajoutaient ses statuts, une science indispensable pour un État libéral : « Elle doit être la base du gouvernement des sociétés[20]. » Le saint-simonien Michel Chevalier l'exprimait de manière intransigeante : « Une statistique bien faite est comme

18. Lécuyer, « L'hygiène en France » ; Lécuyer, « Statistician's Role » ; Brian, « Prix Montyon ».

19. Brian, « Moyennes », p. 122 ; Kang, Lieu de savoir social, p. 253 ; Coleman, Death Is a Social Disease.

20. Société de statistique de Paris, extrait des statuts, p. 7.

un témoin impassible, au-dessus de toute intimidation comme de toute séduction. » Par exemple, les statistiques de l'éducation et des naissances légitimes et illégitimes fournissent des « indices irrécusables de la moralité des populations[21]. » Quelques décennies plus tôt, des Lupeaulx, un personnage de Balzac, désignait le fétichisme des chiffres comme une caractéristique de l'ordre économique d'alors. « Le chiffre est d'ailleurs la raison probante des sociétés basées sur l'intérêt personnel et sur l'argent, et telle est la société que nous a faite la Charte ! [...] Puis rien ne convaincra mieux les masses intelligentes qu'un peu de chiffres. Tout, disent nos hommes d'État de la gauche, en définitif, se résout par des chiffres. Chiffrons[22]. »

Comme le laisse entendre Balzac, cette foi dans les chiffres était alliée à une croyance au progrès par l'information du public. Une science des statistiques fondée sur des arguments subtils et nécessitant une longue expérience était peu faite pour influencer le débat public ou pour justifier une décision publique. Le jugement ineffable est une forme d'expertise extrêmement antidémocratique. Les statistiques étaient censées fournir des connaissances parfaitement publiques, qui convenaient, déclarait Chevalier, à une démocratie. Idéalement, les statistiques démocratiques se passeraient d'explications. Alfred de Foville affirmait que les statistiques pouvaient enseigner où trouver la sécurité et où se cachait la ruine, mais que les gouvernements étaient peu susceptibles de les écouter. Le meilleur espoir était de donner aux citoyens les moyens de juger l'œuvre de leurs dirigeants. « Soyez assurés, annonçait-il, que toutes les fois que la lutte recommencera entre les champions de l'intérêt général et ceux de l'intérêt privé, vous nous [les statisticiens] trouverez à notre poste, l'arme au bras, prêts à marcher[23] ! » Chevalier soutenait, de façon plutôt optimiste, que les statistiques les plus fiables et les plus abondantes ont été publiées par des nations pourvues d'institutions représentatives, en particulier par la Grande-Bretagne. Et

21. Chevalier, discours inaugural, p. 2.
22. Balzac, *Les Employés*, p. 1112.
23. Foville, « Rôle de la statistique », p. 214.

pourquoi pas ? Car ces chiffres montrent leur grande supériorité sur les autres nations[24].

C'était une excellente opinion à professer dans une déclaration publique. En pratique, cela réussissait rarement aussi bien. Dès 1828, les statisticiens français et britanniques avaient été embarrassés par le conflit apparent entre leur idée favorite, selon laquelle l'éducation était un remède contre la criminalité, et un tableau français, qui avait suscité beaucoup de débats, donnant le niveau d'instruction et le taux de criminalité par département[25]. Chaque fois que se produisait quelque chose de ce genre, les statisticiens y voyaient une raison pour se méfier des apparences et approfondir leur enquête. Ce n'est qu'à la fin du xixe siècle, lorsque les statisticiens sont devenus plus sûrs de leur expertise collective, qu'ils ont commencé à envisager que la complexité et l'aspect déconcertant des choses pouvaient être typiques, et non pas exceptionnels. Cela s'est produit en France au moins aussi tôt que partout ailleurs. En 1874, Toussaint Loua écrivait dans un éditorial du *Journal de la Société de statistique de Paris* que, même si le gouvernement doit être félicité pour avoir remplacé « les romans et les nouvelles de l'ancien *Moniteur* par les renseignements statistiques que l'*Officiel* [le *Journal officiel*] publie sur tous les pays », les faits bruts à eux seuls ne constituent pas une science. Il faut les comparer soigneusement pour déterminer leur signification et leur portée. Ce ne peut être une opération mécanique. « Pour remonter aux causes, pour savoir les distinguer au milieu des éléments divers qui agissent sur la société, pour éviter toute méprise, il faut une grande sagacité, une attention soutenue, un esprit profond d'analyse, une grande rigueur dans les déductions, toutes choses qui ne s'acquièrent, même pour les grands esprits, que par une longue expérience[26]. » André Liesse,

---

24. CHEVALIER, discours inaugural, p. 2-3. En 1894, E. LEVASSEUR a noté la prédilection caractéristique des Américains pour les statistiques et en a donné une explication semblable : voir son « Département du travail ». Mais les statistiques publiques américaines étaient notablement improvisées jusqu'à la guerre de Sécession ; voir M. ANDERSON, *American Census*.

25. PORTER, *Statistical Thinking*, p. 172-173.

26. LOUA, « À nos lecteurs ».

en 1904, soulignait encore plus nettement : « Il faut [...], pour mener à bien l'opération assez complexe de comparaison, une attention soutenue, un esprit préparé tout au moins à la relativité des choses. Au point de vue de l'effet sur le gros public, l'argument perd de sa force à mesure qu'il comprend plus de données, plus de termes à rapprocher. Les problèmes de statistique ne sont pas des questions d'arithmétique élémentaire à l'usage des foules[27]. » En 1893, Fernand Faure demandait la création d'une école spécialisée en statistique, sur laquelle serait basé un corps semblable à celui des Mines ou des Ponts et Chaussées. Les efforts déployés à la même époque par Émile Cheysson et Hermann Laurent pour créer une statistique mathématique exprimaient une ambition analogue[28].

L'avis d'un expert pouvait éventuellement être acceptable, dans le cadre étroit d'une consultation, pour des fonctionnaires puissants qui étaient eux-mêmes autorisés à agir avec un pouvoir discrétionnaire considérable. Mais au XIXᵉ siècle l'opinion publique n'était pas facile à contourner et, encore de nos jours, les statistiques publiques ont conservé un large public. Pour tenir compte de ce fait, la transparence ne pouvait pas simplement être abandonnée. Les indices standard représentaient le meilleur espoir de la préserver. C'est en fait l'étroite relation entre les chiffres sociaux et l'action publique, plus que les exigences de la science statistique elle-même, qui a conduit à la création de mesures normalisées et d'indices statistiques[29]. Bien qu'ils puissent parfois être utilement examinés à titre personnel, ils reflètent fortement l'aspect public des statistiques. Ils sont essentiels là précisément où il y a plus de responsabilité que d'autorité. Ils incarnent le rôle social de l'objectivité.

Il y avait eu certainement des cas antérieurs à celui-ci, mais le brusque intérêt suscité en 1870, dans une grande partie de l'Europe, par la mesure de la valeur de la monnaie a été un

---

27. Liesse, *Statistique*, p. 57.
28. Faure, « Organisation de l'enseignement » ; Cheysson, [rapport de la commission du prix], 1883 ; Laurent, *Statistique mathématique* ; Liesse, *Statistique*, p. 47, *passim*.
29. Starr, « Sociology of Official Statistics ».

événement marquant de ce point de vue. La valeur des indices ne pouvait jamais être observée simplement ; cela nécessitait normalement de vastes collectes de données et des calculs souvent difficiles ou du moins fastidieux. La crédibilité des indices exigeait qu'ils soient calculés même à partir de mauvaises données, et il n'a jamais été acceptable d'ajuster un chiffre sur la base du seul jugement, fût-il celui d'un expert. Il est certain que, en l'absence de pouvoir institutionnel, les mathématiques ne comptaient guère. L'histoire des premiers efforts pour utiliser le calcul des probabilités comme base de la réforme du système judiciaire français est un modèle de futilité, malgré la réputation scientifique impressionnante de ses protagonistes. Même Condorcet, acteur important de la scène politique et savant éminent, ne put réussir à lancer ce projet en l'absence de soutien institutionnel solide[30]. Les arguments quantitatifs avaient un certain poids. Mais ils semblent plus souvent refléter les efforts déployés par ceux qui ont peu de pouvoir pour remplacer celui-ci par l'autorité de l'objectivité. Bien sûr, cette autorité dépendait également du pouvoir institutionnel. Le soutien d'une organisation telle que la Société de statistique de Paris était le minimum indispensable pour créer un indice des prix ou un indice de salubrité. Plus généralement, cela allait dépendre de l'approbation de l'État. Car ces choses provoquent presque toujours des controverses, comme l'illustre l'exemple suivant.

Les statisticiens français ne tardèrent pas à voir l'avantage qu'il y avait à attirer l'attention sur quelques chiffres canoniques. Ils s'intéressaient particulièrement aux possibilités de mener une réforme en utilisant les statistiques médicales. L'évaluation de la santé des régions et des institutions était en soi une opération de comparaison, et dans ce but une mesure de la mortalité, ou encore de l'espérance de vie (« vie moyenne »), était indispensable. Les statisticiens de la santé publique n'étaient pas entièrement réduits à leurs propres ressources dans la mesure de salubrité. Les mesures de l'espérance de vie avaient été déjà expérimentées par ceux qui ont été les premiers à écrire sur

---

30. Voir DASTON, *Classical Probability* ; BAKER, *Condorcet*.

la probabilité mathématique, principalement pour son usage dans l'assurance. Mais les formules actuarielles n'étaient pas tout à fait adaptées à la quantification de la santé de différents départements, et encore moins d'orphelinats, de prisons et, pis encore, d'hôpitaux, où le nombre de décès dans une année pouvait même dépasser celui des patients à un moment donné. Il était clair qu'un indice plus raffiné que le nombre de décès pour mille et par an était nécessaire si les statistiques devaient un jour servir de témoignage convaincant contre des institutions malsaines.

Tels étaient du moins les objectifs de Louis-Adolphe Bertillon en proposant à la Société de statistique de Paris un ensemble de formules plus adaptées à la mortalité et à l'espérance de vie. « Il est naturel et légitime, affirmait-il, que la longueur de la vie soit prise comme mesure des conditions sanitaires des diverses collectivités humaines. » Mais il y avait au moins onze formules concurrentes, qui étaient tellement en désaccord qu'elles conduisaient à des divergences dans le classement des départements selon leur santé. Il n'y avait « rien donc de plus arbitraire que les mesures qui nous occupent ». Et l'arbitraire est précisément ce que ces mesures visaient à exclure. Mettre l'étude de la mortalité au-dessus de la controverse nécessitait une certaine dose d'objectivité. Bertillon proposait de « leur substituer une méthode véritablement scientifique », « la seule applicable à la détermination exacte des longévités des divers pays »[31].

Pour classer correctement les départements ou les arrondissements, il fallait remplacer la mortalité brute par une mesure tenant compte de la répartition par âge. Sur ce point, les statisticiens étaient généralement d'accord. Mesurer la mortalité des prisons, des écoles ou des hôpitaux entraînait d'autres complications. C'était également d'une importance vitale. « La mortalité des divers groupes humains est le mètre le plus certain [...] qui puisse mesurer dans leur résultante les conditions si multiples, si complexes, qui font la salubrité des milieux. Il importe donc d'avoir une méthode, non seulement précise, mais encore uni-

31. Bertillon, « Durée de la vie humaine », p. 45 et 47.

forme et commode pour déterminer cette mortalité[32]. » Bertillon ne croyait pas suffisant que les statisticiens se mettent simplement d'accord sur une mesure conventionnelle : « Une seule chose s'impose dans la science, c'est la vérité. » La vérité qu'il recherchait est celle qui tiendrait compte d'une mortalité élevée sans conduire à des absurdités comme une mortalité annuelle supérieure à cent pour cent. La population des hôpitaux se renouvelle si vite, concluait-il, qu'on ne peut calculer le taux de mortalité que pour la durée moyenne de séjour.

Cette insistance de Bertillon sur le fait qu'une seule mesure pouvait être compatible avec la vérité avait d'autant plus d'importance que les autres étaient en désaccord avec son analyse. Toussaint Loua n'était pas moins convaincu de la nécessité d'une mesure uniforme de la mortalité, au moyen de laquelle la salubrité de diverses institutions pouvait être comparée. C'est toutefois la mesure de Bertillon qu'il jugeait viciée. Il n'aimait pas avoir, pour les patients de l'hôpital, un indice calculé d'une manière différente de celle des autres populations. Ce serait restreindre inutilement la base de comparaison, alors que la base la plus large possible était la chose la plus souhaitable. Il serait préférable, disait-il, de calculer la mortalité quotidienne[33]. Bertillon n'était pas convaincu. Il répondit que la probabilité de décès à l'hôpital n'est nullement proportionnelle à la durée du séjour ; les méthodes de Loua permettraient à un hôpital de réduire de moitié le taux de mortalité en doublant la durée d'hospitalisation. La véritable unité de comparaison devait être la maladie particulière, et non pas la journée.

Ce débat mineur montre que la normalisation statistique ne s'est pas faite automatiquement. Après tout, il existe dans toutes les sciences des désaccords sur les nouvelles recherches. L'essentiel était en revanche qu'on eût compris l'importance de parvenir à un consensus. Chacun convenait que la gestion efficace des hôpitaux et d'autres institutions nécessitait une base de comparaison objective, qui ne pouvait qu'être quantitative, et

32. Bᴇʀᴛɪʟʟᴏɴ, « Mortalité d'une collectivité », p. 29.
33. Lᴏᴜᴀ, commentaires.

que la science est la base adéquate pour l'institution d'une telle mesure. La science, en l'occurrence, soutenue par l'État.

La foi dans les chiffres pouvait bien sûr être ridiculisée. Foville observait en 1885 qu'au théâtre, « dès qu'un statisticien entre en scène, chacun s'apprête à rire ». Dans *Le Panache*, d'Edmond Gondinet, un préfet ambitieux propose de rétablir l'équilibre entre les sexes en mariant (immédiatement) « un homme et demi avec trois femmes moins un quart par kilomètre carré ». L'héroïne d'une comédie de Labiche échappe de justesse à un mariage avec un certain Célestin Magis, « secrétaire de la Société de statistique de Vierzon », qui ne peut pas comprendre pourquoi son rival, le capitaine Tic, n'a pas compté les projectiles tirés des deux côtés lors de la bataille de Sébastopol. « La statistique, madame, est une science moderne et positive. Elle met en lumière les faits les plus obscurs. Ainsi, dernièrement, grâce à des recherches laborieuses, nous sommes arrivés à connaître le nombre exact des veuves qui ont passé sur le Pont-Neuf pendant le cours de l'année 1860. » (La réponse était 13 498, « et une douteuse ») [34].

Ce n'était bien sûr que de l'humour. Mais il était caustique. L'argument selon lequel la connaissance statistique est intrinsèquement superficielle, sinon ridicule, était déjà commun au XIXe siècle. Il est implicite, par exemple, dans la louange des statistiques que Frédéric Le Play exprimait sans conviction, en 1885, au bénéfice des statisticiens de Paris. Les statistiques, expliquait-il, ne sont pas vraiment fondamentales dans les États où existe une aristocratie héréditaire dont les membres, élevés dans le but de gouverner, peuvent le faire presque par instinct. Mais puisque nous avons connu une rupture dans les formes de gouvernement, des personnes qui n'ont pas l'expérience des affaires publiques peuvent à présent accéder à de hautes fonctions. Les statistiques peuvent aider à compenser ce manque d'expérience, et c'est pourquoi des connaissances en statistique devraient être exigées de ceux qui gouvernent [35]. Ce besoin de connaissances formelles était

---

34. Foville, « La statistique et ses ennemis », p. 448. Gondinet, *Le Panache*, p. 112 ; Labiche – Martin, *Capitaine Tic*, p. 18 et 21.

35. Le Play, « Vues générales sur la statistique », p. 10.

largement reconnu. Jules Simon déclarait en 1894 : « Lorsqu'il y avait en France une aristocratie, une classe dirigeante, on pouvait à la rigueur supposer que les futurs administrateurs, les futurs législateurs avaient trouvé dans leur famille des traditions de leur métier. En République, où tout le monde peut arriver à tout, on était exposé à confier aux plus ignorants les fonctions les plus difficiles[36]. »

UNE CULTURE BIDIMENSIONNELLE

Cette accusation de superficialité se présente essentiellement sous deux formes, l'une émanant de la gauche, l'autre de la droite. Les sympathies de Le Play étaient manifestement à droite ; il préférait la compréhension profonde de ceux qui sont nés au pouvoir à une expertise superficielle. Une version plus récente, qui montre bien certaines implications du constructivisme statistique proposé dans ce livre, se trouve dans un essai de Michael Oakeshott sur le rationalisme. Le rationaliste, et cela s'appliquerait sans doute *a fortiori* au statisticien, est pour Oakeshott « un étranger ou un homme sorti de sa classe sociale, [...] désorienté par une tradition et un type de comportement dont il ne connaît que la surface ; un maître d'hôtel ou une femme de chambre attentive l'emporte sur lui[37] ». C'est pourquoi on pourrait s'attendre à ce que le rationaliste soit inefficace. Mais le ton de l'essai de Oakeshott est désespéré, et non pas supérieur. Le rationalisme est une tumeur cancéreuse qui se développe dans la société, détruisant la richesse de son intériorité et ne laissant subsister que des surfaces. En transformant et en niant réellement une culture, il peut devenir puissant malgré tout. C'est un outil efficace pour comprendre un monde qu'il a lui-même contribué à construire. Il n'en est pas moins superficiel, car il n'a jamais compris le monde que nous sommes en train de perdre.

36. Jules Simon, éloge d'Hippolyte Carnot, cité dans Charle, *Élites de la République*, p. 27.
37. Oakeshott, « Rationalism in Politics », p. 31.

La critique de gauche comporte, elle aussi, un élément de nostalgie. Elle arrive presque au même moment, le début de l'après-guerre, mais c'est maintenant de Francfort (et de Los Angeles) plutôt que d'Angleterre. Bien que présentée comme une espèce de marxisme, une critique radicale des statistiques est presque inconcevable de la part de Marx lui-même, qui a passé de nombreuses années au British Museum à rassembler, pour *Le Capital*, des chiffres tirés de rapports parlementaires. Max Horkheimer et Theodor Adorno soutiennent dans la *Dialectique de la raison* que la science positiviste remplace « le concept par la formule, la cause par la règle et la probabilité ». Sous cette forme, pensaient-ils, la connaissance perd son sens critique. Elle ne voit que le linéaire, pas le dialectique. Il vaut bien mieux, affirmait Herbert Marcuse, étudier Hegel que les positivistes[38]. Mais c'est plus que l'espoir d'une future révolution qui a poussé les critiques de Francfort à s'opposer à la mentalité calculatrice. Horkheimer et Adorno déploraient la vision instrumentaliste de la nature, qui met l'accent sur l'acquisition. Adorno, comme nous l'avons vu, invoquait l'étude quantitative – et la destruction – de la culture pour illustrer les valeurs vides du capitalisme. La culture de masse était l'ennemie. Elle ne s'était pas développée spontanément, mais sur la vacuité de l'industrie culturelle calculatrice. La vraie culture n'a jamais pu être mesurée, mais une société de plus en plus superficielle a de moins en moins de choses à cacher à ceux qui ne peuvent connaître qu'en comptant.

On a affirmé que l'objectivité, dans ses différentes significations, est mieux caractérisée par ce qu'elle omet que par des caractéristiques positives qui lui sont propres. Selon Lorraine Daston et Peter Galison : « L'objectivité est liée à la subjectivité comme la cire à un sceau, comme une empreinte en creux par rapport aux aspects plus audacieux et plus solides de la sub-

38. HORKHEIMER – ADORNO, *Dialektik der Aufklärung*, p. 11 (trad. *Dialectique de la raison*, p. 23) ; MARCUSE, *Reason and Revolution*, (trad. *Raison et révolution*). L'argument reste intéressant aujourd'hui : MERCHANT, *Ecological Revolutions*, p. 266-267.

jectivité[39]. » Pour tous deux, et pour beaucoup d'autres dans ce livre, l'absence en question est l'individu unique, intéressé, situé. Elle implique une éthique de renoncement personnel de la part de ceux qui construisent les connaissances et prennent des décisions. Adopter cette éthique n'implique ni ne suppose nullement qu'on soit dépourvu du riche savoir local exalté par ces critiques de la quantification. Mais si on ne l'est pas, l'abnégation exigée est d'autant plus grande. Si vous ne devenez pas comme extérieur à vous-même, vous n'entrerez jamais dans le domaine de la science quantitative. L'ultime point de vue extérieur est celui de la machine, et il est rapidement devenu le plus important dans le royaume de la quantification. Les mathématiques sont si fortement structurées que la plupart des calculs, et certains traitements symboliques, peuvent être confiés à des ordinateurs : c'est-à-dire, peuvent être rendus indépendants de tout ce que nous aurions voulu appeler « compréhension ». Inévitablement, des significations sont perdues. La quantification est un puissant agent de normalisation car elle impose un ordre à la pensée floue, mais cela s'appuie sur la licence qu'elle donne d'ignorer ou de réorganiser beaucoup de choses difficiles ou obscures. Chaque fois qu'un raisonnement peut être rendu calculable, nous pouvons être sûrs que nous avons affaire à quelque chose qui a été universalisé, à une connaissance efficacement détachée de l'individualité de ceux qui la produisent. Comme les statisticiens du xixe siècle aimaient à s'en vanter, leur science éliminait par la moyenne tout le contingent, l'accidentel, l'inexplicable ou le personnel, et ne laissait subsister que les régularités à grande échelle.

Il importe d'ajouter que la quantification a les vertus de ses vices. La capacité remarquable qu'ont les chiffres et les calculs de braver les frontières interdisciplinaires voire nationales et d'établir un lien entre les discours universitaire et politique doit beaucoup à cette aptitude à contourner les questions profondes. Dans les échanges intellectuels, comme dans les transactions proprement économiques, les chiffres sont le moyen par lequel des désirs dif-

---

39. DASTON – GALISON, « Image of Objectivity », p. 82 ; DEAR, « From Truth to Disinterestedness ».

férents, des besoins et des attentes sont en quelque sorte rendus commensurables. Les techniques littéraires de l'article scientifique moderne ne permettent pas de transmettre la richesse tacite de la technique expérimentale ni, d'ailleurs, l'art mystérieux de formuler des théories. Dans la plupart des cas, en particulier lorsque les connaissances traversent les frontières d'une communauté, cette connaissance intime n'est pas particulièrement recherchée. La valeur de la superficialité a été soulignée par Peter Galison, qui observe que les interactions entre physiciens spécialistes des instruments, expérimentateurs et théoriciens sont un peu comme celles d'une zone commerciale, où se rencontrent, par exemple, des marchands européens et des artisans ou des agriculteurs indiens d'Amérique du Sud. Des significations religieuses, cosmologiques et idéologiques sont perdues ; les participants ne doivent se mettre d'accord que sur un prix, un chiffre ou un taux. De même, ce sont surtout les prévisions et les mesures qui, souvent, passent entre les physiciens théoriques et expérimentaux[40]. Le fait que les riches savoir-faire des deux communautés soient tout simplement ignorés peut même faciliter la communication.

Une grande partie de ce qui suit apportera de l'eau au moulin de ceux qui attaquent la mentalité quantitative comme superficielle. Il est donc important d'ajouter qu'il n'y a pas de limite fixe à ce qui peut être quantifié et qu'une analyse richement nuancée ou profonde d'une vaste question n'est jamais logiquement exclue par la tentative d'en quantifier des parties. Souvent, toutefois, elle est politiquement exclue. Car la quantification n'est pas un moteur immobile ou le produit d'une conspiration qui aurait renversé une culture. Elle reflétait les valeurs avant de les créer, et son expansion massive à une époque récente est issue d'une nouvelle culture politique. Yaron Ezrahi a soutenu avec conviction la nécessité d'une symbiose entre la démocratie à l'américaine et une foi dans la surface des choses[41]. Cette superficialité est

40. Peter GALISON, « In the Trading Zone », article présenté à l'université de Californie (UCLA), décembre 1989.
41. EZRAHI, *Descent of Icarus*. Sur les résonances politiques, philosophiques et esthétiques d'un engagement pour la transparence, voir GALISON, « Aufbau/ Bauhaus ».

appelée, à juste titre, « ouverture », et elle est conçue pour chasser la corruption, les préjugés et le pouvoir arbitraire des élites. Elle y parvient dans une mesure non négligeable, bien que les organismes exposés à un contrôle démocratique soient souvent aussi habiles aux jeux de masques. Quand elle y arrive, c'est presque toujours aux dépens de la subtilité et de la profondeur. Et souvent, comme le suggère Oakeshott, leur disparition du discours peut impliquer aussi leur disparition du monde. Le pouvoir des chiffres n'a jamais été déployé de façon aussi impressionnante.

Deuxième partie

Les technologies de la confiance

Si grands que soient les avantages que certains peuvent attendre
de leur projet favori, j'appréhende fort, moins de six mois
après la promulgation d'un Acte proscrivant le christianisme,
une baisse des valeurs bancaires des Indes Orientales pouvant dépasser
un pour cent. Et comme notre génération, dans sa grande sagesse,
s'est toujours refusée à courir un risque, même cinquante fois moindre,
pour la défense du christianisme, il serait déraisonnable de souffrir
une perte pareille rien que pour le supprimer.

(Jonathan Swift, « L'abolition du christianisme
en Angleterre », 1708)

Chapitre V

Les experts contre l'objectivité : comptables et actuaires

> Il n'existe pas de fabrique d'actuaires où l'on pourrait vous en faire un sur commande.
>
> (Edward Ryley, 1853)*

J'ai déjà examiné la comptabilité en tant que symbole d'un esprit pratique et quantitatif, par opposition au point de vue détaché de ce monde, que l'on nourrit dans les mathématiques pures et parfois aussi dans les disciplines scientifiques. Dans le contexte de la comptabilité, le sens pratique est supposé impliquer un contact étroit avec le monde de la production ou de la gestion. En ce qui concerne les sciences de la nature, j'utilise le terme au sens large pour désigner les techniques de prévision et de contrôle des phénomènes. Évidemment, il ne s'ensuit pas que la théorisation soit impraticable, même dans ce sens. Ce qui aide à comprendre les événements permettra souvent aussi de les conduire de façon fiable. Cependant, il est temps d'abandonner l'identification de

---

* Épigraphes : de la 2e partie, Swift, *Œuvres*, p. 1324 ; du chap., témoignage dans le *Report from the Select Committee on Assurance Associations* (ci-dessous, *SCAA*), British Parliamentary Papers, 1853, vol. 21, p. 246. Ce chapitre est tiré de Porter, « Quantification and the Accounting Ideal » et « Precision and Trust ».

la connaissance scientifique avec la théorie rigoureuse et formalisée. La puissance de la science repose surtout sur sa capacité d'organiser une main-d'œuvre spécialisée dans l'appréhension du monde.

Les deux premiers chapitres de ce livre portent principalement sur la façon dont la quantification étend son pouvoir sur de vastes territoires et les objets les plus divers. Au chapitre III, j'ai commencé à diriger mon attention vers l'autre face de ce problème : comment une éthique de l'exactitude a contribué à façonner l'identité des chercheurs eux-mêmes ; et j'ai suggéré, au chapitre IV, que cela se rattache à un idéal d'abnégation. Des scientifiques comme Karl Pearson semblent l'avoir adopté pour des raisons personnelles et, au sens large du mot, religieuses[1], et il y a sans doute une composante religieuse omniprésente dans cet esprit de renoncement. Dans le présent livre, cependant, je souligne plutôt sa dimension publique : l'objectivité comme adaptation aux soupçons puissants venant de l'extérieur. Dans les trois chapitres qui vont suivre, ce climat de suspicion est explicitement politique. J'y retrace l'histoire de professions qui, à des degrés divers, ont renoncé, au nom de normes publiques et de règles objectives, à s'appuyer ouvertement sur l'avis des experts. Ce sacrifice n'a jamais été volontaire mais s'est toujours produit dans un climat d'intenses pressions ou même de violentes rivalités. Cet aspect de la poursuite de la rigueur quantitative a rarement été pris en considération. Le discours des sciences pures ou appliquées suggère que les professionnels de la quantification recherchent la rigueur et l'objectivité tant que des pressions politiques ne les forcent pas à compromettre leurs idéaux. Mais c'est parfaitement faux. L'objectivité reçoit son impulsion des contextes culturels, y compris politiques, et en tire aussi sa forme et sa signification.

Et cela ne s'applique pas seulement à la comptabilité. Ici je me sers de nouveau de la comptabilité, de même que des mathématiques de l'assurance et de l'analyse coûts-avantages, comme

---

1. Voir le livre remarquable de PEARSON, publié sous le pseudonyme de LOKI, *The New Werther*.

d'un exemple permettant d'éclairer les processus implicites, bien que souvent moins évidents, qui sont à l'œuvre dans toute production de connaissance. Ce chapitre et les deux suivants portent sur des pratiques, devenues disciplines, concernant l'économie et la finance : des pratiques dont l'importance pour les grandes organisations – surtout l'État – est indubitable. Je soutiens que la recherche de l'objectivité dans ces études n'est pas compromise parce qu'elles doivent répondre de leurs décisions, mais définie par cela même. Une quantification rigoureuse est exigée dans ces contextes parce que le pouvoir discrétionnaire subjectif est devenu suspect. L'objectivité mécanique sert à remplacer la confiance interpersonnelle.

Il convient de souligner que ces contextes sont importants, et que ces matières ont, à leur manière, une aussi grande portée que d'autres, plus respectées sur le plan intellectuel, telles que la physique, la chimie et la médecine. Les historiens, sociologues et philosophes de la science ne peuvent plus se permettre de nous faire regarder de haut la production de connaissances par la bureaucratie. Si nous nous arrêtons sur elle, ce n'est pas seulement ou principalement que les pratiques quantitatives liées à la comptabilité sont des exemples représentatifs. Néanmoins, je les considère comme telles et, dans la troisième partie, j'élargirai le champ de mon analyse pour montrer que la quantification fonctionne aussi dans les disciplines scientifiques comme une technologie de la confiance.

LA COMPTABILITÉ ET LE CULTE DE L'IMPERSONNALITÉ

Pour affirmer que l'objectivité est définie par son contexte, nous devons être en mesure de dire à quoi ressemblerait une forme de connaissance en dehors de celui-ci. Le contexte de la comptabilité moderne comprend les grandes entreprises commerciales ou l'État, et souvent les deux. Pour établir un contraste, on pourrait se tourner vers la tenue des livres de comptes, dans la période prémoderne, une manière nettement moins formelle et moins complexe de garder la trace des actifs et des obligations. Ici, je vais au contraire commencer par examiner la manière dont la comptabilité pourrait fonctionner si la profession était plus forte – si les limites de la communauté des spécialistes étaient moins perméables. Il ne s'agit pas simplement d'une contrafactualité et cela ne nécessite pas un grand effort d'imagination. L'objectivité rigoureuse et l'autonomie professionnelle sont aux deux extrémités d'un continuum de possibilités qui a fait l'objet de débats animés chez les maîtres de la comptabilité pendant au moins soixante ans.

« Dans des relations personnelles et directes, on n'a guère besoin de l'écriture », observe Jack Goody, qui avance que la bureaucratisation a été l'un des ingrédients essentiels dans la création d'une demande de littérisme (*literacy*). Harvey Graff affirme que le littérisme commercial est devenu important en Europe au xie siècle, lorsque de vastes réseaux commerciaux ont commencé à se développer[2]. L'importance du commerce pour l'essor de la quantification est encore plus claire et, de fait, dans les tablettes d'argile babyloniennes, les papyrus égyptiens et les premières lettres médiévales, les chiffres sont souvent aussi nombreux que les mots. Cependant, cela impliquait en général le type de comptabilité le plus simple. « Dans un monde où les entreprises étaient de petite taille et gérées au jour le jour par leur propriétaire et où n'existait aucun impôt, il y avait peu de demande pour des services de comptabilité externes », observe R.H. Parker. La profession de comptable est née au milieu du xixe siècle en Écosse et en Angleterre, où ses membres exerçaient la fonction très publique de liquidateur, consistant à superviser les faillites en garantissant aux créanciers un traitement équitable. Les comptables américains et britanniques ont commencé un peu plus tard à vérifier les comptes des entreprises publiques telles que les chemins de fer et les compagnies de gaz et d'électricité, normalement pour répondre aux exigences des nouvelles réglementations. Leur rôle était de garantir aux actionnaires et aux autres parties intéressées, de manière indépendante et compé-

---

2. Goody, *Domestication of the Savage Mind*, p. 15 (trad. *Raison graphique*, p. 55) ; Goody, *Literacy in Traditional Societies* ; Graff, *Legacies of Literacy*, p. 54-55.

tente, que les livres étaient sincères et honnêtes. Les ingrédients essentiels ici sont l'indépendance et la compétence. Ces garanties d'objectivité étaient indispensables parce que, comme le déclarait William Quilter en 1849 devant une commission parlementaire, la vérification des comptes est une question de jugement et non pas de « tâche aride d'arithmétique »[3].

Cette idée que la comptabilité atteint une sorte d'objectivité à travers le jugement d'experts désintéressés n'a rien perdu de son attrait. Aujourd'hui, l'identification exclusive des comptes à des chiffres est critiquée par certains auteurs au nom de l'herméneutique. Quiconque a été impressionné par la lecture des théories littéraires contemporaines trouvera évident que l'idéologie de la simplicité des faits doit céder la place à un discours basé sur des interprétations et des significations culturelles. Le message de l'herméneutique de la comptabilité est que les affaires financières ne sont jamais suffisamment simples pour être résumées de manière adéquate par un rudimentaire tableau de chiffres. Un discours fait d'inférence et d'interprétation, reposant sur le discernement que donne une véritable expertise, pourrait fournir des indications beaucoup plus utiles aux actionnaires et aux créanciers qu'un rapport réduit à des tableaux[4].

De manière significative, ce désaveu de l'objectivité mécanique conduit à la justification de l'expertise professionnelle. Et de fait, des arguments assez semblables ont été avancés pendant toute l'histoire de la comptabilité. Les professionnels de la comptabilité se sont tournés vers des domaines comme la médecine pour y chercher des modèles de pratique réussie. La médecine, surtout au début et au milieu du XXe siècle, était représentée par des professionnels puissants dont le jugement était rarement remis en question. Jusqu'à une époque récente, de nombreux comptables ont essayé de réclamer les mêmes prérogatives. Un article de l'*Accounting Review*, par exemple, considérait en 1965 qu'il était

---

3. R.H. PARKER, *Accountancy Profession in Britain*, p. 4 et 26-29 ; JONES, *Accountancy and the British Economy* ; GOURVISH, « Rise of the Professions ».

4. LAVOIE, « Accounting of Interpretations », critique le positivisme en comptabilité, comme le fait ANSARI – McDONOUGH, « Intersubjectivity ».

dans l'intérêt de la profession de montrer l'importance décisive
de l'interprétation :

> Le principal atout de la profession de comptable est un attribut connu
> sous le nom de *jugement professionnel*. Le jugement, qu'il soit profes-
> sionnel ou d'une autre sorte, est un produit de l'esprit. Si le jugement
> doit être synonyme de subjectivité, nous ne pouvons pas avoir à la
> fois l'objectivité et une profession. Il est clair que nous ne pouvons pas
> accepter semblable conception de l'objectivité. Nous devons montrer au
> contraire que l'exercice du jugement professionnel et le souci d'objecti-
> vité sont des propositions complémentaires.

Bien entendu, ce jugement professionnel devait être exempt
de « défauts de perception ». Une vision claire, ajoute l'auteur,
devrait être obtenue au moyen de la sélection et de la discipline.
Des comptables auxquels une formation rigoureuse aurait correctement inculqué des principes et des objectifs généraux dispose-
raient d'une forme de jugement « plus efficace, plus contrôlable,
capable d'atteindre le degré d'objectivité souhaitable »[5].

Une étude historique influente, peu contaminée par le nouveau
constructivisme en comptabilité, a récemment déploré l'usage de
plus en plus mécanique de la comptabilité de gestion par des
cadres ternes, formés à gérer « par les chiffres ». Les auteurs,
Thomas Johnson et Robert Kaplan, identifient deux catégories de
scélérats qui partagent la responsabilité de ce besoin abrutissant
de rigueur. La première est celle des professeurs de comptabilité qui, enfermés dans leur tour d'ivoire, ne voient cependant
aucun inconvénient à être isolés du monde réel de la production,
des clients et des contrats. Ils enseignent à leurs étudiants à se
fier à la connaissance et à l'action à distance – ce qui est après
tout ce qu'ils sont eux-mêmes obligés de faire – comme si les
chiffres parlaient d'eux-mêmes. La seconde, encore plus coupable,
se compose d'organismes de réglementation gouvernementaux,
qui ont réussi à transformer la comptabilité de gestion en comptabilité publique. Autrement dit, les catégories propres à la gestion d'une société ont été progressivement remplacées par des

---

5. Wagner, « Defining Objectivity in Accounting », p. 600 et 605.

catégories officiellement prescrites pour le calcul des impôts et la préparation de rapports financiers externes. Les comptables et les cadres, formés à vénérer les chiffres, l'ignorent et s'appuient sur eux de toute façon. Le programme des études de comptabilité a fini par être déterminé par des idéaux de recherche et des exigences réglementaires plutôt que par les besoins des entreprises.

Comme la plupart des jérémiades, celle-ci suppose qu'autrefois tout allait mieux. Pendant les années 1920, affirment Johnson et Kaplan, la comptabilité de gestion était principalement l'affaire des ingénieurs, qui « invariablement s'appuyaient sur des informations sur les processus, transactions et événements sous-jacents qui produisent des données financières chiffrées ». Ils reconnaissent cependant que l'évolution interne des entreprises a contribué à ce nouvel éloignement de la réalité. En particulier, l'usage de mesures de rentabilité comme le retour sur investissement pour évaluer le rendement des subordonnés a incité à s'appuyer sur les chiffres de la comptabilité[6]. Alfred Chandler et ses élèves ont montré à quel point le développement de la comptabilité a été associé à la croissance d'entreprises complexes et intégrées, avant même que la réglementation gouvernementale ne soit devenue si envahissante[7]. De ce point de vue au moins, une grande société commerciale capitaliste ressemble plus à un gouvernement qu'à une petite entreprise. Le champ d'application de la comptabilité est d'abord administratif et politique. Robinson Crusoé, icône de la rationalité économique, pouvait fort bien gérer son île avec une comptabilité rudimentaire, comme le faisaient la plupart des petites et même moyennes entreprises avant que les exigences de l'impôt sur le revenu et d'autres formes de réglementation publique ne le rendent impossible.

Le désir de rigueur et de normalisation est né, je pense, en réaction à un monde où le savoir local était devenu insuffisant. La concentration économique, cela signifiait que les gens ne

---

6. Johnson – Kaplan, *Relevance Lost*, spéc. chap. 6 ; citation p. 125.

7. Chandler, *Visible Hand*, p. 267-269 et 273-281 (trad. *Main visible*, p. 299-302 et 305-314) ; H.T. Johnson, « Nineteenth-Century Cost Accounting » ; Johnson – Kaplan, *Relevance Lost*.

pouvaient plus regarder leurs partenaires commerciaux dans les yeux. Des contrats complexes et risqués comme l'assurance-vie, proposés par des compagnies lointaines, ont conduit à réclamer la surveillance du gouvernement. Les banques, qui avaient jadis été gérées localement par et au profit d'initiés, ont commencé à échanger des billets et des titres sur le marché libre[8]. L'objectivité mécanique n'était pas la seule réponse possible à ces conditions changeantes. À partir de la fin du xixe siècle, l'élite des comptables de Grande-Bretagne se trouvait dans des cabinets comptables indépendants. Leur indépendance donnait l'assurance d'une certaine impartialité. Il était en outre important pour les comptables d'avoir une grande réputation de probité et de compétence, ce qui était garanti par les noms de quelques grandes entreprises. Ces entreprises se sont implantées également aux États-Unis, un cadre où il est plus difficile d'exercer une profession en gentleman.

Le désintérêt des élites pour la normalisation comme base de l'objectivité de la comptabilité a vraiment commencé à décliner dans les années 1930. L'occasion en était la dépression, mais plus particulièrement les efforts d'une nouvelle bureaucratie réglementaire, la Securities and Exchange Commission (SEC), pour restaurer la confiance des investisseurs. Cet objectif gouvernemental a été atteint en promulguant des règles de déclaration strictes pour que n'importe qui puisse lire l'état financier d'une entreprise et qu'une fausse déclaration puisse être facilement reconnue et punie. Ainsi, ce n'est pas pour des raisons qui leur étaient propres que les comptables ont borné leurs ambitions et identifié leur art avec un calcul rigoureux. L'évolution vers l'objectivité signifiait une perte d'autonomie et était un échec de la profession. Pour parer à une intervention bureaucratique imminente, l'Institut américain des comptables (American Institute of Accountants) a créé son propre mécanisme de normalisation. En 1934, il a voté les six « règles ou principes » de la comptabilité. En 1938, il a créé la commission de la Procédure comptable, qui

---

8. Temin, *Inside the Business Enterprise*, spéc. Lamoreaux, « Information Problems and Banks » ; voir aussi mon étude, « Information Cultures ».

a été remplacée en 1949 par le conseil des Principes comptables, puis en 1972 par le conseil de Normalisation de la comptabilité financière. Ceux-ci ont pratiquement agi comme des agences gouvernementales[9].

Il y avait de nombreux désaccords entre les comptables de premier plan sur l'opportunité de la normalisation. La majorité, en particulier au niveau de l'élite, y étaient opposée. George O. May déclarait en 1938 à l'Institut américain des comptables : « Il y a sans aucun doute une forte demande d'uniformité. [...] Nous devrions simplement considérer l'uniformité comme une des différentes façons de faire davantage apprécier les comptes, en particulier par le lecteur non qualifié. [...] Nous ne serons jamais en mesure de rendre superflues l'honnêteté et la compétence dans la préparation des comptes, ni l'intelligence dans leur interprétation. » Walter Wilcox expliquait à ses collègues en 1941 que les comptables « ont un grand public qui attend de nous de savoir ce qu'est le coût [...]. Le coût n'est pas un simple fait mais un concept très difficile à cerner [...]. Comme d'autres aspects de la comptabilité, les coûts donnent une fausse impression d'exactitude ». Personne, pas même le chef comptable de la SEC, ne niait la complexité de ces questions, mais il justifiait la poussée de la normalisation en arguant qu'elles étaient progressivement résolues grâce à des recherches approfondies[10].

La SEC, cependant, les résolvait volontiers aussi par décret. Elle s'intéressait moins à la vérité de la comptabilité qu'aux règlements applicables. Un exemple notoire en est une décision de la période de la dépression stipulant que la valeur comptable d'une entreprise devait être fondée sur le coût initial de l'actif et non sur son coût de remplacement. Le raisonnement de la SEC était clair : les investisseurs étaient déjà assez nerveux, et la comptabilité financière en coûts directs semblait laisser le moins

9. ZEFF, « Evolution of Accounting Principles ».

10. MAY, « Introduction » (1938) à la séance de l'American Institute of Accountants portant sur « A Statement of Accounting Principles », dans ZEFF, *Accounting Principles*, p. 1-2 ; WILCOX, « What is Lost » (1941), *ibid.*, p. 96 et 101 ; WERNTZ, « Progress in Accounting » (1941), *ibid.*, p. 315-323.

de place pour la manipulation intéressée[11]. Mais la plupart des comptables n'étaient pas satisfaits de cette règle les empêchant de réévaluer l'actif pour tenir compte de l'inflation ou des progrès technologiques. Elle conduisait à une situation fâcheuse où, chaque fois qu'une entreprise était vendue, son actif aurait dû être réévalué, parfois radicalement. La règle, en somme, semblait favoriser l'opportunisme et la précision au détriment de l'exactitude. Elle a été au centre d'un débat international sur la nature de l'objectivité en comptabilité, opposant, dirions-nous, le réalisme philosophique et le réalisme politique. Ses participants ne débattaient pas d'abstraites questions de philosophie. C'étaient des comptables, et ils étudiaient, sous tous leurs aspects, des questions qui avaient des répercussions réelles sur les pratiques de leur profession et sur la définition qu'elle donnait d'elle-même.

L'OBJECTIVITÉ EN COMPTABILITÉ

En comptabilité comme dans d'autres sciences, écrivait en 1964 l'Australien R.J. Chambers, nous ne pouvons prétendre à l'objectivité que si nous savons ce que nous mesurons. Si nos objets ne sont pas définis, « il est hors de question d'éliminer des biais connus et de donner des mesures vraies ou estimées[12] ». Les vraies valeurs doivent être des valeurs contemporaines ; un coût historique n'a pas de sens avant d'être révisé pour tenir compte des conditions actuelles. Les règles conventionnelles ne peuvent pas suffire à produire de l'objectivité. Mais que faire si de simples comptables ne sont pas en mesure d'appliquer la vraie norme pour obtenir des résultats cohérents ? Chambers, conscient de la nécessité politique d'uniformiser la comptabilité, précisait cette possibilité. Il affirmait sans donner d'argument qu'on ne peut trouver d'accord qu'à travers la vérité. Un énoncé objectif est

---

11. FLAMHOLTZ, « Measurement in Managerial Accounting ». Pour les compagnies, la règle semblait sans aucun doute plus acceptable pendant la Grande Dépression, qui fut une période de déflation.
12. CHAMBERS, « Measurement and Objectivity », p. 268.

celui que toute autre personne informée ferait sur le même sujet. Il confondait ainsi au moins deux sens différents de l'objectivité : respecter les règles ou atteindre la vérité. C'était un amalgame commode, et il a été largement accepté par la profession. Selon l'*Accountants' Handbook* (manuel des comptables), l'adjectif « objectif » impliquait « des faits exprimés sans être déformés par des préjugés personnels[13] ». Un allié de Chambers invoquait une conception kantienne de l'explication comme subsomption de particularités sous la loi, voulant ainsi fonder la rationalité de la comptabilité et en même temps expliquer comment elle pouvait être rendue invulnérable aux « considérations émotives »[14].

D'autres ont compris qu'il pouvait y avoir là un problème. Le plus courageux de ces réalistes était Harold Bierman, dont un article de 1963 avait irrité Chambers. Il admettait que renoncer à la comptabilité basée sur le coût initial obligerait les comptables à faire face à « une grande variété de choix » – fallait-il, par exemple, n'ajuster les variables financières quantitatives que pour tenir compte de l'évolution du niveau des prix, ou baser la valeur sur les flux de trésorerie attendus, ou encore utiliser des prix de liquidation. « La tâche du comptable deviendrait plus complexe », avertissait-il. « Les suggestions ci-dessus conduiraient à la manipulation des rapports » et augmenteraient le fardeau réglementaire de la SEC[15]. Il pensait toutefois que les comptables devaient relever ces défis, dans l'intérêt d'une meilleure représentation de la situation réelle. Il préférait ne pas affaiblir la rationalité par la commodité et concevait la comptabilité comme une discipline de mesure, analogue à l'astronomie et à la psychologie.

La formulation de Bierman montre que le réalisme comptable pouvait être allié à un engagement en faveur d'une profession forte et à une foi dans le discernement des experts. Mais cette position était devenue minoritaire, en particulier chez les chercheurs en comptabilité. Plus commode et plus populaire était un puissant positivisme, inévitablement allié à une forme

---

13. Cité dans Arnett, « Objectivity to Accountants », p. 63.
14. Burke, « Objectivity and Accounting », p. 842.
15. Bierman, « Measurement and Accounting », p. 505-506.

quantitative de recherche comportementale. Les pionniers étaient ici Yuji Ijiri et Robert Jaedecke, qui déclaraient contre les réalistes que l'existence indépendante des observateurs n'a pas de sens opérationnel dans le cadre de la comptabilité. Le problème rencontré par les comptables est simple : « La comptabilité est un système de mesure qui souffre de l'existence d'autres méthodes de mesure. » Le remède était tout aussi simple : « Si les règles de la mesure dans ce système sont décrites en détail, nous nous attendons à ce que les résultats montrent peu d'écart d'un mesureur à l'autre. D'autre part, si les règles de la mesure sont vagues ou mal posées, alors la mise en œuvre du système de mesure nécessitera un jugement de la part de l'observateur. » L'objectivité, selon ces comptables, était un mécanisme pour exclure le jugement. Elle pouvait recevoir « une définition indiquant simplement un consensus au sein d'un groupe donné d'observateurs ou de mesureurs » et donc être mesurée (inversement) comme une variance statistique. Autrement dit, si plusieurs comptables donnent des chiffres à peu près uniformes pour la valeur comptable selon un système de mesure et assez différents selon un autre, le premier est par définition plus objectif, qu'il paraisse ou non plausible. L'importance de ce genre d'objectivité n'était pas assez écrasante pour exclure l'examen de la « fiabilité », autrement dit l'exactitude. Mais elle ne pouvait pas être négligée, car sans consensus il ne pouvait pas y avoir non plus de fiabilité[16].

Les comptables en exercice, de même que les chercheurs, trouvaient ce raisonnement plausible, et même convaincant. Ceux qui pratiquaient étaient parfaitement conscients du fait que leur capacité de parvenir à un accord en suivant des règles était leur défense la plus puissante contre les bureaucrates du gouvernement et autres ingérences extérieures. La nécessité absolue de minimiser l'apparence de décision subjective – « caprice de gestion » – dans les rapports financiers a été soulignée dans presque tous les débats sur l'objectivité dans la comptabilité. Les chercheurs approuvaient eux aussi la forme quantitative de l'objectivité, particulièrement adaptée à la recherche empi-

---

16. Ijiri – Jaedicke, « Reliability and Objectivity », citations p. 474 et 476.

rique – c'est-à-dire statistique –, et à ce titre elle est devenue le concept communément admis de l'objectivité en matière de comptabilité[17]. Les chercheurs en comptabilité n'étaient pas non plus insensibles à « l'objectivité opérationnelle parfaite », qui ne pouvait être réalisée « que lorsque le processus comptable dans son ensemble était réduit à des ensembles programmables de procédures »[18].

Toutefois, l'écart entre les méthodes, aussi contraignantes fussent-elles, et le raisonnement théorique était une source d'embarras. En général, l'uniformité et la normalisation étaient probablement renforcées par l'apparente rationalité découlant d'un raisonnement théorique explicite. Certes, c'est une menace pour les procédures ordinaires, même bien normalisées, que de ne pas avoir la crédibilité de vraies mesures. Ceux qui participaient à ce débat sur la comptabilité en coûts directs ou en valeur actuelle essayaient de concilier les idéaux de vérité et d'uniformité. Robert Ashton, qui avait fait une enquête par sondage auprès d'une population de comptables afin de mesurer l'objectivité de méthodes comptables rivales, fut heureux de constater que la mesure théoriquement préférée, la valeur actuelle, était en effet plus objective (c'est-à-dire, avait un écart type inférieur chez différents mesureurs) que sa rivale, la comptabilité en coût initial[19]. La plupart des comptables, cependant, ont supposé que l'uniformité ne serait possible qu'avec des règles claires et relativement strictes. On ne rencontre que rarement chez eux une insistance tenace sur la possibilité de normaliser, même quand cela contredit l'avis éclairé de praticiens experts, sauf dans des domaines qui sont très vulnérables à la critique extérieure. La répugnance manifestée par les comptables, dans de nombreuses occasions, à admettre qu'ils exercent leur discernement personnel est la preuve qu'ils se sentent très exposés au public, et en ce sens c'est une marque de faiblesse.

---

17. ASHTON, « Objectivity of Accounting Measures », p. 567 ; voir aussi PARKER, « Testing Comparability and Objectivity ».

18. WOJDAK, « Levels of Objectivity ».

19. ASHTON, « Objectivity of Accounting Measures ».

Cette faiblesse résulte d'une absence de confiance, ce qui semble inévitable dans ce domaine. Des fortunes se sont faites ou défaites par la réinterprétation de catégories financières ; l'héroïque esprit d'entreprise et le détournement criminel peuvent ne se distinguer l'un de l'autre que par un point subtil, énoncé quelques années auparavant par les organismes de réglementation. Les impôts sur les bénéfices ne signifient rien si la définition de termes tels que « revenus d'investissements », « dépréciation », « frais d'exploitation nécessaires » et « gain en capital » n'est pas défendable devant les tribunaux. Face à ces défis et à ces tentations, la profession la plus forte serait harcelée pour préserver la crédibilité publique de l'avis de ses experts. La méthode bureaucratique et juridique privilégiée pour traiter ces questions est de promulguer des règles. Comme dans le cas des lois scientifiques, l'art et le jugement sont nécessaires pour rattacher ces règles ou ces lois aux phénomènes réels relevant de l'expérience, de l'observation ou de la vie économique. Mais tandis que les scientifiques tirent avantage, en général, de l'ordre que permet cette culture commune, les acteurs économiques cherchent constamment à le saper. De sorte que les présupposés des règles comptables doivent eux-mêmes être codifiés et publiés, et ainsi de suite jusqu'à ce que l'ensemble de la cascade malthusienne vienne à bout des réserves de papier et de patience[20].

Il est important de noter que la forme de connaissance résultant de ce protocole quantitatif relativement strict a un caractère incontestablement public. Il incarne – et répond à – une culture politique exigeant que le plus de choses possible soient exposées au grand jour. Le jugement et le pouvoir de décision, qui sont d'ordinaire des prérogatives des élites, sont discrédités. L'étude d'Anne Loft sur l'histoire de la comptabilité analytique (ou des coûts de revient) montre bien quelles sont les résonances politiques de l'objectivité quantitative. Bien que développée par les sociétés américaines à la fin du XIXᵉ siècle, la comptabilité analytique est devenue importante en Grande-Bretagne pendant la première guerre mondiale. La mobilisation économique a bou-

---

20. Sur le respect des règles, voir BLOOR, « Left and Right Wittgensteinians ».

leversé les marchés privés, en particulier pour les produits dont les militaires avaient besoin. Comment les prix devaient-ils être déterminés ? Le gouvernement et l'industrie auraient pu simplement négocier un prix. Mais un accord privé reposant seulement sur l'autorité d'un jugement administratif manquait de crédibilité. Les syndicats, dont les membres étaient invités à limiter les revendications salariales au nom de l'intérêt national, étaient particulièrement méfiants. Ils considéraient les négociations de prix entre les entreprises et Whitehall comme favorables aux collusions. Ils insistaient pour avoir des preuves objectives confirmant qu'ils ne s'apprêtaient pas à sacrifier les salaires au bénéfice de profiteurs. C'est ainsi que la comptabilité analytique – une technologie assez nouvelle et peu développée – fut mobilisée pendant la guerre pour établir quantitativement que les fabricants ne prenaient qu'un petit bénéfice en plus de leurs coûts de production réels[21]. Tout économiste peut donner de bons arguments démontrant que fixer un prix d'après le coût plus le bénéfice est un moyen inefficace de diriger une économie. Mais dans une situation de méfiance, ce peut être le moyen le plus crédible de gouverner un État[22].

Les savants modernes considèrent presque instinctivement ce type de quantification comme une ruse et les pauvres travailleurs comme des dupes. Mais nos soupçons habituels peuvent dépasser la mesure. Si les bureaucrates et les industriels avaient le pouvoir de faire tout ce qu'ils voulaient, ils n'auraient pas eu besoin de chercher refuge dans des règles quantitatives. Nous parlons, après tout, de connaissances publiques. Chaque fois que ces calculs sont exposés à des yeux hostiles, les écarts par rapport aux pratiques ordinaires peuvent être notés. À moins que l'expertise pertinente ne soit complètement monopolisée par ceux qui font effectivement les calculs, les règles deviennent véritablement contraignantes, même s'il reste toujours une certaine marge pour la manipulation inventive. Les fonctionnaires

21. Loft, « Cost Accounting in the U.K. » ; voir aussi Burchell et al., « Value Added in the United Kingdom ».
22. Power, « After Calculation ».

qui sont les héros de cette histoire ont dû devenir anonymes, se laisser standardiser par un protocole quantitatif afin de minimiser les conflits et éviter l'impasse. L'autorité des bureaucrates de l'État et des entrepreneurs privés était suspecte ; la réaction des syndicats avait évidemment beaucoup d'importance. Comme il était difficile, voire impossible, de les contraindre, il fallait plutôt les persuader d'acquiescer. Ce qui s'est passé là n'était pas tout à fait un débat démocratique raisonné, mais ce n'était pas non plus une simple coercition ou une supercherie. Il s'agit d'un pouvoir, non pas dans le sens de Staline mais de Foucault. Potentiellement, au moins, il peut contraindre les directeurs presque autant que les travailleurs. La quantification donnait de l'autorité, mais c'est l'autorité telle que Barry Barnes la définit : non pas pouvoir plus légitimité mais pouvoir moins discernement[23].

La quête d'objectivité en comptabilité ne découlait pas naturellement d'une logique financière. Elle ne résultait pas non plus d'un manque de contrôle du pouvoir de la part des experts professionnels. C'était une conséquence d'un effacement de soi ostensible, l'équivalent méthodologique du costume gris adopté par des hommes qui, autrement, auraient eu encore moins de chance d'agir de manière autonome. La comptabilité est beaucoup moins liée par des règles qu'on ne le croit en général. Ce n'est pas sans fondement, cependant, qu'on la considère actuellement comme l'exemple type de l'obéissance impersonnelle aux règles. La comptabilité incarne une éthique de l'abnégation qui est un modèle pour les sciences. Un guide pour les psychologues, par exemple, invite les chercheurs à mettre de côté les hypothèses presque significatives, au sens statistique du terme, mais qui ne le sont pas : « Traitez le résultat comme une déclaration d'impôt sur le revenu. Prenez ce qui vous concerne mais pas plus[24]. »

23. BARNES, « Authority and Power ».
24. American Psychological Association, *Publication Manual*, p. 19.

HIÉRARCHIE ET CONSIDÉRATION :
LA FONCTION PUBLIQUE BRITANNIQUE

Tout le monde n'a pas trouvé nécessaire de céder à l'idée que ce qui le concerne est donné par des règles quantitatives. Pour résister à l'avance de l'objectivité mécanique, on s'est fondé principalement sur deux raisons. La première est le droit à la vie privée, ce qui signifie généralement la propriété privée. La seconde est une prétention raisonnable aux prérogatives d'une élite. Il ne s'agit pas pour l'essentiel de pouvoir pur et simple, mais plutôt de mobilisation d'un discours qui entérine le pouvoir discrétionnaire des experts. Au milieu du xixe siècle, les actuaires britanniques ne disposaient que d'une organisation professionnelle récente et profondément divisée. Ils ne pouvaient pas revendiquer une bonne naissance ni l'éducation de haut niveau correspondante. Mais les instances potentielles de réglementation auxquelles ils étaient confrontés ne se montraient pas très insistantes, en partie parce qu'elles craignaient de les voir empiéter sur le domaine propre de la libre entreprise. En outre, l'argument des actuaires, selon lequel ils étaient dignes de confiance en tant qu'experts et gentlemen, avait alors une force dont on a aujourd'hui presque perdu la mémoire. Quelques remarques à propos du professionnalisme et de la bureaucratie en Grande-Bretagne aideront à comprendre ce qui suivra.

Ce récit se concentre sur une série d'auditions conduites par une commission parlementaire, pendant lesquelles les actuaires anglais ont défendu avec compétence les subtilités de leur métier. Elles ont eu lieu en 1853. En 1854, un rapport nommé Northcote-Trevelyan, du nom de ses principaux auteurs, appelait à recruter sur examen le personnel de la fonction publique. Ces recommandations n'ont pas été appliquées avant 1870. Jusque vers cette époque, les Britanniques avaient encore une bureaucratie plutôt rudimentaire, recrutée surtout, mais non systématiquement, sur recommandation. Sa faiblesse était particulièrement notable en ce qui concerne la réglementation des sociétés. La loi de 1844 sur les sociétés par actions

(Joint Stock Companies Act), inspirée en grande partie par des preuves de fraude à l'assurance, a conduit à la création d'une équipe de deux personnes, un greffier et son adjoint, pour essayer de suivre plusieurs centaines de sociétés. Ce n'était pas une présence réglementaire redoutable. Les actuaires ne relevaient pas d'un bureau permanent mais directement du Parlement, lequel n'était guère en mesure d'intervenir énergiquement de son propre chef. À moins d'être prêt à créer une vaste bureaucratie, il devait compter sur l'aimable coopération des actuaires eux-mêmes.

La réforme Northcote-Trevelyan a sa place dans ce récit surtout à cause des attitudes qu'elle a révélées. Elle faisait peu de concessions à l'applicabilité des connaissances formelles. Les candidats à la catégorie supérieure de la fonction publique devaient posséder une éducation classique, normalement d'Oxford ou de Cambridge ; leur recrutement était fondé sur leur performance à un examen mettant l'accent sur les langues mortes et la géométrie. Cette élite devait être constituée de généralistes, dont la formation intellectuelle et la culture allaient leur permettre, supposait-on, d'acquérir en peu de temps la connaissance technique dont ils auraient besoin pour un poste particulier. Ils étaient très mobiles, passant d'un ministère à un autre[25]. Des connaissances spécialisées ne convenaient au rang d'un homme que pour les niveaux inférieurs de l'administration. Et il était extrêmement douteux que les écoles fussent le lieu approprié pour acquérir une expertise appropriée. Quand s'est fait sentir le besoin de connaissances ardues, l'administration britannique a été plutôt encline à respecter les informations et les compétences que les hommes d'affaires et les techniciens avaient acquises par l'expérience. Même dans des domaines tels que l'ingénierie électrique, la valeur de la connaissance scientifique a été parfois fortement mise en doute jusqu'à la fin du siècle. Jose Harris note qu'entre les deux guerres, il était encore normal pour les enquêtes sur les questions sociales, et même sur l'impôt sur le revenu, d'ignorer

---

25. GOWAN, « Origins of Administrative Elite » ; PERKIN, *Rise of Professional Society* ; READER, *Professional Men*.

les économistes de l'université, ou d'en inclure seulement un pour son expérience pratique ou ses opinions politiques[26].

Ce style administratif s'est révélé remarquablement durable. En 1974, Hugh Heclo et Aaron Wildavsky ont expliqué comment quelques hauts fonctionnaires du Trésor pouvaient négocier le budget de l'État sans s'appuyer sur une comptabilité élaborée ni se faire beaucoup aider par un état-major d'experts. Deux facteurs essentiels ont permis aux plus hauts fonctionnaires de se passer de connaissances formelles et de procédures explicites. Premièrement, le gouvernement était en mesure de garder des secrets, de garantir la confidentialité des affaires publiques. Les décisions n'étaient rendues publiques qu'une fois prises. Cela est dû en partie à la loi britannique, laquelle assure la protection des secrets d'État.

Un second facteur, cependant, joue un rôle plus grand. Le gouvernement britannique, ont constaté Heclo et Wildavsky, était composé « de personnes dont les liens de parenté et la culture commune les séparent de l'extérieur ». Cette culture a été rendue possible par un statut socio-économique élevé et une formation d'élite, mais encore plus par un modèle de carrière qui, près du sommet, impliquait de fréquents mouvements entre ministères. C'est ce qui a fait l'unité de la haute fonction publique et y a favorisé la confiance. « Le thème inévitable de pratiquement tous les entretiens que nous avons menés est l'importance vitale que donnaient les participants à leur confiance réciproque », écrivent Heclo et Wildavsky. « Les fonctionnaires du Trésor sont en mesure de faire leur travail parce qu'il existe entre eux des relations de confiance. » Celle-ci n'était pas aveugle, mais paraissait très nuancée : « À les entendre, la compétence la plus importante qu'apprennent les gens du Trésor est la "confiance de personne à personne et en qui elle devrait être mise". » Naturellement, la confiance interpersonnelle est un facteur important dans toute forme d'organisation humaine, y compris dans la forme de bureaucratie américaine, beaucoup plus ouverte et plus vulnérable. C'est

---

26. MacLeod, *Government and Expertise* ; Smith – Wise, *Energy and Empire*, chap. 19 ; Hunt, *The Maxwellians*, chap. 6 ; Harris, « Economic Knowledge ».

donc une question de degré. L'élite administrative britannique était suffisamment fermée et unie pour compter davantage sur les personnes que sur le savoir impersonnel, et pour dépendre très peu de l'expertise formelle[27].

L'économie était bel et bien importante pour les fonctionnaires du Trésor et les autres administrateurs. Elle l'était en fait tellement qu'ils n'étaient pas disposés à l'abandonner aux experts universitaires. L'économie n'était pas une spécialité comme le droit ou la médecine, mais, comme la philosophie morale et politique, le domaine commun de généralistes instruits[28]. Au cours des dernières décennies, le gouvernement britannique a eu l'occasion d'utiliser la quantification dans des enquêtes complexes et très factuelles. Mais leurs conclusions pouvaient finalement être simplement mises de côté, comme cela a été le cas de la monumentale analyse coûts-avantages de Roskill qui devait permettre de choisir le site du nouvel aéroport de Londres[29]. Depuis environ 1960, et en partie à l'imitation des Américains, le gouvernement britannique a parfois eu recours à l'analyse quantitative formelle pour planifier les autoroutes et les lignes de métro. Les comptables et les économistes de l'analyse coûts-avantages avaient un rôle de premier plan dans l'obtention d'informations qui pouvaient aider Margaret Thatcher à pénétrer le système de santé britannique (National Health Service) relativement autonome[30]. On ne sait pas cependant s'il y a eu un réalignement fondamental à Whitehall. À certains égards, les quantificateurs ont bénéficié du système britannique de privilège administratif, puisque ceux qui s'opposent aux aéroports et aux centrales électriques peuvent se voir refuser la possibilité de contester les études du gouvernement, à moins d'être capables de se mesurer aux experts officiels en présentant eux-mêmes des analyses complètes et détaillées comparables. Cependant, l'économiste Alan Williams n'était pas très éloigné de la vérité

27. HECLO – WILDAVSKY, *Private Government of Public Money*, p. 2, 15 et 61-62.
28. HARRIS, « Economic Knowledge », p. 394.
29. SELF, *Econocrats and the Policy Process*.
30. COLVIN, *Economic Ideal in British Government* ; ASHMORE *et al.*, *Health and Efficiency*.

lorsqu'il voyait dans l'analyse coûts-avantages un défi à l'hypothèse « autoritaire » et « paternaliste » selon laquelle les dirigeants savent déjà ce qui est meilleur pour la société, même si elle ne favorise pas beaucoup les formes de participation du public que préféreraient de nombreux critiques[31].

L'élite administrative britannique a survécu si longtemps que, rétrospectivement, son succès semble découler inévitablement de modèles culturels très anciens. En fait, il existait alors de réelles alternatives, en particulier au milieu du XIXe siècle. La réforme Northcote-Trevelyan était le triomphe éclatant de l'Oxford de Benjamin Jowett et de la cléricature (*clerisy*) de Coleridge sur l'idéal d'éducation pratique de Bentham. Le benthamisme avait remporté quelques succès au début du siècle et était installé dans des établissements tels que Haileybury, où les futurs fonctionnaires de la Compagnie des Indes orientales apprenaient les langues indiennes et l'économie politique. Mais même dans les années 1840 et 1850, il n'était pas du tout facile pour de simples experts, sans liens familiaux ni relations étroites avec les intérêts concernés, de contribuer beaucoup à l'élaboration de politiques publiques[32]. L'ordre politique britannique était suffisamment hiérarchisé pour compter davantage sur la confiance et sur la considération que sur l'objectivité ou la précision. Les membres de la profession naissante le reconnaissaient, et comprenaient aussi que, en tant que simples spécialistes techniques, ils ne pourraient jamais devenir de véritables élites. L'ordre moral dominant accueillait facilement un professionnalisme distingué, digne de gentlemen. Si, par exemple, les actuaires étaient en mesure de se présenter comme des gentlemen dignes de confiance, une commission parlementaire était peu susceptible d'attendre d'eux qu'ils se comportent comme des machines à calculer.

31. WYNNE, *Rationality and Ritual*, p. 65-66 ; WILLIAMS, « Cost-Benefit Analysis », p. 200.

32. GOWAN, « Origins of Administrative Elite » ; GREENLEAF, *A Much Governed Nation* ; BRUNDAGE, *England's Prussian Minister* ; HAMLIN, *Science of Impurity*.

DES ACTUAIRES GENTLEMEN

Aucune science humaine n'a maîtrisé les mathématiques aussi précocement que ne l'a fait l'art de l'actuaire. Au début du XIXᵉ siècle, les meilleurs cabinets d'assurance-vie avaient besoin de faire de nombreux calculs pour fixer leurs taux. Mais ce n'est pas dans le traitement des chiffres par les actuaires qu'il faut rechercher une idéologie, ni même une pratique, de la foi dans l'objectivité mécanique. L'aptitude à appliquer des formules mathématiques était le minimum requis chez l'actuaire débutant. Ces compétences en calcul devaient être utilisées pour dresser des tables de mortalité et déterminer les primes. Les actuaires étaient unanimes à reconnaître qu'il est important de disposer de données statistiques fiables. Mais ils ne croyaient pas possible de faire des évaluations précises ni de réduire leur travail à des méthodes de calcul routinières. Très peu d'actuaires aspiraient à voir leur métier devenir parfaitement mathématique. La demande d'objectivité est venue plutôt du Parlement et des instances de réglementation qui poursuivaient des objectifs politiques et administratifs. Les actuaires britanniques se concevaient eux-mêmes comme des gentlemen dont l'intégrité et le jugement avaient gagné la confiance du public. Un régime strictement basé sur le calcul aurait impliqué la négation de cette confiance, au nom de la transparence démocratique et du contrôle public.

Les actuaires du milieu du siècle croyaient fermement que l'adhésion servile à des formules était incompatible avec une saine pratique des affaires. Ils en donnaient plusieurs raisons, mais la principale avait quelque chose à voir avec la sélection des assurés, dont j'ai parlé au chapitre II. Cela exigeait un examen attentif et compétent, sinon la compagnie souffrirait d'une sélection opposée, c'est-à-dire de taux de mortalité plus élevés que ceux de la population générale. Presque tous partageaient l'avis d'Edwin James Farren, de l'Asylum Life Office, selon lequel un système de calcul de risque basé sur des tables de mortalité strictes et des taux d'intérêt fixes est adapté, au mieux, à l'enfance de l'assurance-vie. Il affirmait que l'actuaire néophyte, formé dans cette « logique raffinée », doit être surpris quand il est confronté au monde réel, marqué par la variabilité indéniable de la « prétendue loi de la mortalité ». L'« hypothèse de l'absolutisme » dans ce domaine n'est plus d'aucune utilité[33].

Arthur Bailey et Archibald Day disaient en 1861 que l'on ne connaît pas de loi générale de la mortalité et que si un jour on en découvrait une, « elle représenterait la loi qui règne vraiment parmi les hommes qui peuplent la terre en vivant, bougeant et pensant, de même que la statue de l'Apollon du Belvédère représente leur forme physique. Une telle loi ne pourrait jamais remplacer, du moins dans nos travaux, l'exercice […] d'un jugement prudent et d'un sain discernement ». L'assurance, après tout, a toujours été un problème local. Les actuaires doivent faire leurs calculs en se basant sur des « risques dépendants », qui ne sont valables que dans une compagnie donnée et à un instant donné. Les tables s'appliquent à des assurés activement sélectionnés, dont la qualité peut déterminer la viabilité de la compagnie. Selon William Lance du Lloyd's : « Les actuaires savent bien que le succès d'un cabinet d'assurance-vie ne résulte pas nécessairement du fait d'accepter des assurances à des tarifs déterminables à l'aide de tables de mortalité, mais dépend du jugement avec lequel on sélectionne les assurés et on augmente leur prime d'un intérêt[34]. » Tim Alborn suggère que l'interprétation subjective de la probabilité – celle préférée par les actuaires – reflète la préférence qu'ils donnent au jugement d'un expert sur un simple calcul mécanique[35].

Puisque les actuaires niaient si obstinément que leur profession pût se réduire à faire des calculs, il est important de demander simplement quel rôle ont joué les mathématiques en Grande-Bretagne dans le secteur de l'assurance. Bien que le jugement de l'expert fût souvent mentionné, l'assurance-vie était une activité bel et bien quantitative. L'espace réservé dans l'*Assurance*

33. FARREN, « Life Contingency Calculation », p. 185-187 et 121.
34. BAILEY – DAY, « Rate of Mortality », p. 318 ; LANCE, « Marine Insurance », p. 364.
35. ALBORN, « A Calculating Profession ».

Magazine aux mathématiques probabilistes et à la présentation de tableaux statistiques le montre clairement. Dresser des tables de mortalité et élaborer des structures tarifaires étaient les activités principales de l'actuaire. Le raisonnement mathématique était indispensable. Ce qu'il ne pouvait pas fournir, c'était une mesure objective. En raison de l'hétérogénéité essentielle des populations assurées et des pratiques des entreprises, aucune méthode simple de collecte des résultats de la population dans son ensemble ni aucune façon de les présenter sous forme de tableaux ne pouvait donner de chiffres valables pour n'importe quelle compagnie.

C'était là toute la sagesse populaire des actuaires praticiens. Les solutions purement mathématiques données aux problèmes d'assurance dans l'*Assurance Magazine* suscitaient souvent des réactions sceptiques ou satiriques, que les éditeurs n'hésitaient pas à publier. Un article de mathématiques sur la valeur d'un héritage à perpétuité conditionné par la mort préalable de certains frères aînés, par exemple, reçut deux réponses dans les pages de la revue. Le problème pouvait être résolu mathématiquement en supposant la validité des tables, admettaient ces critiques. « Ce ne serait pas le point de vue adopté par un actuaire consulté pour avis de la façon habituelle. » Une meilleure solution tiendrait compte aussi de facteurs ignorés par les tables, en particulier la santé des différentes parties. Par conséquent, « les actuaires, en faisant une évaluation, seraient davantage guidés par leur propre jugement que par une valeur calculée ou tirée d'un tableau, qui ne peut, sans que cela soit gênant, qu'être approximative »[36]. Au milieu du xixᵉ siècle, presque tous les cabinets d'assurance étaient encore de petite taille, n'ayant que dix mille polices au maximum et peut-être quelques dizaines d'employés. Les candidats à l'assurance pouvaient s'attendre à un traitement personnalisé, ce qui n'était pas nécessairement dans leur intérêt, car leur santé ou leur moralité pouvait être jugée comme un élément défavorable. Le traitement de données à grande échelle dans l'assurance n'a été mis au point que dans les années 1850-1870, lorsque la compagnie

36. Deux lettres anonymes : « Solution of Problem » et « The Same Subject », *Assurance Magazine*, 12 (1864-1866), p. 301-302.

Prudential a commencé à proposer des polices de petite valeur nominale à ses clients de la classe ouvrière[37].

Le fait que les actuaires s'appuient sur l'analyse quantitative est plus évident non pas là où les tables étaient disponibles mais là où elles ne l'étaient pas. Tout en restant fidèlement attaché à l'idée que la variabilité des phénomènes rendait le jugement indispensable, aucun actuaire ne croyait que l'assurance pourrait être gérée par le seul jugement. Ce n'est qu'au prix de nombreux calculs, soulignaient-ils, que l'on pourrait démontrer qu'une compagnie d'assurance ou une société amicale de travailleurs dotée d'importantes réserves risquait l'insolvabilité lorsque ses membres devenaient plus âgés. On n'arriverait jamais à en convaincre les profanes et en particulier les ouvriers dépourvus de connaissances en mathématiques[38]. Les actuaires demandaient à leurs confrères des nouvelles compagnies de se baser sur des tables issues de sociétés comparables (mais pas sur les statistiques nationales) jusqu'à ce qu'ils aient acquis par eux-mêmes une expérience suffisante. De nouveaux types de polices, telles que l'assurance sur la vie d'un homme âgé, marié à une femme stérile, qui ne prendrait effet qu'« en cas de descendance » (sans doute après une mort et un remariage), ont suscité des tentatives pour dresser des tables donnant les risques appropriés[39]. Il restait commun au milieu de ce siècle, dans les compagnies les plus conservatrices, d'exiger des assurés voyageant à l'étranger de résilier leur police d'assurance, parce que nul ne savait combien le risque augmentait en Inde, en Afrique ou dans les Caraïbes. D'autres imposaient des suppléments quelque peu arbitraires – et généreux. En même temps, les actuaires s'efforçaient de réunir des informations sur l'expérience des Européens à l'étranger, afin de pouvoir maintenir les contrats d'assurance des officiers de l'armée et des administrateurs coloniaux sans augmenter le risque de la société. Leurs enquêtes ont produit certaines des meilleures

---

37. CAMPBELL-KELLY, « Data Processing in the Prudential ».

38. *Report from the Select Committee on Friendly Societies*, British Parliamentary Papers, 1849, XIV, témoignage de Francis G.P. Neison, p. 8.

39. JELLICOE, « Rates of Mortality » ; DAY, « Assuring against Issue ».

données dont nous disposons aujourd'hui concernant la mortalité européenne dans les colonies tropicales[40].

Le malaise des actuaires, qui manquaient de données quantitatives sur les risques – celles-ci n'ayant jamais été recueillies systématiquement –, est manifeste aussi dans leurs écrits sur l'assurance-incendie ou maritime, lesquelles ne pouvaient s'appuyer sur des tables analogues aux tables de mortalité de l'assurance-vie. Samuel Brown, un des meilleurs champions de la probabilité mathématique comme outil d'assurance, déplorait l'incapacité des compagnies de rassembler et de partager leur expérience des risques en matière d'immeubles et de navires. D'autres soutenaient que les pertes dans ces catégories affichent, d'année en année, des régularités comparables à celles qui régissent la mortalité humaine[41]. Les assureurs proposant des assurances maritimes et contre l'incendie en étaient toutefois moins aisément convaincus. Les bâtiments et les technologies changeaient trop rapidement, estimaient-ils, pour que des résultats passés puissent s'appliquer au futur. J.M. McCandlish écrit, dans la neuvième édition de l'*Encyclopaedia Britannica*, à propos de l'assurance-incendie : « La moindre observation révèle une diversité infinie dans les risques garantis, et même si l'on pouvait espérer découvrir une loi absolue, il faudrait soigneusement classer les risques, de façon très exacte, avant de pouvoir en déduire une loi. Mais, en fait, les risques sont en constante évolution[42]. » Il est clair que ces compagnies se basaient sur leur

40. Curtin, *Death by Migration*. Un exemple de ce genre d'enquête est Jellicoe, « Military Officers in Bengal ». Trebilcock, *Phoenix Assurance*, p. 552-565, examine les suppléments imposés par The Pelican.
41. Brown, « Fires in London » ; Lance, « Marine Insurance », p. 362. Chez les professionnels, on savait bien toutefois qu'il y avait des fluctuations par rapport aux valeurs moyennes. On utilisait des arguments probabilistes pour soutenir qu'une société amicale devait avoir au moins 150 à 300 membres pour être raisonnablement sûre. Charles Babbage l'expliquait à une commission (voir le *Report from the Select Committee on the Laws respecting Friendly Societies*, British Parliamentary Papers, House of Commons, 1826-1827, III, p. 28-33). La commission cherchait à saper son argumentation en l'interrogeant sur les effets des épidémies, auxquelles le calcul de probabilité standard ne pouvait s'appliquer.
42. McCandlish, « Fire Insurance », p. 163.

expérience, mais elles l'utilisaient de manière plus secrète et plus informelle que celles d'assurance-vie. En l'absence d'ingérence de la réglementation, elles n'étaient jamais suffisamment incitées à systématiser et rationaliser cette expérience. Lorsque se faisaient sentir des pertes d'un certain type ou limitées à une ville en particulier, les compagnies s'entendaient pour augmenter les prix et rétablir la rentabilité[43].

Les compagnies d'assurance-vie ne pouvaient pas faire face aux risques avec autant de désinvolture. Elles proposaient des contrats d'assurance à long terme, pour la vie entière, dans lesquels les primes versées par chaque titulaire de police dépassaient largement pendant plusieurs dizaines d'années la valeur du risque sur sa vie mais chutaient ensuite nettement au-dessous. Les tarifs ne pouvaient pas être facilement ajustés si l'expérience montrait qu'ils étaient trop bas. L'instinct sûr ou le jugement éprouvé fournissaient par eux-mêmes peu d'indications pour fixer le tarif d'un contrat si complexe. Le calcul était, sinon définitif, du moins approximatif. Circonspectes, les compagnies responsables fondaient normalement leurs calculs sur des taux d'intérêt bas et des tables de mortalité prudentes, puis ajoutaient un pourcentage de confiance supplémentaire. Elles pouvaient aussi faire des ajustements pour la qualité attendue des assurés ou pour des opportunités d'investissement inhabituelles. Vers 1850, la plupart des compagnies fonctionnaient au moins en partie selon des principes de placement collectif, ce qui signifie qu'une partie des profits étaient remis à l'assuré. La mesure de la rentabilité n'était rien moins qu'évidente, et un actuaire témoignant en 1853 devant une commission parlementaire admit que ce qu'on appelait un « rendement de neuf dixièmes du profit » pouvait en réalité être inférieur à la moitié[44]. Le point ici est que le fait de se baser sur le calcul n'était nullement incompatible avec l'exercice du discernement, à condition que personne ne prétende perfectionner la précision quantitative. Dans l'assurance-vie, le jugement était considéré non pas comme une alternative fondamentale au calcul,

---

43. Trebilcock, *Phoenix Assurance*, p. 355, 419 et 446, *passim*.
44. Témoignage de Francis G.P. Neison dans *SCAA*, p. 204.

mais comme un ensemble de stratégies pour effectuer l'estimation, puis ajuster ses résultats.

La précision mathématique était considérée comme convenant surtout aux actuaires débutants. On soutenait, quelque peu paradoxalement, que le calcul rigoureux était formateur et mûrissait le jugement. En 1854, Peter Gray expliquait que la construction de tables de mortalité à partir des données de survie pouvait être réalisée selon au moins deux méthodes distinctes. La « méthode logarithmique » a l'inconvénient de donner des résultats à « plus de sept chiffres ». Sept chiffres peuvent être ou ne pas être suffisamment précis pour des tables de mortalité. « Sur ce point, des calculateurs différents auront des idées différentes. » Un des avantages de son autre méthode, la « construction en chiffres », était de permettre le calcul d'un nombre arbitraire de chiffres. Il admettait que de tels calculs pouvaient rapidement aller au-delà de la fiabilité des données. Mais il estimait que l'acte de calcul avait une valeur en soi. Même si des « calculateurs expérimentés » pouvaient trouver sa discussion excessivement minutieuse, « les membres les plus jeunes » auraient profit, pour eux-mêmes ainsi que pour leur profession, à calculer les tables selon cette méthode plus exhaustive. « Ils trouveraient qu'ils ont acquis une connaissance si intime de la structure et des propriétés des tables, qu'ils pourraient les appliquer à des fins pratiques avec une facilité et une confiance que, sans cette préparation, seule une longue expérience aurait pu leur donner »[45].

Henry Porter expliquait la valeur des études mathématiques pour les actuaires avant tout en termes moraux, comme encourageant l'application et le soin dans le travail. Ces qualités, concédait-il, n'étaient pas universellement admirées, et certains directeurs de sociétés d'assurance étaient connus pour tourner en ridicule « l'importance, phrénologiquement parlant », de l'« organe de leur prudence » d'actuaire. Certes, Porter n'était pas prêt à voir l'assurance comme une discipline avant tout technique. « Je crois qu'aujourd'hui on considère généralement que des connaissances mathématiques très abstruses ne sont pas

45. GRAY, « Survivorship Assurance Tables », p. 125-126.

absolument nécessaires pour l'activité habituelle d'un actuaire. »
Passant à un (faible) éloge, il s'élevait contre l'opinion de ceux
« pour qui elles sont plutôt nuisibles, puisque nous connaissons
de nombreux exemples prouvant que les connaissances scientifiques les plus hautes ne sont pas nécessairement incompatibles
avec des pratiques commerciales parfaites ». Les mathématiques,
affirmait-il, sont essentielles pour les actuaires, même si « la prospérité de certaines compagnies a été sacrifiée à la méditation
solitaire d'un profond théoricien ». Cette ambivalence ne concernait pas le grec ni le latin, que Porter estimait nécessaires à la
maîtrise du vocabulaire technique adéquat, ni la physiologie, qui
aiderait l'actuaire à juger les candidats douteux et à décider une
augmentation appropriée de la prime[46].

Il convient d'ajouter que Porter commençait son exposé en
appelant les mathématiques « le fondement de toute connaissance actuarielle ». Les statistiques, c'est-à-dire les données numériques, fournissaient « le fondement même sur lequel s'élève la
superstructure de l'assurance-vie ». Mais ces fondements n'étaient
pas solides. « Il ne suffit pas d'adopter tout de suite le résultat
numérique donné par le calcul. » Le calcul, considéré isolément,
peut conduire à des absurdités. Le meilleur mathématicien
diplômé, mais « sans expérience, serait impuissant dans un Life
Office ». Les hommes d'expérience reconnaissent l'importance
cruciale du « jugement » dans la pratique actuarielle. La conférence de Porter est un hymne au « jugement et à l'expérience »,
qui « ne peuvent être enseignés » mais seulement acquis par un
apprentissage, comme dans toutes les professions. Il considérait
que l'autorisation d'exercer ne devait être accordée qu'après un
« examen rigoureux par des gentlemen ayant fait leurs preuves »
dans cet art raffiné[47].

Il se trouve que Porter lui-même a fait partie de la première
cohorte de candidats retenus pour subir un tel examen, sous les
auspices du nouvel Institut des actuaires. Si toutefois l'intérêt
personnel doit être invoqué pour expliquer ses déclarations,

---

46. H.W. PORTER, « Education of an Actuary », p. 108-111.
47. *Ibid.*, p. 108, 112, 116 et 117.

cet intérêt, étant largement partagé chez les actuaires anglais, était du moins collectif. Edwin James Farren estimait qu'« une caractéristique bien connue du progrès du savoir est que plus les connaissances se généralisent, moins les opinions ont de fermeté ». Les actuaires avaient trop d'expérience pour croire encore en des « vérités abstraites » et des « axiomes fondamentaux » à partir desquels toutes les conclusions pratiques pourraient être déduites[48]. Cette conscience du fait que la connaissance est locale et que même les règles générales sont inutiles, sauf pour ceux qui comprennent les conditions dans lesquelles elles doivent être appliquées, semblait irrésistiblement vraie quand une intervention bureaucratique menaçait. C'est ce qui fut obstinément exprimé en 1853, en réponse à une enquête sur les « associations d'assurance » par une commission restreinte de la Chambre des communes.

UNE COMMISSION RESTREINTE
RECHERCHE DES RÈGLES EXACTES

Dans son roman, *Martin Chuzzlewit*, Charles Dickens a choisi l'assurance-vie comme le modèle parfait de l'entreprise frauduleuse. La Compagnie anglo-bengali de prêt sans intérêts et d'assurance-vie (Anglo-Bengalee Disinterested Loan and Life Assurance Company) dissimulait sa rapacité sous un vernis de solidité et de sérieux. Cela se passait en 1843. Le roman s'inspirait de plusieurs affaires d'assurances louches utilisées comme preuves en 1841 et 1843 par la commission restreinte des Sociétés par actions. Pendant les années qui ont suivi, les investissements spéculatifs dans l'assurance-vie ont atteint de nouveaux sommets. Malgré la tentative de réglementation de l'assurance par la loi de 1844 sur les sociétés par actions, le Parlement n'avait presque aucun contrôle sur cette activité. La commission restreinte des Associations d'assurance (Select Committee on Assurance Associations, SCAA), qui en 1853 menait une enquête, a appris grâce à Francis Whitmarsh, greffier des sociétés par actions, combien de

---

48. FARREN, « Reliability of Data », p. 204.

compagnies avaient été provisoirement ou complètement enregistrées depuis la loi. Beaucoup d'entre elles avaient apparemment déjà fait faillite, probablement plus d'une centaine, mais la machine bureaucratique ne pouvait donner de certitude à ce sujet.

Les bruits qui couraient n'étaient pas encourageants. James Wilson avait écrit un article sur ce problème dans le journal *The Economist* et était aussi bien informé que quiconque sur les pratiques commerciales de l'assurance-vie. En tant que président de la commission restreinte, il attendait de la précision des actuaires qu'elle fournît des informations facilement compréhensibles, car les gens devaient être en mesure de reconnaître par eux-mêmes quelles compagnies étaient solides[49]. Presque tous ceux qui témoignèrent devant la commission étaient des actuaires professionnels appartenant pour la plupart aux compagnies les plus anciennes et les plus respectables plutôt qu'aux nouvelles, peut-être louches. Ces actuaires étaient polis mais inébranlables. La précision n'est pas accessible par des méthodes actuarielles. Une compagnie, si elle est saine, repose sur le jugement et la prudence. Les actuaires sont des gentlemen qui ont du caractère et du discernement. Faites-nous confiance.

Wilson présentait clairement son point de vue sur le sujet sous la forme de questions allusives. L'assurance-vie est un projet à long terme, et l'assuré a besoin d'une certaine garantie que la société sera toujours là quand, à sa mort, une réclamation pourra finalement être faite. La prime dépend de l'âge d'admission dans une compagnie, mais est fixée à un tarif qui est censé rester inchangé pendant toute la vie de l'assuré. Le taux de mortalité des personnes récemment assurées est relativement faible, tant en raison de leur jeunesse que parce qu'elles ont été sélectionnées. De sorte qu'une nouvelle compagnie accumulera beaucoup de capitaux pendant ses premières années. Si elle est responsable, elle en mettra de côté la plus grande partie en prévision d'une augmentation du taux de réclamation vingt ou trente ans plus tard. Mais beaucoup de compagnies semblaient être irresponsables. Elles payaient des salaires élevés à leurs dirigeants et

---

49. ALBORN, *The Other Economists*, p. 236.

administrateurs. Elles dépensaient des sommes énormes en publicité pour attirer de nouveaux assurés et de nouvelles recettes. Et certaines ne respiraient pas la solidité. Un certain Augustus Collingridge avait en quelques années constitué et dissous plusieurs compagnies. Un enquêteur a révélé à la commission que le Victoria Life Office se composait « d'une pièce, au-dessus d'une boutique de modiste de New Oxford Street, ne contenant que deux chaises, une table cassée et un grand nombre de prospectus imprimés sur du papier pelure ». La Universal Life and Fire Insurance Company occupait une pièce dans une toute petite maison, « que les intéressés n'occupaient jamais, quelqu'un venant y chercher les lettres ; personne n'était passé prendre les lettres au cours des six ou sept derniers jours, après que la police eut pris des renseignements » sur le propriétaire[50].

John Finlaison, actuaire du gouvernement, faisait partie des témoins les plus obligeants. Les mathématiques de l'assurance, expliquait-il, « sont extrêmement simples : déterminer la situation réelle d'une compagnie à un moment donné ne présente pas la moindre difficulté ». Une compagnie d'assurance est solvable si elle a les moyens de payer la valeur actuelle de tous les contrats d'assurance en cours. Serait-il possible, demanda Wilson, de faire figurer tout cela dans des comptes standard, publiés ? Non, répondit Finlaison, parce que le jugement actuariel intervient à la fois dans la prédiction du taux d'intérêt auquel les actifs vont croître et dans le choix d'une table de mortalité. Sa propre pratique consistait à calculer les intérêts à 3 ½ % et à utiliser une table de mortalité qu'il avait préparée et dont il savait d'expérience qu'elle était valable. Évidemment, si les compagnies ne sont pas assez vigilantes lorsqu'elles admettent de nouveaux assurés, les tables ne prédiront pas la mortalité réelle. En outre, la valeur des actifs fixes variera quand les taux d'intérêt fluctueront, et ce n'est que par une longue expérience qu'on apprend à estimer leur valeur.

Wilson saisit bientôt où Finlaison voulait en venir. « Si je vous comprends bien, vous pensez que tant de choses dépendent du

50. Témoignage de William S.D. Pateman dans *SCAA*, p. 282.

discernement et de la bonne gestion du cabinet, en plus de tout ce qui peut être montré sur le papier, que vous ne seriez guère disposé à faire confiance à un contrôle qui ne reposerait que sur des comptes ? » La réponse fut affirmative. Finlaison craignait également que la publication des comptes ne menât à des comparaisons injustes qui joueraient contre les nouvelles compagnies. Même là où il y avait des raisons de suspecter l'insolvabilité, le remède approprié était une discrète enquête confidentielle par un actuaire indépendant travaillant avec l'actuaire habituel de la compagnie, et non pas une retentissante enquête publique. L'escroquerie est très rare dans l'assurance, assurait-il. Un conseil d'administration respectable garantit l'intégrité de la compagnie. En outre, les actuaires calculent prudemment, en ajoutant aux primes calculées une marge de sécurité et de profit[51].

Le compte rendu de son témoignage devant la commission restreinte ne réconfortait guère ceux qui espéraient que l'on pouvait obtenir des comptes uniformes et précis. Les témoins étaient presque unanimes. Il est impossible de juger plusieurs compagnies par rapport à un seul ensemble de tableaux de mortalité, parce qu'elles sont gérées selon des principes différents et qu'elles ont des types d'assurés différents. Le revenu et le capital ne peuvent être fixés à partir d'un taux d'intérêt unique, parce que les investissements sont extrêmement divers. Certains actuaires sont optimistes, d'autres pessimistes, et l'on n'éliminera pas ces différences au moyen d'une loi. Edward Ryley, un témoin franchement hostile, exprimait l'argument plus crûment. Les actuaires ne sont pas d'accord. « Si vous engagez un actuaire au gouvernement, vous devrez nécessairement le choisir parmi les actuaires existants ; il n'existe pas de fabrique d'actuaires où l'on pourrait vous en faire un sur commande. » Des règles de calcul uniformes, imposées par l'État, pourraient produire une « erreur uniforme »[52]. Dix ans auparavant, Charles Ansell, témoignant devant une autre commission restreinte, tenait le même

---

51. Témoignage de John Finlaison dans *SCAA*, p. 49-64.
52. Ryley dans *SCAA*, p. 246. Voir aussi les témoignages de George Taylor p. 30, Charles Ansell p. 70 et James John Downes p. 105.

discours et exprimait sa crainte que la charge d'actuaire du gouvernement ne revînt à « quelque gentleman, mathématicien de grand talent, récemment enlevé à une de nos universités mais dépourvu de la moindre expérience, bien que de grande réputation mathématique ». Cela « ne le rendrait nullement qualifié pour exprimer un avis éclairé sur une question pratique comme celle des primes dans l'assurance-vie »[53].

Face à cette avalanche de témoignages d'experts, Wilson et les autres membres de la commission de 1853 ne se sont pas facilement avoués vaincus. Ne pouvons-nous pas appliquer « une règle moyenne générale, demanda-t-il à Ansell, afin de permettre la compréhension du résultat en se basant sur un principe général donné ? » Non, répondit Ansell. Que diriez-vous d'utiliser la table de mortalité de John Finlaison et d'appliquer un taux d'intérêt uniforme de 3 ½ %, en ajoutant 10 % pour les imprévus, afin de déterminer si une compagnie dispose de ressources suffisantes pour faire face à ses engagements ? Cela soulèverait de grandes difficultés et des objections valables, répondit Ansell. Toutes ces choses dépendent des circonstances particulières de chaque compagnie. Et le barème de primes le mieux calculé ne servira à rien si une compagnie a fait preuve de négligence dans la sélection de ses assurés[54].

Malgré leur hostilité aux principes généraux, les actuaires ne se montraient nullement intransigeants. Souvent, leurs réponses aux demandes initiales de Wilson étaient favorables. Toutefois, ils ajoutaient immanquablement des qualifications et des stipulations qui en sapaient les principes. Beaucoup croyaient à des maximes générales ; aucun n'admettait la possibilité de règles précises normalisables. Samuel Ingall, pour sa part, avait une réponse toute prête quand on lui demandait de donner un critère général de solvabilité d'une compagnie. Elle doit avoir en sa possession, sous forme de capital, la moitié des primes reçues sur les polices existantes. C'était plus instructif que la réponse

---

53. *Report of the Select Committee on Joint Stock Companies, together with the Minutes of Evidence*, British Parliamentary Papers, House of Commons, 1844, VII, témoignage de Charles Ansell (1841), p. 49.
54. *SCAA*, témoignage de Charles Ansell, p. 69, 74 et 82.

habituelle, qui était qu'une compagnie doit avoir des fonds pour acheter ses polices. Ingall déclara en outre que pendant ses vingt premières années une compagnie devait accumuler chaque année, en moyenne, 1 % de son passif potentiel. Mais il admit bientôt que ces maximes s'appliquaient seulement si les affaires étaient à peu près régulières et que d'ailleurs les actuaires étaient en désaccord sur la façon dont les bénéfices d'une compagnie devaient être calculés. Cette dernière réserve parut essentielle à Wilson, qui demanda alors comment on pouvait vérifier l'exactitude des résultats. Ingall répondit : « Je pense que la meilleure garantie est le caractère de ceux qui les donnent » [55].

Ce sentiment a été répété comme un refrain tout au long des auditions. Bien que les principes actuariels soient bien établis, disait Ansell, il reste beaucoup d'incertitudes « dans l'application de principes connus à différents barèmes ou primes ». Il faut bien deux ans à un actuaire externe pour évaluer la santé économique d'une compagnie, assurait James John Downes. Même la compréhension des rapports publiés par les compagnies d'assurance exige une connaissance minutieuse, de sorte que l'actuaire d'une compagnie comprend sa position forcément mieux que toute autre personne, si qualifiée soit-elle. Puisque nous devons compter sur la compétence et l'intégrité de l'actuaire pour préparer les données, on pourrait tout aussi bien lui faire confiance pour faire le calcul final. Les actuaires sont « des gentlemen qui ont du caractère », assurait William Farr, et le gouvernement devrait leur confier la préparation des comptes. Aucune mesure quantitative de solvabilité ne peut suffire, soulignait Francis Neison. Lorsqu'une société vient d'être fondée, une dépense considérable de fonds pour la publicité peut être la meilleure façon d'assurer son avenir. Il y a toujours « une connaissance particulière au-delà des comptes, ne figurant pas dans les livres de l'institution ». Le succès d'une compagnie dépend, en dernière analyse, d'une gestion compétente [56].

55. Samuel Ingall dans *SCAA*, p. 158-159 et 165.
56. Ansell, p. 81 ; Downes, p. 105, 107 et 108 ; Neison, p. 197 ; Farr, p. 303, tous dans *SCAA*.

C'étaient des revendications courageuses de la part d'une profession si nouvelle. L'Institut des actuaires n'avait été fondé qu'en 1848. Alors que la fonction de l'actuaire avait été officiellement reconnue dès 1818, l'identité de cet être restait particulièrement trouble. Une loi de cette même année permettait aux sociétés amicales d'être enregistrées par le gouvernement et de recevoir certains avantages si leurs tables de mortalité étaient évaluées par une commission comprenant au moins « deux actuaires professionnels ou des personnes expertes en calculs arithmétiques »[57]. William Morgan, de l'Equitable, déplorait en 1824 que certaines personnes « se qualifient d'actuaires, alors qu'elles ne sont qu'instituteur ou comptable ». Un pasteur et magistrat de Southwell remarquait qu'il avait été incapable d'appliquer cette loi car « la façon de déterminer qui est un actuaire dépassait [ses] capacités[58] ». En 1843, l'actuaire John Tidd Pratt témoignait devant une autre commission restreinte que de simples instituteurs étaient souvent invités à certifier les tables parce que « personne ne sait ce qu'est un actuaire[59] ». L'objet principal de ce nouvel Institut des actuaires était d'obtenir que ceux-ci soient reconnus comme il convient à une profession. Cela nécessitait plus qu'une démonstration de compétence technique, et le dédain souvent exprimé par eux pour le simple calcul doit être compris comme faisant partie d'une stratégie de légitimation dans une société qui avait peu de respect pour de purs experts techniques.

En tout cas, les actuaires britanniques ne croyaient pas possible de quantifier selon un protocole rigide. Downes déclarait : « Le cas peut se présenter d'une personne qui est un bon

---

57. *Report of the Select Committee on the Laws Respecting Friendly Societies*, British Parliamentary Papers, House of Commons, 1824, IV, p. 18, se rapportant au 59th Geo. 3. c. 128. La commission indiquait que cette disposition avait été supprimée avant l'adoption de la loi, mais plusieurs témoins parlaient comme si la mesure était en vigueur.

58. Témoignage, *ibid.*, de William Morgan, p. 52, et Thomas John Becher, p. 30. Becher finissait par dire qu'un actuaire était un mathématicien, quelqu'un qui savait résoudre une « question en fluxions » et « faire [...] des calculs algébriques ainsi qu'arithmétiques ».

59. Témoignage dans Select Committee on Joint Stock Companies, 1844, p. 81.

actuaire théorique, qui sait appliquer des formules avec une très grande facilité mais qui n'a aucune expérience dans le travail des entreprises et, par conséquent, ne serait pas en mesure d'appliquer utilement ces formules et ces théorèmes à l'activité d'une compagnie d'assurance-vie. » Charles Jellicoe, témoignant au nom de l'Institut des actuaires, expliquait que des différences subtiles peuvent être décisives sur des questions telles que la marge qui doit être mise de côté pour tenir compte des risques. « Alors vous êtes d'accord sur le principe mais pas sur la façon de l'appliquer ? », lui a-t-on demandé. Il en a convenu. En effet, a-t-il ajouté spontanément, un actuaire pourrait donner une apparence saine aux livres d'une compagnie en surévaluant les actifs et sous-évaluant les risques. Mais ce serait une fraude, suggéra Wilson. Peut-être, répondit Jellicoe, mais la compagnie pourrait toujours prétendre « que leurs assurés étaient particulièrement bons et que, par conséquent, leur mortalité serait faible », et ainsi de suite. Pour ces raisons, vous ne pourrez pas légiférer efficacement sur un fonds de garantie minimal ; c'est une question de détail dans chaque compagnie. Le Parlement devrait simplement « faire de son mieux pour obtenir des personnes dont le jugement et le discernement leur permettent de remplir correctement leur tâche », en autorisant l'Institut des actuaires à délivrer une licence ou un diplôme à ceux qui correspondent à ses normes[60].

C'était très éloigné de ce que la commission restreinte désirait entendre. Wilson cherchait à résoudre, avec le minimum d'intervention du gouvernement, le problème de la prolifération de compagnies d'assurance-vie peut-être insolvables. La commission n'a jamais contesté la vérité de ce qui lui avait été déclaré maintes et maintes fois : que l'ingérence du gouvernement dans les affaires de l'assurance susciterait beaucoup plus de difficultés qu'elle n'en résoudrait. Wilson espérait que l'intervention la plus douce suffirait. La réalisation de son projet dépendait entièrement de la possibilité de rendre l'assurance facilement interprétable et de normaliser suffisamment les calculs pour que les acheteurs potentiels puissent juger les compagnies par eux-mêmes à partir

60. Downes, p. 108, et Jellicoe, p. 188 et 184, dans *SCAA*.

de quelques chiffres essentiels. Mais les actuaires résistaient à ses suggestions au nom du jugement – de subtiles nuances de sens et d'innombrables points de détail. Le gouvernement souhaitait des connaissances publiques, tandis que les actuaires en niaient la possibilité. Le gouvernement cherchait un fondement à la foi dans les chiffres, tandis que les actuaires exigeaient, en tant que gentlemen et professionnels, qu'on eût confiance dans leur jugement.

Ce scepticisme actuariel se manifestait chaque fois qu'un membre de la commission restreinte suggérait que le gouvernement pourrait imposer aux entreprises la manière de tenir leurs livres. Aucun des actuaires ne pouvait tolérer pareille ingérence. L'opinion la plus favorable aux suggestions de la commission était exprimée par un Écossais, William Thomas Thomson, qui acceptait l'idée qu'une même forme de bilan pût convenir à toutes les compagnies. Il ajoutait que de toute façon les compagnies pouvaient facilement conserver leurs comptes sous leur forme existante et, au prix d'un effort modeste, les mettre sous une forme normalisée afin de les rendre publics. Il parlait même favorablement de la réglementation américaine promulguée depuis peu à New York. Rien de tout cela ne séduisait le moins du monde les autres experts appelés à témoigner. Quand on a demandé à Thomas Rowe Edmonds si la forme normalisée de M. Thomson pouvait fournir le type d'information nécessaire au public, il a répondu avec colère : « Pas du tout »[61].

Refuser d'effectuer la quantification en suivant un protocole imposé ou nier que les chiffres puissent véhiculer des informations utiles, ce n'était pas tout à fait la même chose. Ce à quoi les actuaires étaient opposés, c'était la normalisation. La précision, quelle que soit son utilité, entraînait beaucoup de contrôle centralisé, et ils y étaient fermement opposés. Ils ne refusaient pas de fournir des informations quantitatives. Tous les actuaires, sans exception, déclaraient qu'ils considéraient les rapports clairs et fidèles comme une bonne pratique de travail. C'était d'ailleurs un argument supplémentaire contre la nécessité d'une nouvelle

61. Thomson, p. 85-104, et Edmonds, p. 138, tous deux dans *SCAA*.

législation. Un adversaire résolu de la réglementation est allé jusqu'à rejeter la responsabilité des rapports inintelligibles sur l'ingérence du gouvernement. Les compagnies deviennent naturellement secrètes quand elles sont cernées par des inspecteurs « aux yeux de lynx », « recherchant dans ces comptes toute apparence d'irrégularité pour en tirer le meilleur parti, au détriment de l'institution »[62].

Wilson et la commission se montraient favorables à l'idée qu'un fonctionnaire expérimenté pût aider à garantir que les comptes étaient clairs et exacts. Le seul actuaire qui fût partisan de quelque chose de ce genre était Thomson, l'Écossais, qui voulait cependant, pour certifier les comptes, des vérificateurs indépendants plutôt que gouvernementaux. Les autres trouvaient les deux options beaucoup trop indiscrètes. Une enquête publique ne pouvait se justifier, selon eux, qu'en cas de soupçon raisonnable de fraude. L'inspection publique systématique des compagnies d'assurance diminuerait l'autonomie des citoyens, aggravant précisément le problème que le gouvernement avait cherché à résoudre.

Plusieurs témoins, cependant, admettaient que le gouvernement pouvait raisonnablement exiger la publication des rapports financiers. Celle-ci devait prendre la forme, soutenaient les actuaires, d'une présentation factuelle directe. Elle ne devait pas inclure de chiffres synthétisant l'actif et le passif, car cela impliquerait que toute personne capable de remarquer lesquels étaient les plus grands pourrait en déduire la solvabilité. Autoriser des comptes interprétatifs dans les rapports publics ferait du gouvernement « le véhicule de toutes sortes d'opinions et d'estimations fallacieuses […] diffusant des réclames tapageuses »[63]. Seuls les faits démontrables convenaient au domaine public. En indiquant simplement la quantité et la nature de chaque avoir, ou en présentant ses propres chiffres avec une explication des principes qui ont été observés pour les calculer, chaque compagnie fournirait à ses clients potentiels tout ce dont ils avaient besoin

62. Francis G.P. Neison dans *SCAA*, p. 196.
63. John Adams Higham dans *SCAA*, p. 213 et 220.

pour évaluer la sécurité de sa politique. Non que tout un chacun puisse interpréter cette information par lui-même. Cela supposerait l'impossible, à savoir un document très standardisé, où tout est réduit à quelques catégories et exprimé dans les mêmes termes. Au lieu de cela, les clients pouvaient estimer la sûreté d'une compagnie en consultant un actuaire à titre personnel, de même qu'ils peuvent consulter un avocat sur des questions de droit. Le public ne pouvait pas apprendre beaucoup à partir d'un bilan, dit Thomson, mais celui-ci permettrait aux actuaires professionnels de se faire « une opinion bien arrêtée ». Serait-ce une opinion correcte ? demanda Wilson. « Je dois dire que si elle est arrêtée il faut qu'elle soit correcte, dans la mesure où elle repose sur le jugement des individus »[64].

Les problèmes sous-jacents apparaissaient ici très clairement. Valider l'expertise supposait que la normalisation était inutile. Si les principales entités en cause résistaient à une évaluation précise, alors la confiance, ou l'intrusion d'un règlement, était nécessaire pour combler l'écart. Assurément, la solution préférée des actuaires les moins opposés au gouvernement nécessitait des rapports quantitatifs exacts, mais il n'y était question pour l'essentiel que d'une modeste ouverture de leurs livres, pas d'évaluation précise de quoi que ce soit. Dans la Grande-Bretagne victorienne de même que dans l'Amérique du XXe siècle, la campagne en faveur de l'objectivité était menée par le gouvernement et combattue par les actuaires et les comptables. Des connaissances objectives signifiaient des connaissances publiques, qu'ils ne jugeaient ni possibles ni souhaitables. À la place de la précision, ils offraient une profession.

---

64. Thomson dans *SCAA*, p. 97 ; voir aussi ALBORN, *The Other Economists*, p. 239.

Chapitre VI

Les ingénieurs d'État français
et les ambiguïtés de la technocratie

> On se trompe quand on affirme que la science a remplacé la routine. Elle remplace de vieilles routines, mais elle en exige de nouvelles, et tant que celles-là ne sont pas nées, la science demeure impuissante.
>
> (Auguste Detœuf, 1946)*

Les États-Unis nous ont donné le mot « technocratie », mais la France semble avoir quelques droits sur la chose elle-même. L'École polytechnique, produit de la révolution française, est souvent considérée comme le modèle de la culture technocratique française. Polytechnique – et l'accent qu'elle met sur les mathématiques et les sciences – était au centre de ce qu'Antoine Picon nomme l'« invention de l'ingénieur moderne ». À la différence de ses imitatrices, elle a formé la couche la plus haute des élites. Nulle part ailleurs le pouvoir administratif n'a été si étroitement lié aux connaissances techniques.

Cette alliance permet d'expliquer la tradition française de ce qu'on appellerait aujourd'hui l'« économie appliquée », dont nous

---

* Épigraphe : citée dans Divisia, *Exposés d'économique*, p. 47.

avons traité au chapitre III. Les ingénieurs des Ponts et Chaussées ont porté les questions économiques à un niveau de sophistication quantitative qui n'a été égalé dans aucun autre pays avant le XXᵉ siècle. J'ai parlé, dans ce précédent chapitre, de travaux publiés en général par des ingénieurs à l'intention d'autres ingénieurs. Mais une littérature de recherche, même produite par des personnes ayant une responsabilité administrative, ne fait pas une technocratie. Le présent chapitre porte sur le calcul économique en action. Son rôle social et administratif reposait sur une culture mathématique commune et sur une organisation bureaucratique. Cela n'a jamais été une simple question de connaissances économiques abstraites, mais toujours d'une interaction entre les méthodes quantitatives et les routines administratives.

Inévitablement, l'usage bureaucratique de la quantification économique a été étroitement associé à la comptabilité. Il en est ainsi d'une grande partie des sciences économiques elles-mêmes, en particulier tout ce qui y a été créé ou mobilisé pour aider à la gestion, la planification et la réglementation. La comptabilité signifie, entre autres choses, attribuer une valeur monétaire à des biens et des services qui contribuent à la production ou aux ventes, mais ne peuvent pas être eux-mêmes facilement échangés sur le marché. Les ingénieurs français du XIXᵉ siècle sont allés plus loin, en entreprenant l'analyse des avantages (souvent non chiffrés) des biens publics à mettre en balance avec le coût monétaire de ceux-ci. Dans ce contexte, il a fallu attribuer une valeur à des objets, des services et des relations pour lesquels il n'y avait pas de marché approprié, ou dont les prix ne pouvaient donner aucune mesure adéquate de leur valeur pour les usagers. Cette « analyse coûts-avantages », pour introduire ce terme anachronique, reste une forme élaborée de comptabilité. Ces ingénieurs refusaient de s'éloigner du marché au point d'attribuer des valeurs là où il n'y avait pas de contribution à la production ni à la distribution de biens à vendre, ni finalement à la production totale de la France.

Il est parfois sous-entendu que la tendance à prendre des décisions à l'aide de chiffres n'est qu'une affaire d'ingénieurs faisant ce qui leur est naturel : la conséquence du mariage de la connaissance technique et du pouvoir politique. J'ai déjà suggéré, à propos des comptables américains et des actuaires britanniques, qu'il n'en était rien. Les chiffres étaient bien sûr importants dans les deux cas, mais l'une et l'autre profession insistaient sur le rôle légitime et nécessaire du jugement de l'expert. Ce ne sont pas les experts eux-mêmes, mais des personnes extérieures puissantes, qui ont cherché à simplifier la réglementation en réduisant le jugement à des règles de calcul. Le corps des Ponts et Chaussées était également soumis à de telles pressions. Les décisions concernant l'emplacement et la tarification des canaux, ponts et chemins de fer s'empêtraient inévitablement dans le vif débat politique local, et parfois étaient discutées avec passion sur la scène nationale. En tant qu'organisme de l'État français, sa responsabilité publique et sa soumission aux instances supérieures étaient incontestables. Aux États-Unis, au xxᵉ siècle, comme le montre le chapitre suivant, ces pressions allaient inspirer une extraordinaire tentative de réduction de l'analyse coûts-avantages à des règles fixes. Dans le cas du corps des Ponts et Chaussées, en revanche, cela ne s'est jamais vraiment produit.

Je ne dis pas cela pour montrer sa faiblesse, mais au contraire sa force. C'était un corps extraordinairement sûr et prestigieux. Il était capable de prendre des décisions dans un relatif secret. En outre, il était très cohérent et très centralisé, et avait le pouvoir de réglementer la vie, tant privée que publique, de ses membres. Les ingénieurs français du xixᵉ siècle élaboraient effectivement des routines de calcul économique. Comme aux États-Unis à une époque plus récente, ces méthodes étaient un hommage à la responsabilité publique. Elles se sont développées dans des contextes très spécifiques, auxquels elles ont répondu en détail. Mais les ingénieurs des Ponts et Chaussées n'ont jamais eu à prétendre que leurs calculs revenaient simplement à suivre des règles claires. Étant donné l'autonomie institutionnelle et le statut d'élite dont jouissait leur corps, il était tout à fait inconcevable que ces ingénieurs fussent privés de la possibilité d'exercer leur discernement. L'autorité des chiffres dans la vie publique a reposé sur le développement de la science et de l'ingénierie, mais n'en est pas un simple sous-produit. Le rôle public de la quantification reflète des évolutions sociales et politiques qui ne peuvent être réduites à des évolutions scientifiques et technologiques.

LES CONTEXTES DE LA QUANTIFICATION ÉCONOMIQUE

Comme le montre François Etner, le calcul économique en France a longtemps été centré sur le corps des Ponts et Chaussées. Etner étant un économiste, les historiens pourraient s'attendre à ce qu'il ne prête guère d'attention aux pressions bureaucratiques et politiques qui ont conduit les ingénieurs à quantifier. En fait, il est parfaitement conscient de celles-ci. Il interprète la quantification économique comme un agent de la « lutte contre l'arbitraire ». Les ingénieurs des Ponts et Chaussées devaient « répartir des budgets, gérer au mieux et choisir entre les projets alternatifs, tout cela au nom de l'intérêt général, avec des règles écrites et publiques, non discriminatoires »[1]. Etner décrit ici un idéal, celui qui animait une grande partie du corpus d'écrits économiques publiés sur lequel son livre est basé. Les documents plus proches de la scène de l'action bureaucratique montrent les limites de la rationalité quantitative. Il y avait toujours une franche négociation politique. Bien que divers indicateurs quantitatifs de la valeur des projets fussent largement acceptés, aucune norme unique, aucune hiérarchie de normes n'a recueilli l'approbation générale, même au sein du corps. Son organe de décision le plus haut, le conseil général, devait souvent décider entre des programmes rivaux, alors que chacun d'eux était soutenu non seulement par des intérêts locaux mais aussi par l'ingénieur responsable. Le conseil prenait ses décisions à huis clos. Beaucoup de ses recommandations étaient approuvées presque automatiquement aux plus hauts niveaux du gouvernement.

Étant donné que, dans de tels cas, tout reposait manifestement sur l'avis des experts et sur l'autorité administrative, on peut douter de l'importance des exercices rituels de quantification. Semblables étalages de rationalité sont aujourd'hui cou-

1. ETNER, *Calcul économique en France*, p. 22 et 115.

ramment rejetés comme un écran de fumée derrière lequel des groupes d'intérêts bien introduits luttent pour obtenir tout ce qu'ils peuvent. Bien sûr, il serait naïf d'ignorer ces luttes politiques. Mais il y a aussi quelque naïveté à rejeter les processus formels de décision comme une simple illusion. Dans les décisions concernant les travaux publics, les intérêts sont toujours puissants mais, souvent, presque en équilibre, de sorte que toute décision aura des coûts politiques. Lorsque les ingénieurs d'État planifiaient les grandes lignes du réseau ferroviaire français à la fin des années 1830 et au début des années 1840, ils avaient généralement à choisir entre plusieurs tracés possibles, dont chacun était énergiquement soutenu par les villes et les départements concernés. Les innombrables propositions de lignes locales dans les années 1870 et 1880 ont nécessité des choix similaires. Même en supposant, de façon plutôt invraisemblable, que les ingénieurs ne se souciaient pas de savoir si le réseau français de canaux et de chemins de fer contribuait à la prospérité de la nation, ils avaient au moins intérêt à une planification bien menée. Sinon, leur corps – et l'État lui-même – se fût réduit à un pion dans une partie jouée par des intérêts privés. Une bureaucratie qui ne se propose pas de but plus élevé que de contrôler son propre territoire peut encore développer et observer, pour cette raison même, un ensemble de règles strictes. Les critères de décision quantitatifs peuvent souvent être submergés par la politique, mais ils peuvent être parfois politiquement indispensables.

Le corps des Ponts et Chaussées ne quantifiait pas selon des règles strictes. Les décisions qu'il prenait étaient ordinairement si complexes que de telles règles n'auraient jamais pu gagner l'assentiment général. En outre, les ingénieurs jouissaient d'une prérogative de l'élite : exercer leur jugement même dans les questions où l'intérêt public était en jeu. Ils formaient un corps distingué au sein de l'administration française, et tiraient un grand prestige de leur relation avec l'État – un prestige qui était refusé aux ingénieurs « civils ». Ils ne se considéraient pas comme de simples calculateurs.

Ils formaient aussi une élite méritocratique, comme en témoignent leurs résultats au concours d'entrée à Polytechnique, en grande partie mathématique, et leur succès comme étudiants de Polytechnique. Leur grande maîtrise dans l'emploi des mathématiques était un élément important de leur identité professionnelle. Tout ce que cela impliquait allait être élaboré à partir de 1795, en un peu plus d'un demi-siècle, quand les ingénieurs des Ponts et Chaussées ont commencé à être recrutés exclusivement parmi ceux qui avaient terminé le cursus très mathématique de Polytechnique. Charles Gillispie montre que l'analyse abstraite mise en valeur à l'École polytechnique était enseignée pour des raisons qui ont plus de choses à voir avec la science et les mathématiques qu'avec l'ingénierie. Les mathématiques ainsi conçues étaient selon lui presque inutiles pour les routes et les canaux. Eda Kranakis pense qu'elles étaient encore pires car elles ont suscité une tradition de dédain pour les compétences et les choses matérielles – l'art de la construction[2]. L'éminent ingénieur et physicien, Claude Navier, exemple type de Kranakis, a utilisé l'analyse en particulier pour la conception de ponts. Il soutenait énergiquement, dans les années 1820, que l'École des ponts et chaussées devrait préparer les ingénieurs à utiliser les formes d'analyse les plus sophistiquées, les outils de la physique mathématique.

Comme il était inspecteur général du corps, son opinion comptait. Mais elle était loin d'être incontestable. Des rivaux tels que Barnabé Brisson, inspecteur de l'École des ponts et chaussées, plaidaient pour donner plus de poids à la géométrie descriptive et à l'économie politique. C'était dans la tradition de Gaspard Monge, champion révolutionnaire d'une École polytechnique pratique, accessible aux hommes de talent issus de toutes les couches sociales[3]. Il est tentant mais faux de supposer que c'est l'analyse abstraite qui était destinée à triompher. Aucun style de mathématiques n'a eu la domination exclusive de l'École des ponts et chaussées. Même Polytechnique avait commencé à évo-

---

2. Gillispie, « Enseignement hégémonique » ; Kranakis, « Social Determinants of Engineering Practice ».

3. Picon, « Ingénieurs et mathématisation » ; Picon, *L'Invention de l'ingénieur moderne*, p. 371-388 et 424-442.

luer dans une certaine mesure, dans les années 1850, vers une formation mathématique plus pratique[4]. Peut-être plus important encore, observe Antoine Picon, les étudiants de l'École des ponts et chaussées consacraient presque tout leur temps à une sorte d'apprentissage, et ne suivaient de cours que de novembre à mars. Ils en déduisaient, correctement, que ces derniers n'étaient pas de la plus haute importance pour leur carrière[5]. Ce qui était en jeu entre Navier et Brisson était réellement important, mais leurs positions n'étaient pas irréconciliables. Les enseignants aussi bien que les élèves-ingénieurs accueillaient volontiers des formes de quantification qu'ils pourraient effectivement mettre à profit. Cela incluait les mesures économiques, dont la pertinence pour la planification des tracés n'a jamais été remise fondamentalement en cause à l'intérieur du corps. Picon suggère que, vers le milieu du siècle, le prestige des mathématiques pures était en train de diminuer chez les ingénieurs des Ponts et Chaussées. C'est une forme plus appliquée de cette science qui était alors au cœur de l'enseignement de l'art de la construction.

Les mathématiques faisaient partie intégrante de l'identité des ingénieurs des Ponts et Chaussées, mais il fallait les rendre cohérentes avec leur conception d'eux-mêmes comme hommes d'action. Elles étaient une preuve de désintéressement ainsi que d'expertise. L'opposition à ce corps, expliquait un ingénieur, est venue de partisans de faux systèmes qui voudraient « substituer aux notions industrielles basées sur les sciences [...] les combinaisons étroites de l'ignorance ambitieuse et de l'intérêt personnel[6]. » La quantification n'a jamais été un simple ensemble d'outils. Arranger des chiffres pour obéir à des nécessités politiques était inacceptable pour ces ingénieurs. Cela compromettait leur statut d'élite désintéressée et transgressait les normes d'intégrité mathématique qu'ils prenaient très au sérieux. Mais négocier des chiffres mutuellement acceptables, c'était une autre question.

---

4. Gispert, « Enseignement scientifique ».

5. Picon, *L'Invention de l'ingénieur moderne*, p. 393.

6. *Ibid.*, p. 442 et 511-512 ; citation tirée de Couderc, *Essai sur l'Administration*, p. 54.

LA MENTALITÉ QUANTITATIVE EN ACTION

Le conseil général des Ponts et Chaussées[7] décidait à huis clos des projets à entreprendre, des tracés à suivre, des contrats, des subventions et des tarifs. Inévitablement, une grande part de son activité était routinière. Mais lorsque les rapports écrits étaient flous ou contradictoires, les hauts fonctionnaires qui composaient ce conseil avaient le pouvoir de décider qui croire et comment agir. L'apparence de pouvoir quasi absolu a ici un grain de vérité, mais elle est doublement trompeuse. Le conseil pouvait parler pour le corps, mais le corps ne pouvait guère agir de sa propre initiative. Il ne pouvait que recommander quelque chose au ministre des Travaux publics, qui à son tour faisait des recommandations au pouvoir législatif. À l'autre extrémité, la loi prescrivait un processus d'enquête complexe avant même qu'une recommandation puisse être faite.

D'abord, un *avant-projet* était préparé. Une ordonnance de 1834 exigeait qu'une audition, ou *enquête d'utilité publique*, ait lieu dans chaque département concerné. Une commission devait être réunie à cet effet, composée de neuf à treize négociants importants, patrons d'usine et propriétaires de terres, de bois et de mines. La forme de leurs conclusions était prescrite par une expression latine : *de commodo et incommodo*. C'est-à-dire qu'ils étaient censés identifier « les avantages et les inconvénients ». Dans ce but, ils

---

7. Ce conseil général était composé des inspecteurs généraux et de quelques autres fonctionnaires de Paris. La hiérarchie n'était pas très simple, et les nombres varient de temps en temps, mais au xixe siècle il y avait environ 5 inspecteurs généraux. Au-dessous d'eux, il y avait environ 15 inspecteurs divisionnaires, peut-être 105 ingénieurs en chef (en général chacun était chargé d'un département), au moins 300 ingénieurs ordinaires et enfin une cohorte d'aspirants ingénieurs et d'étudiants. Voir Picon, *L'Invention de l'ingénieur moderne*, p. 314-317 ; Gustave-Pierre Brosselin, *Note sur l'origine, les transformations et l'organisation du conseil général des Ponts et Chaussées*, bibliothèque de l'École nationale des ponts et chaussées (ci-dessous, BENPC), c1180 x27084. Une liste détaillée, par année, des principaux membres du corps se trouve dans l'*Almanach National* [ou *Almanach Royal* ou *Almanach Impérial*], sous la rubrique « Ministère des Travaux publics ».

devaient conférer avec les ingénieurs et inviter les parties intéressées à venir témoigner. Les chambres de commerce des villes concernées étaient également invitées à faire des commentaires, mais chez elles l'ambition et l'envie étaient d'usage plus courant que l'avantage et le coût[8]. Leurs travaux et leurs conclusions étaient transmis au préfet du département puis à la haute administration[9]. Le corps des Ponts et Chaussées devait négocier avec les préfets et même avec les villes. Une loi de 1807 imposait de répartir les coûts au prorata des « degrés respectifs d'utilité ». Dans la pratique, l'État devait fournir un quart, un tiers ou la moitié de toute subvention proposée au concessionnaire et on demandait aux collectivités locales de fournir le reste[10]. Tant qu'un accord sur la répartition des coûts n'avait pas été conclu, aucun projet ne pouvait être entrepris.

Les résultats de ces enquêtes étaient prévisibles. Chaque département favorisait le projet de ligne qui desservait le mieux son propre territoire. Souvent, les commissions et les préfets demandaient des déviations ou des lignes secondaires pour desservir d'autres villes importantes ou des établissements ayant une activité économique. Des ingénieurs étaient normalement responsables du tracé proposé traversant leur département et généralement le favorisaient.

Les travaux publics étaient alors une question politiquement sensible. Ce n'est pas pour nous surprendre. Mais on n'en a pas toujours mesuré correctement les conséquences. Les luttes dans les sphères politiques et administratives étaient la principale inci-

8. Par exemple, H. SOREL, président, « Embranchements de Livarot à Lisieux et de Dozulé à Caen : observations de la chambre de commerce de Honfleur », séance du 16 juin 1874, BENPC c672 x12022. Honfleur, comme toutes les villes, essayait d'obtenir d'être bien desservie par le chemin de fer et de bloquer les lignes concurrentes.

9. « Enquêtes relatives aux travaux publics », réimpr. dans PICARD, *Chemins de fer français*, vol. 4, « Documents Annexes », p. 1-3 ; HENRY, *Formes des enquêtes administratives* ; THÉVENEZ, *Législation des chemins de fer*, p. 78-85 ; et en particulier TARBÉ DE VAUXCLAIRS, *Dictionnaire des travaux publics*, articles « Enquête », p. 237-239, et « De commodo et incommodo », p. 195.

10. TARBÉ, *Dictionnaire*, article « Concours de l'État aux travaux particuliers, concours des particuliers aux travaux publics », p. 153-154.

tation à la formalisation de la rationalité économique. Lorsqu'il est question de la mesure des avantages et des coûts, on a volontiers recours à une rhétorique qui la présente comme une analyse naturelle, spontanément utilisée par les acteurs économiques rationnels. Même le conseil de l'École polytechnique expliquait, en instituant un cours d'arithmétique sociale, que celui-ci était rendu nécessaire par l'essor de l'entreprise privée (voir le chapitre III). Il n'avait pas tout à fait tort. Les compagnies privées qui cherchaient à vendre des obligations ferroviaires ou fluviales sur le marché libre pouvaient imprimer un prospectus incluant des estimations de revenu. Du moins était-ce pratique courante en Grande-Bretagne, où le marché des capitaux était plus développé qu'en France. Les ingénieurs des Ponts et Chaussées prêtaient une attention particulière aux aspects financiers et techniques de la construction des chemins de fer britanniques[11]. Toutefois, les formes de calcul économique les plus élaborées étaient presque toujours associées à des projets publics et aux processus politiques par lesquels ils étaient approuvés et réglementés. Elles étaient une forme de gestion aussi bien politique qu'économique.

Si les ingénieurs des Ponts et Chaussées faisaient des efforts considérables pour être moins exposés aux pressions politiques, leurs sentiments à l'égard de la dimension publique de leur métier, en revanche, n'étaient guère ambivalents. Leur identité

11. Le corps des Ponts et Chaussées rendait hommage à la primauté des chemins de fer britanniques en publiant des traductions d'évaluations commerciales de leurs lignes : p. ex. Booth, « Chemin de fer de Liverpool à Manchester ». Ces ouvrages reflétaient non seulement l'avance technologique de la Grande-Bretagne dans les chemins de fer, mais aussi les attentes d'investisseurs britanniques avisés. Il fallait également convaincre le Parlement, puisque chaque canal, chemin de fer ou autre construction impliquant la violation de droits de propriété nécessitait un projet de loi particulier. Cela entraînait normalement une procédure véritablement contradictoire, puisque l'opposition à la ligne était un bon moyen d'obtenir une indemnité plus importante et que cela nécessitait des témoignages sur la valeur de la ligne, suivis d'un contre-interrogatoire. La capacité de faire fonctionner ce système était une qualification essentielle d'un ingénieur de haut niveau. Voir Christopher Hamlin, « Engineering Expertise and Private Bill Procedure in Nineteenth-Century Britain », contribution présentée aux Joint Anglo-American History of Science Meetings, Toronto, 25-28 juillet 1992.

était liée à une éthique du service de l'État plutôt qu'à un désir
de profit. Cela se reflète dans leur manière d'envisager la quantification économique. Même si la budgétisation leur imposait de
calculer des dépenses et des recettes, ils préféraient planifier du
point de vue de l'utilité publique. Aucune compagnie privée n'a
jamais travaillé de cette façon, sauf pour se défendre contre des
forces politiques hostiles. Les ingénieurs des Ponts et Chaussées
voulaient savoir à quelles conditions un chemin de fer ou un
canal apporterait plus d'avantages au public que de dépenses
à l'État. Ils cherchaient à mettre au point une structure tarifaire
répartissant équitablement les dépenses entre les usagers, ou bien
maximisant l'intérêt public. Ils s'efforçaient de montrer que la
construction par l'État de routes, de canaux et de chemins de fer
était justifiée, même là où des investisseurs privés ne pourraient
jamais être amenés à en construire, parce que les bénéfices en
reviendraient aux usagers plutôt qu'à l'entrepreneur. Comme
ces constructions allaient généralement impliquer un monopole,
avec des coûts d'exploitation beaucoup plus bas que les coûts
fixes, l'État avait également besoin d'une base pour décider de
la façon de faire payer leur utilisation.

Cette conception des travaux publics n'était en aucune façon
propre aux ingénieurs. L'utilité publique était un terme usuel du
langage politique et même de la loi. Les départements, comme
nous l'avons vu, évaluaient les projets au moyen d'une audition
de témoins appelée « enquête d'utilité publique ». L'approbation
finale d'un projet, lorsque l'Empereur ou l'Assemblée nationale
accordait une concession à un promoteur privé pour construire
et exploiter une ligne de chemin de fer, prenait la forme d'une
déclaration d'utilité publique. La négociation de ces projets était
au centre de la tâche de l'ingénieur d'État au même titre que
l'étude des tracés, la planification des réseaux et l'attribution de
contrats[12]. Comme je le montrerai en détail ci-dessous, l'« utilité publique » dans ces expressions emphatiques n'avait pas de
signification particulière et était souvent interprétée de façon
entièrement non quantitative. Cependant, c'était une expression

12. John H. WEISS, « Careers and Comrades », chap. 4.

commode pour un organisme public. La seule forme de calcul économique exigée expressément du corps était la budgétisation. Pendant la période d'expansion des canaux français, de 1821 à 1851, l'État a créé un précédent en matière de collecte de fonds, en garantissant la sécurité du capital et un rendement modeste. La budgétisation de cette opération était fondée sur des estimations des dépenses et des recettes, réalisées par le corps, qui se sont révélées désastreusement optimistes[13]. Les estimations des sociétés privées anglaises étaient tout aussi mauvaises, selon un tableau préparé par Charles-Joseph Minard[14]. Cependant, le langage de l'utilité publique pouvait presque toujours être interprété de façon plus favorable pour le corps que ne le pouvait le résultat net pour les comptables. Les mesures de l'utilité publique avaient la vertu évidente de ne pouvoir se révéler tout simplement fausses, comme pouvaient l'être les estimations de recettes. Plus important encore, la transformation du terme légal et moral d'« utilité publique » en un terme quantitatif pouvait fournir au corps une certaine protection contre les secousses de la politique à courte vue.

L'utilité publique était en effet, en particulier dans le sens quantitatif, un concept universaliste. Henri Chardon, écrivant au début du xxᵉ siècle sur les travaux publics, remarquait qu'utilité publique signifiait « utilité pour toute la nation ». Comme beaucoup d'ingénieurs des Ponts et Chaussées, il considérait que cet idéal avait été souvent trahi parce que c'étaient des politiciens, plutôt que des experts, qui avaient été chargés de ces décisions[15]. André Mondot de Lagorce reconnaissait en 1840 que toutes les considérations pertinentes ne pouvaient pas être réduites à des chiffres. « Faut-il alors renoncer à tout calcul économique ? », demandait-il. « Non, car ce serait abandonner le législateur à d' "inopportunes sollicitations". Mieux vaut adopter une formule

---

13. GEIGER, « Planning the French Canals ». Les estimations des chemins de fer n'étaient pas meilleures ; dans les années 1830 le corps a sous-estimé de 50 % le coût de la ligne de Paris au Havre. Voir DUNHAM, « How the First French Railways Were Planned », p. 19.
14. MINARD, « Tableau comparatif ».
15. CHARDON, *Travaux publics*, p. 24, *passim*.

synthétique, même si elle n'est pas entièrement fondée mathématiquement, pour assurer au moins la cohérence des dépenses
budgétaires[16]. »

Cette allusion à peine voilée à la corruption touche du doigt
la raison de l'attrait du calcul. Les chiffres signifiaient cohérence
et universalité, ils constituaient une protection contre l'esprit de
clocher et les intérêts locaux. Il convient de rappeler ici une mission centrale du corps qui est restée inchangée, que ce soit dans
l'entretien des routes, le creusement de canaux ou l'aménagement
de lignes ferroviaires. Elle visait à unifier et à administrer le territoire français, et même à civiliser la paysannerie française[17].
La conception de base du réseau ferré français, élaboré à la fin
des années 1830 et au début des années 1840, est représentative.
Le corps envisageait cinq ou six grandes lignes s'étendant de la
capitale vers les bords de l'Hexagone. Ce plan fort sensé était,
hélas, menacé par la présence désordonnée de villes et de rivières.
La population et l'industrie s'y concentraient. Le corps des Ponts
et Chaussées devait faire face à des demandes innombrables pour
détourner les lignes du motif géométrique que beaucoup de ses
membres préféraient. « Nous voyons avec peine que les passions
de localité s'efforcent d'aigrir une discussion qui ne doit s'agiter
que dans un intérêt général[18]. »

Un idéal d'extrême rationalité inspirait entre autres l'ingénieur
bien nommé Charlemagne Courtois, en 1833, lequel utilisait toutefois une forme de quantification entièrement conçue pour un
cas particulier et qui n'a jamais eu de succès. Il n'y a pas, selon
lui, de raison de choisir un tracé « plus ou moins arbitrairement »

16. Cité dans ETNER, *Calcul économique en France*, p. 129.

17. PICON, *L'Invention de l'ingénieur moderne*, p. 321 ; FICHET-POITREY, *Le Corps
des Ponts et Chaussées*. E. WEBER, *Peasants into Frenchmen* (trad. *Fin des terroirs*),
met les chemins de fer au même rang que l'école parmi les facteurs essentiels
de la création d'une identité nationale dans la campagne française.

18. Cité sans indication d'auteur (puis réfuté) par Louvois (président du
comité central du chemin de fer de Paris à Lyon par la Bourgogne), « Au rédacteur », p. 1. Il était question de construire une ligne directe de Paris à Strasbourg.
Louvois était favorable à la déviation des lignes lorsqu'elle permettait de les
faire passer par les villes. Sur la planification des chemins de fer français dans
les années 1840-1850, voir PINKNEY, *Decisive Years in France*.

lorsque ce problème « admet une solution rigoureuse ». L'astuce consiste à maximiser l'« effet » ou « avantage », qui est égal au nombre de transports divisé par les coûts, n/D. Quelques manipulations, plus verbales que mathématiques, convertissaient cela en avantage par unité de coût, une quantité qui diminue avec le carré des coûts. Ce résultat remarquable convenait fort bien à Courtois, puisque tout allongement de la ligne pour lui faire traverser des villes intermédiaires diminuerait désormais l'« avantage » avec un effet plus que doublé[19]. En 1843, le facteur coût, au dénominateur, était devenu de façon encore plus invraisemblable un terme au cube. Si une ligne est prolongée de 10 % pour traverser une certaine ville, cela augmente la dépense moyenne annuelle par kilomètre d'un facteur égal à 1,33. La différence, qui s'élèverait à 3 503 360 francs pour une ligne de 322 km portée à 355 km, devrait être à la charge de la ville et du département pour lesquels la ligne était déplacée. Mais ils ne consentiraient jamais à payer pareille somme ; présenter ces chiffres, c'est en révéler l'absurdité. « Si la règle que nous venons de déterminer était rigoureusement appliquée, combien de particuliers, qui mettent en avant l'intérêt de leur localité, cesseraient de fatiguer l'administration » par leurs prières incessantes ? L'« intérêt général » est de « chercher à tirer le plus grand effet possible des moyens dont il [le gouvernement] dispose. Les questions d'économie publique ont surtout pour objet de déterminer ce *maximum* »[20]. Cela ne doit pas être compromis par le simple « succès financier ».

La formulation générale de Courtois avait un but précis. En 1843, il était l'ingénieur en chef du projet de ligne de Paris à Strasbourg et à la frontière allemande. Le plan original de cette ligne avait été esquissé en 1834 par Navier, juste avant sa mort. Navier voulait qu'elle ne s'écarte que dans une faible mesure de la ligne droite, évitant les montagnes mais ignorant les villes et les rivières. Courtois, qui en 1843 estimait encore les canaux très supérieurs aux chemins de fer, préférait une grande ligne

19. COURTOIS, *Questions d'économie politique*, citation p. 1 ; formules p. 4-6.
20. COURTOIS, *Choix de la direction*, p. 59, 9 et 18. Voir aussi ETNER, *Calcul économique en France*, p. 127-128.

en direction de Strasbourg et Lyon, et se dédoublant à Brienne. Brienne était la solution à un problème mathématique de mini-misation d'une certaine combinaison de distance et de coûts de construction. Courtois calculait, en utilisant ses propres for-mules spéciales, que si la grande ligne suivait au lieu de cela les méandres de la Seine jusqu'à Troyes, cela impliquerait une « perte équivalente » de 27 millions de francs. Mais son projet de ligne jusqu'à Brienne, comme celle de Navier allant direc-tement à Strasbourg, ne suivait pas de grandes rivières et ne traversait pas les grandes villes. Courtois calculait qu'il ne serait avantageux de s'écarter du plus court chemin afin de traverser une ville que si une ligne secondaire devait être au moins six fois plus longue que l'allongement de la ligne principale dû à la déviation.

Jouffroy fait remarquer, dans son histoire de la construction de la ligne Paris-Strasbourg, que le raisonnement de Courtois était géométrique et non pas économique[21]. Mais ce n'est pas tout à fait exact. Une ligne rectiligne était conçue pour le commerce à longue distance, tant national qu'international. En particulier, elle devait fournir, entre l'Angleterre et l'Allemagne, une meil-leure liaison que n'importe quelle ligne sur le sol belge. Courtois pensait en outre, de même que Navier, que les chemins de fer étaient source de prospérité, de sorte que la construction d'une ligne à travers des régions pauvres ou peu peuplées pouvait soutenir davantage l'économie qu'une ligne traversant les prin-cipales villes. Enfin, quel intérêt y avait-il à construire une ligne ferroviaire alors qu'un transport beaucoup moins cher était déjà assuré par une rivière ou un canal ? Les ingénieurs n'acceptaient pas tous ce raisonnement. Minard, qui préférait la ligne longeant la Marne, finalement choisie par le conseil des Ponts et Chaussées, imprimait des graphiques et des tableaux statistiques montrant que la plupart du trafic est local, et que peu d'usagers voyagent sur toute la longueur d'une ligne. Une ligne vraiment utile doit donc traverser autant que possible des régions densément peu-

---

21. COURTOIS, *Choix*, p. 52 ; JOUFFROY, *Ligne de Paris à la frontière*, p. 76 et 190-191.

plées[22]. Le concepteur du projet retenu, Marinet, donnait les chiffres détaillés du trafic routier habituel le long du tracé qu'il avait choisi, puis les multipliait par trois pour estimer l'utilisation du rail. Son résultat pour le trafic sur le premier tronçon, de Paris à Vitry-le-François, était précisément de 4 230 501 voyageurs faisant un total de 117 809 796 km et économisant deux centimes par kilomètre. Cela représentait une économie totale de 2 356 075,92 francs, un rendement annuel de 4,46 % sur le capital.

Ces lignes de Paris à Strasbourg et à Lyon étaient controversées en raison directe de leur importance. Certains ingénieurs déploraient que la politique favorisât les tracés traversant chaque ville disposant d'une influence politique efficace. Le calcul était un des deux systèmes de neutralisation de la politique. L'autre était les commissions impartiales. L'une des plus éminentes, dirigée par le comte Daru, essayait de prendre une vue d'ensemble de la politique des transports. « Les assertions les plus contradictoires viennent alors se croiser à la tribune ; les chiffres les plus opposés se produisent, car rien n'est plus élastique que les chiffres. » Cependant, la règle la plus importante qu'elle pouvait proposer pour échapper à tout dilemme était de comparer les dépenses de chaque projet avec les recettes probables[23]. Daru, à la fin, se rangea à l'avis de Minard selon lequel les lignes devaient traverser les régions à forte densité de population. Une autre commission, étudiant la ligne Paris-Dijon, qui devait ensuite être prolongée jusqu'à Lyon et à Mulhouse, avait moins de choses à dire sur les recettes, mais soulignait que le trafic y serait renforcé par la grande proximité de voies navigables[24].

Ces appels au quantitatif avaient un certain effet rhétorique mais, tant qu'ils n'étaient pas intégrés dans la pratique courante, ils n'avaient que peu de conséquences. Tout le monde professait son opposition à la corruption de la vie politique, et beaucoup étaient

22. MINARD, *Second Mémoire*. Sur la planification des chemins de fer, voir C. SMITH, « The Longest Run ».

23. DARU, *Chemins de fer*, p. 121 et 136.

24. « Rapport de la commission chargée de l'examen des projets du chemin de fer de Paris à Dijon. Résumé », manuscrit non publié, BENPC x6329. Le rapport est signé par Fèvre, Kermaingant, Hanvilliers, Mallet et Le Masson.

prêts à voir le choix des tracés comme une sorte de problème de maximisation. En 1843, cependant, il n'y avait pas l'ombre d'un consensus au sujet de ce qu'il faudrait maximiser. D'un point de vue budgétaire, il aurait été bon que les recettes fussent suffisantes pour payer les intérêts sur les obligations. Mais le volume du trafic ou les recettes étaient-ils un substitut adéquat de l'utilité ? La plupart des ingénieurs et des autres commentateurs disaient qu'ils ne l'étaient pas. Edmond Teisserenc, un polytechnicien devenu plus tard ministre des Travaux publics, affirmait contre Daru : « Si l'intérêt de la communauté à l'établissement d'une voie de communication pouvait se mesurer, comme le dit la sous-commission, par le revenu que l'on doit attendre de l'exploitation de cette voie, par la masse des transports qui existent là où l'on se propose de la mener, rien ne serait plus facile que de reconnaître les meilleurs tracés. » Mais les chiffres de Daru ne distinguaient pas si une unité de fret à transporter par rail pouvait, pour le même prix, faire le même voyage par rivière ou par canal. Si une bonne rivière navigable suit le même tracé, une ligne de chemin de fer n'apporte aucun avantage réel, à part le gain de temps des voyageurs. Là où il n'y a pas de transport par eau, un train offrira en outre des tarifs beaucoup plus bas pour les passagers et surtout pour le fret. Teisserenc illustrait cela par un exemple hypothétique. La contribution d'une ligne ferroviaire – éloignée de toute voie navigable et transportant une certaine quantité de voyageurs et de fret – à l'utilité publique pouvait être de 3 463 000 francs, alors que la contribution d'une ligne de même longueur, recevant les mêmes recettes grâce aux mêmes chargements, mais longeant une rivière navigable, ne serait que de 263 000 francs [25].

L'ÉVALUATION DE L'UTILITÉ PUBLIQUE

L'exemple de Teisserenc montre comment une lecture quantitative de l'utilité publique pouvait servir à réfréner la politique

---

25. TEISSERENC, « Principes généraux », p. 6-8.

des intérêts particuliers. La déclaration d'utilité publique requise pour tout projet, et elle-même introduite pour réduire le jeu de la politique dans la législation des travaux publics, semble inviter à une telle lecture. Si l'on considère en outre que le passage à un langage quantitatif eût été dans l'intérêt de ces ingénieurs très experts en chiffres, il peut sembler surprenant que la mesure de l'utilité n'ait pas été employée systématiquement dans les rapports ou les recommandations officiels. Même si des chiffres étaient employés par ailleurs, il était tout à fait possible d'évaluer l'utilité publique sans faire aucune tentative de mesure ni aucune comparaison entre les avantages attendus et les coûts.

Si un quai ou un pont étaient susceptibles de céder dans une tempête, ou un canal de se retrouver à sec une partie de l'année, cela se répercutait évidemment sur leur valeur, et les questions de sécurité et de fiabilité étaient propres à être discutées lors d'une évaluation de l'utilité publique. L'utilité militaire et la vulnérabilité à une armée d'invasion étaient des questions souvent soulevées, contrebalançant parfois des avantages purement économiques qui par ailleurs n'étaient pas contestés. Même dans le domaine économique, les ingénieurs et les autres enquêteurs n'essayaient pas en général de réduire tous les facteurs à des conditions financières communes. Un projet de construction de quais à Marseille, sur le modèle de ceux de Londres et de Liverpool, a été trouvé avantageux par une commission spéciale, en 1836, en raison de sa commodité pour la ville et de la fiabilité de l'accès à la mer. L'ingénieur en chef du Finistère rapportait en 1854 qu'une commission d'enquête avait conclu en faveur d'une grande ligne passant par la Bretagne centrale, même si elle traversait un terrain plus accidenté et donc nécessitait des rampes plus fortes qu'un tracé plus méridional. Son principal avantage était l'économie : une telle ligne pouvait, avec des embranchements, desservir l'ensemble de la péninsule. Elle serait moins coûteuse qu'une grande ligne au nord ou au sud et, d'autre part, un projet extravagant prévoyant les deux risquait de ne jamais être mené à bien. Le fait que la destination de cette ligne centrale devait être nommée Napoléonville, en l'honneur de la dynastie régnante, ne nuisait pas à l'affaire[26]. Assurément, ce dernier avantage ne pouvait pas être aisément quantifié et comparé aux coûts.

Au sein du corps des Ponts et Chaussées, les discussions habituelles portant sur la planification évoquaient librement des considérations techniques, économiques et politiques au sens large. L'ingénieur en chef, Jean Lacordaire, qui était en désaccord avec son collègue Auguste-Napoléon Parandier sur le meilleur tracé de Dijon à Mulhouse, envoya aux inspecteurs généraux des Ponts et Chaussées un texte manuscrit, sur deux colonnes, critiquant point par point le projet de son rival. Il s'agissait de comparer leurs degrés relatifs d'utilité publique. Le tracé de Parandier le long du Doubs, affirmait-il, n'était pas du tout préférable, du point de vue de la raideur des rampes et du nombre de traversées nécessaires, à celui de Lacordaire le long du cours supérieur de la Saône. Les tunnels de Lacordaire n'étaient pas si difficiles ou si coûteux que certains le prétendaient. Et les commentaires de Parandier sur la difficulté des sols de Lacordaire ne faisaient que montrer qu'il ne les avait pas convenablement étudiés. En dépit de cet argument de la supériorité manifeste de sa proposition initiale, Lacordaire faisait, moins de deux semaines plus tard, un rapport sur une ligne mixte, « de conciliation ». Elle était un peu plus longue et il fallait grimper un peu plus, mais elle serait moins chère que si elle suivait la vallée sinueuse du Doubs. Il trouvait tout à fait inexplicable que la ville de Besançon voulût une ligne le long de cette gorge difficile, coûteuse et dangereuse, surtout parce que la rivière et le canal y fournissaient déjà d'excellentes voies de transport. Besançon devrait soutenir la ligne de conciliation, c'était dans son propre intérêt. Un autre avantage était que cette ligne ne retirerait pas de trafic au canal du Rhône au Rhin. Enfin, elle ferait prospérer la ville de Gray en tant qu'entrepôt, tandis que la ligne du Doubs la ruinerait[27].

---

26. ALBRAND, *Rapport de la commission* ; LEPORD, « Rapport de l'ingénieur en chef du Finistère », 11 octobre 1854, BENPC, manuscrit 2833.

27. Jean-Auguste Philibert LACORDAIRE, « Chemin de fer de Dijon à Mulhouse », 3 parties, daté des 20 et 24 mars 1845, BENPC c394 x6248-6250 ; LACORDAIRE, « Chemin de fer de Dijon à Mulhouse, ligne mixte dite de concilia-

Voilà comment on évaluait généralement l'utilité publique. Elle ne signifiait pas un surplus quantitatif des avantages par rapport aux coûts. Les déclarations d'utilité publique au niveau national étaient utilisées pour distinguer l'intérêt général de l'intérêt local et donc exclure toute subvention de l'État aux petites lignes secondaires. Les nécessités militaires étaient souvent décisives, de même que l'unité territoriale, et, en 1878, lorsque Charles de Freycinet a proposé un réseau ferroviaire local considérablement étendu, il a mentionné la centralisation administrative parmi ses avantages décisifs[28]. L'utilité publique avait quelque chose à voir avec la faisabilité. La commission de l'Assemblée nationale chargée d'examiner un projet de tunnel sous la Manche, qui a été proposé en 1875 par une société sous la présidence de Michel Chevalier, a estimé qu'il était manifestement utile, mais était réticent à se prononcer formellement pour un projet dont la possibilité était encore douteuse. Le conseil du corps des Ponts et Chaussées recommandait de n'accorder au projet qu'une « concession éventuelle » tant que les difficiles questions géologiques et diplomatiques n'étaient pas réglées[29].

Surtout, l'utilité publique avait à voir avec la rationalité de la planification, qui permet d'éviter toute concurrence inutile. Dans les premières décennies de la construction des chemins de fer, cela impliquait souvent qu'une ligne de chemin de fer devait suivre un tracé nouveau et ne pas proposer un service déjà offert par les canaux. Les partisans des canaux étaient encore actifs à la fin du siècle, comme en témoigne en 1904 le ton d'Henri Chardon remarquant, manifestement sur la défensive, que les chemins de fer étaient deux fois moins chers que les canaux,

tion, par Gray et vallée de l'Ognon ; avantages et désavantages de cette ligne », daté du 2 avril 1845, BENPC c394 x6247.

28. France, Chambre des députés, Annexe au procès verbal de la séance du 4 juin 1878, n° 794, « Projet de loi relatif au classement du réseau complémentaire des chemins de fer d'intérêt général, présenté [...] par M. C. de Freycinet », p. 3.

29. France, Assemblée nationale, Annexe au procès verbal de la séance du 7 juillet 1875, n° 3156, Krantz, rapporteur, « Rapport [...] ayant pour objet la déclaration d'utilité publique et la concession d'un chemin de fer sous-marin entre la France et l'Angleterre ».

comme les statistiques l'avaient incontestablement montré. Si certaines planètes ont de vastes réseaux de canaux, ajoutait-il, en faisant allusion au débat astronomique contemporain sur Mars, elles doivent être beaucoup plus plates que la nôtre[30]. Dans les années 1850, cependant, une proposition était plus susceptible d'échouer au test d'utilité publique lorsque l'on estimait que d'autres lignes ferroviaires fournissaient déjà un service adéquat. Le gouvernement français était peu enclin à subventionner des lignes concurrentes de celles dont il avait garanti les obligations. À partir de 1852, le gouvernement a donné un statut spécial aux six grandes compagnies de chemins de fer régionaux, avec qui il a progressivement développé une sorte de partenariat. Cela n'a pas tout à fait empêché les entrepreneurs de créer de nouvelles lignes ni même de recevoir une subvention publique pour le faire, mais les formalités d'évaluation de l'utilité publique ont été utilisées pour bloquer les lignes qui auraient diminué le trafic des compagnies établies[31].

L'examen de n'importe quel cas modérément complexe révèle au premier coup d'œil des problèmes qui n'auraient jamais pu être réglés par une simple comparaison des coûts et des avantages. En décembre 1869, le conseil des Ponts et Chaussées examinait un rapport de l'ingénieur Kolb sur une ligne locale du nord de la France, longue de 66 kilomètres, allant d'Alençon à Condé le long de la rivière Huisne. Kolb prévoyait un rendement net de 6,8 % sur le capital, un très bon chiffre. Malheureusement, une autre ligne, d'Orléans à Lisieux, était à l'étude. Le conseil municipal de Nogent-le-Rotrou craignait que cette nouvelle proposition n'amenât des retards dans la ligne

---

30. CHARDON, *Travaux publics*, p. 171-180. On a souvent imputé la relative lenteur de la construction des chemins de fer en France aux retards de la bureaucratie et à un intérêt désuet du corps des Ponts et Chaussées pour les canaux. Ses activités sont présentées sous un jour plus favorable par RATCLIFFE, « Bureaucracy ».

31. Par exemple, Assemblée nationale, Annexe au procès-verbal de la séance du 13 juillet 1875, Aclogue, rapporteur, « Rapport [...] [ayant] pour objet la déclaration d'utilité publique et la concession de certaines lignes de chemin de fer à la Compagnie du Midi ».

Orléans-Lisieux, et la commune de Bellême se plaignait de cette concurrence potentielle. Kolb n'était pas de cet avis, affirmant que les deux lignes pourraient même tirer avantage l'une de l'autre, surtout si on arrivait à persuader le concessionnaire d'abandonner la vallée de l'Huisne pour un tracé passant par Bellême.

Hélas, ce fut impossible. Pendant ce temps, des complications avaient surgi dans la planification de la ligne d'Orléans à Lisieux. En effet, plusieurs propositions étaient en concurrence, et la ligne pourrait aller à Bernay ou à L'Aigle plutôt qu'à Lisieux. Chaque ingénieur ordinaire chargé d'étudier une direction particulière avait conclu en faveur de celle-ci. Les diverses enquêtes aboutissaient, comme c'était prévisible, à des recommandations incohérentes. Dans le Loiret, elles étaient favorables à une déclaration d'utilité publique pour une ligne de Lisieux *via* Ormes, Patay et Châteaudun, ce qui était en fait la proposition de l'ingénieur en chef. Dans l'Eure-et-Loir elles ajoutaient des villes intermédiaires : Brou et Nogent-le-Rotrou. Les départements de l'Orne et du Calvados étaient satisfaits, mais dans l'Eure on proposait de faire passer la ligne par les vallées de la Charentonne et de la Calonne plutôt que de la Vie. L'ingénieur en chef admettait que cela permettrait d'économiser de l'argent, et que la Charentonne avait certes beaucoup d'industries mais que la Vie aussi était très riche ; en tout cas un tracé le long de la Charentonne serait trop proche, selon lui, de la ligne d'Orléans à Elbeuf, un peu plus au nord. Il réussit à négocier des subventions par les départements et par les communes qui devaient bénéficier de sa proposition, et le conseil des Ponts et Chaussées accepta [32].

Sous la Troisième République, les rapports de projet destinés à l'Assemblée nationale interprétaient l'utilité publique de la même façon. Ils étaient souvent signés du nom d'un ingénieur des Ponts et Chaussées qui était également membre de l'Assemblée. Ernest Cézanne, écrivant au nom d'une commission

32. « Délibérations du conseil général des Ponts et Chaussées. Minutes. 4e trimestre, 1869 », séance du 23 décembre, AN F14 15368.

examinant un projet de ligne glorieusement saint-simonienne de Calais à Marseille – de la Manche à la Méditerranée –, demandait si celle-ci était vraiment nécessaire. Il refusait de justifier la construction d'une nouvelle ligne par l'argument de la concurrence, puisque les compagnies allaient inévitablement collaborer entre elles et nouer des ententes. De Calais à Amiens, il y avait déjà deux lignes, dont les recettes respectives par kilomètre étaient de 62 000 et 43 000 francs, de sorte qu'il n'y avait évidemment pas besoin d'une autre. D'Amiens à Creil il n'y en avait qu'une, avec des recettes de 122 000 francs par kilomètre, c'est pourquoi une autre avait déjà été autorisée. Il existait assez de voies de Creil à Saint-Denis. Au-delà de Paris, on avait besoin d'une bonne double voie de Nîmes à Lyon, avec des rampes et des courbes modérées, ou d'une vraiment excellente de Paris à Marseille coûtant un million de francs par kilomètre et permettant des vitesses de plus de 100 kilomètres à l'heure. La ligne proposée ne prévoyait pas cela. Elle ne contribuerait pas à l'utilité publique, mais représentait un investissement perdu de 600 millions de francs. Et elle causerait en outre la perte de plus de 20 millions de francs par an sur les lignes existantes [33].

Il serait évidemment intéressant, mais difficile, de savoir quelle était la relation entre les décisions prises par le conseil du corps des Ponts et Chaussées et les projets recommandés à l'Assemblée nationale. Beaucoup d'informations n'étaient pas contrôlées par le corps ; les propositions de loi pouvaient être fondées sur les dossiers des projets, les procès-verbaux des témoignages recueillis lors des enquêtes, les avis des commissions réunies par les départements et enfin les rapports des préfets, du corps des Ponts et Chaussées et du Conseil d'État (le sommet de l'administration française), qui souvent s'appuyait sur une commission spéciale. On peut être sûr que le ministre

---

33. France, Assemblée nationale, Annexe au procès verbal de la séance du 3 février 1872, n° 1588, Ernest Cézanne, rapporteur, « Rapport au nom de la Commission d'enquête sur les chemins de fer et autres voies de transports sur diverses pétitions relatives à la concession d'une ligne directe de Calais à Marseille ».

des Travaux publics et les entreprises concernées devaient prendre une part active à tout cela[34]. Cependant, les propositions ne leur parvenaient que lorsque la plupart des décisions importantes avaient été provisoirement prises. Celles-ci concernaient la planification des tracés, la négociation des subventions et la rédaction des contrats de concession. En une occasion au moins, alors que les enquêtes étaient unanimes en faveur d'un plan que le conseil du corps contestait, la haute administration, d'accord avec le conseil, l'a renvoyé pour complément d'étude. Dans ce cas, cependant, lorsque le corps a finalement négocié un plan dont il pouvait soutenir l'utilité publique, le Conseil d'État l'a aussi rejeté[35].

L'histoire chronologique détaillée d'Alfred Picard cite certains cas des années 1840 où les tracés ont fait l'objet de longs débats à la Chambre des députés. À cette tribune, l'intervention des législateurs semble avoir généralement échoué. Parfois la pression politique obligeait le ministre des Travaux publics ou le corps à consentir à un complément d'étude[36]. Ils préféraient régler ces questions paisiblement, et le faisaient de manière très efficace. Les propositions qui n'obtenaient pas l'approbation du corps étaient normalement retirées. Les entrepreneurs se plaignaient parfois de son pouvoir despotique[37]. Bien entendu, il ne pouvait agir en despote qu'envers les pouvoirs extérieurs faibles. Cependant, son propre pouvoir en ce qui concerne les décisions de planification de routine était très grand. Et, surtout, il s'exerçait plus par le canal de négociations privées que de rapports publics.

34. France, Assemblée nationale, Annexe au procès verbal de la séance du 23 février 1875, n° 2905, Ernest Cézanne, rapporteur, « Rapport [...] relatif à la déclaration d'utilité publique de plusieurs chemins de fer et à la concession de ces chemins à la Compagnie de Paris à Lyon et à la Méditerranée ».

35. Il s'agissait d'une ligne d'Amiens à Dijon, proposée en 1869 ; PICARD, *Chemins de fer français*, vol. 3, p. 326.

36. *Ibid.*, vol. 1, p. 273-276 et 294-295, *passim*. Picard a fait son chemin dans le corps des Ponts et Chaussées jusqu'au poste d'inspecteur général, puis a été responsable des chemins de fer au ministère des Travaux publics et est entré au Conseil d'État, dont il a fini par devenir vice-président.

37. P. ex., MELLET – HENRY (présentés comme « adjudicataires du chemin de fer de Paris à Rouen et à la mer »), *L'Arbitraire administratif*.

PRÉVOIR LES RECETTES ET ESTIMER LES AVANTAGES

Un projet décrit par Charles Baum constitue un guide utile permettant de comprendre les formes de quantification économique qui figuraient dans la planification des projets. En 1885, Baum était ingénieur en chef dans le département du Morbihan, sur la côte sud de la Bretagne. La description du projet intégrait diverses caractéristiques de ses propres écrits économiques, publiés dans les *Annales des Ponts et Chaussées*. Ce n'était pas l'usage de publier des descriptions de projets, et l'on peut en déduire que Baum considérait celle-ci comme un modèle du genre. En introduction, il avançait un argument en faveur de la construction de lignes de chemin de fer, en particulier dans le Morbihan, en dépit de l'insuffisance des recettes pour couvrir les dépenses et les intérêts. Il soulignait que le Morbihan avait 267 kilomètres de voies ferrées, ce qui représentait seulement 0,392 mètre par hectare (contre une moyenne française de 0,586), et seulement 511 mètres pour mille habitants (contre 815). Il se proposait d'examiner cinq projets de lignes possédant toutes, selon lui, mais à des degrés divers, une « utilité bien définie ». Cette utilité ne pouvait pas être mesurée par le revenu par kilomètre, mais était plutôt la somme des avantages pour tous les usagers. Évalué par la différence du coût de transport entre les routes et les chemins de fer, l'avantage par rapport aux coûts s'élevait à environ 24 centimes par tonne et par kilomètre, par comparaison avec des prix de transport réels, et par conséquent des recettes, de 12 centimes.

C'est le seul point où Baum utilisait le langage de l'utilité publique. Dans son étude détaillée des lignes proposées, conduisant à l'affectation de priorités relatives, il parlait plutôt des dépenses et des recettes en termes strictement comptables. D'abord, il décrivait le tracé, kilomètre par kilomètre, en indiquant les gares, ponts, courbes, rampes et autres particularités. Il estimait les coûts de construction par kilomètre, sans l'arrondi qui était alors de plus en plus commun dans ces documents, à 59 845,44 francs. Pour estimer le coût de l'opération, il utilisait un concept quantitatif spécial qu'il avait emprunté à la Suisse, la

« longueur virtuelle ». C'était la longueur de voie rectiligne, en terrain plat, sur laquelle un train consommerait la même quantité de travail mécanique que sur la ligne réelle en question, avec ses rampes et ses courbes. À cet effet, il calculait les « coefficients d'allongement », ou multiplicatifs, à appliquer à chaque unité de piste ayant une pente et un rayon de courbure donnés[38]. Sur le terrain difficile entre Vannes et La Roche-Bernard, le coefficient moyen était de 3,323, de sorte que la longueur équivalente de sa voie de 45 kilomètres serait d'environ 150 kilomètres.

Après avoir terminé son examen des coûts, il passait aux recettes. La ligne étant assez coûteuse, il proposait des tarifs un peu plus élevés que la moyenne pour les trains d'intérêt local, à condition que d'importantes réductions fussent offertes aux voyageurs effectuant un aller-retour. Restait le problème épineux de l'estimation du trafic. La recette annuelle par kilomètre, la « recette kilométrique », sur dix lignes « comparables » variait de 2 500 à 5 700 francs. La « recette probable » ou attendue devait se situer dans cette fourchette. L'avant-projet avait cependant estimé les recettes de l'usage moyen du rail par habitant dans l'ouest de la France, en se servant des registres de la Compagnie de l'Ouest. Il proposait une « recette kilométrique » de 7 088,77 francs. Cela semblait trop élevé. Mais quelle était la valeur correcte ? Heureusement Baum avait publié de nombreux articles précisément sur cette question, y compris un document concernant spécifiquement les trains d'intérêt local[39]. La meilleure comparaison, pensait-il, était celle avec les deux lignes desservant alors la ville de Vannes. Leurs recettes kilométriques étaient respectivement de 2 321 et 5 624 francs, c'est-à-dire une moyenne de 3 962 (en fait 3 972) francs. Ce qui se situait, opportunément, vers le milieu de la plage définie par le plus grand groupe de lignes comparables. Cela s'accordait aussi avec le chiffre de 4 400 francs obtenu par un dénombrement de la population desservie, en tenant compte de la distribution de celle-ci le long de la ligne et en faisant une réduction appropriée des chiffres moyens par habitant parce

---

38. Baum, « Longueurs virtuelles ».
39. Baum, « Étude sur les chemins de fer ».

qu'elle était essentiellement agricole, puis en ajoutant un peu de trafic maritime.

Rien de tout cela n'était simplement inspiré par les circonstances. Les ingénieurs des Ponts et Chaussées avaient fait des publications assez détaillées sur le problème du choix de lignes comparables, sur le comptage de la population touchée et sur l'estimation de l'usage individuel du fret et du transport de voyageurs. Ceux-ci dépendaient de certaines hypothèses sur l'uniformité des comportements, mais les ingénieurs avaient des idées sur la façon d'ajuster les chiffres standard pour passer de l'agricole à l'urbain, du vin au blé et du nord-est au sud-ouest, ainsi que pour tenir compte des grandes industries ou des mines. Tout cela avait été exposé dans un article de Louis-Jules Michel de 1868, avec des formules, des approximations et des conseils pour identifier les cas exceptionnels[40].

Le projet décrit par Baum procédait enfin à la comparaison cruciale des dépenses et des recettes. Tenant compte du fait que la construction de lignes locales devait être peu coûteuse et qu'il recommandait un écartement plus étroit que celui qui était la norme, la formule pour les coûts d'exploitation était D (dépenses) = 1500 + R/3, où R représente les recettes. Si R était estimé à 4 400 francs, on avait donc des dépenses d'environ 3 000 francs, d'où des recettes nettes de 1 400 francs. Pour payer 5 % sur le capital, il faudrait des recettes nettes par kilomètre de 3 000 francs, de sorte que cette ligne nécessitait une subvention annuelle d'environ 1 600 francs. En supposant que les recettes se développent selon une « loi de progression naturelle » de 2 % par an, cette subvention diminuerait puis disparaîtrait au bout de seize ans environ. Cela en valait-il la peine ? Baum ne doutait nullement que le surplus d'utilité par rapport aux recettes justifiât ces dépenses mais, l'État ne disposant que de ressources limitées, il recommandait que ce dernier commençât par la construction

---

40. Michel, « Trafic probable ». Une analyse de la méthode de Michel est parue sans indication d'auteur, « Moyens de déterminer l'importance du trafic d'un chemin de fer d'intérêt local », *Journal de la Société de statistique de Paris*, 8 (1867), p. 132-133. Voir aussi Etner, *Calcul économique en France*, p. 185-190.

des lignes nécessitant le sacrifice financier le moins important. Il procédait de la même façon à l'analyse de quatre autres lignes, en concluant, pour des raisons strictement comptables, que celle-ci méritait d'être deuxième en priorité, après celle un peu plus avantageuse de Lorient à Kernascléden[41].

Baum mettait en avant ses propres compétences dans ce rapport, mais pour l'essentiel c'était un genre bien établi. Des techniques similaires, ainsi qu'une analogie avec Suez, ont été utilisées pour prévoir le volume et les profits du nouveau canal que de Lesseps voulait creuser au Panama[42]. On savait que ces prévisions manquaient parfois d'exactitude, mais l'usage les exigeait à défaut de règles explicites. Un résumé de trois pages d'un rapport sur un projet de ligne de Falgueyrat à Villeneuve, préparé pour le ministre des Travaux publics, présentait sans explication les chiffres essentiels. C'étaient des quantités standard : pentes maximales, rayons de courbure minimum, coûts de construction par kilomètre, recettes annuelles par kilomètre (« produit kilométrique »). Ce dernier s'élevait « en nombre rond » à 10 000 francs, comparé à 8 000 pour une ligne de Falgueyrat à une autre destination, ligne qui sur cette preuve a été rejetée comme inférieure[43]. La même année, un rapport proposant deux lignes dans la Sarthe a été renvoyé par la section des chemins de fer du conseil général

41. Baum, *Chemins de fer d'intérêt local du département du Morbihan : rapport de l'ingénieur en chef* (Vannes, Imprimerie Galles, 1885) ; j'ai utilisé l'exemplaire de la BENPC c1006 x18978.

42. Fournier de Flaix, « Canal de Panama ». Ces estimations de coûts et de revenus pour le canal de Panama fluctuaient beaucoup. Mais elles furent validées, lors du congrès international des études du canal Interocéanique, par une commission sur les statistiques présidée par un statisticien distingué, E. Levasseur. Voir Simon, *The Panama Affair*, p. 30-31. Mais la gloire de la France a fait vendre autant de titres que les prévisions de coûts et de revenus, en particulier quand des difficultés sont apparues.

43. Tiré d'un résumé, par l'inspecteur général Schérer, d'un rapport de l'ingénieur en chef Laterrade sur un projet de ligne de Villeneuve-sur-Lot à Falgueyrat, voir point n° 113 dans Section du conseil général des Ponts et Chaussées, Chemins de fer, Registre des délibérations du 4 janv. au 25 mars 1879 inclusivement, AN F14 15564. Cette section du conseil renvoya le rapport pour complément d'étude, en demandant une attention moins exclusive aux avantages locaux.

des Ponts et Chaussées parce qu'il ne fournissait pas l'information nécessaire à la fixation de la subvention de l'État, comme c'était requis par une loi du 17 juillet 1865. Le conseil exigeait « une estimation des dépenses comportant une indication précise de la contribution du département et une estimation du trafic probable sur chacune des deux lignes projetées[44] ».

Cette forme parfaitement administrative de calcul économique était exprimée en dépenses et recettes, et non pas en coûts et avantages. Pourtant, derrière tout cela il y avait l'utilité qui, c'était généralement admis, dépassait les recettes dans une mesure telle que les pertes locales devenaient des gains sociaux. La crédibilité de cette hypothèse signifiait que l'action de l'État en matière de transports n'était pas vivement contestée la plupart du temps. Cela a réduit, mais n'a pas supprimé, la nécessité de défendre ces interventions sur le plan quantitatif. La mesure de l'utilité est devenue particulièrement urgente vers la fin des années 1870, quand un nouveau ministre des Travaux publics, Charles de Freycinet, a proposé un vaste programme de subventions de l'État pour de nouvelles lignes locales dans toute la France. La politique des lignes locales était si controversée que Sanford Elwitt y a vu la cause principale de la crise de la République en 1877. Aussi habile fût-il, d'un point de vue politique, de fournir un service ferroviaire à des milliers de petites villes et de villages, il y avait des financiers puissants et des grandes entreprises qui préféraient voir les ressources investies principalement dans les grandes lignes, comme elles l'avaient été sous Napoléon III[45].

Inévitablement, le plan Freycinet inspira un débat sur l'évaluation quantitative des petites lignes. Du point de vue des recettes prévisionnelles (même si celles-ci se concrétisaient), c'étaient des investissements lamentables. Ces lignes étaient-elles amorties par l'augmentation du trafic sur de grandes lignes plus rentables ? Pouvaient-elles contribuer ainsi à « l'intérêt général » et non pas

---

44. Voir le « Rapport de M. l'inspecteur général Deslandes sur la concession et la demande en déclaration d'utilité publique » pour les lignes du Mans à Grand-Lucé et de Ballon à Antoigné, n° 126, *ibid*.

45. ELWITT, *Making of the Third Republic*, chap. 3-4.

seulement à l'intérêt local ? Ou ont-elles pu au moins éviter une part suffisamment importante des dépenses engagées à titre privé dans le transport de voyageurs et de marchandises pour compenser leur coût pour le contribuable ? Depuis l'expansion des canaux, diverses stratégies avaient été employées pour identifier les avantages indirects, tels que l'augmentation de la valeur des propriétés dans les environs des transports améliorés, et justifier ainsi des projets qui ne pouvaient être amortis[46].

Il n'y a guère de ministres qui aient effectué un calcul arithmétique de l'utilité dans un discours devant le Parlement. Pour Freycinet, cependant, ces évaluations étaient la justification, ou du moins la rationalisation, la plus puissante de son plan. Le « vrai revenu, le revenu national » d'un chemin de fer est « l'économie qu'il permet dans les transports ». Pour déplacer une tonne de fret sur une route, « la dépense est de 0,30 F par kilomètre, alors que, grâce aux chemins de fer, cette dépense est en moyenne de 0,06 F. La communauté réalise donc un bénéfice de 0,24 F sur 0,30 F ; en d'autres termes, la communauté réalise un profit égal au quadruple des péages, au quadruple du total des recettes ». Ainsi, dans un cas typique, si les recettes ne couvrent que les dépenses sans contribuer à l'intérêt sur les investissements, une ligne fera toujours un bénéfice réel de 14 % même dans l'hypothèse la moins optimiste[47].

C'était une conception stimulante. Mais était-elle correcte ? Deux ingénieurs, Eugène Varroy et J.B. Krantz, ont critiqué son calcul (tout en soutenant son programme) devant le Sénat. Le trafic utilisant les chemins de fer était selon eux en grande partie nouveau, car il ne pouvait pas payer le coût élevé de l'utilisation des routes. De sorte que l'avantage présumé de 24 centimes par tonne-kilomètre utilisé par Freycinet, et avant lui par Navier, n'était pas une mesure valable de l'utilité. Krantz soutenait qu'une ligne devait, au minimum, couvrir ses frais de fonction-

46. ETNER, *Calcul économique en France*, p. 148, 193 et suiv.

47. C. de FREYCINET, « Discours prononcé à la Chambre des députés le 14 mars 1878 », extrait du *Journal officiel* du 15 mars 1878, p. 25-26, cité par ETNER, *ibid.*, p. 193.

nement. Varroy faisait l'hypothèse la plus simple compatible avec Dupuit – à savoir que les valeurs de l'utilité pour les usagers sont réparties uniformément sur toute la gamme de 6 à 30 centimes – et calculait que la contribution d'une ligne à l'utilité publique était de 18 centimes par tonne, soit trois fois les recettes brutes plutôt que les cinq de Freycinet. Il était bien en peine de dire si c'était de l'« utilité locale » ou de l'« utilité générale ». Il ajoutait qu'il était très difficile même d'estimer les niveaux d'utilisation et que cela nécessitait de la sagacité et de l'expérience. Pendant la même période, dans les rapports sur les lignes proposées par Freycinet, au moins un ingénieur invoquait, pour couvrir un déficit financier, une estimation de l'utilité basée sur des économies de temps et de coûts[48].

Etner souligne que c'est justement pendant cette période, vers la fin des années 1870, que l'économie de Dupuit est devenue familière aux ingénieurs des Ponts et Chaussées. L'idée de Dupuit de l'utilité marginale décroissante a été citée contre Freycinet par des ministres ainsi que par des ingénieurs. Albert Christophle, le prédécesseur de Freycinet au ministère des Travaux publics, écrivit une préface amère pour accompagner un recueil de ses discours publics de 1876 et 1877. Freycinet, expliquait-il, n'était pas inspiré par l'économie rationnelle, mais par une politique veule. La seule assurance que l'on puisse avoir de l'utilité des chemins de fer locaux est la volonté des instances locales du gouvernement de contribuer à la construction de ces derniers, en proportion de l'avantage qu'elles en retirent et de leur richesse. L'idée de Freycinet que l'utilité d'une ligne dépasse quatre ou cinq fois ses recettes avait été réfutée à l'avance par Dupuit, dont les calculs ont montré « irréfutablement » que des recettes de 6 800 francs correspondent à des

---

48. Georges-Médéric Léchalas, sur une ligne de la Seine-Inférieure, cité dans (sans nom d'auteur), « La mesure de l'utilité des chemins de fer », *Journal des économistes*, nov. 1879, tiré à part. Deux autres ingénieurs intervenaient sur la question de la mesure de l'utilité, dans le sillage de Freycinet : Hoslin, *Limites de l'intérêt public*, selon lequel ces mesures de l'utilité publique étaient d'une importance décisive ; et La Gournerie, *Études économiques*, annexe D, p. 65-68, qui se montrait sceptique devant toute estimation qui dépassait beaucoup les recettes.

avantages indirects de 3 000 ou 4 000 francs au plus. Il affirmait que Freycinet calculait aussi fort mal les dépenses et les recettes, comme l'expérience l'avait montré par la suite. Un écrivain se demandait dans la *Revue des deux mondes* si l'idéal de planification rationnelle exigé par les déclarations d'utilité publique n'avait pas été remplacé par un désir aveugle de satisfaire tous les appétits[49].

On se serait attendu à ce que les ingénieurs des Ponts fussent heureux d'approuver les calculs les plus généreux des avantages des chemins de fer. En fait, ils ne l'ont fait que rarement, et beaucoup ne soutenaient pas du tout les grands programmes de construction. Un argument de Félix de Labry en 1875 donne une idée du caractère contourné de certains raisonnements. Il faisait appel à l'intuition du lecteur, et à un peu plus que cela, pour soutenir son affirmation selon laquelle, sur un produit national de 26 milliards de francs, 5 milliards au moins pouvaient être portés au crédit des chemins de fer. Il affirmait aussi, cependant, que l'État ne devait investir dans les chemins de fer que si son investissement était remboursé, non pas à la société dans la monnaie de l'utilité générale, mais à la trésorerie de l'État, sous forme de recettes fiscales. Puisque l'État représente 10 % de l'économie, l'argent public investi dans les chemins de fer doit générer des économies au moins dix fois supérieures dans la production et dans le transport privés. Son refus d'impliquer l'État dans le soutien de l'utilité publique, et, en même temps, ses estimations absurdement généreuses des conséquences économiques des chemins de fer produisaient un effet indéterminé. Ses articles n'étaient certainement pas une propagande en faveur de l'initiative de Freycinet. Ses collègues ingénieurs étaient avant tout en désaccord avec lui sur une question de principe : ils affirmaient que l'intérêt de l'État est identique à celui de la société, de sorte que l'utilité publique est tout à fait l'affaire de l'État. Mais cela ne signifie pas, disait Antoine Doussot, construire toute voie ferrée qui pourrait favoriser l'utilité publique ; cela signifie plutôt

---

49. Christophle, *Discours sur les travaux publics*, préface ; Lavollée, « Chemins de fer et le budget ».

dépenser les fonds disponibles sur les projets qui contribuent le plus efficacement à cette dernière[50].

Le porte-parole économique le plus important du corps des Ponts et Chaussées vers la fin du siècle était Clément-Léon Colson, un éminent partisan de l'économie libérale. Il ne s'opposait pas à l'ensemble du projet ferroviaire de Freycinet, mais il le jugeait excessif et aveugle. Toute la carrière de Colson était une bataille contre le manque de discernement, en faveur d'un jugement nuancé, fondé sur un examen minutieux des faits. Du moins, cela lui semblait la seule façon de gérer les chemins de fer.

Sur le sujet de la contribution des chemins de fer à l'utilité publique, Colson définissait son point de vue en l'opposant à celui d'un autre ingénieur, Armand Considère. Considère était l'ingénieur en chef du Finistère, à l'extrême ouest de la Bretagne. Il a publié deux longs articles en 1892 et 1894 afin de démontrer les avantages immenses des lignes locales soutenues par l'État. Il admettait qu'elles produisent rarement un rendement financier adéquat, si on les considère comme des entreprises distinctes. Mais elles produisent des avantages directs et indirects importants, que l'on peut, avec prudence, quantifier approximativement. Pour commencer, elles augmentent le volume du trafic sur les lignes principales. Considère estimait, à partir des courbes du volume du trafic en fonction du temps, que 50 % du fret transporté par ces lignes locales est un nouveau trafic. En moyenne, ce fret circulera quatre fois plus sur les grandes lignes que sur la ligne secondaire d'où il est parti. Cet effet est moins décisif pour les passagers, mais toutefois, chaque franc reçu par les lignes locales entraîne 140 centimes d'augmentation de recettes pour les grandes lignes. Ensuite, Considère traduisait ces recettes supplémentaires en une utilité accrue. Il n'utilisait pas les généreuses formules de Navier et de Freycinet, mais adoptait les principes de Dupuit et supposait que la demande (et donc aussi l'utilité) était une fonction linéaire décroissante du prix. Sur un graphique où le prix est porté sur un axe et la demande

---

50. LABRY, « À quelles conditions » ; LABRY, « Profit des travaux » ; DOUSSOT, « Observations sur une note de Labry » ; LABRY, « Outillage national ».

sur l'autre, cette ligne pouvait être tracée entre les deux points définis par le trafic actuel aux prix courants (par la route) et le trafic prévu aux prix du transport par chemin de fer. L'excédent d'utilité sur les recettes serait alors représenté par un triangle, dont la superficie pouvait être facilement calculée.

Voilà pour ce qui est des avantages directs. Un transport peu coûteux stimule en outre le développement économique. Une mine qui, avant qu'une ligne de chemin de fer ne la traverse, ne valait pas la peine d'être exploitée pour l'exportation, pouvait bientôt devenir un centre industriel peuplé. Les gares ferroviaires, largement répandues, ont un précieux rôle publicitaire, attirant l'attention des paysans et des artisans sur les possibilités d'échange avec un monde plus vaste. Elles aident à surmonter l'inertie locale. Bien entendu, ces effets ne sont pas facilement quantifiables. Considère croyait suffisamment en eux pour évaluer les avantages en se fondant sur les statistiques de l'ensemble de l'économie française plutôt que sur un modèle de leurs effets directs. Au cours des trente dernières années, la production avait augmenté de 15 milliards de francs. Sur ce total, quelque 3,6 milliards pourraient être dus à des gains sur le capital et un autre milliard à la croissance de la population, laissant plus de 10 milliards inexpliqués. Il en attribuait « prudemment » un tiers seulement aux effets indirects de l'amélioration des transports due aux chemins de fer. Ajoutant cela aux avantages directs, il constatait que les avantages apportés par les lignes locales étaient au moins six fois supérieurs à leurs recettes. Cela signifiait, par exemple, qu'une ligne perdant nominalement 250 francs par kilomètre rapporte en fait 20 % du capital en « utilité totale ». Évidemment, on construit d'abord les meilleures lignes et non pas la ligne proposée par le premier venu, mais l'ensemble de l'initiative de Freycinet semblait très fructueux du point de vue de Considère[51].

Colson n'était pas convaincu. Les formules de Considère mèneraient selon lui à un excès de constructions. Son calcul des avantages indirects était particulièrement critiquable, mais Colson

---

51. Considère, « Utilité : Nature et valeur », p. 217-348.

avait aussi des doutes sur l'évaluation des avantages directs. Il pensait que Considère avait généralisé des cas non représentatifs, des lignes qui n'étaient pas typiques. Et comment pouvait-il supposer que ce nouveau trafic généré par un embranchement représentait le voyage moyen ? Le trafic sur de longues distances n'aurait pas été tellement découragé par quelques kilomètres supplémentaires par la route, de sorte que le nouveau trafic induit par les lignes locales s'effectuerait probablement sur des distances relativement courtes. Considère répondit deux ans plus tard par un autre long article comprenant un examen encore plus détaillé des statistiques de plusieurs lignes différentes, ainsi que des tentatives pour mesurer d'une autre façon les quantités contestées. Colson lui répondit à son tour que ces enquêtes statistiques confirmaient son point principal : « La question n'était pas susceptible de recevoir une solution générale par voie d'études statistiques. » Il ne voulait pas dire que Considère devrait se passer de statistiques, mais qu'il devrait abandonner le vain espoir d'une solution générale. Dans le domaine de la planification des chemins de fer, rien ne pouvait remplacer l'exercice du jugement lors de l'examen détaillé de chaque cas particulier[52]. Le théoricien peut aider à décider quelles quantités méritent d'être mesurées ou prévues, mais il ne peut y avoir de formules mathématiques rigoureuses, seulement des idées directrices. Colson insistait sur le tact qui vient avec une longue expérience[53].

C'était aussi le point de vue de Colson sur le problème épineux des prix. L'État français, comme tous les autres, s'intéressait beaucoup à ces questions. La garantie par l'État d'un rendement fixe est devenue systématique sous le Second Empire, et l'influence de l'État sur les prix a été forte en proportion[54]. En 1883, les compagnies de chemin de fer étaient consolidées, et la concurrence était remplacée par la réglementation de l'État. Il n'en est

---

52. COLSON, « Formule d'exploitation de M. Considère » ; CONSIDÈRE, « Utilité : Examen des observations » ; COLSON, « Note sur le nouveau mémoire », p. 153.

53. COLSON, Cours, vol. 6, Travaux publics, chap. 3.

54. Sur le soutien et la réglementation des chemins de fer par l'État, voir DOUKAS, French Railroads and the State.

pas résulté que la concurrence est devenue sans importance. Les compagnies ont expliqué à plusieurs reprises qu'elles avaient besoin du droit d'abaisser les tarifs entre les points qui étaient desservis par des péniches ou des navires[55]. En France comme ailleurs, le fait que les expéditions étaient facturées à des tarifs plus élevés entre d'autres points était vigoureusement dénoncé, surtout si une ville portuaire, au bout d'une ligne transportant des marchandises à l'importation ou à l'exportation, avait de meilleurs tarifs que les destinations intermédiaires le long de la même ligne[56].

Dupuit avait cherché à résoudre le problème des tarifs du point de vue de l'utilité et de la demande. Il distinguait entre frais, c'est-à-dire dépenses variables, et péages. Les frais directement liés au transport des personnes et des marchandises, qui augmentent avec le volume, devraient nécessairement être facturés aux usagers. Le but des péages, d'autre part, est de couvrir les dépenses en capital et de faire un profit. Ils devraient être traités tout à fait séparément des frais et fixés, autant que possible, en proportion de l'utilité pour l'usager[57]. Dans les années 1880, tous les ingénieurs des Ponts et Chaussées convenaient que sa logique était impeccable. Alfred Picard prévenait toutefois en 1918, faisant écho à la fois à Colson et à Considère, que « son étude [...] contient aussi certaines déductions théoriques dont l'application serait irréalisable[58] ».

La plupart des tentatives pour donner une base rationnelle aux tarifs devaient moins, en fait, à Dupuit qu'aux travaux de Jullien et de Belpaire, que nous avons examinés au chapitre III. Ou plutôt, l'idée de faire payer à chaque passager et à chaque

---

55. P. ex., France, Conseil d'État, *Enquête sur l'application des tarifs des chemins de fer*, Paris, Imprimerie nationale, 1850, BENPC c336 x5779 ; Poirrier, *Tarifs des chemins de fer* ; Noël, *Question des tarifs*.

56. Un exemple typique est celui de Tézenas du Montcel – Gérentet (de la chambre de commerce de Saint-Étienne), *Rapport de la commission*. Sur la fixation des tarifs, voir Ribeill, *Révolution ferroviaire*, p. 282-292.

57. Dupuit, « Influence des péages », p. 225-229.

58. Picard, *Chemins de fer*, chap. 3 (« Mesure de l'utilité des chemins de fer »), p. 280.

unité de fret les coûts qui lui étaient imputables semblait si juste, voire morale, qu'elle était généralement considérée comme allant de soi, plus encore par le grand public que par les ingénieurs. Le philosophe Proudhon soutenait avec véhémence que la justice sociale exige une stricte proportionnalité entre les tarifs de transport et le coût pour la compagnie[59]. Baum pensait de même. Il appelait « prix de revient » le coût par kilomètre du transport d'un passager ou d'une tonne de marchandises. C'est le minimum que les chemins de fer devraient facturer pour couvrir leurs dépenses. Étant donné que toute baisse de tarif causera une perte pour la société, les compagnies doivent les éviter, même en réponse à la concurrence la plus dure. Ce prix serait bien sûr susceptible de varier dans des endroits différents selon les circonstances. Mais il pourrait être calculé à l'aide des statistiques des chemins de fer. Baum a publié une série d'articles pour montrer comment procéder[60].

Sa solution, comme celle de Belpaire, se réduisait essentiellement à une répartition équitable des coûts entre tous les usagers. Elle avait tous les défauts du genre. D'autres ingénieurs ne manquèrent pas de le souligner. Le critique le plus sévère, René Tavernier, faisait remarquer qu'une commission d'experts américains avait essayé de régler de cette façon les luttes tarifaires entre Boston, New York, Philadelphie et Baltimore, et avait conclu que le prix de revient est impossible à déterminer. Il n'est pas constant mais varie selon la ligne, la saison et le niveau du trafic. Il sera souvent avantageux pour une ligne de chemin de fer de fixer un tarif inférieur à cette valeur, au moins pour certaines marchandises, puisque les dépenses variables associées à un chargement particulier sont beaucoup plus basses que le prix de revient. La meilleure solution est d'utiliser une tarification flexible, que les grandes lignes sont trop bureaucratiques pour mettre en œuvre

59. PROUDHON, *Des réformes dans l'exploitation des chemins de fer*, cité dans TAVERNIER, « Note sur les principes de tarification », p. 575.

60. BAUM, « Des prix de revient » ; BAUM, « Note sur les prix de revient » ; BAUM, « Le prix de revient » ; voir aussi LA GOURNERIE, « Essai sur le principe des tarifs dans l'exploitation des chemins de fer » (1879), dans ses *Études économiques* ; RICOUR, « Répartition du trafic » ; RICOUR, « Prix de revient ».

efficacement. Il vaudrait mieux, par conséquent, les diviser en plus petites compagnies[61]. Baum répondit sans conviction que Tavernier montrait un manque de compréhension des valeurs moyennes ; et que la variabilité ne rend pas plus douteux le calcul d'un prix de revient que celui d'une vie moyenne. Tavernier répliqua que la grande influence de l'inutile quantification de Baum témoignait des effets pernicieux de l'esprit de simplification bureaucratique[62].

S'il n'a pas eu le dernier mot, Colson en a certainement prononcés de très influents, et en très grand nombre. Lui-même ingénieur des Ponts et Chaussées, il a enseigné l'économie politique à l'École des ponts et chaussées de 1892 à 1926, et à l'École polytechnique de 1914 à 1929. Il n'y a guère de mystère sur le contenu de son enseignement car un de ses cours a été publié en six volumes totalisant plus de deux mille pages. Les élèves-ingénieurs des Ponts et Chaussées avaient toujours eu comme professeurs d'économie des partisans de l'économie de marché, dont ils réussissaient de quelque manière à croire les doctrines sans compromettre leur foi dans la centralisation et l'intervention bénéfique de l'État[63]. Sur le plan idéologique, l'introduction de Colson à l'économie politique était classique et libérale. Il attirait l'attention sur son utilisation des mathématiques, puisque le cours était conçu pour des ingénieurs plutôt que pour des commerçants ou des avocats. Mais, selon lui, il y a beaucoup trop d'inconnues pour qu'une stratégie mathématique puisse être appliquée systématiquement, ou mise au point dans les moindres détails. Les mathématiques peuvent suggérer des analogies et des comparaisons utiles, et peuvent aider l'économiste à comprendre quand un problème a une solution bien définie. Les « rares auteurs » qui se contentent du raisonnement déductif et mathématique « ont établi

61. TAVERNIER, « Exploitation des grandes compagnies » ; TAVERNIER, « Notes sur les principes » ; voir aussi des critiques antérieures moins systématiques : LOISNE, « Influence des rampes » ; NORDLING, « Prix de revient ».

62. BAUM, « Note sur les prix de revient » (1889) ; TAVERNIER, « Note sur les principes », p. 570. Sur des débats à propos des valeurs moyennes, voir FELDMAN et al., Moyenne, milieu, centre.

63. ARMATTE, « L'économie à l'École polytechnique » ; PICON, L'Invention de l'ingénieur moderne, p. 452-453.

des théories fort ingénieuses mais s'écartant complètement de la réalité »[64]. Colson était fier de rester proche des faits statistiques, afin que son économie fût utile en pratique[65].

Son analyse des « travaux publics et des transports » constituait la partie la plus importante et la plus originale de son cours, ce qui n'a rien d'étonnant. Sur ce point, il admettait diverses influences, mais il suivait plus étroitement les principes de Dupuit. Fondamentale était, à ses yeux, l'idée d'une courbe de la demande qui décroît lorsque le prix augmente ou, de manière équivalente, l'idée de services publics qui diminuent dans ce cas. Colson connaissait la nouvelle économie marginaliste. Il parlait favorablement des Autrichiens non-mathématiciens et mentionnait aussi William Stanley Jevons, mais ignorait Walras, dont les travaux étaient beaucoup plus abstraits et mathématiques[66]. Il n'exposait pas leurs méthodes de façon abstraite ; il ne les appliquait qu'au problème très particulier de la détermination du prix des transports. Autrement dit, il ne trouvait pas nécessaire de faire avancer la théorie plus loin que Dupuit ne l'avait fait.

Sa mission était plutôt de toujours tempérer la théorie par la pratique. Sur la question des prix, il n'y a aucun moyen de recouvrer l'ensemble de l'utilité du transport, ni même une fraction donnée de celle-ci, auprès de chaque usager. Les péages différentiels seront parfois impraticables, auquel cas ils devraient être maintenus à un niveau bas, afin de ne pas décourager les usagers qui peuvent tirer un profit, même léger, d'un chemin de fer ou d'un pont. Ici Colson était fermement solidaire de la tradition française de l'action de l'État, contre ce qu'il considérait comme le point de vue anglo-américain, selon lequel tout ce qui est vraiment utile doit payer un entrepreneur pour le construire. Ce rôle de l'État était la seule raison pour laquelle il

64. COLSON, *Cours*, vol. 1, *Théorie générale des phénomènes économiques*, p. 1-2 et 38-39 : 39.

65. Avant que Colson ne le reprenne, le cours d'économie politique était donné par des non-ingénieurs libéraux : Joseph Garnier, de 1846 à 1881, et Henri Baudrillart, de 1881 à 1892 (voir *Cours d'économie politique. Notes prises par les élèves. École nationale des ponts et chaussées*, 1882, BENPC 16034).

66. COLSON, *Cours*, vol. 6, *Les Travaux publics*, p. 183.

voyait ses calculs comme ayant un intérêt plus que théorique[67]. Autrement dit, même le Colson libéral utilisait la quantification économique surtout en tant qu'alternative aux mécanismes du marché, souvent en opposition avec les principes de celui-ci[68]. Il estimait cependant que les coûts de transport, y compris les coûts d'investissement, devaient être recouvrés auprès des usagers dans la mesure du possible. Il se méfiait des magnifiques avantages indirects prétendument apportés par les nouveaux chemins de fer ou canaux, et pensait avec Dupuit qu'une forte proportion de l'utilité à laquelle contribuait un canal ou une ligne de chemin de fer devait être recouvrable (y compris les coûts) en péages.

Colson utilisait le langage de Baum de la répartition équitable des coûts. Comme Considère, il ajoutait toutefois l'adjectif « partiel » à l'expression de Baum. Seules les dépenses variables entraient dans ce calcul[69]. Même le « prix de revient partiel » contenait des ambiguïtés ; il fallait de l'ingéniosité, et une certaine tolérance à l'égard de cette convention, pour séparer les dépenses variables et les coûts d'investissement. Mais cette quantité était du moins compatible avec les théories de Dupuit, car elle permettait d'affecter les péages aux coûts d'investissement en proportion de l'utilité dérivée. Toujours réaliste, cependant, Colson notait que l'idéal de Dupuit était irréalisable. Il faudrait qu'un fonctionnaire s'enquière de la valeur de chaque chargement et, toujours de façon quelque peu arbitraire, fixe la valeur du transport. Tant de pouvoir discrétionnaire à ce niveau d'intervention n'était ni légalement ni moralement acceptable. Il était nécessaire de faire payer selon les catégories de marchandises, « la taxe due par chacun doit être *fixe*

67. Colson, *Transports et Tarifs*, chap. 2 ; *idem, Cours*, vol. 6, *Les Travaux publics*, chap. 3.

68. Non sans raison, Walras reprochait aux économistes du génie civil les monopoles des chemins de fer français. C'était une des raisons de son opposition ; voir Etner, *Calcul économique en France*, p. 106-107.

69. Considère, « Utilité : Nature et valeur », p. 349-354 ; Colson, *Transports et Tarifs*, p. 44. Considère affirmait cependant, en tenant compte des avantages indirects, qu'il est souvent judicieux de la part de l'État de baisser les tarifs en dessous de ce point, tandis que Colson le considérait comme le minimum.

et non arbitraire [...] ; quand des circonstances différentes justifient des taxes différentes, l'écart doit être rationnel et explicable »[70].

Refuser ce pouvoir discrétionnaire à l'employé de la ligne ne signifiait pas bien sûr éliminer tout jugement, mais le concentrer à un niveau supérieur de gestion. Pour l'élite administrative, rien ne pouvait jamais être réduit à des formules simples. Même les règles de tarification, dont la fixité paraissait si nécessaire, devaient être « assez souples pour s'adapter aux nécessités commerciales ». Ces considérations étaient si complexes qu'elles pouvaient bien être « jugées très différemment, même par des personnes éclairées et impartiales ».

Le sens aigu qu'avait Colson de la complexité reflétait la réglementation réelle des frais de transport, qui suscitait les débats les plus ésotériques sur la classification des marchandises et ne reposait pratiquement sur aucune théorie économique. François Caron indique que, en France, la fixation des tarifs au niveau de la pratique bureaucratique n'avait guère de prétentions scientifiques et que la théorie dominante était simplement de faire payer *ad valorem*[71]. Colson, de façon plus ambitieuse, encourageait l'usage du calcul dans ce but entre autres, mais il a enseigné à plus d'une génération d'ingénieurs des Ponts et Chaussées qu'on ne pourrait jamais le rendre rigoureux. « Beaucoup de formules ingénieuses ont été établies, afin de calculer le trafic d'une voie projetée en fonction de la population desservie ; mais, pour les appliquer avec discernement, il faut tenir compte de l'état social, économique et moral de cette population, et c'est là qu'est la grosse difficulté »[72]. Voilà comment les ingénieurs présentaient le plus souvent leurs méthodes au grand public. C'est également la façon dont ils se pensaient eux-mêmes. La rhétorique de règles inflexibles, suivies par des hommes effacés dont l'expertise est purement technique, n'était pas la leur. Eux formaient une élite consciente. C'est l'unique manière de comprendre l'usage qu'ils faisaient de la quantification.

70. COLSON, *Cours*, vol. 6, *Les Travaux publics*, p. 209-211.
71. CARON, *Histoire de l'exploitation*, p. 370-372.
72. COLSON, *Cours*, vol. 6, *Les Travaux publics*, p. 210-211 et 198-199.

LES INGÉNIEURS COMME ÉLITE

Étant donné le prestige presque inégalé de l'École polytechnique, et la réussite de ses diplômés dans l'industrie et l'administration, on ne pouvait pas prévoir un tel scepticisme quant à la possibilité de quantification rigoureuse. Celle-ci aurait dû être particulièrement appréciée par la perpétuellement instable Troisième République, qui a consacré la science comme fondement du consensus social et comme alternative au conservatisme de l'Église[73]. Le tracé et la tarification des canaux et des chemins de fer en particulier ont été extrêmement controversés durant tout le siècle. Sous la monarchie de Juillet, par exemple, les départements où n'étaient pas prévues de lignes de chemin de fer faisaient activement campagne contre tout soutien de l'État à ces dernières[74]. Les planificateurs de l'État pouvaient bien sûr transiger avec leurs adversaires les plus puissants, mais il était inévitable que certains départements fussent favorisés par rapport à d'autres. Certes, il était opportun de pouvoir certifier l'équité et l'objectivité des décisions prises à l'aide de chiffres. Ne devrions-nous pas attendre d'une élite d'ingénieurs formée aux mathématiques qu'elle profite de cette vénération de la science pour prendre des décisions, à la manière classique des ingénieurs, en simplifiant et en quantifiant ?

La réponse est non. Ils étaient tout à fait capables d'agir efficacement de manière informelle. En outre, il n'y avait pas encore de manière quantitative classique de prendre des décisions d'ingénierie. Les ingénieurs des Ponts et Chaussées étaient eux-mêmes des prototypes de l'ingénieur qui quantifie. Leurs compétences allaient au-delà du domaine des structures et des machines, et, comme nous l'avons vu, ils faisaient un grand usage des chiffres et des calculs en économie, dans la planification et l'administration. Mais nous ne pouvons pas considérer leur inclination à quantifier comme un réflexe, né d'une foi, inhérente à l'ingénierie

---

73. Weisz, *Emergence of Modern Universities.*
74. Tudesq, *Grands notables*, vol. 2, p. 636.

moderne, dans l'existence d'une solution mathématique à tout problème. Ces ingénieurs pensaient que les chiffres économiques, au moins, ne devenaient utiles que s'ils étaient interprétés avec compétence.

Les ingénieurs du corps des Ponts et Chaussées étaient souvent accusés de s'appuyer sur des chiffres par habitude, ou par incapacité de comprendre les questions sociales d'une autre manière. Après la rupture d'un barrage en 1895, ils ont été raillés par un critique dans les termes suivants : « Les savants ingénieurs de la sacro-sainte École, connaissant le danger pour l'avoir constaté dans des mémoires pleins de chiffres, sachant à un sou près à combien monteraient les indemnités pour destruction de villages entiers et prévu ce que coûteraient à l'État les pertes de vies humaines, remplissaient toujours le réservoir menaçant, le remplissant jusqu'au bord, jusqu'à ce que le craquement définitif vînt donner raison à l'exactitude mathématique de leurs prévisions[75]. » Mais c'est une vue fallacieuse, et pas simplement parce qu'elle suppose une absence de préoccupation morale. Les ingénieurs français utilisaient les mathématiques pour planifier des ponts et des chemins de fer, mais pour leurs décisions ils se sont rarement abandonnés aux chiffres. Leur prestige reposait principalement sur leurs connaissances, leur formation et leur relation à l'État. Leur autorité en matière de calcul et d'objectivité était secondaire. Les chiffres n'étaient pas puissants par eux-mêmes et comptaient peu lorsqu'ils étaient avancés par des personnes étrangères. Ils ne pouvaient fournir qu'un modeste complément au pouvoir institutionnel.

De ce point de vue, la modestie de leurs efforts pour mécaniser la prise de décision devient moins mystérieuse. Ils ont contrôlé, de façon pratiquement incontestée, le pouvoir du calcul, quand ils ont choisi d'en faire usage. Mais les polytechniciens faisaient partie d'une élite si sûre qu'ils avaient rarement besoin de nier ou de dissimuler leur propre pouvoir discrétionnaire. Ce n'était pas leur virtuosité mathématique qui leur permettait de revendiquer leur autorité, et ils préféraient fonder leurs décisions sur une longue expérience et

---

75. Brunot – Coquand, *Corps des Ponts et Chaussées*, p. 407.

une vaste culture. Une quantification approfondie avait des inconvénients, notamment sa rigidité et son exigence d'une pondération explicite des facteurs. Les ingénieurs des Ponts et Chaussées ont choisi de gérer leurs affaires d'une manière différente.

Les difficiles études de mathématiques nécessaires pour entrer à l'École polytechnique fondaient sa réputation d'établissement purement technique. Ainsi Balzac, qui avait un beau-frère dans le corps des Ponts et Chaussées, dépeint l'ingénieur d'État, dans *Le Curé de village*, comme une belle fleur d'oranger grillée par le gel avant de pouvoir porter ses fruits. Le froid était censé être mathématique. Dans un texte qui n'est pas du domaine de la fiction, Joseph Bertrand s'est souvenu qu'il était « prodigieusement ignorant » quand il est entré à l'École polytechnique, ne sachant absolument rien hors des mathématiques[76]. De manière significative, il est devenu dans sa maturité un modèle de savoir et de culture. C'était l'idéal auquel aspiraient les ingénieurs. En fait, les critères d'admission à Polytechnique rendaient presque impossible une préparation aussi étroite que Bertrand la disait (si son témoignage est sincère), sauf pour des mathématiciens extraordinairement doués.

Après tout, l'École polytechnique, en tant qu'école démocratiquement élitiste créée par la Révolution et dont la seule préoccupation était la compétence technique, a duré moins de dix ans. Ce sont les années où un jeune homme comme Arago pouvait découvrir qu'une formation à Polytechnique était la clé d'un avancement rapide dans l'armée, et abandonner immédiatement ses bien-aimés « Corneille, Racine, La Fontaine, Molière » pour concentrer toute son attention sur les mathématiques[77]. Napoléon a essayé d'y limiter le radicalisme en admettant une population étudiante provenant plutôt des élites. Comme il ne pouvait pas revenir à la condition, requise explicitement dans l'Ancien Régime, que les ingénieurs des Ponts et Chaussées fussent issus au moins d'une bonne famille bourgeoise, il a ins-

76. Balzac, *Le Curé de village*, chap. 23 ; Gaston Darboux, « Éloge historique de Joseph Bertrand », dans Bertrand, *Éloges académiques*, p. x-xi.
77. Arago, *Histoire de ma jeunesse*, p. 46.

titué des frais de scolarité élevés et réformé le concours d'entrée pour rendre le latin obligatoire. La Restauration a ajouté au programme en 1816 les études littéraires, et les mathématiques plus abstraites soutenues par Laplace ont pris de l'importance quelques années plus tard. Le résultat de ces réformes, comme l'a montré Terry Shinn, a été de rendre presque indispensable une éducation préalable dans un lycée classique, et donc d'écarter la plupart des étudiants des classes inférieures et moyennes. Elles n'ont pas cependant réussi à extirper la politique subversive, et, de 1820 jusqu'à la fin du xixᵉ siècle, Polytechnique était connue pour ses tendances saint-simoniennes. Fait intéressant, le saint-simonisme était beaucoup plus influent chez les étudiants appartenant aux milieux les plus riches ou aux élites, qui avaient tendance à favoriser le corps des Mines, que chez les ingénieurs des Ponts et Chaussées, (souvent) fièrement apolitiques[78].

Dès 1819, le conseil de l'École polytechnique semblait la concevoir moins comme un établissement servant à recruter une nouvelle sorte d'élite que comme une institution permettant d'éduquer et d'homologuer les anciennes. Dans une société qui désormais se défiait des privilèges, la méritocratie était une forme de démocratie ouvertement élitiste.

> Nous vivons dans un temps où l'instruction des classes supérieures peut seule assurer la tranquillité de l'État, en faisant obtenir à ceux qui les composent, par une supériorité personnelle de vertus et de lumières, l'influence qu'il faut qu'elles exercent sur les autres pour le repos de tous : heureuse nécessité, si on l'envisage avec une âme élevée, qui contraint de justifier le rang par le mérite, et la richesse par le talent et la vertu[79].

Il restait quelque possibilité de mobilité sociale à l'École polytechnique mais, comme l'observe André-Jean Tudesq, le milieu familial de ses diplômés n'était jamais oublié. Sous la

---

78. Picon, *L'Invention de l'ingénieur moderne*, p. 92-93 ; Shinn, *L'École polytechnique*, p. 24-35. Sur le courant saint-simonien, voir Picon, *L'Invention*, p. 455 et 595-597 ; voir aussi Hayek, *Counterrevolution of Science*, qui exagère l'orientation étroitement scientifique des polytechniciens.

79. Cité dans Fourcy, *Histoire de l'École polytechnique*, p. 351.

monarchie de Juillet, ceux qui étaient issus de familles privi-
légiées occupaient souvent très rapidement des postes élevés,
et les plus hautes fonctions allaient d'habitude aux enfants de
notables[80].

Sous le Second Empire, les conditions d'admission donnaient
un avantage aux candidats titulaires d'un baccalauréat ès lettres
sous la forme de points s'ajoutant aux résultats de leur concours
d'entrée. C'est une des raisons pour lesquelles, entre 1860 et 1880,
les trois quarts des étudiants admis avaient reçu aussi bien une
formation en langues mortes qu'une préparation intense en
mathématiques. Cette préférence a rendu l'entrée à l'école encore
plus difficile pour les étudiants dont les parents ne pouvaient se
permettre un enseignement secondaire coûteux suivi de deux ou
trois années de préparation spéciale pour le concours d'entrée.
Elle est restée un sujet de controverse mais a survécu sous une
forme ou une autre jusqu'à la première guerre mondiale. John
Weiss affirme que l'importance croissante, au début du xixᵉ siècle,
du baccalauréat classique dans la préparation à de nombreuses
professions reflète une politique visant délibérément à rétablir
une hiérarchie dans la société française[81].

C'est convaincant. Et cet effet n'était pas dû simplement aux
modes de recrutement, même si ceux-ci avaient tendance à consolider les élites de naissance et de mérite. Au moins aussi importante était la conscience d'être des hommes cultivés qu'avaient les
diplômés en quittant Polytechnique. Ils n'étaient pas de simples
spécialistes, dont la position dans la société dépendrait de leur
capacité à calculer. À Paris comme à Cambridge, les mathématiques n'étaient nullement considérées comme une compétence
technique. En 1812, on justifiait leur rôle dans le programme par

---

80. Tudesq, *Grands notables*, vol. 1, p. 352.

81. Weiss, « Bridges and Barriers », p. 19-20. La discussion la plus complète
de ces débats se trouve dans Shinn, *L'École polytechnique*. Weiss observe que
l'École centrale, conçue pour donner une formation technologique plus pratique
que l'École polytechnique et pour former des ingénieurs pour l'industrie privée
plutôt que pour le service de l'État, est aussi devenue fortement élitiste et a
même pris, à la fin du xixᵉ siècle, certains des traits d'un grand corps de l'État.
Voir Weiss, *Making of Technological Man*.

leur pouvoir de formation de l'esprit, indispensable en particulier parce qu'il n'y avait pas assez de temps pour une formation adéquate à la pratique de l'ingénierie[82]. Pendant la révolution de 1848, elles étaient louées parce qu'elles étaient le contraire d'une simple formation pratique : une façon de produire des hommes doués de hautes capacités plutôt que des techniciens et des spécialistes[83].

Ces capacités générales censées être inculquées aux ingénieurs étaient le fondement de l'exclusion des « conducteurs », qui effectuaient une grande partie des travaux d'ingénierie (au sens strict) du corps. Les conducteurs cherchaient à exploiter les sentiments démocratiques de 1848 en faisant valoir qu'ils devraient être autorisés à gravir les échelons. Une commission instituée pour examiner leurs revendications a conclu qu'ils manquaient de « l'ensemble des connaissances théoriques, pratiques et administratives qu'un ingénieur ne saurait ignorer ». Elle ajoutait toutefois qu'une partie de la formation des ingénieurs est inutile, ou pis encore, car elle favorise une confiance excessive dans les théories au détriment des faits. C'est dans ce contexte que Dupuit citait en exemple la formation de Polytechnique, barrière infranchissable protégeant le corps des « incapacités ambitieuses ». Ce n'était pas une question de connaissances techniques spécifiques, mais d'esprit capable de s'élever au-dessus d'un apprentissage basé sur la mémoire et de faire face à l'inconnu[84]. Colson, qui était devenu un éminent porte-parole de

82. Conseil d'instruction, École polytechnique, minutes de réunions, t. 5, séance du 27 septembre 1812, bibliothèque de l'École polytechnique, archives, Palaiseau.

83. Tiré d'un tract de l'ingénieur A. Léon, publié en 1849, justifiant le fossé existant entre simples conducteurs et ingénieurs ; voir KRANAKIS, « Social Determinants », p. 28-29 ; WEISS, « Careers and Comrades », chap. 6.

84. « Rapport fait par le citoyen Stourm, au nom du comité des travaux publics, sur le projet de loi relatif à des changements dans l'organisation du corps des conducteurs des Ponts et Chaussées et dans le mode de recrutement des ingénieurs », Le Moniteur universel, 19 déc. 1848, p. 3606-3610 ; Jules DUPUIT, « Comment doit-on recruter le corps des Ponts et Chaussées », manuscrit non daté, réponse au rapport ci-dessus, documents Dupuit, dossier 7, BENPC, hors catalogue.

l'École polytechnique, déclarait en 1911 que la société n'a pas besoin que de techniciens. Il lui faut aussi des dirigeants, et leur rôle exige non seulement des connaissances mathématiques et scientifiques mais aussi un certain « instinct », difficile à définir, mais intimement lié à la culture et à ses racines antiques[85]. En 1900, Polytechnique prenait des étudiants d'une base sociale un peu plus large, mais à cet égard elle n'avait rien perdu de son esprit élitiste[86].

Ezra Suleiman, qui a utilisé des questionnaires et des entretiens pour étudier les élites françaises dans la période d'après-guerre, a trouvé chez les anciens élèves de Polytechnique et des autres grandes écoles des attitudes prolongeant celles qui avaient prévalu pendant la Troisième République. La réussite de l'élite française, écrit-il, repose sur « son attachement aux compétences de généraliste, qui sont en fait les seules "compétences" qui permettent de passer d'un secteur à l'autre sans une formation technique préalable en vue de remplir un poste particulier ». « Elle croit fermement, tout comme le *civil service* britannique depuis sa création, aux vertus d'une préparation très générale aux postes de direction »[87]. Les ingénieurs étaient fidèles à leur corps tout en tirant fierté de leur polyvalence et non pas de leur seule technique. J. Mante remarquait avec sérénité en 1967 : « Notre rôle d'ingénieur des Ponts et Chaussées n'est pas de faire des calculs (c'est la tâche des ingénieurs projecteurs et de leurs collaborateurs), mais de vérifier leur légitimité, de peser les conséquences de leurs éventuels écarts avec la réalité, d'apprécier la limite d'aléa admissible[88]. » Comme en Grande-Bretagne, cette élite administrative apprenait principalement son métier « sur le tas » ; son éducation formelle, comme celle qu'allait avoir Bourdieu, était

85. Voir Shinn, *L'École polytechnique*, p. 119.

86. *Ibid.*, *passim* ; Charle, *Élites de la République* ; Picon, « Années d'enlisement ».

87. Suleiman, *Elites in French Society*, p. 163 et 165 (trad. *Élites en France*, p. 165 et 167). Sur le British Civil Service (le service public britannique), voir le chapitre v ci-dessus.

88. Cité par Suleiman, *Elites in French Society*, p. 168 (trad. *Élites en France*, p. 169-170).

surtout une question d'accréditation[89]. Suleiman conclut que la France n'est nullement gouvernée par des experts techniques, malgré (peut-être même à cause de) la haute autorité de l'École polytechnique, de l'École nationale d'administration et d'autres établissements d'enseignement qui sont pris superficiellement pour des écoles de commerce. Contre l'image habituelle de la technocratie française, il soutient que l'on doit être plus impressionné par le pouvoir solidement établi d'une élite étroite que par ses « décisions rationnelles, scientifiques, précisément calculées[90] ».

Les carrières disponibles pour les polytechniciens du début du xixe siècle ne semblent pas tout à fait en rapport avec l'éducation qu'ils avaient reçue ni avec les obstacles qu'ils avaient surmontés. Gérard, l'ingénieur des Ponts et Chaussées dans *Le Curé de village*, se plaint du salaire médiocre, des perspectives limitées et (surtout) de l'abrutissement intellectuel de la province. Les lettres de jeunes ingénieurs tels que Dupuit, Comoy et Jullien, confirment le roman de Balzac, en particulier sur ce dernier point. Mais, au moins, ils jouissaient de la solidarité de leur corps, révélée par la formule de salutation usuelle : « Mon cher camarade »[91]. Plus tard, pendant le même siècle et encore plus au suivant, les carrières se sont améliorées grâce à la pratique du pantouflage : le service de l'État a été de plus en plus considéré comme une pause dans une carrière qui pouvait bientôt conduire à une situation mieux rémunérée dans le secteur privé. En France, à l'origine, les responsables industriels étaient des

---

89. Suleiman, *Politics, Power, and Bureaucracy*, p. 262 (trad. *Les Hauts Fonctionnaires et la Politique*, p. 138-139) ; C. Day, *Education for the Industrial World*, p. 10 (trad. *Écoles d'arts et métiers*, p. 9).

90. Suleiman, *Politics, Power, and Bureaucracy*, p. 246 (trad. *Les Hauts Fonctionnaires et la Politique*). Il critique ici Thoenig, *L'Ère des technocrates*.

91. Voir la correspondance de Dupuit dans le dossier 9 du fichier Dupuit, BENPC, hors catalogue. Par exemple, en décembre 1827, Comoy témoignait sa sympathie à Dupuit qui s'ennuyait ferme au Mans. En octobre 1827, Jullien écrivait que Le Mans ne pouvait guère être plus ennuyeux que Nevers mais qu'il était si absorbé par son canal que les plaisirs de Paris – préfets, fonctionnaires, haute société, femmes – ne lui manquaient pas. Il ajoutait que ce devait être différent pour Dupuit, qui faisait si bonne figure dans les salons de Becquey et de Navier (deux inspecteurs généraux).

ingénieurs des Ponts et Chaussées et d'autres polytechniciens, et l'industrie française prit l'habitude de recruter ses dirigeants dans la fonction publique plutôt qu'à l'intérieur de l'entreprise ou dans des entreprises comparables. Dans ce qui restait une société très hiérarchisée, le prestige de ces hommes leur permettait de traiter avec d'autres diplômés de grandes écoles. En outre, comme l'observe Lenard Berlanstein, ces grandes écoles d'ingénieurs « donnaient, par le canal des connaissances personnelles, des garanties de probité et d'expertise[92] ». Certains des chefs d'entreprise les plus brillants pouvaient ensuite revenir dans l'administration au plus haut niveau. Mais même les postes de l'État, modestement rémunérateurs, qui ont constitué la carrière de nombreux ingénieurs du XIXe siècle, avaient un immense prestige : suffisamment pour entretenir l'esprit de corps des Ponts et Chaussées[93].

L'éducation que les ingénieurs recevaient à Polytechnique était une part essentielle de leur identité individuelle et collective, mais ce résultat était peut-être plus une conséquence de sa rigueur partagée que de son contenu technique spécifique. Elwitt remarque que, même si certains étaient républicains, et d'autres bonapartistes ou monarchistes, « leur formation intellectuelle et leurs conceptions les liaient entre eux de manière occultée par leur allégeance politique[94] ». Le statut des ingénieurs des Ponts et Chaussées était moins le résultat de leurs connaissances techniques que de la situation sûre qu'ils occupaient dans la société. Ce sont des hommes qui croyaient en leur propre capacité à prendre des décisions. Dans un organisme comme le corps des Ponts et Chaussées, une discussion informelle dans un contexte d'expérience partagée et de confiance mutuelle était souvent suffisante pour parvenir à un accord. Ils ne ressentaient pas le besoin de se livrer à un rituel de justification élaboré consistant en procédures de décision quantitatives purement formelles, à

---

92. BERLANSTEIN, *Big Business*, chap. 3, citation p. 113.
93. Sur la carrière des polytechniciens, voir KINDLEBERGER, « Technical Education » ; ZELDIN, *France, 1848-1945*, vol. 1, p. 102-103 (trad. *Passions françaises : 1848-1945*, vol. 1, p. 130-131) ; BERLANSTEIN, *Big Business*.
94. ELWITT, *Making of Third Republic*, p. 155.

moins d'être menacés de l'extérieur par une controverse ou des pressions politiques.

LA TRADITION ADMINISTRATIVE FRANÇAISE

Ces menaces n'étaient pas communes. La bureaucratie française, à laquelle appartenaient les ingénieurs d'État, avait dès le xixᵉ siècle la réputation – qui l'avait rendue presque légendaire – de n'être responsable devant personne. L'idéal administratif français était de donner à chaque fonctionnaire un contrôle absolu sur sa fonction, aussi modeste soit-elle. L'existence de fiefs au niveau ministériel était raillée par Raymond Poincaré, qui a donné une description mémorable d'une réunion du cabinet typique. « Les grandes affaires les occuperont demain, mais ce matin il y a tant de petites choses à régler ! [...] Du reste, le ministre des Affaires étrangères ne sait-il pas mieux que personne le parti qu'il doit prendre ? Le ministre des Finances n'est-il pas, par ses fonctions mêmes, le plus compétent dans les questions financières[95] ? » C'était exprimé de façon plus positive par Henri Chardon, lui-même membre du Conseil d'État, qui dut recourir à l'italique pour transmettre adéquatement le poids de ce principe : « *Chaque fonctionnaire est supérieur à toute autorité en tant qu'il remplit sa fonction.* » L'importance vitale de chaque fonction allait de soi, car sinon elle n'aurait pas été assumée par l'État. Elle était assurément beaucoup trop délicate pour que de simples politiciens fussent autorisés à intervenir dans son exécution. La France, écrivait-il, « vomit cette mixture de politique et d'administration dont elle a tant souffert ; elle reconnaît que dans une démocratie, un pouvoir administratif existe rationnellement à côté du pouvoir politique. Elle veut des administrateurs techniques permanents assurant la gestion technique des services publics »[96].

95. Cité dans SHARP, *French Civil Service*, p. 33.
96. CHARDON, *Administration de la France*, p. 56 et 58 ; voir aussi CHARDON, *Pouvoir administratif*, p. 34. Chardon protestait contre les interventions politiques, mais surtout contre la fragmentation de l'autorité due à l'existence de quatre-vingt-six préfets.

L'administration française idéalisait la hiérarchie. Chaque fonctionnaire ne devait être responsable que devant son supérieur. Henri Fayol, un innovateur très résolu en matière administrative, ne voulait pas cependant modifier ces lignes nettes de l'autorité. « La *centralisation* est un fait d'ordre naturel ; celui-ci consiste en ce que dans tout organisme, animal ou social, les sensations convergent vers le cerveau ou la direction, et que du cerveau ou de la direction partent les ordres qui mettent en mouvement toutes les parties de l'organisme[97]. » Naturellement, cet idéal n'était pas toujours réalisable, mais au moins il justifiait la séparation entre les fonctionnaires et les autorités autres que leurs supérieurs immédiats. La méritocratie, appliquée parfois seulement en la bafouant, était également une partie de cet idéal. À partir de la Troisième République, les postes ont été habituellement pourvus par concours, en suivant généralement le modèle de recrutement de Polytechnique elle-même. Le relatif formalisme du système des concours était une réponse à la crainte omniprésente du favoritisme[98].

La suspicion et le carriérisme, esprit de cette bureaucratie, apparaissent dans les études historiques qui lui ont été consacrées. Peu de choses ont été écrites sur ce qu'elle a fait réellement, mais beaucoup sur les frustrations des fonctionnaires lorsqu'ils tentaient de monter les échelons de leur carrière. La bureaucratie française a souvent été critiquée pour sa rigidité. Courcelle-Seneuil affirmait en 1872 que le mouvement vers la méritocratie, l'utilisation croissante des concours et le prestige des grandes écoles, ont eu tendance à isoler l'administration et à encourager ce malheureux esprit de corps qui a rendu les bureaucrates indifférents à l'intérêt public[99]. Hippolyte Taine soutenait

---

97. Fayol, *Administration industrielle et générale*, p. 36.

98. Sur le concours, voir Zeldin, *France, 1848-1945*, vol. 1, p. 118 et suiv. (trad. *Passions françaises*, vol. 1, p. 149 et suiv.) ; Gilpin, *France*, p. 103 (trad. *La Science et l'État*, p. 90-92) ; Sharp, *French Civil Service*. Le concours était aussi en faveur pendant la brève existence de la Seconde République ; voir Thuillier, *Bureaucratie et bureaucrates*, p. 334-339 ; Hippolyte Carnot, cité dans Charle, *Hauts fonctionnaires*.

99. Courcelle-Seneuil, « Étude sur le mandarinat français » (1872), dans Thuillier, *Bureaucratie*, p. 104-113. Curieusement, il voulait résoudre le problème en s'appuyant davantage sur le concours.

de manière plausible en 1863 que la raison de ce système rigide n'était pas la promotion des meilleurs candidats, mais plutôt l'élimination des soupçons d'injustice[100]. Fayol pensait que, dans le concours d'entrée à Polytechnique, l'accent était mis sur les mathématiques avant tout parce qu'elles permettaient une évaluation facile. Aussi, le conseil de Polytechnique a-t-il été ennuyé de s'apercevoir que les différents examinateurs des matières littéraires appliquaient des critères contradictoires[101]. Mais, une fois leurs études terminées, les polytechniciens n'auraient plus besoin de ces formes rigides. Colson, comme on pouvait s'y attendre, estimait que le meilleur système était de permettre à ceux qui sont au sommet de la hiérarchie de choisir leurs subordonnés parmi les plus méritants. « Le concours n'a aucun fondement lorsque nous jugeons des hommes qui ont fait leurs preuves par leur travail, mais tend plutôt à mettre les études théoriques au-dessus de l'expérience et de la pratique[102]. » C'était donc une méritocratie suffisamment élevée et suffisamment homogène pour que le jugement éclairé eût cessé de lui être suspect. Les membres du corps ne se souciaient pas de se soumettre à la surveillance d'un public plus large.

Aux niveaux inférieurs, la bureaucratie française était célèbre pour son adhésion à un ensemble de règles byzantines et inflexibles, pour la plupart non écrites. Celles-ci ne pouvant être connues des personnes extérieures, elles permettaient aux fonctionnaires d'agir avec un pouvoir discrétionnaire presque total. Aux niveaux supérieurs, même l'apparence de respect imper-

---

100. Cité dans THUILLIER, *Bureaucratie*, p. 346. Joan RICHARDS remarque dans « Rigor and Clarity », p. 303, que, durant les premières décennies de Polytechnique, les mathématiques y étaient considérées comme un test objectif de la puissance intellectuelle, mis au service d'une « société équitable, non-aristocratique et méritocratique ».

101. Cela pouvait toutefois être résolu, pensait Joseph Bertrand, si Polytechnique organisait son propre examen d'« études littéraires » ; voir les minutes du conseil de perfectionnement, École polytechnique, t. 8 (1856-1874), séance du 28 avril 1874, p. 342-343, bibliothèque de l'École polytechnique, archives, Palaiseau. Voir aussi FAYOL, *Administration industrielle et générale*, p. 109-110.

102. *Ibid.* (Conseil de perfectionnement), p. 359.

sonnel des règles était souvent inutile. Balzac a parlé dans *Les Employés* d'une France qui, depuis la Révolution, avait idéalisé l'État et donc avait fini par être gouvernée par une armée de bureaucrates. Surtout sous la Troisième République, l'administration avait beaucoup plus le pouvoir de rester en place que les dirigeants politiques[103]. Stanley Hoffmann affirme que « dans une large mesure [...] la République n'était qu'une façade derrière laquelle l'administration décidait ». Ezra Suleiman fait une remarque similaire à propos de la période la plus contemporaine. Nulle part les bureaucrates n'ont été, plus qu'en France, profondément impliqués dans la formulation des politiques[104]. Le processus a d'ailleurs laissé une grande latitude aux décisions administratives. Après la seconde guerre mondiale, selon l'expression d'Herbert Lüthy, la France a eu une économie planifiée, mais pas de plan. Les divers ministères conservaient une large autonomie. On a été jusqu'à dire que les hauts fonctionnaires français continuaient à voir leur fonction comme leur propriété, plus d'un siècle après l'abolition de la vénalité des charges par la Révolution. Les liens familiaux étaient tellement essentiels qu'il y avait pratiquement des dynasties dans l'administration française. Celles-ci, comme le note Pierre Legendre, pouvaient survivre à la formalisation du système des concours sous la Troisième République en partie parce que de nombreuses fonctions étaient à l'extérieur de celui-ci, mais aussi parce que les connaissances faisant l'objet de l'examen étaient enseignées principalement dans les lycées d'élite. En outre, les concours étaient contrôlés localement par chaque branche de l'administration, et puisqu'ils comportaient des épreuves tant orales qu'écrites, ils jugeaient le style, la culture et l'aisance autant que les connaissances[105].

---

103. Fougère, « Introduction générale », dans FOUGÈRE, *L'Administration française*, p. 3-9.

104. HOFFMANN, « Paradoxes », p. 17 (trad. « Paradoxes », p. 32) ; SULEIMAN, « From Right to Left ».

105. LÜTHY, *Frankreichs Uhren gehen anders* (trad. de l'allemand, *À l'heure de son clocher*) ; LEGENDRE, *Histoire de l'administration*, p. 536-537 ; HOFFMANN, « Paradoxes », p. 9 (trad. « Paradoxes », p. 24) ; GRÉGOIRE, *Fonction publique*, p. 70 ; OSBORNE, *A « grande école »*, p. 82 et 86.

L'administration française fonctionnait alors avec une autonomie considérable, et, pour le public, restait assez opaque.
Roger Grégoire a soutenu en 1954 la création de commissions, officiellement sans pouvoir, auxquelles les bureaucraties
auraient à expliquer leurs décisions. Cette initiative a suscité
une forte résistance de l'administration, qui alléguait que cela
conduirait à une complication des circuits de décision et à
des retards [106]. Les fonctionnaires défendaient en somme le
droit à la vie privée dans l'administration publique. Suleiman
note que, même dans les années 1970, le corps des Ponts et
Chaussées a continué à se protéger en dissimulant des informations, à la différence du corps des ingénieurs de l'armée
américaine (U.S. Army Corps of Engineers), qui a été contraint
d'adopter l'expédient moins souhaitable d'en fournir trop [107].
Cette même indépendance vis-à-vis d'un contrôle extérieur se
manifestait par un désintérêt très ancien pour la tenue de statistiques fiables, et plus marqué encore pour leur publication,
qui a frustré de nombreux chercheurs. Walter Sharp, en 1931,
a trouvé « dans de nombreux services du gouvernement une
réticence déconcertante à divulguer des faits que les fichiers
contiennent sans aucun doute. Cette attitude du secret est apparemment un vestige de l'héritage aristocratique des régimes
monarchiques ou impériaux, quand les fonctions officielles
étaient pour l'essentiel le patrimoine privé de leur titulaire ».
Il ajoutait que « la bureaucratie n'est pas encore vraiment
convaincue de l'importance de garder des statistiques exactes
et comparables sur les pratiques du personnel, et encore moins
de les publier rapidement » [108].

La répugnance à collecter des statistiques et à les mettre à
la disposition du public, et le manque d'enthousiasme pour
les critères quantitatifs de décision reflètent un ensemble
d'attitudes et de situations similaires. Les statistiques étaient

106. GRÉGOIRE, *Fonction publique*, p. 101-104.
107. SULEIMAN, *Politics, Power, and Bureaucracy*, p. 280-281 (trad. *Les Hauts
Fonctionnaires et la Politique*, passage omis dans la traduction).
108. SHARP, *French Civil Service*, p. VII.

refusées parce que les affaires d'un service étaient considérées comme ne regardant que lui, et non pas comme quelque
chose où les élus ou le public devraient pouvoir fouiller. Si ce
domaine privé pouvait être préservé, alors il n'était guère utile
d'essayer de quantifier et de mécaniser le processus de décision. Les ingénieurs des Ponts et Chaussées n'étaient pas différents à cet égard des autres administrateurs. Comme d'autres
membres de l'élite française, ils pensaient que « la complexité
croissante des problèmes de la société nécessite avant tout la
présence d'hommes d'une grande largeur de vue, capables
de saisir le vaste champ de problèmes interdépendants qui
touchent à la société tout entière et qui vont bien au-delà de
la simple technicité[109] ».

Il pourrait même sembler que l'éducation des polytechniciens
n'était pas en harmonie avec leurs idéaux. Roger Martin, président d'une grande entreprise industrielle, déclarait à un public
de polytechniciens que son éducation, et plus particulièrement
sa formation en mathématiques, lui était tout à fait inutile[110].
Fayol affirmait que les ingénieurs et cadres de l'industrie avaient
besoin d'une éducation mathématique beaucoup moins approfondie que celle qu'ils recevaient habituellement. Il préférait une
formation en finance et en comptabilité, mais il voulait aussi
insister sur la littérature, l'histoire et la philosophie. « Les chefs
d'industrie et les ingénieurs [...] ont besoin de savoir parler
et écrire ; ils n'ont pas besoin de mathématiques supérieures.
On ne sait pas assez que *la règle de trois simple a toujours suffi
aux hommes d'affaires comme aux chefs d'armées.* » Attribuer aux
mathématiques le succès des polytechniciens, c'est prendre
l'effet pour la cause : « Les mathématiques ne sont pour rien,
ou pour bien peu de chose, dans la considération qui s'attache
à l'École polytechnique »[111].

109. Suleiman, *Elites in French Society*, p. 171 (trad. *Élites en France*, p. 172).
110. *Ibid.*, p. 173 (trad. p. 174-175).
111. Fayol, *Administration industrielle et générale*, p. 102 et 109.

LA TECHNOCRATIE

Tout cela devrait nous aider à comprendre pourquoi les ingénieurs français, lorsqu'ils mettaient l'accent sur la quantification, n'allaient pas jusqu'à rechercher des règles de décision impersonnelles. Pendant l'entre-deux-guerres, les pionniers de la technocratie le faisaient encore moins lorsqu'ils essayaient de mécaniser les décisions économiques ou sociales. Les technocrates français étaient très intéressés par la gestion – il y avait alors beaucoup d'enthousiasme pour F.W. Taylor, et encore plus pour Saint-Simon et Walther Rathenau. Cela reflète la préférence caractéristique qu'ils donnaient à l'administration sur la politique[112]. Mais leur idéal était d'avoir un jugement d'expert et des compétences générales en gestion, et non pas des méthodes spécialisées ou techniques.

L'emploi du terme de « technocratie » est notoirement relâché, mais le sens qu'on lui donne le plus couramment correspond à une conception qui sur un point important est tout à fait contraire à l'esprit de rigueur quantitative. Richard Kuisel en donne une définition instructive : la technocratie, dit-il, suppose

> qu'à tous les problèmes humains, comme à ceux d'ordre technique, il existe une solution que les experts, à condition de disposer des données et de l'autorité indispensables, sont en mesure de découvrir et de mettre en œuvre. Appliqué à la politique, ce raisonnement conduit à juger intolérable l'interférence des intérêts acquis, des idéologies et des partis politiques. Il se situe à l'opposé de la conception qui voit dans la décision le résultat d'un rapport de forces et d'un compromis. Aussi les technocrates ont-ils tendance à suspecter la démocratie parlementaire et à lui préférer la « loi du plus apte », et du même coup un régime dirigiste[113].

L'opposition aux accommodements de la politique est partagée par la technocratie et la quantification pratique. Mais la référence à

---

112. BRUN, *Technocrates et Technocratie*, p. 49 et 74.
113. KUISEL, *Capitalism and the State* (trad. *Le Capitalisme et l'État*, p. 144).

une « solution » témoigne de l'importance accordée à l'impersonnalité de quantificateurs militants. Les technocrates de la tradition française ont insisté sur le fait qu'un jugement exercé est nécessaire pour résoudre les problèmes sociaux, et auraient été bien en peine d'expliquer pourquoi différents experts ne pourraient pas prendre à l'occasion des décisions quelque peu différentes [114].

La suspicion envers la démocratie parlementaire ne signifie pas la même chose pour des technocrates que pour des quantificateurs. Les technocrates voulaient avoir le pouvoir de gérer sans être soumis à la surveillance constante qu'implique un gouvernement parlementaire. Les quantificateurs peuvent soupçonner, quant à eux, que le processus législatif produira des résultats loin d'être idéaux, mais ils s'y sont au moins adaptés en dissimulant, en niant même, leur propre autorité d'hommes de culture et de discernement. Technocratie signifie élitisme tendant à l'autoritarisme, dans l'intérêt de la productivité et de l'efficacité. La quête de la rigueur quantitative s'épanouit surtout au sein d'une démocratie mais peut-être pas d'une démocratie participative vigoureuse. La technocratie implique des experts jouissant d'une grande autorité. Le technocrate Hubert Lagardelle appelait même à « la réintroduction dans la vie sociale de l'élément aristocratique de la sélection, [à] la réhabilitation du gouvernement des élites [115] ». Le régime basé sur le calcul consiste à essayer de donner du pouvoir à des experts qui n'ont qu'une capacité limitée à subvertir le contrôle démocratique. La technocratie suppose des élites relativement sûres. Des règles de décision quantitatives sont plus susceptibles de favoriser une tentative de prise de pouvoir par des personnes extérieures ou les efforts de certains initiés pour repousser des adversaires puissants.

---

114. ZELDIN, *France, 1848-1945*, vol. 2, p. 1128 (trad. *Passions françaises : 1848-1945*, vol. 2, p. 899), observe que même en 1963 la plupart des « technocrates » pensaient que c'était la culture générale plutôt que les connaissances techniques qui était le fondement de leur réussite. La vue opposée, selon laquelle les technocrates sont de purs théoriciens enfermés dans leur tour d'ivoire, est souvent exprimée, comme chez BAUCHARD, *Technocrates et pouvoir*, p. 9-11, mais ce n'est pas convaincant.

115. Cité dans BRUN, *Technocrates et technocratie*, p. 82.

La quête de l'objectivité quantitative ne s'est répandue en France qu'après la seconde guerre mondiale, surtout sous l'influence des Américains. Comme il ressort de l'examen de la conjecture économique par Bertrand de Jouvenel, dans son compte rendu du groupe des Futuribles, celle-ci a été fort tributaire de sources américaines[116]. L'étude de François Fourquet sur la comptabilité nationale et l'analyse coûts-avantages dans la France d'après-guerre rend cette dette tout aussi évidente[117].

Du point de vue de la connaissance seule, cette priorité des Américains devrait être surprenante. Jusqu'aux années 1930, la science américaine se distinguait par sa faiblesse, partout où des mathématiques de haut niveau étaient nécessaires[118]. La quantification pratique n'était donc pas simplement le résultat d'un enseignement technique d'élite, mais doit être comprise du point de vue des structures sociales et des traditions politiques. Les Français, à travers des institutions comme Polytechnique, ont maintenu une tradition mathématique sans pareille et ont régulièrement employé le calcul comme une aide à la gestion. En revanche, l'usage systématique de tests de QI pour classer les élèves, les sondages d'opinion pour quantifier l'humeur du public, les méthodes statistiques élaborées servant à l'homologation des médicaments et même l'analyse coûts-avantages et l'analyse de risques pour évaluer les travaux publics – tout cela au nom d'une objectivité impersonnelle – sont des produits distinctifs de la science et de la culture américaines.

---

116. JOUVENEL, *Art de la conjecture*. Voir aussi MEYNAUD, « Spéculations sur l'avenir » ; GILPIN, *France*, p. 231 et suiv. (trad. *La Science et l'État*, p. 201-206).

117. FOURQUET, *Comptes de la puissance*. L'ouvrage de HACKETT – HACKETT, *Economic Planning in France*, suggère que, jusqu'en 1960, la modélisation économétrique et d'autres techniques quantitatives avancées étaient beaucoup moins utilisées.

118. SERVOS, « Mathematics in America ».

Chapitre VII

Les ingénieurs de l'armée américaine et l'essor de l'analyse coûts-avantages

> Quel moderne Pythagore, quel Einstein de notre époque, saura déterminer de façon incontestablement exacte la quote-part des avantages découlant de la construction de réservoirs dans des pays lointains ?
>
> (Theodore Bilbo, sénateur du Mississippi, 1936)*

Le corps des ingénieurs de l'armée (Army Corps of Engineers) a été fondé de façon permanente en 1802, sur le modèle du corps des Ponts et Chaussées. Ses membres étaient recrutés parmi les meilleurs diplômés de l'académie militaire de West Point, l'École polytechnique américaine. Pierre Charles L'Enfant, l'émigré français qui conçut la grande capitale géométrique de Washington, mit aussi la main à sa planification. Lors de sa création, une grande partie de sa bibliothèque technique était en français. Comme son prédécesseur, le corps des ingénieurs était synonyme

---

* Épigraphe : *Congressional Record*, 80 (1936), p. 7685. Est-il nécessaire de préciser que l'usage que je fais de ce morceau d'éloquence n'implique pas de sympathie pour le raciste notoire qui l'a prononcé ?

d'unification administrative. Chose qui, avec le fier élitisme de ses membres, le rendait politiquement suspect dans l'Amérique du XIXᵉ siècle[1]. Au XXᵉ siècle, ses ennemis lui faisaient toujours la même critique. Harold Ickes, secrétaire d'État à l'Intérieur de Franklin Roosevelt, aurait pardonné leurs ambitions centralisatrices s'ils n'avaient pas bloqué les siennes, mais il jouait volontiers le populiste pour s'opposer à eux. Il les appelait « le groupe de pression le plus puissant et le plus ambitieux de Washington. Les aristocrates qui le constituent sont notre classe dirigeante. Ils ne sont pas seulement l'élite politique de l'armée, ils sont la fleur de la bureaucratie[2] ».

C'est une hyperbole plaisante, mais personne n'y a jamais vraiment cru. Le corps des ingénieurs a peut-être été une sorte d'élite, mais ses prétentions en tant que classe dirigeante ne se sont jamais étendues au-delà des limites de son domaine administratif. On ne peut en dire autant du corps des Ponts et Chaussées, qui, pendant deux siècles, a été étroitement lié à une véritable élite, relativement unifiée. L'histoire de Polytechnique a été pour les Français un exemple extrêmement intéressant de système éducatif ayant perpétué la hiérarchie dans leur société depuis la Révolution. Celle du corps des Ponts et Chaussées est, en outre, une histoire d'autonomie bureaucratique, le triomphe de l'administration sur la politique. Le corps des ingénieurs, pour les historiens américains, a moins de choses à voir avec les hiérarchies sociales qu'avec les hiérarchies naturelles : le contrôle de la nature. Sur le plan politique, il est synonyme de groupes d'intérêts, de *lobbying*, de *logrolling* (échange de faveurs) et surtout de « baril de porc », de projet local électoraliste. Enfin, ce qui est plus révélateur, l'historien de la bureaucratie ne dépeint pas le corps des ingénieurs de l'armée au centre d'une classe dirigeante de l'administration, mais sur une scène où règne une grande discorde, parmi des luttes intestines sauvages. C'est, je crois, le cadre approprié pour comprendre pourquoi on a

---

1. Shallat, « Engineering Policy » ; Calhoun, *American Civil Engineer*, p. 141-181.
2. Harold L. Ickes, « Foreword », dans Maass, *Muddy Waters*, p. IX.

recherché des méthodes de coûts-avantages uniformes. Cette forme de quantification économique ne naît pas comme le langage naturel d'une élite technique mais comme une tentative de compromis réciproque, dans un contexte de suspicion et de désaccord. Le régime basé sur le calcul a été imposé par des experts non pas tout-puissants, mais relativement faibles et divisés.

Ce chapitre présente une histoire de l'analyse coûts-avantages dans la bureaucratie des États-Unis à partir des années 1920 jusque vers 1960. Ce n'est pas une histoire de la recherche universitaire mais des pressions politiques et des conflits administratifs. Les méthodes de coûts-avantages ont été introduites pour favoriser la régularité des procédures et montrer publiquement l'équité qui présidait à la sélection des projets hydrauliques. Au début du siècle, les chiffres produits par le corps des ingénieurs étaient généralement acceptés sur sa seule autorité et par conséquent il n'y avait guère besoin de normaliser les méthodes. Vers 1940, cependant, les données économiques sont devenues l'objet d'âpres controverses, lorsque le corps a été contesté par des intérêts puissants tels que les compagnies de services publics et de chemins de fer. L'épisode crucial de cette histoire a été le violent conflit bureaucratique qui a éclaté entre le corps et d'autres organismes gouvernementaux, notamment le département de l'Agriculture et le bureau de la Valorisation (Bureau of Reclamation). Ces organismes ont tenté de régler leurs différends en harmonisant leurs analyses économiques. Lorsqu'ils n'ont pas réussi à aboutir à une certaine uniformité par la négociation, ils ont été obligés d'essayer de fonder leurs techniques improvisées sur la rationalité économique. De sorte que l'analyse coûts-avantages est le résultat de cette transformation d'une série de pratiques bureaucratiques locales en un ensemble de principes économiques rationalisés. Dans le contexte politique américain de méfiance systématique, cependant, sa faiblesse est devenue une force. Depuis les années 1960, ses champions ont revendiqué pour elle une validité quasi universelle.

LE DÉBUT DE LA QUANTIFICATION ÉCONOMIQUE
DANS LE GÉNIE CIVIL AMÉRICAIN

En Amérique, de même qu'en France, la formation supérieure des ingénieurs n'était pas une création spontanée du marché – c'est-à-dire d'entrepreneurs saisissant toutes les occasions d'obtenir un avantage concurrentiel. Peter Lundgreen montre que la « tradition des écoles » d'ingénieurs avait plus à voir avec la bureaucratie qu'avec l'industrialisation. Les études formelles d'ingénierie sont nées d'abord dans les pays où les ingénieurs d'État ont servi de modèle à la profession. En Suède et dans plusieurs États allemands, les académies minières ont défini le rôle de l'ingénieur formé en tant que bureaucrate rationnel. En France, le corps des Mines a surtout pris modèle sur l'Académie minière de Freiberg, en Saxe, tandis que le corps des Ponts et Chaussées lui-même était à la pointe du génie civil scientifique. Le corps des ingénieurs de l'armée n'a jamais été assez puissant pour façonner une profession nationale comme l'a été le corps des Ponts et Chaussées en France. Cependant, sa présence sur la scène américaine a eu d'emblée une grande importance[3].

Aucun des ingénieurs qui avaient travaillé sur le canal Érié n'avait reçu de formation formelle avant le commencement du projet. Quand le corps des ingénieurs a étudié, dans les années 1820, le tracé du canal Chesapeake et Ohio et en a estimé le coût à 22 millions de dollars – trois fois celui du canal Érié –, le Congrès s'est rebellé et a fait appel à des hommes pratiques, qui ont dûment réduit le chiffre de moitié. Le projet a ensuite complètement échoué. À partir de 1838, le corps était limité principalement aux travaux fluviaux et portuaires[4]. Bien qu'il eût étudié un certain nombre de tracés vers le Pacifique, il manquait d'autorité administrative sur le vaste réseau de chemins de fer qui s'étendait au XIXe siècle sur tout le continent nord-américain.

---

3. LUNDGREEN, « Engineering Education » ; PORTER, « Chemical Revolution of Mineralogy ».
4. LEWIS, *Charles Ellet*, p. 11 ; SHALLAT, « Engineering Policy », p. 12-14.

Les ingénieurs militaires ont néanmoins été les principaux responsables des formes de comptabilité et d'administration grâce auxquelles les compagnies de chemin de fer sont devenues en Amérique le prototype de l'entreprise gérée de façon moderne[5].

Le génie militaire avait aussi quelque chose à voir avec l'application des mathématiques à des problèmes tels que la conception des ponts. Mais les sources en étaient plus françaises qu'américaines. Charles Ellet a commencé sa carrière sur le canal Érié et le canal Chesapeake et Ohio, puis s'est rendu à Paris, en 1830, pour étudier comme auditeur libre à l'École des ponts et chaussées. Malheureusement, le calcul des contraintes sur les ponts suspendus s'avéra un peu plus compliqué que ce qu'il avait imaginé, et il subit quelques échecs désastreux. Ellet a introduit aux États-Unis une nouvelle sorte de réflexion économique sur les travaux publics, en préconisant que le péage à faire payer aux usagers d'un canal monopolistique soit fondé sur l'utilité plutôt que sur la répartition des coûts. En l'occurrence, les contraintes qui ont amené sa défaite avaient un caractère plus politique[6]. Les experts en tarifs de chemin de fer, qui essayaient de régler les différends entre les villes ou entre les agriculteurs et les entreprises, ne s'appuyaient pas sur une tradition aussi organisée qu'en France. L'expertise était faite en cas de besoin par des ingénieurs et des avocats en réponse à des pressions politiques et judiciaires[7].

Cependant, l'appareil juridique et réglementaire qui se développait de plus en plus aux États-Unis a pérennisé en partie leurs efforts. En revanche, les efforts américains pour faire l'évaluation économique des investissements publics, avant que le corps des ingénieurs n'ait occupé ce domaine, répondaient presque uniquement à des besoins ponctuels[8]. Pour être efficace, l'analyse

---

5. CHANDLER, *Visible Hand* (trad. *Main visible*) ; HOSKIN – MACVE, « Accounting and the Examination ».

6. LEWIS, *Charles Ellet*, p. 17-20 et 54 ; CALHOUN, *Intelligence of a People*, p. 301-304.

7. P. ex., FINK, *Argument* (1882).

8. PINGLE, « Early Development ». Au sujet du développement des USA depuis le rapport Gallatin de 1808 sur la valeur des territoires de l'Ouest, voir HINES, « Precursors to Benefit-Cost Analysis ».

coûts-avantages devait être institutionnalisée et routinière. Ce fut l'œuvre, au xxe siècle, des ingénieurs de l'armée.

Samuel Hays affirme que le développement de l'expertise et de la rationalité gouvernementale en Amérique découlait de l'effondrement des petites communautés face à un pouvoir de plus en plus centralisé. La pénétration du local par le national est désormais un thème majeur de l'histoire politique et intellectuelle des États-Unis dans la période dite « progressiste »[9]. Le corps des ingénieurs s'entendait fort bien à travailler des deux côtés de cette fracture, en exploitant sa capacité à mobiliser un vif intérêt local pour soutenir son programme national de projets. Toutefois, l'idiome de l'analyse coûts-avantages était évidemment adapté au public de la capitale et non pas, par exemple, à celui d'Oologah, dans l'Oklahoma. Lorsque Herb McSpadden se rendit en ville pour se plaindre qu'un réservoir projeté sur la rivière Verdigris allait noyer le lieu de naissance de son défunt parent, Will Rogers, il se hasarda à convertir sa valeur touristique en termes monétaires. Au total, le projet entraînerait des dommages s'élevant à 70 millions de dollars, dit-il, « il n'est donc pas, pour reprendre votre expression, "économiquement faisable". Ce sont de bien grands mots pour nous là-bas, mais j'ai appris ici la façon de les utiliser ». Ce à quoi le président de la commission du Contrôle des inondations du Mississippi, Will Whittington, répondit : « Si vous les gars, vous venez à Washington sans avoir de grands mots à rapporter, c'est une perte de temps[10]. »

En Europe, les organismes techniques comme le corps des Ponts et Chaussées étaient souvent à l'avant-garde de la rationalisation bureaucratique. Aux États-Unis, les décisions concernant les travaux publics n'ont commencé à être systématisées que vers la fin du xixe siècle, lorsque le Congrès, abandonnant les mesures

---

9. HAYS, « Preface, 1969 », dans *Conservation* ; WIEBE, *Search for Order* ; HASKELL, *Emergence of Professional Social Science*.

10. House of Representatives, Committee on Flood Control, *Flood Control Plans and New Projects : Hearings [...]*, 20 avril-14 mai 1941, p. 495. Naturellement, McSpadden cherchait à amuser la galerie mais en fait utilisait plutôt efficacement la quantification économique dans son témoignage. Il était soutenu, ce qui ne gâtait rien, par les intérêts pétroliers de l'Oklahoma. Pour une fois, un barrage a été déplacé – suffisamment loin pour sauver la maison.

législatives spécifiques, a considéré que son rôle était de donner une orientation politique générale. Ce qui à son tour a nécessité une bureaucratie stable et a donné lieu à une influence accrue des experts. La professionnalisation de la fonction publique a été accélérée, en 1883, par la fin du système des dépouilles. Les Américains s'étaient en partie inspirés du modèle britannique. Mais les Britanniques réservaient une place, au sommet de leur fonction publique, aux généralistes formés à Oxford et Cambridge, alors qu'en Amérique seuls l'argent et la politique étaient supérieurs à l'expertise. Et la bonne politique requiert parfois de s'en remettre aux experts. Theodore Roosevelt a même nommé une Commission des méthodes scientifiques.

L'expertise n'était pas sans défense. La discipline de la science – celle des faits – était censée forger la morale et le caractère. Carroll Wright, chef du très influent et efficace bureau de la statistique du Massachusetts, disait, en 1904, des statisticiens du gouvernement :

> Peu importe pour quelles raisons ils ont été nommés, peu importe combien ils manquaient d'expérience dans leur travail d'enquête, de collecte et de présentation des données statistiques, peu importe de quel parti ils sont venus, s'ils étaient du côté du capital ou du travail, et même s'ils avaient des idées socialistes assez radicales ; ces hommes ont, presque sans exception, compris aussitôt le caractère sacré de la tâche qui leur était assignée et servi le public fidèlement et honnêtement, se contentant de recueillir et de publier des faits sans égard à leurs propres préjugés ni à leurs opinions politiques[11].

Pour des raisons pratiques aussi bien que morales, un gouvernement démocratique efficace semblait exiger l'amélioration des méthodes de la comptabilité, de la statistique et des autres formes de quantification[12].

La quantification était-elle en mesure de régler des questions importantes de politique publique ? L'expérience était souvent décevante, mais l'espoir renaissait toujours. Les meilleurs ingé-

---

11. WRIGHT, « The Value and Influences of Labor Statistics » (1904), cité dans BROCK, *Investigation and Responsibility*, p. 154.

12. W. NELSON, *Roots of American Bureaucracy*, chap. 4 ; SCHIESL, *Politics of Efficiency*.

nieurs américains, comme leurs homologues français, ont compris dans les années 1880 que la tarification des chemins de fer ne pourrait jamais être pleinement rationalisée à l'aide du calcul économique. Pourtant en 1913 le Congrès exigea que la Commission du commerce entre États (Interstate Commerce Commission, ICC) fixe la valeur de tous les biens des chemins de fer, du télégraphe et du téléphone, y compris celle des franchises et de la survaleur (*goodwill*). L'ICC, bien que capable d'héroïques prouesses de normalisation comptable dans l'intérêt de la réglementation systématique, déclara que c'était impossible. Elle avait identifié un insurmontable problème de circularité : les biens, et surtout la « survaleur », n'avaient même pas de valeur fixe tant que le prix des services n'était pas connu[13]. La Cour suprême a refusé de lâcher prise. Cette évaluation était nécessaire, a jugé le tribunal, afin de calculer des tarifs justes, fondés sur le coût du service. Il en est résulté 50 000 pages d'auditions, qui n'ont pas encore été suffisantes pour aboutir à une conclusion. Morton Keller appelle cela « une recherche progressiste typique de fondements solides permettant de règlementer une entreprise dont la réalité première était un flux continuel », et compare l'enquête sur les services publics au « trou noir dans lequel les chemins de fer avaient plongé ». Les tribunaux et le Congrès ne tirèrent aucune leçon de cette expérience. Dès les années 1920, ils recommençaient[14].

Derrière cette frénésie de quantification, il y avait fatalement un manque de confiance dans les élites bureaucratiques. Une autre stratégie possible pour la réglementation des chemins de fer et des services publics a fait plusieurs fois grand bruit. La Commission du commerce entre États, telle qu'elle avait été conçue dans les années 1880, était composée d'experts qui étaient censés être autorisés à exercer leur jugement dans le règlement des conflits. Cette conception était même inscrite dans la loi.

---

13. Glaeser, *Public Utility Economics*, chap. 6. Glaeser pensait, comme l'ICC, qu'une estimation objective du capital d'un service public était impossible et invitait à s'appuyer plutôt sur l'avis de professionnels compétents (p. 438, 500, 638-639 et 696).

14. Keller, *Regulating a New Economy*, p. 50 et 63 ; voir aussi Brock, *Investigation and Responsibility*, p. 192-200.

Bientôt, « cinq sages » de l'ICC ont pris des mesures énergiques pour modifier la structure tarifaire des chemins de fer. La Cour suprême a rapidement invalidé leurs initiatives, à l'exception révélatrice de celles visant à recueillir de meilleures statistiques. Chaque année, en général, le Congrès était semblablement disposé. Pour des raisons tant juridiques que politiques, le pouvoir discrétionnaire de l'administration était hautement suspect, de sorte que les instances de réglementation n'avaient pas d'autre choix que de rechercher des faits avec acharnement et de les réduire, si possible, à quelques chiffres décisifs [15].

Ces contraintes s'appliquaient avec moins de rigueur aux projets de navigation qui, jusqu'au début de ce siècle, constituaient pratiquement toute la mission du corps des ingénieurs. On pouvait convaincre le Congrès de systématiser la réglementation des chemins de fer, mais il n'était pas du tout enclin à renoncer à son pouvoir de choisir les projets hydrauliques fédéraux. L'exigence d'efficacité n'était pas grande ; les tarifs douaniers protectionnistes produisaient des recettes abondantes que le gouvernement n'arrivait pas à investir utilement. Elles étaient dépensées en pensions pour les anciens combattants de la guerre de Sécession et en travaux fluviaux et portuaires. Les adversaires de ces dépenses s'efforçaient avec peu de succès de réduire les possibilités de choix purement politiques. À partir de 1902, pour que les projets puissent être recommandés au Congrès, un conseil des ingénieurs pour les rivières et les ports (Board of Engineers for Rivers and Harbors), au sein du corps des ingénieurs, devait certifier qu'ils étaient avantageux. Un secrétaire d'État à la Guerre, Henry L. Stimson, a essayé, au début des années 1910, de demander au conseil de classer les projets par ordre de mérite. Le corps s'y est opposé, reconnaissant, semble-t-il, que pour jouir de la faveur du Congrès, la liberté de choix de ce dernier devait être préservée [16].

---

15. M. KELLER, *Affairs of State*, p. 428 ; SKOWRONEK, *Building a New American State*, p. 144-151.

16. M. KELLER, *Affairs of State*, p. 381-382 ; HAYS, *Conservation*, p. 93 et 213 ; REUSS – WALKER, *Financing Water Resources Development*, p. 14.

Toutefois, le corps était loin d'approuver sans discussion les propositions qui lui étaient soumises. Puisque n'importe quel projet pouvait au moins apporter à une communauté l'argent des travaux de construction et que la navigation était un service fédéral non remboursable, les demandes locales d'étude de faisabilité d'une amélioration de voie navigable ne manquaient pas. Plus de la moitié d'entre elles étaient refusées. Les décisions étaient habituellement fondées sur l'économie, ou du moins justifiées ainsi. Par exemple, en 1910, le conseil des ingénieurs recommanda un chenal plus étroit que celui proposé à l'origine près de Corpus Christi, au Texas, en invoquant comme raison « que les avantages qui en résulteraient pour le commerce et la navigation générale ne sont pas en ce moment suffisants pour justifier le coût » d'un chenal plus large[17].

Dans les années 1920, quelque chose qui ressemblait davantage à une routine économique a commencé à apparaître même dans les rapports favorables. Cela consistait à estimer le coût du projet, puis à détailler les avantages jusqu'à ce qu'ils aient dépassé ce coût, ou bien à fixer les avantages potentiels comme un plafond des dépenses. En 1925, le conseil des ingénieurs a fait un rapport défavorable sur la ville de Port Angeles, dans l'État de Washington, « en raison de la trop grande disproportion entre les dépenses impliquées et les avantages possibles[18] ». Un rapport préliminaire sur le contrôle des crues de la rivière Skagit, dans l'État de Washington, estimait la moyenne annuelle des dégâts de la crue à 125 000 ou 150 000 $, et ajoutait : « Ces chiffres donneront une base approximative pour examiner la faisabilité des plans de contrôle des inondations[19]. » C'était bel et

---

17. 61e Cong., 2e sess., 1910, H.D. 678 [5732], chenal reliant Aransas Pass Harbor à Turtle Cove et Corpus Christi, Texas. On peut trouver un autre exemple dans R. Gray, *National Waterway*, p. 222-223.

18. N.A. 77/496/3, Board of Engineers for Rivers and Harbors, Administrative Files, p. 91 et 125.

19. 69e Cong., 1re sess. (1925), H.D. 125, Skagit River, Washington, p. 21. Le calcul pourrait aussi bien être inversé : la valeur capitalisée des dégâts prévus de l'inondation définissait la limite acceptable des dépenses. Cette méthode a été critiquée par G. White, « Limit of Economic Justification ».

bien Ulysses S. Grant III, alors ingénieur de district à Sacramento, qui expliquait comment un barrage et des écluses de 2 670 998 $ sur la rivière Sacramento permettraient d'économiser 25 000 $ d'entretien par an sur les projets existants, 45 000 $ par an sur les coûts qui seraient autrement nécessaires pour maintenir un écoulement uniforme dans une partie de la rivière, 260 000 $ de dépenses d'investissement plus 80 000 $ d'entretien annuel qui seraient requis par ailleurs pour assurer une profondeur de six pieds dans une autre partie de la rivière, et ainsi de suite. En supposant un taux d'intérêt de 4 %, cela se convertissait en valeur en capital de, respectivement, 625 000 $, 1 125 000 $ et 2 260 000 $. Un avantage supplémentaire de 1 828 000 $ sur la rivière Feather rendait la justification économique du projet absolument limpide, c'est du moins ce qu'il semblait au petit-fils de l'ancien président des États-Unis. Malheureusement, de puissants intérêts de transports fluviaux n'étaient pas de cet avis, craignant qu'une écluse sur le cours inférieur du fleuve ne ralentît la circulation – et le supérieur immédiat de Grant, l'ingénieur divisionnaire de San Francisco, ne l'était pas non plus. Le conseil des ingénieurs se rangea à l'avis des adversaires du projet et recommanda à la place des travaux d'amélioration du chenal[20].

Un ingénieur de district, en Virginie-Occidentale, a eu plus de chance avec un rapport de 1933 recommandant des améliorations de navigation sur la rivière Kanawha. Le coût annuel de 173 000 $ était supérieur aux avantages, qu'il estimait à 150 000 $ par an, mais il était largement dépassé par le million de dollars d'avantages annuels revendiqués par les intérêts de navigation locaux. Une augmentation du transport de charbon de seulement 300 000 tonnes par an justifierait cependant l'amélioration, et cela a suffi en fait à la justifier, au moins aux yeux des autorités compétentes du corps[21]. Un dernier exemple est un rapport de l'ingénieur de district M.C. Tyler sur un projet de trois tronçons de chenal, proposé pour Bayou Lafourche, en Louisiane. Tyler

20. 69ᵉ Cong., 1ʳᵉ sess. (1925), H.D. 123.
21. 73ᵉ Cong., 1ʳᵉ sess. (1933), H.D. 31 [9758], Kanawha River (Virginie-Occidentale).

recommandait, dans les trois cas, les plus grandes dimensions de chenal dont le coût ne dépasserait pas les avantages potentiels. Le conseil des ingénieurs a approuvé les plus petites, augmentant ainsi l'excédent des avantages estimés sur les coûts, mais sans justifier sa décision par sa politique de maximisation des avantages nets. Il a simplement noté que le chenal le plus étroit serait suffisant pour le trafic prévu[22].

Ces rapports ne prétendaient pas à une grande rigueur. Ils montraient cependant que, vers les années 1920, le conseil des ingénieurs attendait des projets qu'il recommandait qu'ils prévoient des avantages en excédent sur les coûts. Le calcul économique a été encouragé par la législation au début des années 1920[23], en particulier par de nouveaux critères d'imputation des coûts. Mais une barrière stricte coûts-avantages n'a été inscrite dans la loi qu'en 1936. Il a été supposé parfois que le corps n'avait adopté l'analyse coûts-avantages qu'en réponse à la loi de 1936. C'est manifestement faux, et il est en effet difficile d'imaginer (même si ce n'est pas impossible) le Congrès exigeant que le corps fonde la planification des projets sur une forme d'analyse qui existait à peine ou lui était tout à fait étrangère.

L'importance croissante de la quantification coûts-avantages pour le corps des ingénieurs n'était pas simplement une réponse à un mandat juridique. L'ère Hoover, avant même la présidence de Hoover, était exceptionnellement favorable aux économistes. Ils plaidaient pour la neutralisation de toute influence partisane sur les dépenses de travaux publics[24]. L'augmentation des budgets due aux lois sur le contrôle des inondations (Flood Control Acts) de 1917 et 1928 – cette dernière en réponse aux inondations exceptionnelles du Mississippi de 1927 – incitait à une plus grande responsabilisation. En 1927, le Congrès a ordonné au corps d'étudier tous les grands bassins fluviaux des États-Unis dans le but d'y améliorer la navigation, d'exploiter l'énergie hydraulique et de contrôler les crues et l'irrigation. En réponse, au cours de la décennie suivante,

22. 73e Cong., 1re sess. (1933), H.D. 45, Bayou Lafourche (Louisiane).
23. HAMMOND, « Convention and Limitation ».
24. BARBER, *New Era to New Deal*, p. 21.

le corps a produit une grande quantité de documents et de propositions, appelés « les 308 rapports » d'après un document de la Chambre des représentants qui en donnait la liste. Comme le corps commençait à se pourvoir d'un énorme personnel civil, il s'appuyait de plus en plus sur la quantification pour lui imposer une discipline. Si bien qu'il n'a pas été pris au dépourvu par la loi de 1936 sur le contrôle des inondations, ni par la célèbre condition stipulant que tout projet de contrôle des inondations ne pourrait recevoir de fonds fédéraux que s'il était prévu que ses avantages, « quels qu'en soient les bénéficiaires », dépasseraient ses coûts.

LES CHIFFRES JUSTIFIÉS PAR LES AGENCES GOUVERNEMENTALES

La disposition coûts-avantages de la loi de 1936 sur le contrôle des inondations résultait d'un effort héroïque du Congrès des États-Unis pour contrôler ses propres mauvaises habitudes. La loi fut décidée précipitamment, comme d'habitude, à la suite des inondations, mais aussi à cause de la dépression persistante, contre laquelle les travaux publics semblaient un remède approprié. Edward Markham, chef des ingénieurs, expliquait que, en 1935, la commission de la Chambre des représentants pour le contrôle des inondations (House Flood Control Committee) avait préparé son projet de loi en passant en revue les 1 600 projets contenus dans les « 308 rapports » pour choisir ceux qui avaient le meilleur rapport avantages/coûts. On peut être sûr que l'équilibre entre les régions était aussi pris en considération[25]. Le projet de

25. Le rapport avantages/coûts moyen pour des projets de contrôle d'inondation variait énormément selon les régions. En beaucoup d'endroits (d'après une comptabilité optimiste), il était entre 1,6 et 3,0 ou 4,0, mais dans le cours inférieur du Mississippi il était de 4,8 et dans son cours supérieur de 13,7. La nécessité de distribuer plus uniformément ses largesses explique que le corps des ingénieurs refusait d'attribuer aux projets une priorité basée sur leur rapport avantages/coûts. Voir H.R., Committee on Public Works, *Costs and Benefits of the Flood Control Program*, 85ᵉ Cong., 1ʳᵉ sess., House Committee Print n° 1, 17 avril 1957.

loi fit tout le chemin jusqu'à la Chambre et au Sénat, mais c'est alors que, dans un déchaînement inopiné d'« esprits animaux » (*animal spirits*), il fut surchargé d'amendements soutenant une multitude de projets que le corps avait rejetés, ou même n'avait jamais étudiés. Ce déchaînement était si malsain qu'il fit échouer le projet de loi. Aucune grande loi de contrôle des inondations ne fut adoptée en 1935. L'idée d'exiger des avantages supérieurs aux coûts faisait partie des efforts qui furent faits pour éviter un spectacle aussi déplaisant en 1936[26].

L'obstacle était, en tant que tel, probablement moins important que la régularité institutionnelle qu'il impliquait. Désormais, le Congrès ne pourrait autoriser que des travaux qui avaient été étudiés et approuvés par le corps. Leur examen préliminaire et l'enquête approfondie qui le suivait mettaient des mois ou des années à franchir les différents niveaux de la bureaucratie du corps et ne pouvaient pas être effectués pour satisfaire le caprice soudain d'un législateur. Lorsque – c'est aujourd'hui plus rare – des projets vraiment scandaleux ont été autorisés, cela s'est fait en conservant un certain décorum. Les analyses économiques officielles ont permis de couper court aux débats et aux négociations du Congrès[27]. Les présidents des commissions du Contrôle des inondations de la Chambre des représentants et du Sénat invoquaient systématiquement la règle de coûts-avantages, pendant les débats dans l'hémicycle, pour bloquer les amendements proposant de nouveaux projets. La règle était interprétée comme un barrage protégeant d'une inondation législative. Le Sénat, expliquait John H. Overton en 1944, ne peut pas faire d'exception. « Si nous le faisions, nous serions bientôt à la mer. » La métaphore de Whittington à la Chambre mettait en garde entre autres contre ce désastre : « Monsieur le président, si nous proposons de faire une exception dans un cas, cela revient à supprimer les barres et à crucifier les principes sains et fondamentaux du contrôle des inondations »[28].

26. ARNOLD, *1936 Flood Control Act*.
27. LOWI, « State in Political Science », p. 5.
28. *Congressional Record*, 90 (1944), p. 8241 et 4221.

Le corps n'est pas devenu pour autant tout-puissant. Après l'autorisation venait le crédit budgétaire, qui laissait au Congrès maintes occasions de faire des choix politiques. Pourtant, cette régularisation du processus de planification ne pouvait que rehausser le prestige du corps. Sauf quand il était contesté par de puissants adversaires, ses chiffres étaient généralement acceptés sans autre garantie que sa propre réputation. Cette garantie était suffisante. Comme le déclarait au Sénat, en 1938, John Overton, de l'État de Louisiane : « Pour déterminer si un projet a quelque valeur comme mesure de contrôle des inondations, il devrait être d'abord soumis au jugement des experts, et les experts choisis et reconnus sur cette question sont les ingénieurs de l'armée[29]. »

L'expression de cet avis sous forme quantitative invitait le Congrès à afficher sa rationalité et son objectivité. La norme coûts-avantages était un cliché instantané. « Tous ces projets ont été étudiés par mon département et sur chacun d'eux des rapports favorables ont été faits et leur construction recommandée », rapportait en 1940 le chef des ingénieurs, Julian Schley, au début des auditions de la commission du Contrôle des inondations (Chambre des représentants). « Nous ne rapportons jamais un projet au Congrès, annonçait Whittington en 1943, avant que le conseil des ingénieurs et le chef des ingénieurs ne l'aient recommandé en certifiant que [...] les avantages du projet dépasseront son coût ». Il ajoutait que « la capacité qu'a eue cette commission d'obtenir les autorisations annuelles de contrôle des inondations jusqu'à la guerre et l'invasion de la Pologne par Hitler est due en grande partie, pensons-nous, au fait qu'on s'est conformé à ce critère »[30].

Sur les questions quantitatives, en particulier, les commissions du Congrès pouvaient être remarquablement peu curieuses. Elles posaient beaucoup de questions factuelles mais en général la réponse n'avait pas d'importance. Souvent, le procès-verbal était provisoirement laissé en blanc, pour y insérer ultérieurement la

---

29. John Overton dans *Congressional Record*, 83 (1938), p. 8603.
30. H.R., Committee on Flood Control, *Comprehensive Flood Control Plans : Hearings*, 76ᵉ Cong., 3ᵉ sess., 1940, p. 13 ; idem, *Flood Control Plans and New Projects : 1943 and 1944 Hearings*, 78ᵉ Cong., 1ʳᵉ et 2ᵉ sess., p. 20.

réponse à une question de statistique. Si un rapport avantages/ coûts s'avérait être de 1,03, cela ne suscitait jamais de commentaire ou d'inquiétude, à moins qu'il n'y ait eu par hasard de récentes inondations sur la rivière menacée et que des membres de la commission ne se demandent à voix haute quelle erreur de calcul avait produit un chiffre si faible. En 1948, des groupes d'intérêts locaux au Texas proposaient de modifier un projet sur le réseau fluvial Neches-Angelina pour régulariser l'alimentation locale en eau. Le corps n'y était pas opposé, bien que, comme l'expliquait le colonel Wayne S. Moore, cela dût « réduire légèrement le rapport théorique des avantages généraux aux coûts, mais pas de façon significative ». Quelqu'un a demandé de combien. « Le rapport avantages/coûts est estimé à 1,08 dans l'étude et, après modification par le projet de loi, il sera de 1,035, ou peut-être un peu plus, une différence qui est dans la limite des erreurs d'estimation ». Nulle part ailleurs, dans ces auditions, je n'ai vu mentionner de marge d'erreur. Personne n'a remarqué ou ne s'est inquiété qu'une erreur probable de 0,05 pourrait ne pas tourner à l'avantage du projet examiné. Les chiffres n'étaient presque jamais remis en question. En 1954, Prescott Bush, de la sous-commission sénatoriale du Contrôle des inondations, apprenait que la contribution locale pour un projet en Californie était « estimée à 22 500 $, monsieur le sénateur. Elle est calculée selon une formule assez complexe. Je ne vais pas vous ennuyer avec les détails de cette formule ». « Très bien », a répondu le sénateur[31].

Sur quoi le Congrès fondait-il cette foi implicite dans les chiffres économiques ? Peut-être ses membres étaient-ils effrayés quand on leur parlait de formules complexes. Mais la peur elle-même était superflue. Dans l'atmosphère feutrée de ces commissions, la curiosité était un vice mortel. Les membres du

31. Le rapport de 1,03 concerne un projet sur la rivière Lehigh (Pennsylvanie) : H.R., Committee on Flood Control, *Flood Control Bill of 1946*, 79ᵉ Cong., 2ᵉ sess., avril-mai 1946, p. 23-36. Sur le Neches-Angelina : H.R., Committee on Public Works, Subcommittee on Rivers and Harbors, *Rivers and Harbors Bill of 1948*, 80ᵉ Cong., 2ᵉ sess., février-avril 1948, p. 189. Sur Prescott Bush : Senate, Committee on Public Works, Subcommittee on Flood Control – Rivers and Harbors, *Hearings : Rivers and Harbors – Flood Control*, 1954, 83ᵉ Cong., 2ᵉ sess., juillet 1954, p. 20.

Congrès ne manquaient pas d'exprimer leur foi dans le corps. Leur courage consistait essentiellement à ne contester cet organisme puissant qu'en privé, où les allégations factuelles n'ont pas beaucoup d'importance, et à toujours en faire l'éloge en public. Le sénateur Royal Copeland, de New York, qui a inséré la clause coût-avantage dans la loi de 1936 sur le contrôle des inondations, déclarait au Sénat que les ingénieurs du corps sont incorruptibles, les qualifiant d'« hommes honorables, simples, patriotiques ». Whittington proclamait à la Chambre des représentants que « le chef des ingénieurs est impartial et représente le Congrès et le pays ». Vandenberg, du Michigan, expliquait en 1936 que le nouveau système nécessitait « en priorité des décisions indépendantes, apolitiques, sans préjugés », ajoutant non sans mauvaise foi que « personne n'a jamais entendu parler de soupçon ni de la moindre contestation » au sujet de l'intégrité et de la compétence du conseil des ingénieurs[32].

Si quelqu'un en entendait parler, il était dans son intérêt de le taire. Le sénateur Robert S. Kerr, de l'Oklahoma, qui non seulement tirait un bénéfice politique normal des projets qu'il parrainait en tant que président de la commission sénatoriale des Rivières et des Ports, mais y trouvait aussi des avantages économiques personnels bien plus grands qu'il n'est d'usage, a réagi en 1962 avec une juste indignation lorsque certains chiffres du corps ont été critiqués. Ce sont les meilleurs diplômés de West Point, a-t-il tonné, et il serait « présomptueux » de contester leurs calculs[33]. Le corps évitait soigneusement, en public, toute implication avec la politique. Les comptes rendus montrent clairement qu'il était possible d'être chef des ingénieurs sans même savoir ce qu'est la politique. Lorsque Homer Angell, de l'Oregon, demanda fort aimablement, en 1952, au général Lewis Pick, au cours d'une enquête du Congrès inhabituellement hostile, si ses ennemis bureaucratiques du Bureau du budget pouvaient parfois « ajouter un soupçon de politique », Pick fut déconcerté. « Monsieur ? », répondit-il. Angell s'expliqua : « Parfois, ils ajoutent aussi un

---

32. *Congressional Record*, 80 (1936), p. 8641, 7758, 7576.
33. Cité dans FEREJOHN, *Pork Barrel Politics*, p. 21.

soupçon de politique, n'est-ce pas, pour déterminer quels projets doivent avancer ? » Pick continua impudemment à feindre
l'ignorance : « Je ne sais pas, monsieur. S'ils le font, je ne le vois
pas. » Cet aveuglement était politiquement clairvoyant. Pendant
les mêmes auditions, George A. Dondero, du Michigan, remarquait : « Je ne peux me rappeler qu'une ou deux occasions, en
vingt ans, où la commission a pu douter si le corps des ingénieurs
de l'armée avait été sage de nous envoyer un projet »[34].

On est parfois tenté par une théorie du complot : toute l'entreprise des auditions du Congrès serait une mascarade visant à
dissimuler un système de patronage mutuel. Mais ce n'est certainement pas satisfaisant. Le patronage à lui seul n'a pas fait le
corps. Dans un siècle de guerres fréquentes, il tirait son prestige
de son lien avec l'armée. Il avait l'avantage de la discipline militaire. C'était l'organisme le plus efficace du gouvernement pour
les interventions d'urgence. Il avait acquis une expertise considérable en matière de digues et de levées, et quelle que soit la
justification économique de ses barrages, au moins ils ne se rompaient pas. Ses ingénieurs étaient réputés pour leur compétence
technique. C'est cependant la politique qui semble expliquer
le mieux pourquoi le Congrès n'a pas réussi à exiger du corps
qu'il suive des règles strictes dans ses analyses économiques.
« Pensez-vous qu'il existe dans ce gouvernement un organisme
arrivant à ses conclusions d'une manière plus scientifique que
les ingénieurs de l'armée ? », demandait Orville Zimmerman, du
Missouri, désarmant ainsi un critique. William M. Corry mobilisa
les experts en publicité de la chambre de commerce de Zanesville,
dans l'Ohio, pour faire la même remarque :

> Je tiens à dire d'emblée que je ne suis pas ingénieur. Si j'avais mal
> au ventre, j'irais chez le médecin. Si ma voiture fonctionnait mal, je la
> confierais à un mécanicien, dans un garage. De la même façon, quand je
> veux contrôler les inondations, je puise à la meilleure source possible, au
> groupe de personnes qualifiées qui au fil des ans ont mérité la réputation

---

34. H.R., Committee on Public Works, Subcommittee to Study Civil Works,
Study of Civil Works : Hearings, 82ᵉ Cong., 2ᵉ sess., mars-mai 1952, 3 vol., 1ʳᵉ partie,
p. 31 et 11.

d'être les spécialistes du contrôle des inondations les plus compétents du monde, à savoir le corps des ingénieurs de l'armée des États-Unis[35].

Nulle part on ne dépend plus étroitement des ingénieurs de ce corps que sur le cours inférieur du Mississippi. Ceux-ci ont dû y lutter énergiquement pour satisfaire les intérêts contradictoires des usines de produits chimiques et de celles de conditionnement d'écrevisses, des compagnies de péniches et des habitants des plaines d'inondation, de la Nouvelle-Orléans et de Morgan City. Beaucoup pensent que le corps est de toute façon trop optimiste sur les possibilités de gestion de ce grand fleuve, mais les groupes d'intérêts demandent toujours plus. Même si c'est en protestant, ils conservent fidèlement leur déférence envers un organisme dont ils ne comprennent que trop clairement le pouvoir discrétionnaire[36].

Un des rares vrais problèmes examinés dans les années 1930 et 1940 par la commission du Contrôle des inondations de la Chambre des représentants concerne le projet de dérivation du Mississippi visant à diminuer le débit de celui-ci lorsqu'il est presque impossible de le contenir par des digues. Le corps proposait de racheter des droits pour détourner cette eau, dans ce qui allait devenir le canal de dérivation Eudora, à travers une portion de l'Arkansas et une bonne partie de la Louisiane. Des représentants de la Louisiane comme Leonard Allen s'en plaignaient amèrement, mais étaient presque toujours bienveillants envers l'organisme qui avait dessiné les plans. « Je sais qu'il n'y a pas à Washington un groupe d'hommes en qui

35. H.R., Committee on Flood Control, *Hearings : Comprehensive Flood Control Plans*, 75ᵉ Cong., 1ʳᵉ sess., mars-avril 1938, p. 306-307 ; H.R., Committee on Public Works, Subcommittee on Flood Control, *Hearings : Deauthorize Project for Dillon Dam, Licking River*, Ohio, 80ᵉ Cong., 1ʳᵉ sess., juin 1947, p. 81. Faisant allusion à ceux qui s'opposaient au barrage, Corry déclarait obscurément : « Franchement, nous nous interrogeons sur leurs motifs. Nous ne savons pas quels sont leurs motifs. Nous ne pensons pas qu'ils les aient exposés pendant cette audition. » Les adversaires du projet étaient, en fait, les malheureux dont la maison ou la ferme était en amont et allait se retrouver sous cent pieds d'eau.

36. Sur la politique courante du contrôle du fleuve Mississippi, voir McPʜᴇᴇ, *Control of Nature*, 1ʳᵉ partie, « Atchafalaya ».

j'aie plus confiance que le corps des ingénieurs », proclamait-il en 1938. Whittington, le président de la commission, considérait que leurs décisions étaient dictées par la technique et les nécessités économiques. « C'est nous qui leur avons donné le critère, n'est-ce pas, quand nous avons demandé à l'ingénieur en chef de chercher à obtenir 3 000 000 de pieds cubes par seconde de la manière la plus économique et à l'endroit le plus avantageux »[37].

Il se trouve que le district de Whittington était dans le Mississippi. Certains des témoignages de son État étaient encore plus déférents envers le corps. Ils avaient évidemment de bonnes raisons de l'être. W.T. Wynn, qui représentait un district de contrôle des inondations du Mississippi, expliquait : « Le problème, je pense, dépasse nos ingénieurs locaux. C'est un problème national, et nous sommes ceux qui en pâtissent, et nous pensons qu'il doit être soumis aux ingénieurs de l'armée. Maintenant, pouvons-nous vraiment dire à ces ingénieurs comment ils doivent s'y prendre ou quel genre de médecine ils doivent nous donner, je ne le sais pas. » Mais laisseriez-vous simplement les ingénieurs de l'armée dériver l'eau vers votre État, si la situation était inversée ? demanda Allen à un autre témoin. « Oui, monsieur, répondit M. Rhea Blake, c'est ce que nous disons en ce moment. Nous disons que nous devrions remettre toute l'affaire entre les mains des ingénieurs du corps »[38].

Trois ans plus tard, rien n'ayant été réglé, la rhétorique s'était pleinement épanouie. Leonard Allen demanda encore une fois pourquoi « tous les projets qui ont été proposés et que le Mississippi a approuvés prévoyaient de détourner l'eau vers la Louisiane ». J.S. Allen, ingénieur en chef des commissaires de la digue du Mississippi, répondit que « c'est Dieu tout-puissant qui l'a décidé ; et non pas nous ». Il ajouta : « Nous avons examiné la situation géographique et nous avons respecté l'opinion des ingénieurs de l'armée. » Et enfin Dieu est descendu sur la terre : « Les éminents ingénieurs des États-Unis ont décidé sur

---

37. H.R., Committee on Flood Control, *Hearings*, 1938, p. 914, 927-928.
38. *Ibid.*, p. 927, 912.

ce point »[39]. Pendant les mêmes auditions, un témoin ayant fait allusion, au cours d'un échange ultérieur, à une pression politique sur le corps, le représentant de l'Arkansas, Norrell, réagit avec horreur : « Avez-vous l'intention de dire à cette commission que les ingénieurs de l'armée sont sensibles aux pressions politiques et aux influences ? » Le témoin nia vouloir insinuer une chose pareille. Norrell continua : « Je veux juste qu'il soit précisé dans le procès-verbal que vous n'avez pas voulu dire qu'une influence politique ou émanant du public pouvait être exercée sur les ingénieurs de l'armée et que de plus ils sont toujours guidés uniquement par le domaine technique dans lequel ils agissent »[40].

Les membres du Congrès savaient évidemment que les considérations techniques n'abolissent pas les choix. Lorsqu'ils se détendaient, pendant un débat public, ils l'admettaient volontiers. En 1948, un projet d'amélioration du port de Half Moon Bay, en Californie, doté d'un rapport avantages/coûts de 1,83, présentait un extraordinaire assortiment d'avantages : « Augmentation des captures de poissons et économies dans les coûts de production et de transport, élimination des périodes de pêche perdues, diminution des dommages aux bateaux de pêche et de la perte de vitesse, réduction des primes d'assurance maritime, disponibilité d'installations locales de réparation maritime, augmentation des activités de loisirs et des affaires associées, dues aussi aux changements dans l'utilisation des terrains, attribuables aux améliorations du port. » À cette liste élaborée par l'ingénieur de district, un ingénieur divisionnaire inspiré avait ajouté les avantages pour une carrière de pierre locale. Jack Anderson, un membre du Congrès, ne put contenir son enthousiasme : « Monsieur le président, je pense que les ingénieurs de l'armée devraient être vivement félicités d'avoir épuisé tous les avantages publics possibles et d'avoir examiné

39. H.R., Committee on Flood Control, *Flood Control Plans and New Projects : Hearings [...]*, avril-mai 1941, p. 728-729 et 732.
40. *Ibid.*, p. 824 et 825. Cet échange finit par impatienter Whittington, moins enclin à la démagogie : « Je ne crois pas que les ingénieurs de l'armée soient moins soumis à des pressions politiques que nous ne le sommes ici ; mais je ne pense pas qu'il s'agisse de pressions injustes ou malhonnêtes. »

tous ceux dont nous pourrions bénéficier au cas où le projet serait réalisé »[41].

Un cas plus frappant concernait la rivière Savage, un affluent du Potomac, dans l'ouest du Maryland. Un barrage avait été commencé à la fin des années 1930 par la Works Progress Administration, alors que le corps des ingénieurs avait déclaré, en 1935, le projet « économiquement injustifié », puisque les avantages, même « libéralement évalués », ne représentaient que 37 % des coûts. Les travaux ont été interrompus par la guerre et, en 1945, cet embarrassant barrage à moitié fini a été confié au corps. Celui-ci réussit à peine à rationaliser l'achèvement du projet, en y ajoutant des installations hydroélectriques. Malheureusement, cette production d'électricité fut si vivement contestée au cours d'une audition publique devant le conseil des ingénieurs qu'elle fut abandonnée. Comme l'expliquait alors le général Crawford, du corps, avec une redondance révélatrice : « La justification économique globale du projet n'était pas suffisante pour justifier le projet. » Le membre local du Congrès, J. Glenn Beall, du Maryland, s'inquiétait de ce que ses électeurs resteraient vulnérables aux inondations. Le sénateur Jennings Randolph, de la Virginie-Occidentale, faisait pression dans le même sens. Et, naturellement, le corps détestait l'idée de laisser subsister un tel monument au gaspillage et à la futilité.

Quelques jours plus tard, Crawford retournait aux auditions, pour donner libre cours à son éloquence en évoquant les résultats d'un « supplément d'enquête ». « Nous avons demandé à l'ingénieur de district d'examiner de nouveau le barrage sur la Savage, comme un projet individuel séparé du rapport principal. Ce faisant, il a tenu compte d'autres avantages qu'il n'avait pas jugé nécessaire de prendre en considération quand il a écrit son rapport principal. Il en résulte qu'il trouve un avantage supérieur, dans le supplément d'enquête, à celui qu'il avait trouvé dans son rapport. » Il s'avérait maintenant qu'aux avantages annuels de

---

41. H.R., Committee on Public Works, Subcommittee on Rivers and Harbors, *Rivers and Harbors Bill, 1948 : Hearings [...]*, 80e Cong., 2e sess., février-avril 1948, p. 198-199 et 201.

contrôle des inondations de 2 700 $, s'ajoutaient 5 000 $ d'avantages énergétiques en aval, dus à une meilleure régulation du débit, 45 000 $ de réduction de la pollution et 130 000 $ d'amélioration de l'approvisionnement en eau. Le rapport avantages/coûts pour l'achèvement du barrage était à présent de 1,5, de sorte qu'« il serait tout à fait approprié d'ajouter au rapport ce projet de barrage sur la rivière Savage »[42].

Cette multiplication des avantages était une stratégie générale fort utile lorsqu'il fallait aider un projet à franchir l'obstacle de l'analyse coûts-avantages. Certaines catégories d'avantages ont longtemps été reconnues par le corps comme importantes mais considérées comme non quantifiables. Dans les années 1940, le corps a cité occasionnellement ces avantages intangibles pour justifier des projets dont les avantages tangibles ne pouvaient arriver à dépasser les coûts. Un chenal de rivière dans le Michigan, doté d'un rapport de 0,82, a été « considéré comme une louable entreprise, nécessaire pour le bien-être général des communautés touchées », étant donné l'inquiétude de la population. L'amélioration du port de Skagway, sur le territoire de l'Alaska, a été justifiée malgré son rapport de 0,53 « en raison de l'importance du port pour le développement futur de la région ». Le contrôle des inondations de la rivière Lackawaxen en Pennsylvanie avait un rapport de seulement 0,8. Mais une inondation, en 1942, avait coûté la vie à vingt-quatre personnes, et l'avantage intangible qu'il y avait à éviter d'autres pertes semblables était suffisant pour que le corps recommande le projet[43].

---

42. N.A. 77/111/1552/7249, « Outline of Review. Project Application », daté du 31 août 1935 ; H.R., Committee on Flood Control, *1946 Hearings*, p. 119-122.

43. H.R., Committee on Flood Control, *1946 Hearings*, p. 392 et 675 ; Sénat, Committee on Public Works, Subcommittee on Flood Control and River and Harbor Improvements, *Hearings : Rivers and Harbors – Flood Control Emergency Act*, 80ᵉ Cong., 2ᵉ sess., mai-juin 1948, p. 77-82. On peut aussi trouver ce genre de justification dans des rapports de projet : par exemple, 76ᵉ Cong., 2ᵉ sess., H.D. 655 [10504], *Fall River and Beaver Creek, S. Dak.* Une fois au moins, le Sénat a même recommandé un nouveau barrage sans avoir de rapport du corps. C'était après des années de désaccord entre, d'une part, le Massachusetts et le Connecticut, qui souhaitaient un contrôle des crues de la rivière Connecticut, et, d'autre part, le Vermont, où allaient se trouver la plupart des terres submergées

Toutefois, le corps n'a pas eu souvent recours à ces exceptions au régime basé sur le calcul. Il a préféré les systématiser. Lorsque, dans les meilleurs projets, les ports eurent été développés, les digues construites et les sites de barrages utilisés, de plus en plus de ces avantages dits « intangibles » (ou incorporels) ont été rendus tangibles et quantifiés. De sorte que de nombreux projets qui avaient été rejetés, parfois fermement, ont finalement été approuvés et construits dans les années 1940 ou 1950. Les promoteurs avaient remarqué cette tendance générale et insistaient, bien que le corps fût souvent hésitant. Un rapport privé demandant le développement de la rivière Red au profit de l'Arkansas, de l'Oklahoma, du Texas et de la Louisiane notait que, même si différents projets portant chacun sur un seul barrage ou une voie navigable avaient échoué au test coûts-avantages, un projet les combinant pouvait facilement passer. Le corps des ingénieurs, supposait-il avec optimisme, reconnaît « ce qu'il y a de pernicieux à vouloir mesurer les intérêts nationaux en termes d'économie de supérette ». Comment les pertes sur chaque projet étaient-elles censées être compensées en volume ? « Nous avons utilisé une méthode moderne pour calculer le rapport avantages/coûts. » Il s'avérait que la « méthode moderne » permettait, entre autres extravagances, de multiplier les avantages unitaires de loisirs et d'approvisionnement en eau par toute la population de la région, et les avantages unitaires d'irrigation et de drainage par tous les hectares potentiellement cultivables[44]. C'en était trop pour le corps, même dans ses moments les plus généreux, et il a refusé d'approuver ce rapport.

---

et qui n'en tirerait que très peu d'avantages. Overton prit bien soin de souligner le caractère exceptionnel de ce compromis, afin de ne pas créer de précédent. Voir le *Congressional Record*, 90 (1944), p. 8557.

44. H.R., Committee on Flood Control, *1943 and 1944 Hearings*, vol. 1, 1943, p. 190-233 : 196, 225.

LES ADVERSAIRES DU CORPS DES INGÉNIEURS
ET L'INCITATION À NORMALISER

Les exemples donnés ci-dessus montrent que les méthodes économiques du corps ne pouvaient, à elles seules, déterminer l'issue d'une enquête. Ce ne sera pas une surprise pour la plupart des lecteurs. Mais il est important de comprendre que ce ne sont pas des cas typiques de quantification des coûts et des avantages. Le corps transgressait ses normes habituelles de manière plus flagrante quand les forces politiques étaient écrasantes et qu'elles étaient toutes rangées du même côté. Dans les affaires de routine, son prestige suffisait à contenir la politique. Généralement, l'enquête du Congrès était si superficielle que le corps n'était pas tenu d'observer de règles de quantification particulières. S'il y avait un contrôle du pouvoir discrétionnaire, il était essentiellement interne. Comme on le verra plus tard, les hauts responsables du corps faisaient de réels efforts pour imposer une certaine uniformité aux analyses économiques provenant des différents districts et divisions, mais cela ne prenait jamais la forme d'une campagne visant à neutraliser tout jugement personnel.

Ceux qui favorisaient le plus les méthodes normalisées et, par là, l'objectivité, étaient les adversaires du corps. Naturellement, la déception était grande chaque fois qu'un projet de navigation ou de contrôle des inondations dont on attendait beaucoup était rejeté. Le conseil des ingénieurs pouvait être obligé de se rendre loin de Washington pour conduire une audition spéciale [45]. Les

---

45. H.R., Committee on Flood Control, *Hearings, 1941*, p. 512-521, extrait d'auditions exceptionnelles du conseil des ingénieurs sur un projet de contrôle des crues de la rivière Little Missouri. Lors des auditions de Washington, le conseil l'avait refusé. La nouvelle série d'auditions dans l'Arkansas, expliquait le président du conseil Thomas M. Robins, était « due aux efforts acharnés de votre très compétent sénateur de l'Arkansas, le sénateur Miller ». Ces efforts s'étaient, à l'évidence, exercés pendant tout le processus car, en 1940, le rapport officiel du corps avait déjà adopté des méthodes « irrégulières » afin de quantifier les avantages de loisirs et de prévoir des augmentations généreuses du revenu agricole, et donc d'obtenir un rapport avantages/coûts supérieur à 0,92. Voir 76ᵉ Cong., 2ᵉ sess., H.D. 837 [10505], *Little Missouri River, Ark.*, p. 50.

groupes d'intérêts locaux déçus pouvaient se plaindre à une commission du Congrès[46]. Mais ils étaient généralement faibles et ont rarement été en mesure de contester les chiffres officiels. Seuls de puissants intérêts, des intérêts s'opposant systématiquement à toute une catégorie de projets du corps, pouvaient pousser à une normalisation rigoureuse de ses méthodes coûts-avantages. Les plus efficaces de ces adversaires étaient les entreprises de services publics, les chemins de fer et deux agences rivales au sein du gouvernement fédéral : le service de la Conservation des sols (Soil Conservation Service), du département de l'Agriculture, et le bureau de la Valorisation (Bureau of Reclamation), du département de l'Intérieur.

Les fournisseurs d'électricité

La production d'électricité ne faisait pas partie de la mission officielle du corps mais elle était systématiquement considérée comme un avantage secondaire possible, et parfois celui-ci l'emportait largement sur le principal avantage nominal. Le corps était plus ouvert aux projets hydrauliques à destination multiple que ne l'admet l'historiographie dominante[47]. Les

46. Voir H.R., Committee on Flood Control, *Hearings, 1938*, p. 270-275, où un représentant de la chambre de commerce de Chicopee (Massachusetts) se plaignait qu'une digue dans la ville sur la rivière Connecticut était vraiment économiquement justifiée, et que le rapport négatif du corps résultait d'une mauvaise appréciation des dommages indirects dus aux fermetures d'usines et au chômage qui en était la conséquence.

47. Le corps est régulièrement accusé d'avoir opposé une résistance obstinée à la gestion hydraulique à destination multiple jusque dans le courant des années 1950. Cette interprétation semble avoir son origine dans des attaques du corps par des partisans du bureau de la Valorisation, en particulier MAASS, *Muddy Waters*. Il soutenait que le bureau représentait une gestion rationnelle et systématique au sein de l'exécutif, et le corps une politique bornée de « baril de porc », sous le patronage du Congrès. Je trouve que le corps a été remarquablement audacieux, pendant les années 1940 et même 1930, dans la poursuite de nouveaux objectifs de contrôle fluvial (ne serait-ce que pour améliorer ses rapports avantages/coûts), étant donné en particulier que son mandat le limitait à la navigation et au contrôle des crues. À la fin des années 1950, le corps a engagé Maass comme consultant. L'accusation selon laquelle il aurait été acheté

barrages du bureau de la Valorisation, en particulier sur le fleuve Columbia, étaient bien plus importants comme source d'énergie. Les entreprises privées de services publics se sont opposées à cette concurrence parrainée par le gouvernement. Leurs porte-parole laissaient entendre que le corps était un organisme au socialisme rampant et que les grands barrages étaient de toute façon un choix peu judicieux[48]. Ils se livraient en outre à une stratégie plus terre à terre consistant à vérifier attentivement les analyses économiques, souvent de façon convaincante, mais sans remporter apparemment beaucoup de victoires.

En 1946, la commission du Contrôle des inondations, de la Chambre, et la commission sénatoriale du Commerce ont entendu ensemble les témoignages sur la rivière Rappahannock, qui traverse et inonde parfois Fredericksburg, en Virginie. L'opposition était dirigée par la Virginia Electric and Power Company, représentée par Frederick W. Scheidenhelm, un ingénieur hydraulicien de New York. Celui-ci déclara aux commissions que les avantages en énergie électrique du barrage principal en question, à Salem Church, avaient été exagérés, le corps n'ayant pas tenu compte de points essentiels tels que les facteurs de charge. Il ajoutait que leurs estimations de coûts n'étaient pas à jour, car elles avaient été faites avant la guerre. Il soulignait de plus que la production d'électricité n'était pas une mission autorisée du corps, de sorte qu'ils construisaient un ouvrage injustifié. Seuls 9 % des avantages revendiqués concernaient le contrôle des inondations. Mais même ces 9 % étaient une exagération, car environ un tiers de ceux-ci se rapportaient à des terres qui ne seraient protégées contre les inondations que parce qu'elles seraient sous l'eau, au fond du réservoir. « Je pense que le fond du baril a été un peu trop gratté [...] dans ce cas. »

---

est injuste, mais son implication professionnelle avec le corps a certainement amélioré son avis sur cet organisme. Il affirmait que ce dernier avait enfin adopté la planification fluviale à destination multiple pendant ces années. Voir REUSS, *Interview with Arthur Maass*, p. 6.

48. Témoignage de E.W. Opie, H.R., Committee on Flood Control, *1946 Hearings*, p. 86-90.

Le point de vue de Scheidenhelm mérite d'être respecté. D'autre part, ce projet fournit quelques légers indices du fait que les normes économiques du corps n'étaient pas infiniment flexibles. Ses ingénieurs voulaient distribuer des projets dans toutes les régions du pays. Les habitants de Fredericksburg ne voulaient pas de digues, car elles auraient diminué la valeur des propriétés. Le colonel P.A. Feringa, du corps, expliqua que ses ingénieurs avaient été incapables de prévoir un barrage ayant pour unique destination le contrôle des inondations et pouvant en même temps respecter la norme coûts-avantages. Par conséquent, ils ont essayé différentes options jusqu'à ce qu'ils aient trouvé quelque chose de défendable, au moins du point de vue économique, même au risque de susciter l'ire des fournisseurs d'électricité. Ce qui les y a sans doute incités, c'est que cette opposition échouait en général, comme ici. Les commissions de Contrôle des inondations, en désaccord avec Scheidenhelm, préférèrent le témoignage d'un certain D.C. Moomaw. Les ingénieurs du corps, soulignait celui-ci, avaient souvent estimé que des projets n'étaient pas faisables économiquement, aussi, « quand ils affirment qu'ils le sont, je pense qu'il est tout à fait justifié d'accepter leurs déclarations »[49].

Les chemins de fer

Les compagnies de chemin de fer n'avaient aucune objection au contrôle des inondations, mais étaient farouchement opposées à cette forme de concurrence subventionnée par le gouvernement que représentaient les canaux dispendieux et le dragage des chenaux. Leurs objections de principe ne les menaient à rien, en particulier parce que beaucoup de membres du Congrès les

---

49. Voir *ibid.* Les citations sont tirées du Sénat, Committee on Commerce, *Hearings : Flood Control*, 79ᵉ Cong., 2ᵉ sess., juin 1946, p. 157 et 228. Les intérêts en amont étaient un peu plus efficaces. Une demande du gouverneur de la Virginie a convaincu le Sénat d'abaisser le barrage de 20 pieds, aux dépens du rapport avantages/coûts. Voir *Congressional Record*, 92 (1946), p. 7087. En 1934, un rapport du corps des ingénieurs considérait que la crue du Rappahannock était « sans conséquence ». N.A. 77/111/1418/7249.

considéraient comme d'avides monopolistes. C'est pourquoi ils préféraient faire valoir que les projets de canaux étaient économiquement injustifiables. Ici aussi, les obstacles étaient très grands.

Pendant plusieurs décennies, les chemins de fer ont combattu le gâchis le plus célèbre du corps, sur la rivière Arkansas, qui a fait de l'Oklahoma un état maritime. Le corps, soumis à une grande pression, élabora un « véritable projet à destination multiple », parce que seuls de nombreux types d'avantages différents permettaient de les amener au niveau des coûts. Le colonel Feringa annonça fièrement en 1946 à la commission des Rivières et des Ports, de la Chambre des représentants, un rapport avantages/coûts de 1,08, sans compter les avantages intangibles. « Le corps des ingénieurs a autrefois présenté à cette commission un projet qui nous a semblé très bon, mais dans lequel nous avons essayé d'évaluer les avantages qui ne sont pas facilement quantifiables en dollars et en *cents*. » R.P. Hart, de l'Association des chemins de fer américains, objecta que, pour 435 millions de dollars, le gouvernement pourrait construire une bonne ligne de chemin de fer à double voie et tout transporter gratuitement. On le trouva peut-être convaincant. Le projet n'a pas été approuvé en 1946, ni d'ailleurs pendant les quinze années suivantes. Mais, en 1946, Robert S. Kerr était simplement gouverneur de l'Oklahoma. En 1962, il était sénateur et président de la commission sénatoriale des Rivières et des Ports. Pour la compagnie Kerr-McGee Oil Industries, l'intérêt financier qui était en jeu dans la voie navigable était énorme. En 1946, il avait témoigné : « Ne limitons pas cette audition au sujet mineur des coûts comparatifs du fret ferroviaire et par eau. Réfléchissons plutôt à la construction d'une grande nation. » La phrase évoque les discours écrits par Theodore Sorensen. Elle était en tout cas en harmonie avec l'administration Kennedy, qui voulait donner au pays un nouvel élan. Dans l'intervalle, le Congrès avait décrété que l'augmentation de l'emploi dans les zones sous-développées devait être reconnue comme un avantage social des projets hydrauliques. Kerr encouragea les lois permettant de consolider et d'accroître l'évaluation des avantages en matière de loisirs. Ces procédures permirent à des projets bénéficiant comme celui-ci d'un soutien politique puissant de supprimer plus facilement l'obstacle économique formel. Pour arriver à Tulsa, le fret franchit maintenant l'écluse et le barrage Robert S. Kerr et traverse le réservoir Robert S. Kerr[50].

En quelques rares occasions, les chemins de fer ont réussi à troubler la tranquillité des auditions du Congrès sur les travaux publics et à forcer les législateurs à examiner en détail les avantages économiques d'un projet hydraulique. Pendant certaines auditions du Sénat sur les rivières et les ports, en 1946, un beau débat a été suscité par un projet de canal à travers la Louisiane et l'Arkansas. Celui-ci était proposé par des promoteurs locaux qui s'efforçaient constamment de développer le système fluvial Arkansas-White-Red sur le modèle de la Tennessee Valley Authority, mais sous la direction du corps des ingénieurs. L'Association des chemins de fer américains, représentée par Henry M. Roberts, se trouvait dans une fâcheuse situation. La description du projet, envoyée par la Chambre des représentants, faisait craindre le pire : « Red River en aval de Fulton, Arkansas, conformément au rapport du chef des ingénieurs, daté du 19 avril 1946 ; *il est stipulé* que la voie navigable aménagée entre Shreveport et l'embouchure, autorisée par le présent document, sera nommée, une fois achevée, l' "Overton-Red River Waterway" en l'honneur de John H. Overton, sénateur de la Louisiane. » Overton était président de la sous-commission conduisant les auditions.

Il donna le ton en remettant en question les compétences de Roberts. Il croyait s'être entendu en privé avec les chemins de fer et était mécontent d'être confronté à leur opposition. Mais il finit par comprendre que l'accord informel n'avait pas tenu. Roberts argumenta contre les dépenses de fonds publics favorisant un type de transport au détriment d'un autre. Sans subventions massives, expliquait-il, le transport fluvial n'est pas moins coûteux. Nous le savons, et « nous ne sommes pas des amateurs » en la matière. Les avantages de ce projet de canal, poursuivait-il, ont

---

50. Les auditions de 1946 sont, H.R., Committee on Rivers and Harbors, *Hearings [...] on [...] the Improvement of the Arkansas River and Tributaries [...]*, 79ᵉ Cong., 2ᵉ sess., 8-9 mai 1946, citations p. 3, 113 ; voir aussi MOORE – MOORE, *The Army Corps*, p. 31-33.

été grandement exagérés. En faisant son estimation du volume de marchandises par échantillonnage, le corps semblait avoir oublié que les bureaux de chemin de fer sont fermés le dimanche et les jours fériés. Leurs estimations de tonnage sont élevées par rapport à des projets comparables. De même que le montant des économies par tonne-mile. En outre, le corps avait ignoré le coût de l'acheminement du fret de son point de départ jusqu'à la rivière ou au canal. Constatant tous ces défauts, les chemins de fer avaient engagé leurs propres experts pour refaire les calculs. Roberts proposait une estimation des avantages beaucoup plus faible.

Overton essaya de discréditer cette critique des chiffres officiels et des experts qui les avaient rendus crédibles.

> OVERTON : Permettez-moi de vous demander, est-il vrai, oui ou non, que le conseil des ingénieurs a recours au service d'experts en tarifs ?
> ROBERTS : Eh bien, ce mot d'« expert », monsieur, est très imposant. J'ai rencontré deux ou trois hommes là-bas qui m'ont paru être d'assez bons connaisseurs des tarifs. S'ils avaient quelque chose à voir avec cela, ou non, je l'ignore.
> OVERTON : Le conseil a effectivement recours à eux. Est-ce que la Commission du commerce entre États a de bons experts en tarifs ?
> ROBERTS : Ils sont censés l'être.

Les « experts gouvernementaux » étaient, semble-t-il, mêlés à quelque oxymore. La différence entre les spécialistes des tarifs travaillant pour les chemins de fer et pour le corps est que « les nôtres observent les faits de façon réaliste. Pour nous, deux et deux font quatre ». « Et pas pour le conseil ? », interrompit Overton. « Eh bien, nous, nous ne prenons pas des chiffres en l'air en disant qu'ils représentent des faits réels. » Autrement dit, il désapprouvait l'échantillonnage. « Les entreprises privées ne pourraient pas survivre dans un pareil système. Cela revient à prendre votre numéro de rue et le diviser par votre numéro de téléphone pour connaître votre âge »[51].

---

51. Sénat, Committee on Commerce, *Hearings : Rivers and Harbors*, 79ᵉ Cong., 2ᵉ sess., juin 1946, p. 2 et 39-45.

Feringa s'employa à contrer Roberts dans les termes les plus généraux possible : le corps recherche le juste milieu dans ses analyses économiques, et il y parvient apparemment car il provoque une opposition des deux côtés. « Nous suivons une voie médiane. Vis-à-vis du Congrès, nous essayons de n'être ni des partisans ni des adversaires, mais simplement des consultants, sans prendre parti, en essayant de notre mieux de vous fournir des chiffres. » L'État de Louisiane, dans un esprit de promotion agressive, a calculé un rapport avantages/coûts de 1,92 ; les chiffres de Roberts impliquaient un rapport de 0,80. Le corps des ingénieurs a annoncé 1,28. Overton fit remarquer que le corps était trop prudent et que les avantages réels sont presque toujours plus élevés que leur estimation. « C'est toutefois une prudence louable car elle fonde la confiance du public et du Congrès dans les recommandations du conseil des ingénieurs. » C'était la posture préférée du corps : harcelé par les partisans passionnés des deux bords, il avait appris à prendre avec circonspection les revendications des promoteurs et des adversaires. Feringa expliqua que l'étude des tarifs exigeait un type particulier d'expertise. « C'est une science en soi, et l'on doit être formé pour cela. » Il confirma la nature particulière de cette expertise en la présentant de façon incohérente à la commission sénatoriale[52].

Il s'ensuivit un échange révélateur. Roberts demanda que l'un de ces prétendus experts en tarifs soit appelé à témoigner devant la commission. Overton objecta : « Oh, maintenant nous avons trop à faire. » Roberts : « C'est ce que je pensais. » Overton lut un extrait du rapport du chef des ingénieurs, qu'il déclarait à la fois approfondi et équitable. Roberts dit qu'il savait que la Commission du commerce entre États n'avait pas mis des tarifs corrects dans le projet de loi, parce que sa propre équipe de sept vrais experts les avait vérifiés. Overton réagit avec horreur : « C'est une critique en règle de la Commission du commerce entre États et du conseil des ingénieurs. » Si sa commission devait faire appel à des témoins et comparer les tarifs en détail, ils auraient besoin de deux ou trois semaines pour chaque projet. Ils n'avaient

52. *Ibid.*, p. 61, 75, 86 et 142-143.

pas d'autre choix que de faire confiance au rapport du conseil des ingénieurs. C'est alors que, finalement, quelqu'un soutint Roberts. Guy Cordon, de l'Oregon, fit remarquer : « C'est la première fois que je vois des opposants comparaître pour contester les faits et donner leur propre point de vue. » Si la commission refusait de faire appel aux experts pour mettre les choses au clair, il ne comprendrait vraiment plus la raison de leur présence à l'audition. Tout cela est une perte de temps s'ils sont seulement nommés dans le compte rendu.

Finalement, Overton céda. On fit comparaître Eric E. Bottoms de la division de l'économie, placée sous l'autorité du conseil des ingénieurs. Roberts ne fut pas autorisé à contester Bottoms point par point, de sorte que le corps eut le bénéfice du doute. Mais Bottoms montra clairement que l'analyse économique était une affaire sérieuse. Elle comportait une part énorme de classement et de comptage par des gens qui avaient en fait soigneusement élaboré leurs méthodes. Les chercheurs du corps avaient recensé tous les mouvements de marchandises sur les lignes de chemin de fer, puis réparti toutes les factures d'un jour de chaque mois en deux catégories, selon que les chargements en question auraient été plus ou moins avantageusement transportés par eau. Soit pour des raisons internes, soit pour se protéger contre les contestations extérieures, le corps avait pris soin de respecter les formes. Il avait consulté d'autres agences, comme la Commission du commerce entre États, sur les questions relevant de leur compétence particulière. Si ses chiffres étaient trop généreux, cela s'était surtout produit au niveau de détails infimes, ce qui bien sûr n'était pas facile à contester[53].

Une autre voie navigable que les chemins de fer ont vigoureusement contestée, là aussi sans succès, était la Tennessee-Tombigbee. C'était un projet énorme, mettant en jeu des forces politiques bien trop puissantes pour que l'analyse coûts-avantages puisse rester innocente. Pourtant, les chiffres n'étaient pas tout simplement fabriqués. En 1939, le conseil des ingénieurs n'a

---

53. *Ibid.*, p. 121-122, 125-126 et 131. Le rapport de réfutation du corps se trouve p. 143-153.

réussi à augmenter le rapport avantages/coûts au-dessus de 1,0 qu'en chiffrant certains avantages qui avaient toujours été considérés comme intangibles, y compris 600 000 $ pour la défense nationale et 100 000 $ pour les loisirs. Le chef des ingénieurs, Julian Schley, doutait de la justesse de cette dernière valeur ainsi que d'autres et refusait de faire une recommandation officielle. Il concluait que l'analyse économique n'était pas clairement acceptable mais avait « un sens politique auquel le Congrès est mieux à même d'attribuer une valeur appropriée ». Le porte-parole des chemins de fer, J. Carter Fort, affirmait que cette voie navigable était simplement une énorme subvention pour quelques intérêts particuliers et déplorait que cela reposât sur une grande imagination économique. En particulier : « Ce chiffre pour la défense nationale est sans doute, par sa nature même, un chiffre en l'air. Personne ne peut lui attribuer une valeur monétaire »[54].

Après la guerre, inévitablement, le projet a ressurgi. Peut-être était-il aussi inévitable qu'il apparût alors économiquement justifié sans les avantages intangibles. Mais c'était avec une marge des plus faibles, un rapport de 1,05. Les éléments non quantifiables améliorent un peu le projet, expliqua le chef des ingénieurs R.A. Wheeler ; « un jour nous aurons une sorte de formule » pour les évaluer. Pour le moment, le corps s'était fondé sur 2 500 questionnaires envoyés aux affréteurs, dont 1 338 avaient été retournés, pour estimer le volume du trafic et les économies potentielles. Les chemins de fer ont à nouveau mis en doute l'analyse. Mais ils ne pouvaient presque rien faire. Les formulaires contenaient des informations commerciales réservées, qui ne pouvaient être communiquées à des tiers[55].

Six ans plus tard, cependant, ce projet rencontra l'opposition de la puissante commission des Finances de la Chambre des

---

54. Sénat, Committee on Commerce, Subcommittee on Rivers and Harbors, *Hearings : Construction of Certain Public Works on Rivers and Harbors*, 66e Cong., 1re sess., juin 1939, p. 6 et 10.

55. H.R., Committee on Rivers and Harbors, *Hearings [...] on the Improvement of Waterway Connecting the Tombigbee and Tennessee Rivers, Ala. and Miss.*, 79e Cong., 2e sess., 1er-2 mai 1946. On y trouve le rapport de 1939, p. 3-117 ; la révision de 1946, p. 119-178 ; les auditions, p. 179 et suiv. ; citation p. 185.

représentants (House Appropriations Committee). Il avait été autorisé en 1946, et le corps avait aussitôt commencé à préparer un « rapport définitif » détaillé. Mais avant de le terminer, il a demandé une dotation relativement faible pour construire la première tranche du projet. C'était un stratagème, accusaient ses ennemis, pour forcer le Congrès à le réaliser entièrement. John J. Donnelly, un des membres de la commission, soumit le chef des ingénieurs, Lewis Pick, à un interrogatoire cinglant. Comme d'habitude, le diable était dans les détails. Les opérateurs pourraient-ils remorquer un train de huit péniches à travers le détroit du Mississippi, de Mobile jusqu'à la Nouvelle-Orléans ? Le corps supposait qu'ils le pourraient, mais selon les informations de la commission ce ne serait pas possible et, dans ce cas, toute une catégorie de prétendus avantages de la voie navigable s'évanouiraient. Les coûts devaient-ils inclure les dépenses supplémentaires de reconstruction des écluses sur la rivière Mobile pour les péniches longues ? Le corps fit valoir qu'elles avaient besoin de toute façon d'être reconstruites. Il y avait également des doutes sur les véritables économies de temps pour le trafic sur la voie navigable par rapport au trafic sur le Mississippi. La commission conclut que le plus récent rapport avantages/coûts, de 1,13, se basait sur des erreurs graves portant sur les coûts et les avantages, et proposa son propre rapport de 0,27.

Pick connut évidemment des moments d'intense malaise mais finalement ne se laissa pas démonter. Il ne tenta pas de réfuter en détail la direction de la commission mais revendiqua simplement une plus grande expertise.

Il n'est pas douteux que certaines des opinions relatives à la faisabilité du projet, recueillies par le personnel d'enquête auprès de sources bien informées, sont nettement en conflit avec les observations et les témoignages, provenant de sources similaires, jugés acceptables par les analystes du corps des ingénieurs comme éléments déterminants. Dans une telle situation, la compétence relative et la familiarité des personnels respectifs avec les problèmes pratiques du transport fluvial et leur expérience respective de l'enquête sur le terrain et de l'appréciation des informations données par ceux qui sont au service d'intérêts particuliers, semblent offrir le test de crédibilité le plus fiable. La capacité de faire une évaluation solide des assertions parfois trop enthousiastes des défenseurs des voies navigables est très importante, mais il est tout aussi essentiel de ne pas tenir compte de l'hostilité naturelle des entreprises de transport établies qui veulent empêcher une concurrence gênante et qui comptent sur la bonne volonté des organismes de réglementation existants [...]. L'expérience du corps des ingénieurs dans le développement réussi de voies navigables semble fournir le guide le plus fiable pour estimer les futurs résultats de projets tels que l'amélioration de la Tennessee-Tombigbee[56].

C'est l'expérience du corps qui l'emporta. Il était évidemment impossible à des intérêts privés s'opposant à des projets particuliers de discréditer ses chiffres officiellement approuvés.

En amont et en aval : le département de l'Agriculture

Les industries et les groupes d'intérêts étaient en mesure d'imposer au corps des ingénieurs de préparer les analyses coûts-avantages avec un certain soin. Mais c'est surtout sous la pression d'autres branches du gouvernement fédéral qu'ont été explicitées et parfois même changées les pratiques de coûts-avantages. Il y avait des dizaines d'agences impliquées dans ce qu'on appelait le « développement des ressources hydrauliques ». Beaucoup avaient un rôle bien défini qui ne menaçait pas le corps. Quelques-unes n'en avaient pas. La rivalité la plus acharnée, dans cette catégorie, opposait, contre toute attente, le corps et le bureau de la Valorisation. La deuxième place des antagonistes était occupée par le département de l'Agriculture, et en particulier son service de la Conservation des sols.

Les missions du corps et de l'agriculture n'étaient évidemment pas en conflit. La loi du contrôle des inondations (Flood Control Act), de 1936, répartissait leur tâche entre aval et amont. En aval, cela signifiait les grands barrages. Dès que le corps a commencé à

---

56. H.R., Committee on Appropriations, *Investigation of Corps of Engineers Civil Works Programs : Hearings before the Subcommittee on Deficiencies and Army Civil Functions*, 82ᵉ Cong., 1ʳᵉ sess., 1951 ; 2 vol., vol. 2, citation p. 154-155. Un débat a eu lieu plus tard sur la manière d'introduire des valeurs environnementales dans l'analyse ; voir Stine, « Environmental Politics ».

construire régulièrement des barrages pour le contrôle des inondations, il a été confronté à une opposition teintée de populisme. Ce n'était pas simplement une question d'idéologie. Quel que soit l'endroit où était situé un barrage, ceux qui étaient en amont devaient faire face à la double indignité d'être privés du contrôle des inondations elles-mêmes et, pour certains, de voir leur maison et leur ferme noyés par le réservoir. Beaucoup en sont venus à croire que les grands barrages n'étaient pas nécessaires pour le contrôle des inondations ; que celles-ci résultaient d'une mauvaise gestion des terres et pouvaient être évitées grâce au reboisement, au labour suivant les courbes de niveau et à de petits barrages près de la source des cours d'eau. C'est pourquoi l'opposition au corps s'accompagnait très souvent d'une nette préférence pour la politique du service de Conservation des sols[57]. Le corps s'en plaignait, et le Congrès tentait d'y remédier mais sans grand succès[58].

Le Congrès considérait que les gens en amont avaient, comme tout le monde, une sorte de droit constitutionnel à une analyse coûts-avantages des mesures de contrôle des inondations qui étaient proposées[59]. Le département de l'Agriculture avait ses propres méthodes coûts-avantages approuvées. Celles-ci traitaient les grandes structures en aval moins généreusement que le corps, mais elles pouvaient souvent justifier un réseau de petits barrages peu coûteux, dans le cadre d'un programme systématique de conservation des sols et d'irrigation à petite échelle. Le corps tenait ceux-ci pour non rentables en général. Ces résultats divergents de l'analyse économique nourrissaient naturellement la controverse. Pis encore, du point de vue du corps, un réseau de petits barrages ne protégeait les villes en aval que des petites

57. Voir, exemple parmi beaucoup d'autres, H.R., Committee on Public Works, Subcommittee on Flood Control, *Deauthorize Dillon Dam* (1947), p. 8-11 ; Sénat, Committee on Public Works, Subcommittee on Flood Control, *1948 Hearings*, p. 100-112 : E. PETERSON, *Big Dam Foolishness* ; LEUCHTENBERG, *Flood Control Politics*, p. 49.

58. H.R., Committee on Public Works, Subcommittee to Study Civil Works, *Study of Civil Works : Hearings* (1952), 2ᵉ partie ; *idem, The Flood Control Program of the Department of Agriculture ; Report*, 82ᵉ Cong., 2ᵉ sess., 5 décembre 1952.

59. Voir H.R., Committee on Flood Control, *1946 Hearings*, p. 114.

inondations. Cela pouvait être suffisant pour faire pencher le rapport avantages/coûts en défaveur d'un grand barrage sur la rivière principale sans réduire nullement le choc d'une inondation catastrophique[60]. Dans la mesure où le corps était concerné, les pratiques économiques suspectes entérinées par le département de l'Agriculture sapaient ses efforts pour offrir une véritable protection contre les inondations. C'était ce qui l'incitait particulièrement à rechercher une méthode unique et normalisée d'analyse coûts-avantages au sein du gouvernement fédéral.

Le bureau de la Valorisation et la controverse de la rivière Kings

« Hitler n'aurait pas pu trouver de personnes plus aptes à saboter les intérêts américains que celles qui ont fait cela dans la vallée de San Joaquin », déplorait en 1944 le membre du Congrès Alfred Elliott, de Californie[61]. Qu'avaient fait ces traîtres ? Ils avaient effectué une analyse coûts-avantages, pour un projet de réservoir sur la rivière Kings, montrant des avantages d'irrigation supérieurs aux avantages de contrôle des inondations. Dans ce cas, la politique de quantification avait manifestement échappé à tout contrôle. Mais peut-être fallait-il s'y attendre en période de guerre. Dans les dossiers du bureau de la Valorisation concernant la rivière Kings, nous trouvons ce qui suit :

> J'ai écrit et parlé à plusieurs reprises, depuis 1939, au commissaire [John] Page et plus tard à vous, au sujet de mon appréhension croissante concernant les « ambitions institutionnelles du corps des ingénieurs ». Les batailles sur les rivières Kings et Missouri sont en ce moment les points forts d'une campagne, prévue de longue date et soigneusement planifiée par le corps, qui est destinée à s'étendre sur l'ensemble de l'Ouest. Sur le Missouri, le corps utilise ses divisions de navigation ; sur la Kings River, ses bataillons de contrôle des inondations. Il essaie d'effectuer une vaste manœuvre en tenailles [...]. Nous combattons sur un terrain défavorable du point de vue des possibilités d'irrigation. C'est le corps, et non pas

60. Leopold – Maddock, *Flood Control Controversy*.
61. H.R., Committee on Flood Control, *1943 and 1944 Hearings*, vol. 2 (1944), p. 621.

le bureau, qui a choisi le champ de bataille. Si le corps gagne la bataille décisive, c'est la guerre tout entière qui peut être perdue pour nous ; il pourrait ne rester au bureau aucun champ d'action sûr et important dans les autres rivières de l'Ouest. Une défaite ne serait pas aussi cruciale pour le corps, pas avec des barils de porc de contrôle des inondations dans chaque vallée [62].

Au début de 1939, beaucoup croyaient encore la guerre évitable. Le commissaire à la valorisation pensait qu'il pouvait négocier avec le corps. L'apaisement sembla d'abord donner des résultats : le 28 mars, en effet, il publiait une note triomphante annonçant que « le district de Californie est un exemple remarquable de coopération entre les représentants de l'armée et le bureau de la Valorisation [63] ». Mais, comme Ickes le reconnaissait dans un message au président, il est dangereux de négocier en position de faiblesse. « On a prétendu qu'une lutte se prépare, entre le corps des ingénieurs et le bureau de la Valorisation, pour savoir lequel des deux organismes devait construire les grands barrages de l'Ouest [...]. Si une telle lutte devait avoir lieu, il est évident que le bureau la perdrait, car son fonctionnement est régi par la loi de la Valorisation [Reclamation Law] qui exige que la totalité ou la plus grande partie de l'argent dépensé soit remboursée au gouvernement fédéral [64]. »

Ces différences dans la loi régissant le corps des ingénieurs et le bureau de la Valorisation étaient pernicieuses. Le bureau de la Valorisation avait été créé en 1902 pour développer l'irrigation des (bientôt) dix-sept États à l'ouest du 97e méridien. Il était tenu de faire payer les agriculteurs pour le coût de l'approvisionnement en eau, mais sans percevoir d'intérêts. Cela peut paraître généreux, mais le corps, quant à lui, ne demandait aucune contribution locale pour les projets de voie navigable et assez peu pour le contrôle

---

62. « Memorandum from Harlan H. Barrows, Director CVPS to Commissioner [Harry Bashore], March 15, 1944 », en N.A. 115/7/639/131.5.

63. Note de John Page adressée au secrétaire d'État à l'Intérieur, Harold Ickes, datée du 28 mars 1939, N.A. 115/7/639/131.5. Ses exemples de coopération comprenaient la planification des barrages de Pine Flat (Kings River) et de Friant.

64. Note d'Ickes à Roosevelt, 19 juillet 1939, N.A. 115/7/639/131.5.

des inondations. L'avantage vraiment décisif du corps des ingénieurs en Californie était plutôt que le bureau était régi par une
éthique de colonisation, et n'était pas autorisé à fournir de l'eau
aux exploitations de plus de 160 acres. En 1940, il avait trouvé le
moyen d'arriver à des compromis sur cette norme, mais pas assez
pour satisfaire la ploutocratie agricole qu'était la vallée Centrale de
Californie. Dans la vallée de la rivière Kings, de gros agriculteurs
pompaient déjà de grandes quantités d'eau dans le cours d'eau
et dans le sous-sol pour l'irrigation. Ils pompaient trop, en fait,
et avaient besoin de l'aide gouvernementale pour mettre fin à
leur propre pratique. Mais ils n'étaient pas disposés à inviter une
agence fédérale à construire des ouvrages hydrauliques coûteux,
si elle les obligeait à ne conserver que 160 acres de terre chacun[65].

En 1939, le bureau de la Valorisation avait participé à l'ambitieux programme hydraulique de la Californie, le Central Valley
Project, pendant environ une décennie. Il était donc naturel que
le bureau eût été contacté en premier lorsque la construction d'un
barrage sur la rivière Kings avait été planifiée. En février 1939, le
membre local du Congrès déposa une loi pour confier au bureau
la construction d'un barrage à Pine Flat, pour compenser vis-à-vis
de ses électeurs son projet de loi de création du parc national
de Kings Canyon[66]. Il est clair qu'il n'était pas au courant de
la situation. En mars, soumis à une forte pression, il retira les
deux projets de loi. Non seulement les populations locales étaient
opposées au parc, mais beaucoup voulaient que ce soit le corps
des ingénieurs qui construise ce barrage. Les intérêts locaux de
distribution d'eau négociaient déjà avec le corps depuis quelques
mois, et avaient même proposé de financer à titre privé l'étude du

65. WORSTER, *Rivers of Empire*, chap. 5 ; REISNER, *Cadillac Desert*.
66. Les dossiers du bureau de la Valorisation commencent par une lettre
de W.P. Boone, de la Kings River Water Association, datée du 2 janvier 1936
(N.A. 115/7/1643/301). Les possibilités de barrages gouvernementaux sur la Kings
avaient déjà été remarquées par la Commission fédérale de l'énergie : voir Ralph
R. RANDELL, *Report to the Federal Power Commission on the Storage Resources of
the South and Middle Forks of Kings River, California*, Washington (D.C.), Federal
Power Commission, 5 juin 1930, dont une copie se trouve en N.A. 115/7/1643.
Le projet de loi de B.W. Gearhart était H.R. 1972, daté du 7 février 1939.

projet dans l'espoir d'obtenir l'approbation du Congrès en moins d'un an. L'ingénieur de district avait répondu que la complexité des procédures rendait cela improbable. Le corps a commencé à dessiner des plans au début de 1939[67].

Sous la pression de leur hiérarchie, les agents locaux du corps et du bureau ont travaillé presque dès le début à harmoniser leurs projets. Cela devait permettre de garder le contrôle de la politique. S.P. McCasland, chargé de la conception du barrage pour le bureau, rapporta au siège que les « intérêts » étaient tenus dans l'ignorance des négociations. Les plans initiaux demandaient à Pine Flat un réservoir d'une capacité d'environ 800 000 acres-pieds, ce qui était aussi recommandé dans le rapport de McCasland, daté de juin 1939[68]. Une capacité de 780 000 fut proposée au corps par L.B. Chambers, ingénieur du district de Sacramento. Comme justification, il envoya à Washington un graphique représentant les avantages et les coûts, ainsi que leur rapport, en fonction de la capacité du réservoir. Il était assez habituel, au moins à Sacramento, de communiquer facilement ces informations par téléphone[69]. Mais les services de l'ingénieur en chef craignaient que cela ne suffît pas pour contrôler la « crue la plus grande possible » et se demandaient si un réservoir d'un million d'acres-pieds ne serait

67. « Kings Park and Pine Flat Tie Up Fails », *San Francisco Chronicle*, 30 mars 1939, p. 12 ; lettre de L.B. Chambers à Harry L. Haehl, 18 août 1938, N.A., San Bruno (Californie), R.G. 77, uncatalogued general administrative files (1913-1942) of main office, South Pacific Division, Corps of Engineers, box 17, FC 501. Pour la suite de la correspondance entre les compagnies des eaux et le corps des ingénieurs, voir N.A. (Suitland) 77/111/678/7402/1.

68. Voir la note de McCasland adressée à un « ingénieur hydraulicien » non nommé, datée du 22 juillet 1939 ; S.P. McCASLAND, *Kings River, California. Project Report No. 29*, daté de juin 1939 ; tous deux en N.A. 115/7/642/301.

69. Voir la note, écrite au crayon après un appel téléphonique « de R.A. Sterzik » daté du 25 février 1939, que le destinataire, non nommé, de l'appel a résumé sous forme d'un tableau donnant les avantages annuels, le coût annuel et le « degré de protection » (considéré comme inversement proportionnel à la fréquence des crues excédant la capacité) pour trois volumes de réservoir. Cela se rapportait à la Kern River, qui peu après fut entraînée dans la même controverse que la Kings. N.A. (San Bruno), R.G. 77, accession no. 9NS-77-91-033, box 3, dossier intitulé « Kern River Survey ».

pas préférable, surtout si le contrôle des inondations devait encourager le développement de la vallée en aval. L'ingénieur principal du projet, B.W. Steele, expliquait que le plus petit réservoir était basé sur l'inondation de 1906, et qu'un plus grand pourrait être justifié si l'énorme inondation de 1884 était considérée comme une base pour la planification. L'ingénieur de district, en revanche, a fait valoir simplement que les 200 000 acres-pieds supplémentaires n'étaient « pas économiques » et que la vallée en aval était déjà pleinement développée. Mais à Washington on voulait contrôler la plus grande crue possible. Par conséquent, le patron de Chambers dans la division de San Francisco, Warren T. Hannum, redessina les plans. Bien que l'augmentation de la capacité ne fût pas économiquement justifiée (à la marge), il y avait, dans le plus petit barrage, un excédent d'avantages sur les coûts qui suffisait à couvrir le déficit dans les derniers 220 000 acres-pieds et laissait encore un rapport avantages/coûts de 1,4[70]. C'est le plan qu'adopta le corps des ingénieurs. Le bureau de la Valorisation adhéra immédiatement au projet de plus grand réservoir, ne voulant pas contester l'avis du corps sur la nécessité d'une lutte efficace contre les inondations[71].

70. Note du 6 mai 1939, de B.W. Steele (ingénieur principal) adressée au conseil des ingénieurs, recommandant un réservoir d'une capacité de 780 000 acres-pieds ; lettre du 16 mai 1939, de M.C. Tyler, ingénieur en chef adjoint, à Warren T. Hannum, ingénieur divisionnaire ; « Comment » (commentaire de cette lettre), 29 mai 1939, de L.B. Chambers, ingénieur de district, à l'ingénieur en chef par l'intermédiaire de l'ingénieur divisionnaire ; lettre de juin [1939 ?], de Hannum au conseil des ingénieurs ; le tout en N.A. 77/111/678/7402/1 ; note de Chambers du 18 mai 1939, adressée à Hannum, aux N.A. (San Bruno), general administrative files, main office of South Pacific Division of Corps, box 17, FC 501. L'emplacement des graphiques (non datés) dans les dossiers suggère qu'ils étaient préparés par Steele ou sous sa responsabilité. Comme ils venaient à l'appui du barrage le plus petit, il est significatif et même surprenant que les dossiers du bureau de la Valorisation en aient contenu aussi une copie, jointe au rapport original de l'ingénieur de district.
71. Voir la lettre du 11 décembre 1939, de R.A. Wheeler (ingénieur en chef) à John Page (commissaire à la valorisation). Le même jour, Page recommandait ce changement dans une note adressée à l'ingénieur en chef, à Denver. Voir N.A. 115/7/642/301.

Mais Page arracha une contrepartie. Le corps avait estimé un coût beaucoup plus faible pour leur barrage. Page pensait qu'ils étaient trop optimistes sur la nature des fondations, pour lesquelles ils manquaient de données détaillées. Les ingénieurs du bureau soulignaient en outre que l'armée ajoutait seulement 10,1 % pour les frais divers, contrairement à leurs 16 %. Page convainquit le conseil des ingénieurs d'augmenter son estimation d'un million, pour le porter à 19 millions de dollars, et a essayé de l'amener jusqu'à 20 millions[72]. Finalement, les deux organismes transigèrent à 19,5 millions de dollars. Ils sont également parvenus à un compromis sur la très importante question de la répartition des avantages. Le corps estimait que près de 75 % du réservoir étaient nécessaires pour le contrôle des inondations, donc un quart des coûts seulement devaient être mis sur le compte de l'irrigation[73]. Ce pourcentage, comme chacun le reconnaissait, était en fait presque arbitraire car les niveaux de crue pouvaient être assez bien prévus en fonction de l'enneigement hivernal, ce qui permettait de disposer d'une plus grande partie du réservoir pour le contrôle des inondations, sans trop compromettre sa capacité de retenir de l'eau pour l'irrigation. D'ordinaire, le bureau était heureux d'imputer le maximum de coûts au contrôle des inondations, réduisant ainsi les frais des usagers de l'eau d'irrigation. Dans ce cas, cependant, Page ne voulait pas voir la capacité de stockage du réservoir attribuée principalement au corps des ingénieurs. On parvint à un compromis en forme de jugement de Salomon : la moitié des coûts seraient imputés au contrôle des inondations et l'autre moitié à l'irrigation[74].

72. Voir le texte de Page dans la note précédente ; voir aussi une lettre du 28 octobre 1939, de l'ingénieur en chef Denver à Page, que j'ai trouvée dans les dossiers du corps des ingénieurs, N.A. 77/111/678/7402.

73. En Californie, ils souhaitaient ne consacrer que la moitié de ce quart à l'irrigation ; voir la note de l'ingénieur de district Chambers, du 15 juin 1939, adressée à l'ingénieur divisionnaire Hannum ; et celle du 16 juin 1939, de Hannum au conseil des ingénieurs, aux N.A. (San Bruno), R.G. 77, general administrative files of main office, South Pacific Division, box 17, FC 501.

74. Ce partage égal des avantages était proposé dans le projet de McCasland pour la Kings River (note 68) ; voir en particulier le résumé du rapport dans les dossiers du corps des ingénieurs. Il est joint ici à des commentaires critiques de l'in-

Voici comment était conçue la reproductibilité dans les analyses économiques politiquement sensibles. Les deux organismes, sous la pression des instances supérieures, négocièrent un accord. Leurs rapports sur le projet, publiés tous deux en février 1940 comme des documents de la Chambre, proposaient la même structure avec les mêmes coûts imputés à parts égales aux mêmes fonctions. Ils étaient aussi d'accord sur les avantages annuels de contrôle des inondations (1 185 000 $) et de « préservation » de l'eau (995 000 $). Les rapports ne furent pas cependant complètement harmonisés car le corps remit son rapport au Congrès avant la fin des négociations, plongeant le bureau dans la consternation. Le corps affirmait que 54 % des avantages concernaient le contrôle des inondations, ce qui faisait du barrage un projet de contrôle des inondations. Le bureau de la Valorisation incluait une centrale hydroélectrique, d'un coût de 2,6 millions de dollars, avec des avantages annuels de 260 000 $. Cette énergie électrique devait être utilisée pour pomper de l'eau et était donc considérée comme de la préservation. De sorte que le rapport du bureau annonçait un avantage total de 1 255 000 $ pour l'irrigation, ce qui lui permettait de l'emporter aussi bien dans les coûts que dans les avantages. Son rapport contenait quelques astuces quantitatives supplémentaires, subtiles mais admirables. En comptant la réduction de l'évaporation du lac Tulare, où se jette la rivière Kings, le bureau réussissait à augmenter l'eau d'irrigation disponible annuellement jusqu'à 277 000 acres-pieds, contre seulement 195 000 acres-pieds selon les ingénieurs de l'armée. Il calculait que le coût annuel du contrôle des inondations, basé sur le remboursement en quarante ans du capital plus 3 ½ % d'intérêt, était de 486 000 $. Les mêmes coûts étaient imputés à l'irrigation, mais la loi exemptant celle-ci des frais d'intérêt, le coût annuel s'élevait à 263 750 $. Par conséquent, le rapport avantages/coûts

génieur divisionnaire Hannum, et à une lettre également critique (datée du 16 janvier 1940) à l'ingénieur en chef adjoint, Thomas M. Robins. Hannum soutenait que les avantages du contrôle des inondations excédaient de loin ceux de l'irrigation pour le projet. Mais les ingénieurs du corps, à Washington, sentaient alors la pression du président et étaient impatients de lui apprendre qu'un accord avait été trouvé ; voir la lettre du 16 janvier 1940, de Robins à Page, le tout en N.A. 77/111/678/7402/1.

pour la partie du projet concernant le contrôle des inondations était un simple 2,4, tandis que les fonctions du bureau pouvaient se targuer d'un superbe rapport de 4,8[75].

Il y avait quelques autres différences. Le rapport du bureau de la Valorisation comportait une pièce jointe, écrite cinq mois plus tard. C'était une lettre signée par le président, Franklin D. Roosevelt, qui avait momentanément oublié que le corps pouvait être affecté à n'importe quelle tâche sauf la navigation. Ickes exploita ce trou de mémoire : « Nous voyons une fois de plus les forces armées des États-Unis se rassembler pour protéger les communautés agricoles des inondations d'une rivière turbulente de Californie. » En se fondant sur les chiffres du bureau, le président concluait « que le projet concerne principalement l'irrigation et convient à une exploitation et un entretien régis par la loi de la Valorisation [Reclamation Law]. Il s'ensuit qu'il devrait être construit par le bureau de la Valorisation »[76]. Il l'érigea en principe : ces conflits de compétence devaient être désormais réglés par les chiffres.

Le corps des ingénieurs et le bureau étant tous deux des organismes relevant de l'exécutif, la lettre du président ne pouvait guère être ignorée. Mais cela s'est toutefois révélé moins important que l'autre différence existant entre les deux rapports. Le corps proposait de collecter au début une somme globale, représentant la valeur actualisée de tous les futurs paiements pour l'eau, et de laisser les intérêts locaux se charger de la distribution

---

75. 76e Cong., 3e sess., H.D. 630 [10503], *Kings River and Tulare Lake, California* [...] : *Preliminary Examination and Survey* [par le corps des ingénieurs], 2 février 1940 ; *idem*, H.D. 631 [10501], *Kings River Project in California* [...] : *Report of the Bureau of Reclamation*, 12 février 1940. Sur la remise prématurée du rapport du corps, voir les notes d'Ickes et de Frederic Delano (du National Resources Planning Board) adressées à Roosevelt, et l'explication de Harry Woodring, secrétaire d'État à la Guerre, aux N.A. (San Bruno), general administrative files of main office, South Pacific Division of Corps, box 17, FC 501.

76. La décision de Roosevelt est imprimée dans le rapport du bureau (H.D. 631). Sur sa conception de la mission du corps et pour la remarque d'Ickes, voir la note de Roosevelt du 6 juin 1940, adressée à Woodring, et celle d'Ickes à Roosevelt, reçue à la Maison Blanche le même jour ; une copie des deux se trouve aux N.A. (San Bruno), general administrative files, main office, South Pacific Division of Corps, box 17, FC 501.

de l'eau. Le bureau considérait au contraire la distribution de l'eau comme faisant partie de sa mission et refusait de la remettre à des intérêts locaux. Il promit de respecter les droits sur l'eau existants mais commença aussi à renégocier les contrats de distribution d'eau. Le secrétaire d'État à l'Intérieur, Ickes, s'engagea plus tard, lors d'un discours, à utiliser l'eau stockée pour créer en Californie de petites exploitations agricoles pour les soldats revenant de la guerre. En 1943, un nouveau commissaire à la valorisation, Harry Bashore, annonça son intention de faire respecter la loi de la Valorisation, et de ne pas fournir aux grandes exploitations l'eau provenant des projets du bureau[77]. Il n'était pas évident que la rivière Kings serait exemptée.

Dès 1939, les intérêts de la distribution d'eau, dans la région de la rivière Kings, avaient été enclins à favoriser le corps. Dans les années 1940, ils refusaient de négocier des contrats de fourniture d'eau avec le bureau de la Valorisation, exigeant l'autonomie presque complète que leur offrait le corps. Dans certaines auditions du Congrès sur la rivière Kings, en 1941, les ingénieurs représentant les principales compagnies de distribution d'eau – et donc les plus grands propriétaires – témoignèrent en faveur de la construction par le corps des ingénieurs. En 1943, ils le firent de manière encore plus décisive et, en 1944, c'était devenu presque hystérique : Hitler lui-même n'aurait pas pu subvertir l'agriculture américaine plus efficacement que les économistes qui avaient attribué la majorité des avantages de ce projet à l'irrigation. Un groupe d'agriculteurs et d'ingénieurs se sont rendus à Washington pour témoigner solennellement qu'ils n'étaient pas vraiment intéressés par l'irrigation mais avaient désespérément besoin de contrôle des inondations. Des ingénieurs et des avocats des compagnies des eaux ont recalculé les avantages, et ont déterminé qu'au moins les trois quarts de ceux-ci concernaient le contrôle des inondations. Leur témoignage a convaincu les commissions du Contrôle des inondations du Congrès[78].

77. MAASS – ANDERSON, *Desert Shall Rejoice*, p. 264-265 ; HUNDLEY, *Great Thirst*, p. 261.

78. H.R., Committee on Flood Control, *Hearings, 1941*, p. 97 et suiv. ; idem, *1943 and 1944 Hearings*, vol. 1, p. 249 et suiv. ; vol. 2, p. 588 et suiv. ; *Congressional Record*, 90 (1944), p. 4123-4124.

Bien que le barrage de Pine Flat ait finalement été construit par
le corps, la mise à disposition de l'eau devait être négociée entre
les usagers et le bureau. Comme on pouvait s'y attendre, ce furent
d'âpres négociations. Elles ont duré de 1953 à 1963. La Kings
River Water Association insistait désormais pour que l'irrigation
eût la priorité sur toutes les autres utilisations ; elle a même rejeté
un projet de contrat donnant la priorité à l'irrigation « sous la
seule réserve d'un besoin de contrôle des inondations »[79]. Bashore
avait à plusieurs reprises souligné qu'en Californie toute l'agriculture de la vallée Centrale dépendait de l'irrigation. On pourrait
croire par conséquent que les témoignages des grands intérêts
de l'eau et du corps lui-même devant le Congrès, au début des
années 1940, sur la nécessité primordiale d'un contrôle des inondations, étaient tout simplement mensongers. Ce n'est pas tout
à fait juste. Sans irrigation, ces terres ne valaient pratiquement
rien pour l'agriculture, mais étant donné l'existence en 1940 d'une
irrigation déjà développée, la plupart des avantages d'un barrage
à Pine Flat pouvaient raisonnablement être attribués au contrôle
des inondations. En temps normal, le lac Tulare, dans lequel se
jette la rivière Kings, n'avait pas de déversoir : chaque année, il
s'étendait ou reculait, selon les saisons. On y pratiquait une agriculture à très grande échelle. Les grands producteurs plantaient à
la fin du printemps quand le lac se retirait, et accéléraient le recul
des eaux en pompant dans le lac pour irriguer des terrains plus
élevés. Cela fonctionnait de manière adéquate dans les années
normales, mais, les années d'inondation, la majeure partie des
terres restaient trop longtemps sous l'eau pour être cultivées.

---

79. MAASS – ANDERSON, *Desert Shall Rejoice*, p. 260. Le corps changea de
temps en temps son affectation des avantages dans la Kings River, pour d'évidentes raisons de convenance politique : voir MAASS, *Muddy Waters*, chap. 5. Mais
ces changements reflétaient aussi une véritable incertitude, comme le montre
l'apparence abstraite de discussions de méthodes d'affectation dans des documents internes, tels que le « Summary of Cost Allocation Studies on Authorized
Pine Flat Reservoir and Related Facilities, Kings River, California », un rapport
du corps des ingénieurs du district de Sacramento, daté du 28 octobre 1946. Je
remercie Allen Louie de la Sacramento District Planning Division de m'avoir
procuré une copie de ce document.

Ignorant, comme le faisaient toutes les analyses, la valeur de cette immense zone humide pour les oiseaux aquatiques migrateurs, le principal avantage des travaux proposés était en effet de contenir et de stabiliser le lac. Cela profitait presque exclusivement aux gros investisseurs, les seuls qui disposaient des ressources nécessaires pour gérer les fluctuations du niveau de l'eau et tirer un profit du lit intermittent du lac.

C'étaient les producteurs dont les intérêts étaient le plus efficacement représentés aux auditions, dans la lointaine Washington. Certains petits agriculteurs, en particulier des membres de la Pomona Grange, envoyaient des lettres éloquentes et peu grammaticales et avaient même signé une pétition en faveur du bureau de la Valorisation. Ils ne demandaient pas le morcellement des grandes exploitations, même si quelques-uns avaient témoigné lors de certaines auditions à Sacramento, en 1944, en faveur de l'application des restrictions de superficie imposées dans la vallée Centrale par la loi de la Valorisation. De leur point de vue, le principal attrait du plan du bureau pour la rivière Kings était qu'il fournirait une énergie électrique peu coûteuse pour irriguer leurs cultures. Lorsque les représentants des grands intérêts de l'eau, en particulier Charles Kaupke de la Kings River Water Association, ont déclaré à la commission de la Chambre que leurs membres préféraient l'absence de projet à un projet soumis aux règles du bureau de la Valorisation, le *Fresno Bee* a fait un éditorial contre lui. Il prévoyait, à tort comme cela s'est avéré par la suite, que l'opposition au corps manifestée par Roosevelt sur cette question se révélerait décisive. Il avertissait que des intérêts égoïstes pourraient bloquer un barrage qui bénéficiait d'un soutien fédéral et avait de grands avantages locaux[80].

Rien n'indique que tout cela eût beaucoup d'importance à Washington. La délégation locale du Congrès et les commissions

80. Sénat, Committee on Irrigation and Reclamation, Subcommittee on Senate Resolution 295, *Hearings : Central Valley Project, California*, 78ᵉ Cong., 2ᵉ sess., juillet 1944 ; *Fresno Bee*, numéros des 25, 26 et 29 avril, 29 mai, 27 et 30 septembre, 5 et 23 octobre 1941 ; voir aussi plusieurs articles de juin 1943. Une expression particulièrement précoce de l'opposition aux gros intérêts de l'eau est une brochure, le *Pine Flat News*, datée du 15 avril 1940, N.A. 115/7/639/023.

compétentes étaient fermement alliées aux grands propriétaires favorables à la construction par le corps. La Maison-Blanche ne soutenait pas moins fermement le bureau de la Valorisation. L'analyse quantitative, dont les deux parties attendaient qu'elle les départage, était trop approximative pour le faire. En fait, elle empêchait toute négociation, puisque chacune des deux parties revendiquait la prépondérance de ses avantages. Les divergences dans les modes de calcul avaient mené à une impasse embarrassante et un bourbier politique. Les luttes bureaucratiques comme celle de la rivière Kings semblaient révéler la nécessité impérieuse d'une normalisation de l'analyse coûts-avantages au sein du gouvernement fédéral.

LES PRATIQUES ÉCONOMIQUES DIVERGENTES
DES AGENCES FÉDÉRALES

Tout effort visant à concilier les différentes pratiques de coûts-avantages était confronté à de graves obstacles. L'analyse coûts-avantages n'était pas une simple stratégie pour choisir un projet. Elle structurait les relations à l'intérieur des bureaucraties et permettait de définir la forme de leurs interactions avec leurs clients et leurs concurrents. Le bureau de la Valorisation, qui faisait figure d'exception dans la plupart des discussions entre agences sur l'analyse coûts-avantages, pouvait moins se permettre d'abandonner ses procédures spécifiques d'évaluation des avantages. Dès cette époque, certaines de ses pratiques passaient pour indéfendables, à la limite du ridicule, comme elles nous apparaissent rétrospectivement. Quoi qu'il en soit, elles étaient explicitement codifiées. Le bureau acceptait les méthodes d'autres organismes, y compris celles du corps des ingénieurs et de la Commission fédérale de l'énergie (Federal Power Commission), pour évaluer des avantages tels que le contrôle des inondations et la production d'électricité qui étaient des éléments collatéraux de sa mission première. Mais c'était le spécialiste de l'irrigation et, pour respecter un critère économique inscrit dans la loi de la Valorisation (Reclamation Act) de 1939, il avait élaboré un ensemble de méthodes typiques de l'époque de la dépression pour quantifier cette catégorie d'avantages.

Le bureau analysait les avantages d'irrigation directs en commençant par la production agricole rendue possible par le nouvel approvisionnement en eau. Ces produits étaient supposés fournir un moyen de subsistance irremplaçable pour un certain nombre d'agriculteurs. Aux revenus qu'ils reçoivent, il faut ajouter les « avantages complémentaires rayonnant à l'extérieur ». Tout d'abord, la nouvelle production fournissait les matières premières destinées à la transformation et à la vente par d'autres. Cela recouvrait cinq catégories d'activités : le marchandisage, la transformation directe, d'autres étapes de transformation, le commerce de gros et le commerce de détail. Les analystes économiques du bureau affectaient des pourcentages à chacune de ces activités pour chacun des dix groupes de produits agricoles. Pour les céréales, c'étaient, respectivement, 8, 12, 23, 10 et 30 : au total 83 %. L'augmentation de production imputée à l'irrigation était multipliée par 0,83 pour mesurer cette catégorie d'avantages indirects. Des facteurs différents étaient appliqués aux autres groupes de produits. Ce n'était pas le seul multiplicateur. Les agriculteurs qui bénéficient d'eau d'irrigation dépensent la plupart de leurs revenus dans la communauté locale. Le bureau définissait dix-neuf catégories d'entreprises où les agriculteurs vont se fournir, et, une fois de plus, attribuait un pourcentage à chacune. Ces facteurs étaient ensuite multipliés par l'augmentation des revenus des entreprises en question. Quelque 12 % de l'augmentation des achats du commerce de détail, par exemple, étaient crédités aux nouveaux travaux d'irrigation. Comme l'étaient 29 % de l'augmentation des dépenses de réparation d'automobile et – les plus fameux – 39 % des nouvelles recettes des salles de cinéma. Enfin, au moins en principe, le total devait être réduit par application d'un « facteur fédéral d'ajustement du coût », le rapport du revenu agricole net au revenu brut[81].

81. H.R., Committee on Public Works, Subcommittee to Study Civil Works, *Economic Evaluation of Federal Water Resource Development Projects : Report [...] by Mr. [Robert] Jones of Alabama*, 82ᵉ Cong., 2ᵉ sess., House Committee Print 24,

L'imagination comptable du bureau ne se limitait nullement à cela. Il était tenu de faire payer les agriculteurs pour les dépenses imputées à l'irrigation et se considérait lui-même comme désavantagé à cet égard par comparaison avec le contrôle des inondations ou avec la navigation, qui ne demandaient aucun remboursement. Comme un groupe de travail de la première commission Hoover l'observait en 1949 : « La rivalité entre agences a favorisé une sorte de loi de Gresham en matière de politiques financières fédérales, car les normes de remboursement les plus élevées par les bénéficiaires – qu'ils soient de l'État, locaux ou privés – tendent à être remplacées par des normes inférieures[82]. » Le bureau a entrepris, avec une extraordinaire efficacité, de diminuer cet inconvénient. Une loi a exempté les agriculteurs du paiement des intérêts. La période d'amortissement a été portée progressivement de 10 à 40, puis à 50 ans. En 1952, elle avait atteint au moins cent ans ou même « la vie du projet ». Cent ans sans intérêt était une belle subvention. Mais les irrigateurs n'ont en fait jamais dû payer autant. Le bureau calculait les avantages pour, entre autres, le contrôle des inondations, l'énergie hydroélectrique, la réduction de la pollution, les loisirs, le poisson et la faune. Sa politique déclarée était d'imputer les coûts en priorité aux fonctions non remboursables, jusqu'à la totalité du coût du projet.

Au cours des débats sur la rivière Kings, Harry Bashore expliquait volontiers que « plus les avantages de contrôle des inondations sont grands et plus cela nous convient, d'une certaine façon, car cela allège le fardeau des agriculteurs qui doivent payer pour les avantages d'irrigation ». Si les coûts ne pouvaient pas

---

5 décembre 1952, p. 14-18. Parfois le bureau ne convertissait même pas le revenu agricole de brut à net : voir A.B. ROBERTS, *Task Force Report on Water Resources Projects : Certain Aspects of Power, Irrigation and Flood Control Projects*, préparé pour la Commission on Organization of the Executive Branch of the Government, annexe K, Washington (D.C.), USGPO, janvier 1949, p. 21.

82. Leslie A. MILLER *et al.*, *Task Force Report on Natural Resources : Organization and Policy in the Field of Natural Resources*, préparé pour la Commission on Organization of the Executive Branch of Government, annexe K, Washington (D.C.), USGPO, janvier 1949, p. 23.

être tous imputés à des fonctions non remboursables, ceux qui restaient l'étaient de préférence à la production d'énergie hydroélectrique. Si cette électricité pouvait être utilisée pour pomper l'eau d'irrigation, elle pouvait être exemptée des intérêts (comme l'eau d'irrigation elle-même) du côté des coûts, mais créditée avec les intérêts du côté des paiements, de sorte que les agriculteurs avaient moins à payer que l'investissement initial. Malgré cela il était fréquent que les agriculteurs n'honorent pas les paiements, en partie parce qu'ils s'étaient rendu compte que le bureau était inoffensif, mais aussi parce que ces projets de « préservation » leur apportaient généralement une bien modeste augmentation de revenus. Le bureau de la Valorisation avait besoin de son évaluation extravagante des avantages de l'irrigation pour empêcher sa mission de se tarir[83]. Il était très critiqué et, en 1952, une commission de consultants universitaires a été chargée par le commissaire Michael W. Straus de « procéder à une évaluation objective » de ses désaccords avec d'autres agences fédérales. La commission était favorable à la notion d'avantages secondaires mais concluait cependant que « les applications effectives de cette notion par le bureau vont bien au-delà de ce qui peut être judicieusement identifié comme des avantages secondaires quantitativement mesurables [...], attribuables à des projets d'usage public de l'eau[84] ».

83. H.R., Committee on Public Works, Subcommittee to Study Civil Works, *Economic Evaluation*, p. 7 ; *idem, Hearings*, p. 489-490 ; H.R., Committee on Flood Control, *1943 and 1944 Hearings*, vol. 2 (1944), p. 640 et 633. Le bureau appliqua même cette forme de comptabilité à des bassins fluviaux, pour que les meilleurs projets puissent couvrir les coûts des moins bons : REISNER, *Cadillac Desert*, p. 140-141. Elizabeth DREW, « Dam Outrage », p. 56, cite une remarque selon laquelle « les mesures [coûts-avantages] sont suffisamment souples pour prouver la faisabilité de la culture des bananes sur le Pike's Peak ». Cette remarque n'a pu être inspirée que par le bureau de la Valorisation, qui en effet devait être particulièrement inventif dans les montagnes et les hautes plaines du Colorado.

84. John M. CLARK, Eugene L. GRANT, Maurice M. KELSO, *Report of Panel of Consultants on Secondary or Indirect Benefits of Water-Use Projects*, daté du 26 juin 1952, p. 3 et 12. Ce rapport a été motivé par le refus du bureau d'entériner les *Proposed Practices* du FIARBC, examinées ci-dessous. Il en existe une copie en N.A. 315/6/4.

À part les groupes d'intérêts déçus, peu de gens pensaient que le corps des ingénieurs pratiquait une analyse économique trop stricte. Mais il recevait toujours plus de projets qu'il n'était envisageable d'en réaliser dans un avenir immédiat. Au milieu des années 1940, il a recommandé et a reçu l'autorisation d'avoir un grand arriéré de travaux, ce qui dans les années 1950 est devenu une source d'embarras en raison de retards et d'inévitables dépassements de coûts. L'arriéré eût été pire si le corps n'avait pas rejeté plus de la moitié des demandes qui lui parvenaient[85]. Les critiques ont généralement cité les cas où le corps s'écartait de manière flagrante de ses propres normes économiques comme preuve des pressions politiques auxquelles il était soumis. De sorte que beaucoup ont supposé que ses analyses économiques ne servaient qu'à sauver les apparences en lui permettant de ne pas respecter les règles. Mais d'ordinaire il ne faisait pas preuve d'une ingéniosité remarquable. Les ingénieurs étaient embarrassés quand ils devaient faire une estimation monétaire des « intangibles » – ce qui signifiait en pratique toute quantification (même impliquant des valeurs non controversées comme la préservation de la vie humaine) non encore formulée sous forme de règle. Dans le cours ordinaire des affaires, le corps devait se prononcer sur un grand nombre de projets, petits ou moyens, tous soutenus politiquement. La crédibilité nécessaire pour en approuver certains et en rejeter d'autres dépendait du fait qu'il avait la réputation de suivre des règles. Les projets de taille exceptionnelle pouvaient parfois ne pas tenir compte de celles-ci. Pour les décisions ordinaires, il était politiquement opportun de ne pas faire d'astuces, mais d'établir et de maintenir des méthodes de routine.

---

85. H.R., Committee on Public Works, Subcommittee to Study Civil Works, *The Civil Functions Program of the Corps of Engineers, United States Army. Report [...] by Mr. Jones of Alabama*, 82e Cong., 2e sess., 5 décembre 1952, p. 6, indique que, depuis 1930, le conseil des ingénieurs avait pris une décision défavorable pour 55,2 % des études et rapports préliminaires. Beaucoup de projets rejetés ont été approuvés ultérieurement, lorsque les avantages ont été définis de manière plus large. Malgré cela, le corps employait le critère du coûts-avantages pour repousser les projets les plus douteux.

Ce n'était pas facile. Après la seconde guerre mondiale, le corps avait environ 46 bureaux de district regroupés en onze divisions. À partir de 1936, le nombre d'ingénieurs civils a énormément augmenté. En 1949, le corps était composé de 200 ingénieurs de l'armée, 9 000 ingénieurs civils et 41 000 autres employés civils. À Washington, les hauts responsables essayaient d'utiliser l'analyse coûts-avantages pour imposer à cette lourde bureaucratie une certaine cohérence dans ses tâches de planification. Les ingénieurs de district utilisaient les résultats économiques pour défendre leurs décisions contre des solliciteurs déçus, qui pouvaient même être soutenus par de hauts responsables du corps. Les promoteurs avaient une imagination sans bornes lorsqu'il s'agissait de trouver des arguments économiques pour soutenir un projet. Ils pouvaient, par exemple, calculer le nombre de mouettes qui peuplent un nouveau réservoir, puis le multiplier par leur taux de consommation de sauterelles et par la valeur du blé consommé par chaque sauterelle[86]. Si ces extravagances étaient autorisées, la planification du projet serait réduite à la seule politique et le contrôle des inondations perdrait de sa crédibilité.

Le bureau de l'ingénieur en chef envoya, à la fin des années 1930 et au début des années 1940, une série de lettres circulaires spécifiant les catégories d'avantages appropriées et comment elles devaient être quantifiées. Ces règles ont été reformulées dans la section 283.18 des *Orders and Regulations* (instructions et

---

86. En 1938, l'ingénieur de district de Sacramento, L.B. Chambers, se prononça contre un projet sur la Humboldt River, au Nevada. Les groupes d'intérêts protestèrent auprès de Warren T. Hannum, l'ingénieur divisionnaire de San Francisco, en se plaignant du fait que leur eau n'avait été évaluée qu'à 1 $ par acre-pied, tandis que les habitants des villes du sud de la Californie avaient été crédités de valeurs au moins vingt fois plus grandes. Hannum, apparemment convaincu, demanda à Chambers de justifier son analyse, ce qu'il fit en détail. N.A. (San Bruno), general administrative files, main office, South Pacific Division of Corps, box 17, FC 501. Le calcul des sauterelles est mentionné dans une autobiographie inédite de William Whipple, Jr., datée de 1987, conservée aux archives de l'Office of History du corps des ingénieurs de l'armée. Pour le nombre d'ingénieurs, voir U.S. Commission on Organization of the Executive Branch of Government, *The Hoover Commission Report*, New York, McGraw-Hill, 1949 ; réimpr., Westport (Conn.), Greenwood Press, 1970, p. 279.

règlements) de l'armée. À la fin des années 1950, le corps avait entrepris l'impression, la révision et la réimpression de volumes entiers traitant de la quantification des différentes catégories d'avantages. Le style en était toujours strict et sérieux, comme il convenait à une bureaucratie militaire. La première de ces lettres circulaires, datée du 9 juin 1936, demandait instamment que l'analyse économique écarte « l'optimisme naturel de l'ingénieur », ainsi que les exagérations des entreprises industrielles[87]. Les *Orders and Regulations* spécifiaient qu'il était juste de considérer comme un avantage l'« usage accru » des terres protégées par le contrôle des inondations, mais que, dans le cas où l'usage de la plaine d'inondation était de toute façon en train de se développer, la valeur correcte de l'avantage était la réduction prévue des dégâts dus aux inondations. L'ingénieur ne devait jamais utiliser ensemble les deux estimations : c'est le double comptage, un péché capital. L'estimation des « dommages indirects » devait être faite dans chaque cas en fonction de la situation. Ajouter simplement un pourcentage aux dommages directs n'était pas permis, « sauf dans le cas où ces relations ont été établies pour certaines zones sélectionnées et sont applicables là où existent des situations comparables »[88].

Assurément, ces règles n'étaient pas extrêmement restrictives. Il était permis d'évaluer des avantages « collatéraux », tels que

87. Tiré de la River and Harbor Circular Letter (R&H) n° 39, 9 juin 1936, N.A. 77/142/11. D'autres circulaires précoces sur l'analyse économique sont R&H 43 (22 juin 1936) ; R&H 46 (12 août 1938) ; R&H 49 (23 août 1938) ; R&H 42 (11 août 1939) ; R&H 43 (14 août 1939) ; R&H 62 (27 décembre 1939) ; R&H 29 (1er juin 1940) ; R&H 43 (30 août 1940). On peut les trouver en N.A. 77/142/11-16. Beaucoup de ces circulaires de 1939 et 1940 traitent de l'harmonisation interinstitutionnelle de procédures économiques. On peut trouver quelques manuels de la fin des années 1950 et du début des années 1960 à l'Office of History, corps des ingénieurs de l'armée, XIII-2, manuels 1956-1962.

88. Cité dans une brochure polycopiée de J.R. Brennan, écrite pour le département de la Guerre, corps des ingénieurs, district de Los Angeles, *Benefits from Flood Control. Procedure to be followed in the Los Angeles Engineer District in appraising benefits from flood control improvements*, 1er décembre 1943 (préc. éd., 1er octobre 1939 et 15 avril 1940), N.A., Pacific Southwest Region (Laguna Niguel, Californie), 77/800.5. L'ingénieur en chef approuva la circulation de cette brochure dans d'autres districts sans déclarer ses prescriptions obligatoires.

la réduction de la pollution, au coût d'une solution de remplacement permettant d'obtenir le même effet, même si personne n'avait l'intention de le faire. Certains projets de navigation ont montré que leur principal avantage était un gain de temps, que les pêcheurs et les expéditeurs n'étaient manifestement pas disposés à subventionner. Un certain McCoach, qui répondait aux questions économiques pour le chef des ingénieurs, en 1937, au cours d'auditions sur le contrôle des inondations, prit part à l'échange suivant :

> [CHARLES R.] CLASON [MASS.] : Le facteur important n'est-il pas l'augmentation de valeur des propriétés ; ne se compte-t-elle pas en millions, tandis que d'autres restent autour des milliers ?
>
> MCCOACH : C'est exact, mais c'est naturellement un des avantages les plus controversés que l'on puisse trouver.
>
> CLASON : En l'absence d'augmentation de valeur des terres, aucune digue, aucune levée ne serait jamais considérée comme avantageuse ?
>
> MCCOACH : C'est exact.

McCoach poursuivit en expliquant que les mesures du corps étaient en fait prudentes, car « il y a tellement de choses indirectes et intangibles que l'on ne peut pas évaluer par ce que j'appelle les méthodes de facturation ». Il reconnut aussi qu'« on ne trouverait pas deux hommes dans cette salle » qui seraient d'accord sur la manière d'évaluer les propriétés et que, bien que la valeur imposable soit prise en compte, ce n'est pas décisif. Clason fut troublé : « Si les électeurs m'écrivent pour me demander sur quelle base est construite une digue, je voudrais être capable de leur dire quelque chose de plus précis que : en essayant de deviner l'augmentation de valeur des propriétés. » « Je ne dirais pas qu'on la devine, a répondu McCoach, on l'estime »[89].

À partir de 1940, cependant, le corps s'appuie moins fortement sur les changements de valeur des propriétés pour justifier les ouvrages de contrôle des inondations. Dans certains districts, on a commencé à les appeler « intangibles ». L'augmentation de

---

89. H.R., Committee on Flood Control, *Hearings on Levees and Flood Walls, Ohio River Basin*, 75ᵉ Cong., 1ʳᵉ sess., juin 1937, p. 140-141.

valeur des propriétés devrait, après tout, refléter les dégâts potentiels ou historiques des inondations. C'était la plus formalisée de
toutes les catégories d'avantages. Elle était encore assez délicate
à utiliser. Même si les statistiques d'inondation étaient bonnes et
couvraient plusieurs décennies, une moyenne des dégâts enre-
gistrés était une mesure insuffisante. Comme la population avait
augmenté presque partout, on pouvait s'attendre à ce qu'une crue
à venir causerait plus de dégâts qu'une crue équivalente du passé.
En outre, la moyenne annuelle des dégâts dus aux inondations
était extrêmement sensible à la taille de la plus grande inondation probable, la crue du projet, qui restait hypothétique. Afin de
l'estimer, les ingénieurs utilisaient des techniques probabilistes
ainsi que des relevés météorologiques pour tracer une courbe
de fréquence des crues, puis dressaient une carte montrant les
limites attendues de la zone inondée, les courbes de profondeur
et la durée de l'inondation. Le montant moyen des dégâts calculé
à partir des données historiques pouvait n'être qu'un tiers de
ceux estimés en cas de crue maximale hypothétique. Il convient
d'ajouter que dans un certain nombre de cas embarrassants, la
crue hypothétique a été rapidement dépassée dans les faits[90].

Il restait de toute évidence beaucoup de place pour le jugement dans l'estimation économique. On s'efforçait aussi constamment de définir la façon de l'effectuer et de préciser ses limites
admissibles. On recommandait aux ingénieurs de ne pas accepter
aveuglément les demandes d'indemnisation de ceux qui étaient
effectivement inondés, car ils avaient tendance à exagérer. La
quantification des « intangibles » était fortement déconseillée. Un
rapport de 1940, rédigé par un ingénieur de district qui s'appuyait trop sur les intangibles pour obtenir des rapports avan-

90. Un exemple de dégâts historiques (13 888 $) beaucoup moins élevés en
moyenne que les « dégâts potentiels » (43 000 $) se trouve dans H.R., 76ᵉ Cong.,
3ᵉ sess. (1940), H.D. 719 [10505], *Walla Walla River and Tributaries, Oregon and
Washington*, p. 17. Pour une discussion formelle de ces méthodes, voir Corps of
Engineers, Los Angeles Engineer District, *Benefits from Flood Control*, chap. 1-2.
Ces méthodes générales étaient souvent citées dans les rapports de projet et
même, à l'occasion, dans les auditions du Congrès, p. ex., H.R., Committee on
Flood Control, *Hearings, 1938*, p. 207.

tages/coûts de 1,01 et 1,06, a été rejeté au niveau de la division. L'ingénieur divisionnaire ne doutait nullement de la réalité de ces avantages mais, comme ils n'étaient « pas susceptibles d'une évaluation exacte », ils n'auraient dû être invoqués que pour justifier des projets qui au moins apparaissaient comme basés de façon marginale sur des coûts véritables, tangibles[91].

Il est amplement prouvé que le corps prenait au sérieux ses calculs de coûts-avantages, même lorsqu'il était soumis à une pression politique. Une grande inondation près des sources de la rivière Republican, dans le Colorado et le Nebraska, causa des dégâts considérables dans de petites villes et des fermes, tuant même 105 personnes. Une étude fut rapidement demandée. Le corps constata que la construction d'un grand barrage pouvait se justifier, mais seulement en raison de sa contribution au contrôle des inondations sur le cours principal du Missouri et du Mississippi – autrement dit, il devait être en aval, ce qui signifiait qu'il n'aiderait pas ceux qui avaient souffert de la crue de 1935. Tous les réservoirs potentiels en amont présentaient des rapports avantages/coûts très faibles, de 0,46 en moyenne. Le réservoir aval, en revanche, avait un excédent confortable des avantages sur les coûts : un rapport de 2,35. Lorsque cela s'est su, les ingénieurs d'État du Colorado, du Kansas et du Nebraska s'associèrent à une pétition demandant que cet excès soit utilisé pour couvrir les déficits de coûts-avantages de plusieurs barrages en amont. « Nous pensons que l'intention du Congrès est, soit d'assurer grâce à ce projet une protection complète contre les inondations de ce système fluvial, soit de fournir autant de protection dans le bassin qu'il est possible et de garder les avantages, quels qu'en soient les bénéficiaires, au-delà du coût estimé du projet ». Ils préparèrent un ensemble combiné de contrôle des inondations sur la rivière Republican qui présentait un rapport avantages/coûts global de 1,6. L'ingénieur de district s'y opposa. Une telle politique « amènerait vraisemblablement des intérêts locaux à demander la construction du nombre maximal

91. 76ᵉ Cong., 2ᵉ sess., 1940, H.D. 479 [10503], *Chattanooga, Tenn. and Rossville, Ga.*, p. 29-30 et 33.

de réservoirs économiquement injustifiés [...] qui puissent être inclus dans un projet de réservoir multiple ». Il dut cependant convenir qu'il existait des précédents pour ce genre de projet d'ensemble[92].

Une note d'engagement de l'ingénieur divisionnaire de Kansas City à l'ingénieur en chef remarque que le sénateur Norris du Nebraska était venu dans son bureau pour s'informer des plans concernant la rivière Republican et expliquer la « détresse des agriculteurs ». Il s'avère que ceux-ci voulaient utiliser les dégâts des inondations comme un prétexte pour construire un grand projet d'irrigation et que sans cela, en fait, ils étaient susceptibles de refuser le contrôle des inondations. L'ingénieur divisionnaire dit au sénateur que les meilleurs réservoirs présentaient un rapport avantages/coûts d'environ 0,16 pour le seul contrôle des inondations, de sorte qu'ils travaillaient sur des réservoirs à double destination.

> Il a été expliqué au sénateur Norris [...] que le coût de ces réservoirs se situerait entre 40 et 60 millions de dollars ; et que le rapport coûts/ avantages ne serait pas meilleur que 2/1, et serait probablement plus proche de 3/1, même en faisant des hypothèses très libérales sur les avantages. Nous lui avons dit que nous faisions tous les efforts possibles pour améliorer la présentation du projet, [...] que nous n'avons pas encore trouvé un projet qui soit justifié à ses yeux et n'avons guère d'espoir d'en trouver, mais que nous nous ingénions à rendre le rapport convaincant pour tous les intéressés[93].

L'équilibre entre la politique et l'objectivité dans cette lettre semble à peu près juste. Norris, de toute évidence, a accepté le raisonnement de l'ingénieur divisionnaire. Le projet eût peut-être

---

92. « Memorandum of the States of Colorado, Kansas, and Nebraska with Reference to a Flood Control Plan for the Republican River Basin », 13 juillet 1942 ; note de l'ingénieur de district de Kansas City, A.M. Neilson, adressée à l'ingénieur divisionnaire, 11 avril 1941 ; tous deux en N.A. 77/111/1448/7402.

93. Lettre de C.L. Sturdevant, ingénieur divisionnaire, à Thomas M. Robins, bureau de l'ingénieur en chef, 11 décembre 1939, N.A. 77/111/1448/7402 ; voir aussi H.R., 76ᵉ Cong., 3ᵉ sess. (1940), H.D. 842 [10505], *Republican River, Nebr. and Kans.* (« *Preliminary Examination and Survey* »).

été encore refusé pendant un certain temps, si le bureau de la Valorisation et le corps des ingénieurs n'avaient décidé en 1944 de se partager l'ensemble du bassin versant de la rivière Missouri, pour éviter une autre guerre sanglante et bloquer le projet d'une Missouri Valley Authority indépendante. Les rapports d'enquête des années suivantes ont réussi à justifier un certain nombre de projets sur la rivière Republican, la plupart avec des rapports avantages/coûts de l'ordre de 1,0 à 1,2. Une énorme inondation dans le bassin inférieur, en 1951, a réglé la question, et une carte actuelle montre des réservoirs partout[94].

Mais cela ne faisait sans doute qu'illustrer les effets malheureux de la concurrence d'une agence dont les normes de coûts-avantages permettaient presque n'importe quoi. Chaque fois que l'occasion s'en présentait, le corps des ingénieurs favorisait l'établissement de normes solides pour l'analyse coûts-avantages, valables uniformément pour toutes les agences du gouvernement. Cela ne signifiait pas des normes sévères et décourageantes. Lorsqu'une commission d'enquête a demandé à l'ingénieur en chef Lewis Pick si le nombre de projets pouvait être réduit en exigeant un rapport avantages/coûts d'au moins 1,5, ou en demandant de grandes contributions locales, il a répondu avec son affabilité et son éloquence caractéristiques : « C'est vrai. Je pense qu'il est très facile de les arrêter, monsieur. Si vous vouliez arrêter les programmes de préservation aux États-Unis, ce serait très facile à faire[95]. »

Le corps s'efforçait au contraire de repousser sans cesse les frontières de l'analyse coûts-avantages afin qu'il y eût toujours une provision gérable de projets économiquement approuvés. Des membres du corps se sont plaints parfois des restrictions excessives imposées aux avantages reconnus, et parlaient de « la

94. L'accord consistait principalement à regrouper la plupart des projets que chaque agence avait pris en considération. Voir la discussion approfondie dans le *Congressional Record*, 90 (1944), p. ex., p. 4132, sur la Republican River. Pour les études de projet voir le 81ᵉ Cong., 2ᵉ sess. (1949-1950), H.D. 642 [11429a], *Kansas River and Tributaries, Colorado, Nebraska, and Kansas* ; voir aussi WOLMAN *et al., Report.*

95. H.R., Committee on Public Works, Subcommittee to Study Civil Works, *Study of Civil Works*, p. 25 ; *idem, Civil Functions of Corps*, p. 34 (tous deux de 1952).

nécessité de nouvelles méthodes d'analyse économique qui, en améliorant les rapports avantages/coûts, justifieraient la construction de projets actuellement jugés irréalisables[96] ». Semblable discours suggère que l'analyse coûts-avantages était, dans une certaine mesure, contraignante, du moins à un moment donné. Mais de nouvelles méthodes allaient en fait apparaître. Dans les années 1960, par exemple, l'expansion des constructions pour le contrôle des inondations a été favorisée par de nouvelles méthodes libérales pour évaluer les avantages de loisirs.

Il est remarquable que le Congrès se soit parfois montré plus engagé en faveur des normes fixes que le corps lui-même. Pendant les années 1950, les loisirs n'étaient rendus « tangibles » qu'en les traitant comme une source de profits pour les établissements touristiques au bord ou à proximité des réservoirs et des voies navigables. Mais les avantages pour les touristes eux-mêmes sont importants, indiquait en 1954 le successeur de Pick, R.A. Wheeler, et « nous aurons un jour une formule » pour les évaluer. Le Service des parcs nationaux (National Park Service) faisait des évaluations excessivement généreuses pour essayer de justifier de nombreuses installations de loisirs au bord des réservoirs, une fois prise la décision de construire ces derniers. Des avantages de loisirs furent affectés en 1948 au réservoir Isabella, sur la rivière Kern, en additionnant les frais de voyage des touristes attendus, les frais de subsistance quotidiens pour les visiteurs passant la nuit sur place, une « valeur de loisirs » de 12,5 *cents* par visiteur-jour, les avantages pour le commerce local et la valeur des lotissements de résidences d'été. C'était un inventaire hétéroclite où les ingénieurs du corps auraient facilement décelé le double comptage. Le Service des parcs nationaux, voulant faire mieux, consulta, à la fin des années 1940, dix experts en économie dans l'espoir qu'ils se mettraient d'accord sur une formule correcte. Ils n'y parvinrent pas[97].

96. J.L. Peterson de la Ohio River Division du corps des ingénieurs, 1954, cité dans Moore – Moore, *Army Corps*, p. 37-39.

97. Pour Wheeler, voir H.R., Committee on Rivers and Harbors, *Hearings on Tombigbee and Tennessee*, p. 185. Sur le réservoir Isabella : *Definite Project Report. Isabella Project. Kern River, California. Part VII : Recreational Facilities* (27 août

Finalement, le Congrès lui-même prit le taureau par les cornes. Il ne donna pas au corps un chèque en blanc mais essaya de définir une mesure fixe, mais pas trop parcimonieuse. En 1957, il envisagea de faire une loi pour créditer tous les projets d'un dollar par visiteur et par jour, à titre d'avantage de loisirs. Le corps jugea cela absurde. Cette valeur devait dépendre de l'usage que les gens font d'un réservoir et de l'existence d'autres plans d'eau également attrayants dans le voisinage immédiat. Il vaudrait mieux, déclara l'ingénieur en chef adjoint, John Person, lors d'une audition au Sénat, remplacer cette évaluation fixe par l'expression « valeur raisonnable ».

Roman Hruska, sénateur du Nebraska, exprima aussitôt son inquiétude que le mot « raisonnable » pût signifier des choses différentes selon les personnes ou le moment. Francis Case, du Dakota du Sud, répondit : « Ce ne serait pas assurément un plus grand pouvoir discrétionnaire que celui qui est accordé aux ingénieurs du bureau de la Valorisation dans l'évaluation d'autres critères. Nous ne faisons pas d'estimation précise des dégâts dus aux inondations ni des valeurs d'irrigation. » « Si, si, je pense que nous le faisons », intervint Robert Kerr, le président, qui devait le savoir mieux que personne. « Pas une estimation précise en dollars », déclara Case. « Je pense que nous le faisons, répéta Kerr. Nous ne leur disons pas quelles sont les spécifications, mais nous leur disons de nous conseiller et de fixer la valeur, exprimée en dollars, des futurs avantages du contrôle des inondations ou de la prévention des inondations et ils y arrivent. » Après un moment de discussion, quelqu'un pensa à interroger leur ingénieur expert.

1948), annexe A. « Preliminary Report of Recreational Facilities by National Park Service », N.A. (San Bruno), R.G. 77, accession no. 9NS-77-91-033, box 2. Sur l'étude des experts : U.S. Department of the Interior, National Park Service, *The Economics of Public Recreation : An Economic Study of the Monetary Value of Recreation in the National Parks*, Washington (D.C.), Land and Recreational Planning Division, National Park Service, 1949. Le Congrès avait autorisé le corps, par une loi de 1932, à encourager la circulation des yachts, péniches, etc., sur les voies navigables ; voir TURHOLLOW, *Los Angeles District*.

KERR : Comment fixez-vous cette valeur, général ?
PERSON : Eh bien, les dégâts d'inondation évités, nous les déterminons par une étude de la courbe de fréquence des crues, les statistiques de chaque inondation, les dégâts réels qu'elles ont provoqués et d'autres questions connexes.
KERR : C'est une spécification fixe qui vous guide alors, plutôt qu'une estimation raisonnable ?
PERSON : Elle est fixe, en effet, dans la mesure où nous devons avoir quelque chose de concret sur lequel la baser[98].

Les chemins de fer et le Bureau du budget se sont opposés à toute cette initiative d'évaluation des loisirs, en tant qu'elle représentait un relâchement des exigences. Le Congrès ne voyait pas bien sûr d'inconvénient à un tel assouplissement, mais il insistait sur l'« objectivité »[99].

LA DEMANDE D'UNIFORMITÉ

En 1943, un groupe informel interministériel de fonctionnaires des agences fédérales de l'eau se réunit à Washington. L'organisateur était R.C. Price, du bureau de la Valorisation, qui présenta un mémoire, complété par des graphiques, montrant comment l'« analyse incrémentale » pouvait être utilisée pour concevoir des barrages de taille optimale[100]. Le groupe informel

98. Sénat, Committee on Public Works, Subcommittee on Flood Control – Rivers and Harbors, *Hearings : Evaluation of Recreational Benefits from Reservoirs*, 85ᵉ Cong., 1ʳᵉ sess., mars 1957, p. 33.
99. Le besoin d'« objectivité » fut invoqué par Edmund Muskie, du Maine, lorsque Elmer Staats, du Bureau du budget, parla de jugement : Sénat, Committee on Public Works, Subcommittee on Flood Control – Rivers and Harbors, *Hearings : Land Acquisition Policies and Evaluation of Recreation Benefits*, 86ᵉ Cong., 2ᵉ sess., mai 1960, p. 151 ; voir aussi U.S. Water Resources Council, *Evaluation Standards for Primary Outdoor Recreation Benefits*, Washington (D.C.), USGPO, 4 juin 1964.
100. N.A. 315/2/1, premier dossier, intitulé « Interdepartmental Group », 1943-1945. Le mémoire de Price se rapportait à une proposition de barrage sur le système fluvial Alabama-Coosa.

fut bientôt officialisé sous le nom de Commission fédérale inte-rinstitutionnelle des bassins fluviaux (Federal Inter-Agency River Basin Committee, FIARBC). Les procès-verbaux des premières assemblées montrent peu de signes d'hostilité personnelle. Lors de la première réunion formelle, « il a été souligné par tous les membres que les raisons fondamentales des différences dans les rapports et des divergences de vues avaient leur origine sur le terrain » et qu'un « esprit de coopération » régnait chez les hauts fonctionnaires de Washington. Puis commença une discussion « extrêmement longue » pour « faire le point sur les propositions du bureau de la Valorisation et du département de la Guerre pour la construction du réservoir de Pine Flat sur la rivière Kings, en Californie ». Celui-ci, ils en ont convenu, ne pouvait déjà plus être sauvé, mais ils espéraient qu'il serait possible d'une façon ou d'une autre de prévenir d'autres conflits [101].

La réunion suivante porta sur l'analyse économique. « La dis-cussion [...] était centrée autour de la possibilité de mettre en place des principes pour déterminer les facteurs du coût et des avantages, et de la nécessité d'admettre que certains éléments ne peuvent pas être résolus par la normalisation de la méthode d'approche des différentes agences. » Quelqu'un a suggéré de créer une sous-commission de l'imputation des coûts. Elle a été nommée en juin, avec pour président Frank L. Weaver, de la Commission fédérale de l'énergie. Ses membres ont choisi de tra-vailler sur une étude de cas, un projet sur la rivière Rogue, dans l'Oregon. En octobre, ils annoncèrent leur intention de remettre un rapport à la prochaine réunion. Mais en novembre, Weaver dut admettre que la sous-commission « n'avait pas encore établi sous une forme définitive son rapport de synthèse », bien que G.L. Beard, du corps des ingénieurs, en eût écrit un avant-projet. Lorsque le rapport fut prêt, il y eut un désaccord important sur ses recommandations. Cela ne pouvait pas se résoudre facile-ment. Après une année d'autres réunions, on se mit d'accord pour élargir le mandat de la sous-commission afin d'embrasser en toute généralité l'estimation des avantages. Il ne s'agissait

---

101. N.A. 315/2/1, 1ʳᵉ réunion, 26 janvier 1944.

pas seulement d'examiner les pratiques existantes, mais aussi d'« envisager la possibilité de formuler des principes entièrement nouveaux et des méthodes basées sur une approche purement rationnelle et dégagée des pratiques actuelles et des limites administratives ». Pour cela, elle avait besoin d'une équipe. En avril 1946, une nouvelle « sous-commission des coûts et des avantages » fut nommée [102].

Les membres de cette sous-commission étaient des administrateurs de haut niveau appartenant à chacune des quatre agences centrales : le corps des ingénieurs, le bureau de la Valorisation, le département de l'Agriculture et la Commission fédérale de l'énergie. Étaient « aussi présents » des membres du personnel qui assistaient à beaucoup plus de réunions que leurs supérieurs et qui faisaient l'essentiel du travail. Ils ont été immédiatement affectés à des tâches différentes. Un groupe de travail du département de l'Agriculture a été chargé de la tâche modeste de préparer « une analyse objective du problème, y compris ce qui constitue un avantage et ce qui constitue un coût [...]. [Cette] analyse doit être purement rationnelle et non influencée par les pratiques actuelles ou les limitations administratives ». Pendant ce temps, les membres de chacune des principales agences feraient un rapport sur leurs pratiques habituelles, et la sous-commission chercherait à identifier les similitudes et les différences les plus importantes [103]. Ces deux tâches se révélèrent plus difficiles que prévu, mais c'est l'analyse objective qui prit le plus de temps.

En avril 1947 et décembre 1948, la sous-commission imprima des « rapports d'étape » à l'usage de la commission principale,

102. N.A. 315/2/1, réunions n° 12 (25 janvier 1945), 23 (27 décembre 1945), 24 (31 janvier 1946), 27 (25 avril 1946).
103. N.A. 315/6/1, 1ʳᵉ réunion, 24 avril 1946. Les membres en étaient G.L. Beard, chef de la division du contrôle des inondations, corps des ingénieurs ; J.W. Dixon, directeur de la planification du projet, bureau de la Valorisation ; F.L. Weaver, chef de la division des bassins fluviaux, de la Commission fédérale de l'énergie ; E.H. Wiecking, bureau du secrétaire d'État à l'Agriculture. Deux membres de la commission étaient présentés comme des économistes : N.A. Back du département de l'Agriculture et G.E. McLaughlin du bureau de la Valorisation. Il faudrait leur ajouter M.M. Regan du département de l'Agriculture, qui apparaît à la seconde réunion. R.C. Price était aussi dans la commission.

qui visaient à décrire les pratiques des agences existantes. Les résumés de ces rapports ont finalement été publiés en 1950, en annexe de la publication de la sous-commission[104]. Ils n'apportaient presque rien au rapport principal. Après avoir précisé leurs différences, ils ne proposaient pas de moyen de les effacer. Ni la Commission interinstitutionnelle ni sa sous-commission n'avaient d'autorité pour négocier en dehors des procédures habituelles. La sous-commission n'a même pas tenté de le faire. Après avoir terminé les sections descriptives, elle a presque cessé de se réunir. Le seul espoir d'accord était l'analyse objective. L'identité tant universitaire que bureaucratique de ses auteurs était pertinente : ils étaient économistes auprès du bureau de l'Économie agricole. Mais il n'y avait pas de précédent pour le travail qui leur avait été demandé et, personne n'étant affecté à plein temps à la sous-commission, il leur a fallu trois ans pour terminer un document de travail. Il a été finalement distribué le 13 juin 1949, sous la forme d'un polycopié intitulé *Analyse objective*[105].

Il formait le cœur du rapport final. Les modifications apportées par l'ensemble de la sous-commission n'étaient pas insignifiantes, mais elles ne s'écartaient pas de la forme de base de la déclaration originale. Le rapport appelait à maximiser l'excédent des avantages sur les coûts, ce qui signifiait que chaque partie séparable d'un projet devrait afficher un excédent d'avantages. Il évoquait la possibilité d'une actualisation en fonction de la

104. Le premier rapport d'étape sur les « Qualitative Aspects of Benefit-Cost Practices » (Aspects qualitatifs des pratiques de coûts-avantages) en usage dans les quatre agences est joint au procès-verbal de la 29ᵉ réunion de la sous-commission ; le second rapport d'étape sur les « Measurement Aspects of Benefit-Cost Practices » (Estimations dans les pratiques de coûts-avantages) a été distribué pour la 50ᵉ réunion, N.A. 315/6/1 et 315/6/3. Voir Federal Inter-Agency River Basin Committee, Subcommittee on Benefits and Costs, *Proposed Practices for Economic Analysis of River Basin Projects*, Washington (D.C.), USGPO, 1950, p. 58-70 et 71-85.

105. Une copie se trouve dans N.A. 315/6/3, 55ᵉ réunion. Les principaux auteurs, nommés dans une copie au papier carbone presque illisible d'un document de répartition des tâches, en 315/6/5, étaient évidemment M.M. Regan et E.H. Wiecking, avec la collaboration de E.C. Weitsell et N.A. Back.

« préférence sociale pour le présent » plutôt que des taux d'intérêt gouvernementaux, ce qui dans la version publiée a été rejeté comme une complication inutile. Ni le polycopié, ni le rapport publié n'approfondissaient le problème de la quantification des avantages en matière de contrôle des inondations, de navigation, d'irrigation, de loisirs ou d'habitat des poissons et de la faune, de façon suffisamment détaillée pour servir de manuel, mais tous deux donnaient des conseils sur les points difficiles et mettaient en garde contre la sous-estimation de différentes catégories d'effets secondaires. Ils reconnaissaient que l'inondation d'une vallée sauvage pouvait entraîner aussi bien des pertes esthétiques ou de loisirs que des gains, une possibilité que le corps avait généralement ignorée. Sur les sujets de controverse entre le bureau de la Valorisation et d'autres agences, les rapports prenaient position avec modération mais indubitablement contre le bureau. L'hypothèse d'une durée de vie de cinquante ans pour un projet semblait suffisamment longue pour une analyse économique. Les « avantages secondaires » – moudre le blé produit sur des terres nouvellement irriguées et en faire du pain – ne devraient être envisagés que dans des circonstances exceptionnelles[106].

Le rapport imprimé, en particulier, était plus ambitieux que la pratique bureaucratique habituelle en invitant à la quantification des intangibles. Comme le marché des valeurs est le seul cadre disponible pour évaluer de manière usuelle les effets d'un projet, le rapport considérait qu'il fallait attribuer autant de valeurs que possible. Il soutenait que les avantages de loisirs devaient refléter leur valeur pour l'usager et non pas le revenu des concessionnaires et qu'il fallait fixer leur prix, mais n'expliquait pas comment procéder. Il fallait également donner un prix à l'amélioration de la santé. Le volume publié, mais non le document de travail, estimait qu'il pourrait être utile de faire une « estimation généralement acceptée » de la vie humaine, fondée sur l'examen des « facteurs économiques concernés ». Il ajoutait que les vies sauvées ou perdues devraient également

---

106. La seconde édition des *Proposed Practices* (1958) adoptait une position encore plus radicale et leur déniait toute légitimité.

être répertoriées dans les comptes comme une entrée séparée[107]. Une des initiatives les plus ambitieuses et les moins explicables, dans le projet de rapport et dans celui publié, était de demander une projection des prix relatifs. Personne n'avait, semble-t-il, la moindre idée de la manière de la faire.

Le volume terminé a fini par être appelé affectueusement le « Livre vert » par les analystes hydrauliciens et les économistes coûts-avantages, en raison de la couleur de sa couverture. Son influence a été considérable. Mais il a complètement échoué à concilier les pratiques d'analyse coûts-avantages des agences participantes. Il a été plus sérieusement pris en considération par certaines commissions d'aménagement hydraulique interinstitutionnelles, une en particulier qui s'occupait du fleuve Columbia et une autre du système fluvial Arkansas-White-Red. Mais les demandes de la première arrivaient trop tôt pour que la sous-commission puisse être d'une grande utilité, et la seconde a trouvé la plupart des conseils trop abstraits. Elle a été particulièrement contrariée par le problème insoluble de la projection des prix, et la sous-commission n'était pas en mesure de l'aider beaucoup[108].

---

107. FIARBC, *Proposed Practices*, 7, 27. Ce livre remaniait une partie de l'édition de 1958 en supprimant la phrase citée et en mettant la valeur de la vie humaine dans la liste des « intangibles », avec la valeur esthétique des paysages. Mais il ajoutait, dans une note de bas de page, qu'« il peut être souhaitable dans certains cas d'autoriser régulièrement l'estimation justifiable de certains intangibles » (p. 7). À ce sujet, voir PORTER, « Objectivity as Standardization ».

108. Voir « First Progress Report of the Work Group on Benefits and Costs : Arkansas-White-Red Report » (par une sous-commission d'une commission interinstitutionnelle sur le système fluvial Arkansas-White-Red), en N.A. 315/6/5 ; voir aussi Wallace R. VAWTER, « Case Study of the Arkansas-White-Red Basin Inter-Agency Committee », dans U.S. Commission on Organization of the Executive Branch of Government [deuxième commission Hoover], Task Force on Water Resources and Power, *Report on Water Resources and Power* (non publ., juin 1955), 3 vol., vol. 3, p. 1395-1472. La sous-commission FIARBC, qui avait été consultée, recommanda d'abord un indice de 150 pour les prix perçus et de 175 pour les prix payés par les agriculteurs, puis décida de les fixer tous deux à 215, afin que les rapports restent constants et la projection fut sans effet.

Les agences étaient incitées à coopérer, dans ces commissions des bassins fluviaux, par la crainte que ne soient créées des bureaucraties indépendantes,

Le début des années 1950 a été une période difficile pour le corps des ingénieurs. Du fait de ses luttes avec le bureau de la Valorisation, il s'était aliéné la branche exécutive. Il était accusé, en particulier par des partisans du bureau, d'être un organisme de « baril de porc », plus intéressé par un avantage politique transitoire que par la gestion systématique de l'eau. Les énormes dépassements de coûts résultant de la construction en 1950 de projets qui avaient été prévus en 1940 et autorisés en 1946 ont conduit à des contrôles sévères par le Congrès, son allié traditionnel. L'ingénieur en chef, Lewis Pick, donnait des signes de paranoïa, bien que ses ennemis fussent assez réels. Il déclara à une commission que toutes ces enquêtes « rejaillissent négativement sur la sagesse et la capacité du Congrès »[109]. Pour une raison quelconque, il y eut une série d'efforts, dans les années 1940 et au début des années 1950, pour maîtriser les dépenses des projets hydrauliques en imposant des normes de quantification plus strictes.

L'organisme le mieux placé pour surveiller les dépenses du gouvernement était le Bureau du budget (Bureau of the Budget). À partir de 1943, toutes les autorisations de projet ont été envoyées à ce bureau avant de passer au Congrès. Celui-ci ignorait presque toujours son avis. En 1952, le bureau a tenté de renforcer son

comparables à la Tennessee Valley Authority ; voir Goodwin, « Valley Authority Idea ».

109. H.R., Committee on Public Works, Subcommittee to Study Civil Works, *Study of Civil Works* (1952), p. 7. Pick rejeta la sévère critique du corps qu'Arthur Maass avait faite dans *Muddy Waters* comme une tentative de mettre en place « sa philosophie de gouvernement, qui consiste en une autorité plus centralisée de la branche exécutive ». Un des crimes de Maass était d'utiliser les National Archives : « La critique du corps des ingénieurs est le moyen qu'a choisi, afin de discréditer la philosophie du gouvernement, un petit groupe efficace qui a réussi à avoir accès aux archives de notre grand gouvernement pour y choisir et utiliser à son avantage toute information pouvant se trouver dans les écrits et les paroles des dirigeants de différentes sections du gouvernement, chose qui n'est pas possible en général pour n'importe qui, aux États-Unis. » En réponse à un article critique du gouverneur du Wyoming, il écrivait : « Apparemment, M. Miller voudrait faire croire que le corps peut influencer le vote du Sénat des États-Unis. Ce qui, bien entendu, est un point de vue absurde. » *Ibid.*, p. 84 et 107.

pouvoir en donnant des instructions coûts-avantages dans la circulaire budgétaire A-47. Elles étaient, à bien des égards, semblables aux recommandations du Livre vert, mais elles mettaient davantage l'accent sur le partage des coûts locaux. Toutefois, le Bureau du budget manquait de personnel pour faire respecter ces normes, sauf superficiellement. Ce qui signifiait généralement refuser de reconnaître de nouvelles catégories d'avantages, et s'opposer aux projets justifiés principalement par des avantages intangibles non quantifiés[110].

Les échecs du Bureau du budget, et la faiblesse évidente de la Commission fédérale interinstitutionnelle des bassins fluviaux, ont donné l'idée à plusieurs partisans d'une planification hydraulique rationnelle de proposer que les projets soient soumis à un groupe d'experts indépendants. La première commission Hoover, en 1949, réclamait un « conseil d'analyse impartiale ». Elle proposait d'éliminer la rivalité entre agences et la duplication des efforts en regroupant toute la planification hydraulique dans le département de l'Intérieur. Lewis Pick, toujours aimable, répondit pour le corps : « Ceux qui dans le gouvernement seraient vraisemblablement investis d'une autorité et d'une responsabilité centralisées sont actuellement le fer de lance du mouvement visant à mettre en place dans ce pays, à travers l'exploitation effrénée de nos ressources naturelles, une forme de gouverne-

---

110. Voir les dossiers du Bureau du budget conservés à l'Office of History, corps des ingénieurs, dossier intitulé « Bureau Projects with Issues. 1947-1960. Corps Projects with Issues. 1948-1960 », p. ex., un rapport critiquant des avantages de loisirs, daté du 31 mai 1960, et un autre s'opposant à un projet doté d'un rapport avantages/coûts de 0,93 : ce chiffre devrait être décisif sauf dans le cas d'« avantages intangibles inhabituels et majeurs » tels que les vies préservées. Sur les efforts stériles du Bureau du budget pour brider le corps des ingénieurs, voir FEREJOHN, *Pork Barrel Politics*, p. 79-86. L'organisme qui a succédé au Bureau du budget, l'Office of Management and Budget (OMB), est devenu le meilleur avocat de l'analyse coûts-avantages dans le gouvernement fédéral. Son pouvoir, au moins sur le papier, a atteint son apogée sous Ronald Reagan, qui exigea que toute nouvelle réglementation dût s'appuyer sur des analyses coûts-avantages. Cela a découragé de nouvelles réglementations, comme c'était son intention, mais était trop lourd pour que l'OMB le fasse respecter à la lettre. Voir SMITH, *Environmental Policy*.

ment totalitaire par les régions »[111]. Le Congrès n'était pas prêt à approuver l'anéantissement de son agence préférée, et le corps a fait valoir avec succès qu'un nouveau conseil d'analyse impartiale serait dans son cas superflu. La deuxième commission Hoover n'a pas essayé à nouveau d'éliminer des organismes, mais a recommandé que les bénéficiaires du projet soient tenus de payer la plus grande partie des coûts. Elle réclamait également, sans plus de succès, un « examen objectif » par un comité spécial et énonçait ses propres « principes à appliquer pour déterminer si les projets et les programmes de ressources et d'énergie hydrauliques étaient économiquement justifiés ». Tout en admettant que l'analyse coûts-avantages est « souvent erronée », elle considérait que c'était la faute de praticiens incompétents ou partiaux, et non pas une faiblesse de la méthode. Les gens font aussi des erreurs en arithmétique, notait-elle[112].

LA PRISE DE POUVOIR DES ÉCONOMISTES

Au début des années 1950, le corps des ingénieurs a commencé à augmenter de façon très importante le recrutement d'économistes et d'autres spécialistes des sciences sociales. Bientôt, tous les bureaux de district allaient avoir une section consacrée à l'ana-

111. Brouillon manuscrit, daté du 15 décembre 1949, Office of History, corps des ingénieurs de l'armée, dossiers de la Civil Works Reorganization (réorganisation des travaux publics), 1943-1949, First Hoover Commission, III 3-13, « corresp. : fragments, MG Pick. 1949 ». U.S. Commission On Organization of the Executive Branch of Government, *The [first] Hoover Commission Report on Organization of the Executive Branch of Government*, New York, McGraw-Hill, 1949, chap. 12. Pour la réfutation du corps par C.H. Chorpening, voir H.R., Committee on Public Works, Subcommittee to Study Civil Works, *Study of Civil Works* (1952), p. 61.
112. U.S. Commission [2ᵉ commission Hoover], *Report on Water Resources* (1955), vol. 1, p. 24 et 104-110 ; vol. 2, p. 630 et 652-653. La demande de création d'un comité d'évaluation objective des projets fut reprise par l'Engineers Joint Council, *Principles of a Sound Water Policy* [1951 and] *1957 Restatement*, rapport n° 105, mai 1957, et plus tard par CARTER, « Water Projects ». Sur les commissions Hoover et les efforts pour rationaliser la bureaucratie américaine, voir CRENSON – ROURKE, « American Bureaucracy ».

lyse économique. Certains des premiers spécialistes économiques étaient des ingénieurs ratés, aiguillés vers un domaine où ils étaient susceptibles de faire moins de mal. Mais les critiques dues à la fois à des intérêts contrariés, à la pression des autres agences gouvernementales et à une gamme croissante d'avantages autorisés pour lesquels des chiffres devaient être fixés suscitaient un besoin d'expertise économique qui ne pouvait être ignoré. La législation environnementale des années 1960 et ultérieures, et la probabilité croissante d'être soumis à un contrôle judiciaire intensifiaient encore cette pression[113].

Il n'existait toutefois presque pas d'expertise économique pertinente de l'analyse coûts-avantages, au début des années 1950, à l'extérieur de la bureaucratie elle-même. Quand des économistes professionnels écrivaient sur les avantages en matière de travaux publics, c'était en général plus étroitement lié à un discours bureaucratique qu'à un discours universitaire[114]. Dans les années 1950, s'est produite une convergence. La bureaucratie cherchait à quantifier une gamme d'avantages de plus en plus variés et d'un maniement difficile. La nouvelle économie du bien-être supposait que tous les plaisirs et les peines de la vie étaient commensurables, au sein d'une fonction utilitaire unique, cohérente et quantifiable. Il semblait à la fois intellectuellement pertinent et pratiquement utile d'essayer de développer cette idée dans des domaines difficiles tels que les loisirs, la santé et la préservation ou la perte de la vie.

Richard J. Hammond, dont les critiques précoces de l'analyse coûts-avantages n'ont jamais été dépassées, estimait que son déclin a été provoqué par le développement d'une économie raffinée. En tant que convention bureaucratique pratique, la comparaison d'avantages facilement quantifiables avec les coûts d'investisse-

113. MOORE – MOORE, *Army Corps* ; REUSS, « Coping with Uncertainty ».

114. P. ex., CLARK, *Economics of Public Works*, un ouvrage composé pendant la dépression sous l'autorité du National Planning Board et du National Resources Board, de l'administration des Travaux publics (Public Works Administration). George STIGLER, qui a écrit en 1943 un article influent sur la « nouvelle économie du bien-être », a fait ses premières armes en répartissant les avantages pour le National Resources Planning Board ; voir son *Unregulated Economist*, p. 52.

ment ne devrait sans doute pas être dénigrée, mais désormais, pensait-il, cette forme d'analyse s'était transformée en licence de concocter des données imaginaires. Hammond était cependant conscient qu'Adam et Ève en ont eu la tentation avant même que le serpent économique leur eût présenté cette pomme. Implicites déjà dans son usage bureaucratique, il y avait des pressions, en particulier aux États-Unis, pour réifier ses termes, nier la validité du jugement humain, convoiter l'impersonnalité de l'objectivité purement mécanique. Pour certains économistes, cela ressemblait à une définition de la science. C'est à la fin des années 1950 que l'analyse coûts-avantages est devenue pour la première fois une spécialité économique respectable[115].

L'analyse des projets hydrauliques n'était pas sa seule source d'inspiration, même si c'était, je crois, la plus importante. Dans le domaine du transport, les études sur les routes fournissaient en particulier une source très indépendante mais qui était facilement comparable à d'autres[116]. Il y a également un rapport plus lointain avec la recherche opérationnelle à usage militaire, où une forme d'analyse coûts-avantages a été développée par la société RAND pour servir de méthode d'optimisation. La recherche opérationnelle elle-même a suivi immédiatement le taylorisme[117]. Des mots comme optimisation et taylorisme devraient toutefois nous rappeler que ce qui nous occupe ici, ce sont les grandes tendances de l'histoire bureaucratique américaine du xxe siècle et l'histoire de la science. La forme de l'analyse coûts-avantages de RAND désigne le contexte plus large de la quantification militante. Elle était aussi d'une importance décisive pour les efforts déployés par Robert McNamara et Charles Hitch pendant l'administration Johnson pour reformuler les comptes publics d'une manière qui devait permettre de comparer les coûts et les avantages de diffé-

---

115. HAMMOND, *Benefit-Cost Analysis* ; *idem*, « Convention and Limitation ».

116. Les fonctionnaires des travaux routiers ont composé un « Livre rouge » sur le modèle du Livre vert des analystes hydrauliciens : American Association of State Highway Officials (AASHO), Committee on Planning and Design Policies, *Road User Benefit Analysis for Highway Improvements*, Washington (D.C.), AASHO, 1952 ; voir aussi KUHN, *Public Enterprise Economics*.

117. FORTUN – SCHWEBER, « Scientists and the Legacy ».

rents programmes gouvernementaux. Mais l'analyse économique dans le secteur de la défense a été effectuée de façon informelle, et non pas en tant que connaissance publique. L'économie militaire n'est jamais devenue une spécialité de recherche, et ce n'était pas une référence essentielle pour les économistes qui ont commencé vers 1960 à mesurer les avantages et les coûts de presque toutes les formes d'activité gouvernementale[118]. En revanche, l'analyse des projets hydrauliques l'était[119].

De ce point de vue, l'expansion de la terminologie de l'économie du bien-être et l'importation de son langage dans le Livre vert sont particulièrement importantes. C'était principalement le travail des économistes, plutôt ceux de la bureaucratie que de l'université. Le rôle des économistes du Bureau de l'économie agricole (Bureau of Agricultural Economics) mérite une enquête plus approfondie, mais quoi qu'il en soit, avant 1950 environ, ils semblent avoir préféré une logique de planification rationnelle et systématique à l'évaluation successive de chaque projet. Quand ils ont finalement adopté l'analyse coûts-avantages, ils l'ont fait avec une référence spécifique aux projets hydrauliques[120].

118. LEONARD, « War as Economic Problem » ; ORLANS, « Academic Social Scientists ».

119. Certains économistes ont cherché à nier la possibilité d'une naissance impure de leur spécialité et ont avancé qu'elle était issue naturellement de l'économie du bien-être, en particulier l'interprétation qu'a donnée Kaldor-Hicks de l'optimalité de Pareto. Mais les histoires de l'analyse coûts-avantages faites par les praticiens reconnaissent souvent ses origines bureaucratiques ; cela s'applique non seulement à l'histoire critique de Hammond, mais aussi à PREST – TURVEY, « Cost-Benefit Analysis » ; DORFMAN, « Forty Years ». Bien que le premier soit un article britannique, tous deux situent l'origine de l'analyse coûts-avantages spécifiquement dans le corps des ingénieurs de l'armée.

120. U.S. Bureau of Agricultural Economics (BAE), « Value and Price of Irrigation Water », tapuscrit mentionnant « pour utilisation administrative seulement », par le California Regional Office (Berkeley), daté d'octobre 1943, sans indication d'auteur, université de Californie, Berkeley, Water Resources Library Archives, G4316 G3-1. Mon impression que la plupart des planifications du BAE n'étaient pas basées sur des considérations de coûts-avantages est fondée sur une rapide inspection de ses archives, qui suggère que, même en ce qui concerne les projets hydrauliques, il n'a pas essayé habituellement de quantifier les avantages avant la fin des années 1940. Voir, par exemple, U.S. Department of Agriculture, *Water Facilities Area Planning Handbook*, 1er janvier 1941, en N.A. 83/179/5. Après

Cela n'explique pas où ils ont appris à appliquer l'économie du bien-être à l'analyse de l'investissement public. Les citations de Mark M. Regan, l'auteur le plus important de l'«analyse objective» qui a été un modèle pour le Livre vert, ne suggèrent pas d'application directe d'une théorie élaborée[121].

C'est à partir du milieu des années 1950 qu'on s'est vraiment efforcé de redéfinir la recherche coûts-avantages selon les normes des économistes. La plupart des auteurs de la première génération ont écrit sur des projets hydrauliques, souvent sous la forme d'une étude de cas[122]. En général, les économistes étaient d'accord avec les hauts fonctionnaires du budget et avec les champions de l'industrie privée qui dominaient les commissions Hoover, pour dire que l'analyse coûts-avantages des projets hydrauliques n'avait pas été assez sévère. Le procédé favori permettant d'éliminer les projets marginaux consistait à imposer un taux d'actualisation uniforme plus élevé que le taux d'intérêt des obligations d'État. En même temps, les économistes ne reculaient pas devant l'idée de donner une valeur monétaire aux avantages intangibles de la génération précédente, et il est possible qu'ils aient ainsi contribué à l'essor de la construction des années 1960. C'est seulement dans les années 1980 que la quantification des avantages intangibles a servi de stratégie pour décourager le développement des lieux sauvages, lorsque des chercheurs ont commencé

1950, les économistes agricoles ont commencé à écrire régulièrement sur les coûts et avantages des projets hydrauliques, étendant ensuite l'analyse à d'autres programmes ; par exemple : REGAN – GREENSHIELDS, «Benefit-Cost Analysis» ; GERTEL, «Cost Allocation» ; CIRIACY-WANTRUP, «Cost Allocation» ; GRILICHES, «Research Costs». Sur l'histoire du BAE, voir HAWLEY, «Economic Inquiry», p. 293-299.

121. REGAN – GREENSHIELDS, «Benefit-Cost», repose sur des sources telles que CLARK, *Public Works*, et GRANT, *Engineering Economy*.

122. MARGOLIS, «Secondary Benefits» ; ECKSTEIN, *Water-Resource Development* ; KRUTILLA – ECKSTEIN, *Multiple-Purpose River Development* ; McKEAN, *Efficiency in Government* ; MARGOLIS, «Economic Evaluation» ; U.S. Bureau of the Budget, comité de consultants [Maynard M. Hufschmidt, président, Krutilla, Margolis, Stephen Marglin], *Standards and Criteria for Formulating and Evaluating Federal Water Resource Developments*, Washington (D.C.), Bureau of the Budget, 30 juin 1961 ; HAVEMAN, *Water Resource Investment*.

à utiliser des enquêtes sur les goûts des citoyens pour faire une estimation monétaire de la valeur esthétique des paysages[123].

Une conséquence encore plus importante de cette recherche effrénée de quantification était l'extension des techniques de coûts-avantages à toutes sortes de dépenses du gouvernement et même, par la suite, à des activités de réglementation. Un des premiers champs d'application, apparemment peu prometteur, a été l'économie de la santé publique, ce qui nécessitait d'estimer la valeur des jours de maladie et même des vies sauvées ou perdues. L'économiste Burton Weisbrod n'a pas hésité, dans les deux cas, à employer la perte de productivité comme mesure et en a conclu que même la vaccination antipoliomyélitique était un avantage net douteux. Une autre application était l'éducation. Les chiffres bruts du marché du travail permettaient de reconnaître la valeur des lycées et de l'université, et, évidemment, des programmes de MBA, mais pas des études supérieures de sciences ou d'ingénierie. Les auteurs recommandaient comme il se doit de transférer les ressources pédagogiques là où les salaires sont les plus élevés[124]. En 1965, les économistes avaient utilisé des méthodes coûts-avantages pour évaluer la recherche, les loisirs, les routes, l'aviation et la rénovation urbaine. Les données disponibles étaient sans doute loin d'être idéales pour certaines mesures. Mais comme l'observait Fritz Machlup : « L'évaluation économique des avantages et des coûts d'une institution, d'un plan ou d'une activité doit essayer de tenir compte de toutes sortes de valeurs et d'appliquer un discours raisonné, pondéré et rationnel à des problèmes habituellement abordés seulement avec des réactions viscérales »[125].

On critique souvent l'analyse coûts-avantages de préférer des réponses faciles, fondées sur ce qui peut être mesuré, aux

123. Voir SAGOFF, *Economy of the Earth*, p. 76.

124. WEISBROD, *Economics of Public Health* ; WEISBROD, « Costs and Benefits of Medical Research » ; HANSEN, « Investment in Schooling » ; DODGE – STAGER, « Economic Returns to Graduate Study ».

125. Sujets traités dans DORFMAN, *Measuring Benefits*. Citation provenant de Fritz MACHLUP, « Commentaire » de Burton WEISBROD, « Preventing High School Dropouts », p. 155. Son intention était de critiquer le fait que Weisbrod eût négligé des valeurs « non économiques » (guillemets ironiques de Machlup).

enquêtes complexes et équilibrées[126]. Les économistes n'ont nullement été exempts de ce défaut. Bien qu'ils admettent régulièrement en guise de préface que le calcul ne peut jamais remplacer le jugement politique, les analystes des coûts-avantages et du risque veulent clairement le brider autant que possible. Aussi soulignent-ils généralement qu'une décision ne peut jamais être prise après un examen judicieux de détails complexes mais doit toujours être réduite à une règle de décision sensée et impartiale. Une méthode efficace ne doit pas être un simple discours qui centre le débat sur les principales questions mais doit être contraignante. Le grand danger, déclaraient les auteurs d'une importante étude du risque, c'est que « les adversaires peuvent apprendre à mener leurs débats dans, disons, la nomenclature de l'analyse coûts-avantages, en transformant la technique en un dispositif rhétorique et en annulant son impact »[127].

L'analyse coûts-avantages a été conçue dès le début comme une stratégie pour limiter le jeu de la politique dans les décisions d'investissement public. En 1936, cependant, les ingénieurs de l'armée n'imaginaient pas que cette méthode devrait un jour être fondée sur des principes économiques ou qu'il faudrait des volumes entiers de règlements pour la mettre en œuvre, ou encore que cette réglementation devrait être normalisée dans tout le gouvernement et appliquée à presque toutes les catégories de l'action publique. La transformation de l'analyse coûts-avantages en une norme universelle de rationalité, s'appuyant sur des milliers de pages de règles, ne peut pas être attribuée à une mégalomanie d'experts, mais plutôt à un conflit bureaucratique dans un contexte d'extrême méfiance publique. Bien qu'un outil comme

---

126. Un exemple détaillé et bien présenté, la tentative de contrôle de la pollution dans le bassin fluvial du Delaware, est présenté par ACKERMAN, *Uncertain Search*. Sa critique ne se limite en aucune manière à la quantification économique.

127. FISCHHOFF, *Acceptable Risk*, p. xii et 55-57, citation p. 57. Tout en résistant à l'utilisation de l'analyse de risque par les parties intéressées, ils regardent plus favorablement les codes implicites du jugement professionnel. « Il faut s'attendre à des solutions étroites quand les professionnels ont par eux-mêmes un point de vue limité et peu d'influence sur la politique menée à un plus haut niveau » (p. 64).

celui-là ne puisse être qu'un guide pour l'analyse et un langage pour le débat, il y a eu de fortes pressions pour en faire quelque chose de plus. L'idéal d'objectivité mécanique a maintenant été intériorisé par de nombreux praticiens de la méthode, qui aimeraient voir les décisions prises selon « une routine qui, une fois mise en mouvement par des jugements de valeur appropriés de la part des personnes politiquement responsables, suivrait son cours – comme l'univers des déistes – sans intervention d'en haut »[128]. Cet idéal des économistes était à l'origine une forme de culture politique et bureaucratique. Cette culture a contribué à façonner aussi d'autres sciences.

128. Écrit par Partha Dasgupta, Amartya Sen et Stephen Marglin. Ils disaient cet objectif inaccessible mais cherchaient à le poursuivre aussi loin que possible : United Nations Industrial Development Organization, *Guidelines for Project Evaluation*, Project Formulation and Evaluation Series, n° 2, New York, Nations unies, 1972, p. 172.

Troisième partie

Les communautés politiques et scientifiques

C'est pourquoi je soutiens que le bon sens est le principal fondement des bonnes manières ; mais comme le bon sens est un don que peu d'hommes ont reçu, toutes les nations civilisées du monde se sont accordées à établir certaines règles de conduite, le mieux accommodées à leurs coutumes ou idées générales, comme une sorte de bon sens artificiel pour suppléer au manque de raison. Sans quoi la sotte partie des gens comme il faut serait perpétuellement aux prises.

(Jonathan Swift, « Traité sur les bonnes manières
et sur la bonne éducation », 1754)

Chapitre VIII

L'objectivité et la politique des disciplines

> La science statistique est l'un des ins-
> truments de précision dont dispose
> l'expérimentateur, qui, s'il doit faire
> bon usage des connaissances en sa
> possession, doit apprendre à les gérer
> lui-même ou trouver quelqu'un qui le
> fasse pour lui.
>
> (Donald J. FINNEY, 1952)[*]

Les chercheurs en comptabilité, assurance, sciences économiques appliquées et sciences sociales quantitatives ont généralement été si désireux de prendre modèle, pour leurs travaux, sur des disciplines mieux établies, qu'ils peuvent être quelque peu déconcertés de voir leurs spécialités présentées comme les prototypes de la quantification en sciences. D'autres, qui ont appris un peu d'histoire de la physique ou de la biologie dans des manuels de sciences, ou même dans la littérature historique ordinaire, peuvent raisonnablement se demander si mes chapitres sur la quantification dans le contexte de la bureaucratie ont quelque chose à voir avec son utilisation dans les sciences les plus respectables de l'université. Dans le reste de ce livre, j'aborderai ces

---

[*] Épigraphe : FINNEY, *Statistical Method*, p. 170.

questions directement. Le présent chapitre traite des pressions, provenant parfois de la politique et de la réglementation gouvernementale, qu'ont subies certaines disciplines pour les pousser vers la normalisation et l'objectivité mécanique. Le chapitre IX s'intéressera plutôt aux contrastes : aux circonstances culturelles et politiques qui donnent une certaine crédibilité au jugement et à l'autorité personnels dans la science ou au contraire les récusent.

Je n'aspire pas ici à une magnifique théorie unifiée de la science mais à une appréciation plus pénétrante de sa désunion. Certes, je ne prétends pas qu'en produisant de la connaissance, un collectif scientifique se comporte exactement comme toute bureaucratie. La similitude avec la bureaucratie s'applique uniquement à certains de ses aspects. En outre, et c'est peut-être plus important, l'expression « comme toute bureaucratie » n'a pas beaucoup de sens. Des études récentes réaffirment ce que les lecteurs de, disons, Balzac, Dickens et Gogol savent déjà : que la bureaucratie est une catégorie hétérogène. Ce livre ne s'intéresse qu'à une seule dimension de cette hétérogénéité, mais cela même est suffisant pour faire le point. Ni l'administration française, ni la fonction publique britannique ne se sont bien conformées aux préceptes de Max Weber :

> L'administration bureaucratique signifie la domination en vertu du savoir : c'est son caractère fondamental spécifiquement rationnel [...]. Sous la pression des simples concepts du devoir, le fonctionnaire remplit sa fonction « sans considération de personne » [...]. La bureaucratisation est partout l'ombre inséparable de la « démocratie de masse » [...]. L'« esprit » de la bureaucratie rationnelle s'exprime d'une façon générale par le formalisme, réclamé par tous ceux qui sont intéressés [...] parce que, sinon, l'arbitraire en résulterait[1].

---

1. Weber, *Wirtschaft und Gesellschaft*, p. 129-130 (trad. *Économie et Société*, vol. I, p. 299-301) ; voir aussi Weber, *La Domination*, p. 95-98. Habermas, *Strukturwandel der Öffentlichkeit* (trad. *L'Espace public*), ne tient aucun compte de Weber et interprète la demande de calculable et d'impersonnalité dans l'administration de l'État comme une conséquence des exigences du capitalisme bourgeois.

La formulation de Weber combine les rigidités et les soupçons de la Prusse et de l'Amérique. Même en tenant compte des exagérations du type idéal, elle est beaucoup trop restrictive. C'est néanmoins une formulation précieuse. Car elle décrit la forme de bureaucratie qui a été la plus réceptive à la science et donc qui a le plus œuvré pour refaire la science à sa propre image.

LA BUREAUCRATIE À L'AMÉRICAINE

Les postes les plus hauts de la bureaucratie américaine sont pourvus par des nominations politiques. Hugh Heclo, qui a sous-titré son étude (écrite avec Aaron Wildavsky) de l'élite bureaucratique britannique, *Community and Policy inside British Politics* (*Politique des communautés dans la politique britannique*), a écrit un livre comparable sur l'administration américaine, intitulé *A Government of Strangers* (*Un gouvernement d'étrangers*). Les Américains n'ont pas moins besoin que les Britanniques de « relations de confiance » pour organiser et administrer efficacement, mais ces relations « nécessitent du temps et de l'expérience, deux choses qui font défaut dans les couches politiques »[2]. C'est en particulier pour cette raison qu'il est très difficile de garder des secrets ou même de négocier en toute confiance dans le gouvernement américain. Du fait de leur exposition perpétuelle à des demandes politiques, il était impossible au corps des ingénieurs et au bureau de la Valorisation de négocier le règlement de certaines de leurs plus féroces controverses. Aux États-Unis, les chefs de cabinet et les directeurs d'organismes ont tendance à être préoccupés par la politique et ont peu de moyens de défense contre ses pressions. Celles-ci se font sentir jusqu'aux niveaux intermédiaires de la bureaucratie, et parfois encore plus bas[3]. Les agences se trouvent souvent confrontées à des exigences politiques incompatibles, car le gouvernement américain n'a pas une autorité nettement délimitée.

2. HECLO, *Government of Strangers*, p. 158 et 171.
3. WILSON, *Bureaucracy*, p. x et 31.

James Q. Wilson affirme que si les bureaucraties ne cherchent pas à étendre leur territoire aussi agressivement qu'on ne le suppose généralement, leur souci d'autonomie est universel. Cela signifie ne pas être devancé ou barré de l'extérieur. Face aux attentes contradictoires de l'exécutif, des tribunaux et des myriades de commissions du Congrès, il n'est guère étonnant qu'elles cherchent à minimiser leur responsabilité en adhérant chaque fois que possible à des règles. Ce souci des règles, du calcul et de la mise en évidence des faits n'est pas l'essence d'un mode de fonctionnement bureaucratique et juridique, comme le voudraient certains, mais une défense contre les ingérences extérieures et une stratégie pour contrôler des subordonnés éloignés ou peu fiables. Selon Wilson : « Les États-Unis s'appuient sur des règles pour contrôler l'exercice du jugement officiel dans une plus grande mesure que toute autre démocratie industrialisée[4]. » Un manque de confiance similaire a incité le Congrès à imposer à toutes les agences des règles stipulant comment attribuer un contrat et engager ou licencier un employé, ainsi que la façon de mener à bien sa principale mission. Il s'impose parfois ces normes à lui-même. L'analyse coûts-avantages, par exemple, est un monument à la décision prise à contre-cœur par le Congrès de s'embarrasser de paperasserie. Telle qu'elle est pratiquée actuellement, c'est une marque distinctive de la culture politique américaine.

Dans un tel système, le besoin d'objectivité est plus grand qu'en Grande-Bretagne ou en France. « Dans un pays où la méfiance envers le gouvernement est chose commune, la tentation de substituer le calcul prétendument impersonnel aux décisions personnelles responsables et de s'appuyer sur un expert plutôt que de comprendre la situation par soi-même, ne peut qu'être extrêmement forte », observe Richard Hammond[5]. Aux

---

4. *Ibid.*, p. 342 ; voir aussi Price, *Scientific Estate*, p. 57-75 (trad. *Science et Pouvoir*, p. 57-75). Sur le mode de fonctionnement bureaucratique et juridique, voir White, « Rhetoric and Law ».

5. Hammond, « Convention and Limitation », p. 222. L'utilisation de l'analyse quantitative en guise de justification a été amplement soulignée, mais pour conclure que l'analyse est impuissante, voire frauduleuse, et que les décisions

États-Unis, la simple expérience ou le savoir-faire ne sont pas suffisants pour justifier l'expertise publique. Au premier abord, cela semble surprenant, voire contradictoire. Ce pays s'enorgueillit de sa démocratie en continuant à nourrir une tradition distinguée d'anti-intellectualisme. Les Américains craignent l'expertise, écrit Sheila Jasanoff, mais insistent pour que les décisions administratives soient dépolitisées ; ils oscillent « entre déférence et scepticisme à l'égard des experts[6] ». Ce n'est pas toutefois une contradiction mais simplement un paradoxe. Les formes d'expertise courantes satisfont presque aux exigences de l'anti-intellectualisme. Là où les experts sont une élite, on compte sur eux pour exercer leur jugement de façon judicieuse et équitable. Aux États-Unis, ils sont censés suivre des règles. Cette propension à croire aux règlements et à ne pas chercher de personne de caractère pour remplir une fonction était déjà puissante vers 1830. Au xxᵉ siècle, la grande demande d'experts ne l'a pas éliminée. « En vérité, a écrit Richard Hofstadter avec désapprobation, une bonne partie de l'éducation américaine vise tout simplement, et impudemment, à former des experts qui ne sont nullement des intellectuels ni des hommes de culture[7] ».

Mais tout l'honneur ne doit pas revenir aux ignorants. Les tribunaux américains, qui ces dernières années ont étendu leur domination sur une part de plus en plus grande de la vie publique, ont travaillé également à limiter le pouvoir discrétionnaire de tout le monde, sauf peut-être le leur. Comme ils ne se chargent pas en général d'évaluer de l'intérieur des pratiques complexes qui leur sont étrangères, ils préfèrent les voir subordonnées à des règles explicites[8]. C'est aussi pour cette raison qu'ils préfèrent les experts professionnels aux participants expérimentés et les

---

sont prises en fait pour d'autres raisons. On trouvera une analyse utile dans BENVENISTE, *Politics of Expertise*, p. 56 et suiv.

6. JASANOFF, *Fifth Branch*, p. 9 ; voir aussi BALOGH, *Chain Reaction*, p. 34.

7. HOFSTADTER, *Anti-Intellectualism*, p. 428. Sur la bureaucratie de Jackson, voir WOOD, *Radicalism of American Revolution*, p. 303-305.

8. La répugnance des tribunaux américains à affronter la complexité des statistiques a été autant critiquée par les statisticiens que par les spécialistes du droit : voir DEGROOT *et al.*, *Statistics and the Law*, spéc. MAIER – SACKS – ZABELL,

connaissances théoriques aux connaissances pratiques[9]. Bien que les tribunaux anglo-américains autorisent les experts à donner des avis et non pas simplement à témoigner de faits, les tribunaux ont cru obstinément que la science devait se réduire à l'application de lois générales à des circonstances particulières. De ce fait, le témoignage de vrais scientifiques supporte souvent plutôt mal la situation de l'audience contradictoire. L'interrogatoire judiciaire, comme le souligne Brian Wynne, est beaucoup plus critique et inquisiteur que l'examen par les pairs. Les avocats posent des questions à l'extérieur du « climat, socialement filtré, de grande confiance, de crédulité, de formation commune, de présupposés communs, de compréhension, de valeurs et d'intérêts » qui caractérisent les communautés scientifiques. Les tribunaux eux-mêmes font mine de se contenter de vérifier les faits et d'appliquer la loi, coupés de tout contexte social ou économique. Ils se tournent vers la science pour souligner cette séparation et donc pour soutenir leurs propres prétentions à l'objectivité comme impartialité[10].

Les tribunaux sont aujourd'hui les principales ingérences extérieures qui s'efforcent sans relâche de transformer les connaissances privées en connaissances publiques et d'étendre ainsi le domaine de l'objectivité. L'idéal est de renoncer à l'action humaine, pour éviter la responsabilité qu'engendre une intervention active. La subjectivité engendre la responsabilité. Des règles impersonnelles peuvent être presque aussi innocentes que la nature elle-même. John McPhee en donne un exemple éloquent :

La lave, déviée de son chemin, pouvait anéantir des habitations dans une autre direction. Et il ne s'agit pas ici de l'Islande, pays de l'équité ; mais des États-Unis, pays des hommes de loi. Lorsque le Mauna Loa est entré en éruption en 1984, on a demandé à l'État si, en cas d'extrême urgence,

---

« Hazelwood », et FINKELSTEIN – LEVENBACH, « Price-Fixing Cases » ; voir aussi TRIBE, « Trial by Mathematics ».

9. WILSON, *Bureaucracy*, p. 280 et 286, citant Nathan Glazer. Martin BULMER, « Governments and Social Science », oppose les USA à la Grande-Bretagne sur l'expertise théorique *vs* pratique.

10. Roger SMITH – Brian WYNNE, « Introduction », et WYNNE, « Rules of Laws », dans SMITH – WYNNE, *Expert Evidence*, citation p. 51. Sur le témoignage des experts aux États-Unis, voir FREIDSON, *Professional Powers*, p. 100-102.

une tentative serait faite pour sauver Hilo. La réponse a été négative. Le département des Territoires et des Ressources naturelles considérait avant tout que pareille lutte était vaine et, de plus, ne savait comment affronter les conséquences juridiques d'un détournement de la lave[11].

Si une personne ou une entreprise subit un préjudice à la suite d'actions humaines discrétionnaires, c'est pour le moins suspect. Les tribunaux essaieront souvent de l'effacer. Ils sont moins enclins à s'opposer à la nature des choses, même si c'est une nature artificielle soutenue par des règles et des conventions.

Les recherches effectuées selon les normes des scientifiques ne sont souvent pas assez impersonnelles, à la manière des lois, pour résister à un examen politique et judiciaire. Même les normes des preuves mathématiques ont été jugées d'un œil critique par un tribunal britannique[12]. En Amérique, comme le remarque Jasanoff, les décisions administratives ont fini par prendre modèle sur les décisions judiciaires, en s'appuyant sur des débats ouverts et contradictoires, à peine distincts de ceux d'un procès. Le contexte réglementaire exige donc des connaissances présentées sous une forme particulièrement rigoureuse et objective, au point que de nouvelles spécialités de recherche ont été créées pour les fournir sous une forme que les tribunaux et les agences de réglementation peuvent prendre en considération. La plus influente de ces nouvelles méthodes est l'analyse de risques, très proche de l'analyse coûts-avantages, qui sert souvent à prouver les cas d'arbitraire dans les décisions technologiques. La Cour suprême a statué en 1980, contre l'Agence pour la sécurité et la santé au travail (Occupational Safety and Health Administration, OSHA), pour avoir suivi l'avis d'un expert au lieu de calculer les niveaux de risque à l'aide de modèles mathématiques. Ces calculs étaient supposés fournir une garantie contre l'usage abusif du pouvoir discrétionnaire, lequel était défini comme n'étant pas fondé sur une « preuve substantielle ». Les procédures sont devenues aussi importantes que leurs résultats, et des règles peuvent être main-

---

11. McPhee, *Control of Nature*, p. 147-148.
12. MacKenzie, « Negotiating Arithmetic ».

tenues même si elles ne sont pas en mesure de tenir compte de nouveaux types d'informations scientifiques pertinentes[13].

C'est aujourd'hui un lieu commun, dans la littérature traitant de réglementation, de noter que les agences européennes se comportent différemment des américaines. Les agences européennes varient également entre elles, bien entendu, mais toutes sont capables dans une certaine mesure de formuler des politiques et de déterminer comment les appliquer, par des négociations à huis clos avec les parties intéressées. Cela est refusé, en général, aux agences américaines : « Incapables de conclure un accord privé, les agences de réglementation américaines sont forcées de chercher refuge dans l' "objectivité", en adoptant des méthodes formelles pour rationaliser chacune de leurs actions[14]. » Il ne faut pas toutefois exagérer ce point. Personne ne va jusqu'à prétendre que les jugements de valeur peuvent être totalement exclus du processus de réglementation. Mais on est très incité à les systématiser, pour qu'ils soient appliqués de manière uniforme, et à les isoler pour qu'ils n'altèrent pas l'établissement des faits scientifiques.

Cette position est bien sûr sanctionnée par la vieille doctrine philosophique selon laquelle on ne saurait, d'un fait, déduire une valeur. Les scientifiques, en particulier ceux qui n'ont pas de responsabilités administratives dans les agences de réglementation, sont généralement compréhensifs. Une autre solution est, semble-t-il, de politiser le laboratoire et d'inviter à un débat public sur les conclusions scientifiques. C'est pourquoi ils réclament une claire séparation entre la phase scientifique de déter-

---

13. Jasanoff, « Misrule of Law » ; *idem, Fifth Branch*, p. 58 ; *idem*, « Problem of Rationality ». Cairns – Pratt, « Bioassays », p. 6, remarquent que les organismes de réglementation américains ont longtemps préféré les analyses chimiques et physiques aux analyses biologiques pour évaluer les dangers pour l'environnement, parce que les premières étaient faciles à quantifier et relativement bien standardisées, tandis que les secondes étaient seulement pertinentes. Quand des chercheurs extérieurs ont finalement mis au point des méthodes monospécifiques puis des essais biologiques multispécifiques, les organismes de réglementation les ont peu à peu acceptés.

14. Brickman *et al., Controlling Chemicals*, p. 304.

mination quantitative et objective des risques et celle, politique, des décisions de gestion subjectives. Ils pestent contre le mélange subreptice de « jugements sociopolitiques » et de « conclusions techniques » qui est fait dans l'espoir que les secondes fourniront aux premiers une base factuelle solide[15]. Cette base, les scientifiques en sont bien conscients, est cependant sujette à de grandes incertitudes face à des problèmes cruciaux tels que la réglementation des agents soupçonnés d'être cancérigènes. Les organismes environnementaux doivent souvent faire des choix avant qu'un consensus scientifique ait eu le temps d'émerger. Les scientifiques négocient toujours le contenu et le sens de ce qui est présenté dans le monde comme des faits, et les adversaires de la réglementation contestent régulièrement leurs résultats, en utilisant les recherches de leurs propres scientifiques. Les organismes de réglementation doivent décider qui croire et quelle action entreprendre[16]. De sorte que l'application de principes généraux à la dure réalité de chaque cas est un modèle assez peu plausible, en particulier dans le contexte de la science effectuée dans un but réglementaire. Dans des pays comme la Suède, où la négociation occupe la place des auditions publiques officielles américaines, il n'est pas nécessaire de prétendre séparer strictement les faits et les orientations politiques.

Même aux États-Unis, la recherche de méthodes de décision formelles dans un contexte où la bureaucratie est faible et trop exposée est un phénomène relativement récent. La bureaucratie n'a certainement jamais été plus faible ou plus suspecte que dans le demi-siècle qui a suivi la présidence de Andrew Jackson ; et tout en faisant appel à l'autorité des règles, elle était trop politisée et transitoire pour mettre en place un dispositif complexe de calcul. Le progressisme signifiait une amélioration considérable du statut des professionnels. Ceux qui, comme les médecins, traitaient directement avec leurs clients pouvaient compter de

15. Tiré d'un rapport de la National Academy of Sciences, de 1983, cité dans Jasanoff, *Risk Management*, p. 26 ; National Research Council, *Regulating Chemicals*, p. 33.

16. Jasanoff, « Science, Politics ».

plus en plus sur leur confiance, sans donner de raisons[17]. Une conception similaire de l'expertise professionnelle animait l'effort du progressisme d'employer dans les organismes de réglementation des économistes, des comptables et des scientifiques, et de les autoriser à exercer leur jugement. Le New Deal a soutenu vigoureusement l'expertise, et les bureaucraties de réglementation qu'il a créées ont reçu une autonomie considérable. Elles étaient plus proches du modèle européen de la bureaucratie que du modèle américain qui est clairement apparu dans les années 1960[18].

Mais il y avait toujours des pressions tendant à saper cette autonomie bureaucratique. La loi de 1936 sur le contrôle des inondations (Flood Control Act), témoigne de ces forces. Comme le montre le chapitre précédent, elle a exigé de façon plus stricte une analyse des coûts et des avantages, parce que certaines industries américaines et surtout des agences fédérales s'opposaient au corps des ingénieurs. Une attaque de plus grande envergure contre les agences d'expertise a été lancée par les économistes de l'économie de marché, qui déploraient que ces dernières fussent captives des industries qu'elles prétendaient réglementer. La solution des économistes était de déréglementer, ce qui a été tenté dans quelques domaines, mais leur opposition à la négociation privée entre réglementés et organismes de réglementation a été intégrée, dans les années 1960, à une nouvelle législation réglementaire. Elle a inspiré des appels à l'ouverture comme antidote à l'intérêt et à la corruption déguisés en expertise.

Cette impulsion bureaucratique a maintenant envahi tous les domaines. Un article en première page du *Los Angeles Times*, par exemple, annonce que les organismes d'accréditation des universités américaines travaillent à « un plan visant à mesurer le niveau de formation des étudiants […]. Une part significative de l'opinion, dans l'enseignement supérieur, dit au public : "Faites-

17. BLEDSTEIN, *Culture of Professionalism*, p. 90 ; STARR, *Social Transformation of American Medicine*.

18. ACKERMAN – HASSLER, *Clean Coal, Dirty Air*, p. 4 ; VOGEL, « New Social Regulation » ; SHABMAN, « Water Resources Management ». Dans une perspective plus large, voir LOWI, *End of Liberalism* (trad. *Fin du libéralisme*).

nous confiance. Et ne nous obligez pas à donner de preuve [de résultats]." Ce que nous disons, c'est que ces temps sont révolus ». Comme toute institution, l'université doit être remodelée pour en faire un panoptique ouvert à la surveillance des tribunaux et des bureaucraties de réglementation. Une « attente généralisée » d'enquête sur « ce qu'est l'apprentissage et ce qui le favorise » devrait inciter les universités à subsumer leurs activités sous une « culture de la preuve »[19].

L'effort important qui a été fait dans les années 1960 et 1970 pour introduire des critères quantitatifs dans les décisions publiques n'était pas simplement une réponse non médiatisée à un nouveau climat politique. Il reflétait également l'immense succès de la quantification dans les sciences sociales, comportementales et médicales au cours de la période d'après-guerre. Je suggère plus loin dans ce chapitre que ce n'était pas une convergence fortuite de courants culturels et intellectuels indépendants mais, de quelque manière, un seul et même phénomène. Ce n'est pas un hasard si le mouvement vers la quantification quasi universelle des disciplines sociales et appliquées a été mené par les États-Unis et s'il y a obtenu son succès le plus complet. La poussée de la rigueur dans les disciplines dérivait en partie de la même méfiance à l'égard du savoir non exprimé des experts et du même soupçon d'arbitraire et de pouvoir discrétionnaire qui a si profondément façonné la culture politique pendant la même période. Ce soupçon venait en partie de l'intérieur des disciplines qui en étaient l'objet mais, dans tous les cas, il a été au moins renforcé par la vulnérabilité de celles-ci aux soupçons extérieurs, souvent exprimés explicitement dans l'arène politique. Il a été plus ressenti dans les domaines qui traitent des questions d'intérêt public, de sorte que, dans beaucoup de cas, les méthodes quantitatives ont été initialement élaborées dans des sous-disciplines appliquées et n'ont gagné que plus tard les disciplines plus « fondamentales ».

---

19. Ralph Frammolino, « Getting Grades for Diversity », *Los Angeles Times*, 23 février 1994, A15 ; la dernière citation provient de la *Notice* du conseil (*Academic Senate*) de l'université de Californie, 18 (4), février 1994, p. 2.

LES RÈGLES D'INFÉRENCE

On pourrait donner une multitude d'exemples de méthodes et d'outils quantitatifs appliqués qui ont ensuite été adoptés ou formalisés dans une discipline universitaire. L'analyse coûts-avantages en est un évident et important. De même que la comptabilité. L'enquête sociale, une spécialité inventée dans un esprit civique par des citoyens qui voulaient comprendre et gouverner les pauvres, est devenue une partie de la sociologie universitaire. L'étude du comportement électoral, venue de l'étude de marché, est entrée dans la science politique sous la forme de l'enquête électorale. Aujourd'hui, presque toutes les formes de quantification utilisées dans les affaires ou les professions sont enseignées et étudiées par l'université.

Le déplacement d'une spécialité vers un nouveau domaine favorise souvent des changements importants de méthode et de rhétorique. Lorsque les universitaires adoptent une branche de quantification pratique, ils se plaignent généralement du moralisme de leurs prédécesseurs et de leur manque d'objectivité. C'est de cette façon, par exemple, que les sociologues ont communément interprété l'histoire des débuts de l'enquête sociale, en faisant valoir qu'une discipline doit être autonome pour atteindre un bon niveau d'objectivité. L'inverse est peut-être encore plus vrai : le discours wébérien de l'objectivité a été adopté en partie comme une défense de la discipline naissante contre les interventions politiques[20]. S'éloigner d'un style descriptif et empirique, et utiliser des techniques quantitatives toujours plus abstruses procure des avantages similaires.

Dans de nombreuses disciplines, la statistique mathématique a été la source de perfectionnement quantitatif la plus importante. Bien que leurs idées de base dérivent elles-mêmes en partie de la réforme et de l'administration sociales, les méthodes statis-

---

20. Voir Bulmer et al., « Social Survey », et Gorges, « Social Survey in Germany ». Bulmer montre, dans « Decline of Social Survey », comment les sociologues de Chicago recherchaient l'objectivité pour échapper à la politique.

tiques des sciences du xxᵉ siècle n'ont pas été reprises directement par les établissements philanthropiques ou les bureaucraties
publiques comme l'ont été les méthodes plus élémentaires de
l'analyse coûts-avantages. Elles se sont développées chez les
chercheurs universitaires et d'autres professionnels ayant des
diplômes supérieurs. Les utilisateurs de la statistique considèrent
leurs techniques, de manière assez plausible, comme dérivant
des mathématiques, lesquelles, un peu à contrecœur, ont nourri
une sous-discipline statistique. Cependant, l'extraordinaire succès
moderne de la statistique inférentielle doit être aussi compris
comme une réponse à des conditions de méfiance et d'exposition à des ingérences extérieures semblables à celles qui ont été
si importantes dans l'histoire de la comptabilité et de l'analyse
coûts-avantages. Dans l'ensemble, l'inférence statistique n'a pas
descendu la hiérarchie des sciences, des mathématiques et de la
physique à la biologie et enfin aux sciences sociales. Au contraire,
ce sont les disciplines les plus faibles, comme la psychologie et
la recherche médicale, et encore plus leurs sous-champs relativement appliqués qui ont été les plus prompts à l'adopter,.

Notre propos en ce point n'est pas d'affirmer que la science,
ou bien la quantification, n'est qu'un simple outil de la politique et de l'administration publique ; mais plutôt de comprendre
comment fonctionnent les stratégies de quantification dans une
économie de savoir personnel et public, de confiance et de suspicion. Au cours des dernières décennies, en particulier, la politique démocratique a joué un rôle décisif dans la formation d'un
contexte d'extrême méfiance, ou du moins de méfiance envers
le jugement personnel. Mais le manque de confiance est aussi
caractéristique des disciplines nouvelles ou faibles. On pourrait
presque le considérer comme définissant les disciplines faibles.
Les méthodes statistiques standard favorisent la confiance là où
le savoir personnel fait défaut. Elles sont également utilisées pour
former et discipliner les personnes extérieures, comme les étudiants et les assistants non diplômés.

Le problème du recrutement, de la formation et de la super-
vision du personnel non professionnel a eu un rôle important
dans la naissance de la théorie de l'erreur, la première forme

raisonnablement routinière de statistique inférentielle. L'histoire de cette naissance, bien sûr, ne se réduit pas à cela. Comme tout type d'analyse statistique, celle-ci était impossible tant que les chercheurs n'avaient pas confiance dans l'homogénéité de leurs mesures. C'est la raison pour laquelle, comme le souligne Stephen Stigler, une des premières utilisations de ce que nous appellerions la « réduction des données statistiques » est due à des astronomes, qui l'appliquèrent à des mesures qu'ils avaient effectuées eux-mêmes et savaient être de bonne qualité[21]. C'était une affaire personnelle qui, évidemment, ne répondait pas à quelque intéressant problème de distance sociale ou intellectuelle. En outre, elle ne s'imposait pas une discipline très stricte. Les astronomes du xviiie siècle n'avaient guère de scrupules à écarter des mesures qui, de quelque façon, semblaient mauvaises – par exemple si le ciel n'était pas parfaitement clair ou si le télescope était instable. Et qui, mieux qu'un maître astronome, pouvait savoir à quel moment les conditions étaient optimales, lui qui avait acquis ses compétences en restant, des nuits entières, l'œil rivé à l'oculaire ?

Au xixe siècle, on a commencé à exiger plus de rigueur. Cela a été favorisé par de nouveaux instruments qui ont réduit la compétence nécessaire pour divers types d'observations et permis la normalisation des données provenant d'observateurs différents. Cependant, la normalisation des observateurs n'a pas suivi automatiquement mais a dû être activement recherchée. À mesure que les observatoires grandissaient, l'observation proprement dite a été de plus en plus pratiquée par des subordonnés. Il était loin d'être évident que l'on pût se fier à des assistants pour choisir parmi leurs observations celles qui étaient les meilleures et celles qui devaient être éliminées. L'analyse des erreurs était un protocole servant au fonctionnement d'une organisation centralisée, un peu comme les règles inflexibles qui, selon Adam Smith, définissaient l'état naturel des grandes organisations d'affaires[22].

21. Stigler, *History of Statistics*, p. 28.
22. « Les seuls commerces qu'une compagnie par fonds réuni semble pouvoir faire avec succès, sans privilège exclusif, sont ceux dont on peut réduire toutes les opérations à ce que l'on appelle la routine, ou à une uniformité dans la méthode telle qu'il y ait peu ou pas de variations. » Dans tous les autres cas,

Elle a été universalisée dans le cadre d'une habitude de discipline qui consistait à faire une moyenne des mesures au lieu de choisir les meilleures d'entre elles. Éliminer une observation sans raison évidente, ce fut alors porter atteinte à une saine morale.

Bientôt, les astronomes professionnels eux-mêmes intériorisèrent ces valeurs. Un éminent astronome passait pour avoir perdu sa santé mentale et sa vie parce qu'il s'était rendu coupable d'avoir éliminé ses données les plus discordantes. Des règles quantitatives claires régissant le rejet des valeurs aberrantes, a-t-on supposé, auraient pu le sauver[23]. Un régime similaire de règles impersonnelles semblait nécessaire pour réglementer la présentation d'images photographiques réalisées à l'aide d'un télescope. Lorsque Warren de la Rue a proposé de publier une « représentation gravée » des protubérances solaires observées lors d'une éclipse totale, « composée de [s] on propre dessin et de photographies », George Airy l'en a dissuadé. Toute interférence humaine porterait atteinte à l'autorité des photographies, car les originaux et non des « photographies retouchées, contiennent les éléments de preuve de l'affaire. Cette interprétation [...] *peut* être faillible (je ne pense pas qu'elle le soit), mais toute la question des protubérances est très débattue, et vous devez procéder avec exactement les mêmes précautions que dans une affaire portée devant les tribunaux[24] ».

La théorie des erreurs, comme la photographie, était une stratégie visant à éliminer l'interférence des sujets. Elle est devenue, au XIXe siècle, partie intégrante de la quête de précision des sciences physiques et de certains domaines de la biologie. La précision des mesures était bien sûr d'une grande importance lorsque les résultats d'une expérience ou d'une observation devaient être comparés avec la théorie mathématique. Elle était

affirmait-il, « la vigilance et l'attention supérieures des aventuriers privés » leur permettraient de vaincre à coup sûr les hommes des organisations. SMITH, *Wealth of Nations*, vol. 2, p. 242 (trad. *Richesse des nations*, livre V, p. 852).

23. SWIJTINK, « Objectification of Observation », p. 278 ; SCHAFFER, « Astronomers Mark Time » ; DASTON, « Escape from Perspective ».

24. Échange de lettres (1860-1861) cité dans ROTHERMEL, « Images of the Sun », p. 157-158.

également appréciée en tant que telle, comme une marque de compétence et de moralité, garante d'un travail honnête et minutieux. Son rôle principal était de protéger contre les jugements erronés ou les préjugés. L'anthropologue et spécialiste de l'anthropométrie, Paul Broca, rejetait l'idée selon laquelle « il suffisait d'étudier et de mesurer dans chaque race un petit nombre d'individus choisis *avec discernement* comme étant les représentants du type *moyen* de la race[25] ». Le rôle de la précision a été particulièrement souligné dans la salle de classe et au séminaire, comme une forme de discipline, et le cours de laboratoire en physique est devenu avant tout un exercice d'exactitude[26].

La valeur morale propre aux mathématiques a été particulièrement soulignée par les actuaires britanniques. L'auteur d'un article de 1860 sur la construction des tables de mortalité concédait que certaines approximations simplificatrices pouvaient donner des valeurs « aussi proches de la vérité que le seraient les valeurs correctement déduites ». Mais nous devrions aspirer à rendre nos conclusions pleinement compatibles avec nos prémisses. « C'est à ce souci très caractéristique de cohérence logique, qui est le fondement de la science mathématique, que nous devons la construction de tables de rentes d'une précision de cinq ou six décimales ; car on ne peut prétendre que n'importe quel taux d'intérêt supposé représente si exactement la valeur de l'argent, qu'une si grande exactitude serait nécessaire parce que juste en théorie[27]. » L'Institut des actuaires justifiait son examen de mathématiques non pas par l'importance de celles-ci pour le

25. Écrit en 1866, cité dans BLANCKAERT, « Méthodes des moyennes », p. 225.

26. OLESKO, *Physics as a Calling* ; GOODAY, « Precision Measurement ». La diffusion de la théorie de l'erreur en physique expérimentale était toutefois sporadique, en partie à cause de doutes persistants sur l'homogénéité des données. Un exemple : C.V. Goys, cherchant à obtenir en 1895 une meilleure mesure de la constante gravitationnelle, s'aperçut que pendant le week-end la circulation ébranlait ses instruments, qui donnaient alors une valeur moyenne différente. Par conséquent, il ne tint pas compte des mesures du week-end. MENDOZA, « Theory of Errors ».

27. MAKEHAM, « Law of Mortality », p. 301-302.

calcul des taux d'assurance, mais plutôt parce qu'elles aident à préserver la profession de tout « mélange avec des "sujets plus bas" ». Un porte-parole expliquait que les mathématiques « ont pour effet de favoriser et d'améliorer notre capacité de jugement, ou de nous inciter à être soigneux et prudents, produisant ainsi indirectement les qualités mêmes pour lesquelles, je pense, les actuaires sont connus »[28].

ESSAIS BIOLOGIQUES ET ESSAIS THÉRAPEUTIQUES

Il convient de noter que l'actuaire cité ci-dessus, H.W. Porter, poursuivait sa conférence en soulignant la valeur du latin et du grec pour les membres de sa profession. Si ces matières avaient fait partie de l'examen, cela eût préservé le métier de façon encore plus efficace des sujets plus bas. Les actuaires aspiraient au statut de profession libérale. De simples connaissances techniques ne suffiraient jamais. C'est ce qu'avaient compris aussi les praticiens de la profession médicale. La science était au cœur de l'enseignement de leur discipline, mais les médecins résistaient énergiquement à l'idée que la médecine scientifique puisse être appliquée mécaniquement. Le tact médical, cette capacité de reconnaître les symptômes décisifs et de proposer un traitement approprié et individualisé, était affaire, soutenaient-ils, de compétence et d'expérience, et non pas seulement de connaissances formelles. En particulier pour l'élite, comme l'observe Christopher Lawrence à propos des médecins victoriens, croire le contraire serait « mettre les qualités supérieures de caractère et d'éducation sur le même pied que le mérite scientifique lors des nominations ». Ces praticiens gentlemen étaient opposés à la spécialisation et résistaient même à l'utilisation d'instruments. Le stéthoscope était acceptable, car il n'était audible que par eux, mais les appareils qui affichaient des chiffres ou, pis

---

28. « Proceedings of the Institute of Actuaries of Great Britain and Ireland », *Assurance Magazine*, 1 (1850-1851), n° 1, p. 103-112 ; PORTER, « Education of an Actuary », p. 125.

encore, qui laissaient une trace écrite, étaient une menace pour le savoir intime du médecin[29]. Ils représentaient une éthique de faits impersonnels plutôt que de confiance personnelle et ont longtemps été considérés comme suspects par la plupart des médecins américains et européens.

Cet accent mis sur les connaissances privées a été contesté d'abord par des praticiens puis par des chercheurs, qui ont souvent critiqué l'obscurantisme de ces revendications. Ce n'est qu'à la fin du XIXᵉ siècle que la recherche médicale a commencé à constituer le fondement d'une identité distincte de celle du médecin praticien. Même alors, la plupart des chercheurs – surtout les chercheurs cliniciens – ont continué à se concevoir aussi comme des médecins et des professeurs pour les médecins[30]. Ils acceptaient toutefois, en tant que scientifiques, un idéal de connaissance publique et avaient souvent une conception des instruments objectivants tout à fait différente de celle de l'élite des praticiens. Les instruments séduisaient pour plusieurs raisons largement concordantes, comme le montre Robert Frank dans son étude historique des outils d'enregistrement de l'activité cardiaque. Les premiers sphygmographes fabriqués par Étienne-Jules Marey étaient sans doute moins sensibles que le doigt d'un expert. Marey soulignait qu'ils avaient l'avantage de fournir un enregistrement permanent et préservé des préjugés de l'observateur, et qu'ils avaient la capacité de franchir les frontières de la langue, du temps et de l'espace. Le clinicien londonien William Broadbent, auteur d'un manuel paru en 1890, faisait l'éloge du sphygmographe comme outil d'enseignement. Nulle description écrite ne pouvait selon lui transmettre aux lecteurs un sens plus concret du rythme cardiaque. Un demi-siècle plus tard, en Amérique, les électrocardiogrammes allaient permettre à des non-médecins de diagnostiquer une thrombose coronaire aiguë sans même voir le patient. Les différentes phases de l'élaboration de cet instrument, résume Frank, ont été suscitées par le désir de disposer d'« enregistrements visibles et permanents

---

29. LAWRENCE, « Incommunicable Knowledge », p. 507.
30. GEISON, « Divided We Stand ».

d'une grande précision » qui seraient accessibles à tous et « ne dépendraient pas de l'acuité du sens exercé du médecin »[31].

Si le rôle de la statistique en médecine était déterminé par l'issue d'une épreuve de force entre les statisticiens et les médecins, son échec était assuré. Et pendant la plus grande partie de son histoire, c'est ce qui s'est produit comme on pouvait s'y attendre. L'idée de statistique médicale était aussi ancienne que la statistique elle-même, mais c'est seulement dans le domaine de la santé publique que le discours quantitatif a vraiment eu du succès. Même là, il a été vigoureusement contesté par certains médecins-administrateurs qui préféraient suivre le cours des épidémies en examinant en détail la transmission de la maladie de malade à malade, du navire au port et de ville en ville[32]. L'idée qu'une méthode numérique puisse fournir la meilleure évaluation des thérapies médicales a été soulignée à plusieurs reprises au XIXe siècle et parfois même mise en pratique par ses partisans. Certains, comme Jules Gavarret, affirmaient qu'il fallait employer des méthodes probabilistes pour décider si les différences dans les taux de guérison entre deux populations de patients devaient en fait être attribuées aux modes de traitement. La plupart des médecins ne voulaient rien de tout cela. Les méthodes de Gavarret, disait un critique anonyme, obligeraient les médecins à « accepter servilement toutes les idées médicales qui seraient imposées par les professeurs[33] ». Si les médecins n'étaient pas tous opposés à la quantification, ils doutaient cependant que les chiffres médicaux puissent avoir un sens en dehors du jugement clinique[34]. Même les professeurs étaient divisés. À la fin du XIXe siècle, la physiologie expérimentale puis la bactériologie semblaient des bases plus prometteuses que la statistique médicale pour trouver des thérapies efficaces.

31. FRANK, « Telltale Heart », p. 212 ; voir aussi EVANS, « Losing Touch ». WARNER, *Therapeutic Perspective*, montre que la quantification encourageait déjà l'objectivation de la pratique médicale en Amérique à la fin du XIXe siècle.

32. DESROSIÈRES, « Masses, individus, moyennes » ; voir aussi ARMATTE, « Moyenne ».

33. Compte rendu daté de 1840, cité dans MATTHEWS, *Mathematics*, p. 75.

34. WEISZ, « Academic Debate ».

Comment, alors, les essais cliniques contrôlés et les analyses statistiques sont-ils devenus la norme – et même obligatoire – pour l'évaluation des nouvelles thérapies ? Le développement remarquable de la statistique mathématique au xxᵉ siècle constitue une partie de la réponse. Austin Bradford Hill, qui a fourni l'expertise statistique pour les premiers essais cliniques contrôlés à grande échelle, était un élève du statisticien médical Major Greenwood, lui-même élève de Karl Pearson. Mais la statistique faisait essentiellement partie d'un régime de connaissance publique. Greenwood a travaillé principalement sur les statistiques de santé publique. Hill était très impliqué dans les débats du début des années 1950 sur la relation entre tabagisme et cancer du poumon. Il affirmait qu'il était possible de tirer profit de la conception de la procédure expérimentale de R.A. Fisher, qui met l'accent sur la comparaison de groupes semblables de traitement et de contrôle, en définissant à l'avance un contrôle des observations[35]. Lorsque l'expérimentation stricte était possible, comme dans le cas des essais cliniques, les méthodes que Fisher avait mises au point pour l'agriculture pouvaient être appliquées de façon plus rigoureuse et leur comparabilité assurée par randomisation. Cependant, les statisticiens avaient besoin d'alliés médicaux. Les médecins qui avaient une pratique privée admettaient rarement avoir besoin de méthodes statistiques pour analyser leur expérience, mais les chercheurs en médecine, ainsi qu'en agronomie, psychologie, écologie, économie, sociologie, dans les affaires et dans la plupart des disciplines biologiques et sociales, ont commencé à redéfinir leur domaine en termes statistiques. Dans chaque cas, les raisons en sont complexes. Au sens le plus large, la statistique a soutenu un idéal de recherche fondé sur l'ouverture et la démonstration publique.

---

35. Voir, par exemple, Hill, « Observation and Experiment » et « Smoking and Carcinoma ». Le débat était sérieux ; R.A. Fisher lui-même faisait partie des sceptiques. Berkson, « Smoking and Lung Cancer », soutenait que, puisque le groupe de contrôle d'une importante étude sur le lien entre tabagisme et cancer était en meilleure santé que les fumeurs sur presque tous les plans, ce devait être une population inhabituelle et que le contrôle n'était pas correct.

Les chercheurs, cependant, étaient souvent eux-mêmes des médecins. En outre, ils avaient leur propre savoir-faire à défendre. Lorsque Major Greenwood soutenait, contre les champions du tact médical, que la science doit rechercher des données et employer des méthodes de raisonnement explicites, les chercheurs en médecine se sentaient déchirés entre deux partis[36]. Les statisticiens ont dû les gagner à une approche que la plupart trouvaient trop rigide et que beaucoup pensaient contraire à leur éthique. Hill a souvent parlé de l'opposition des médecins à la statistique lors des conférences qu'on l'invitait à donner dans les écoles de médecine, au cours des années 1940 et 1950. Il tâchait de rassurer son auditoire en affirmant que les statisticiens ne dédaignaient pas le jugement clinique et ne voulaient pas perdre les avantages de l'expérience médicale individuelle avant d'être en mesure de la remplacer par quelque chose de plus délibéré et de plus objectif[37]. Mais l'idéal d'objectivité, tel que les statisticiens le concevaient, était difficile à concilier avec le jugement clinique. Un chercheur sur la tuberculose, cité avec approbation par Hill, observait que, pour les cliniciens, être « suffisamment prêt à fondre leur individualité dans un groupe pour prendre part à une enquête, à n'accepter que les patients approuvés par une équipe indépendante, à se conformer à un programme de traitement convenu et à soumettre leurs résultats à l'analyse d'un enquêteur extérieur, tout cela représente un sacrifice considérable[38] ».

Hill aimait aussi à citer Helmholtz : « Toute science est mesure. » Cela impliquait, selon lui, que pour apprécier le succès du traitement et la santé des patients, l'opinion des médecins participants était un pauvre substitut du taux d'hémoglobine et de la vitesse de sédimentation. L'essai clinique, observait-il, « exige de mesurer les résultats le plus objectivement possible et de ne faire d'évaluation subjective que sous un contrôle strict et efficace qui garantira une absence de biais ». « Les mesures, écrivait

---

36. Matthews, *Mathematics*, chap. 5.

37. Hill, « Clinical Trial-II » (tiré d'une conférence à la Harvard Medical School, 1952), p. 29-31.

38. Marc Daniels, cité dans Hill, « Clinical Trial-I », p. 27.

un autre héraut de l'essai clinique contrôlé, sont potentiellement plus acceptables que des évaluations cliniques parce qu'elles sont moins subjectives, et donc moins susceptibles d'être influencées par la connaissance qu'ont du traitement tant le patient que le clinicien. » Hill reconnaissait de bonne grâce que les bons chiffres ne comptent guère si le patient meurt rapidement[39].

Le manuel de statistique médicale de Hill, issu d'une série d'articles parus dans la revue The Lancet, avait eu un très grand succès ; il examinait les concepts de la procédure expérimentale et soulignait que des expériences médicales et des observations peuvent facilement s'égarer si le groupe de contrôle n'est pas strictement comparable au groupe de traitement. Une grande partie du livre, cependant, consistait en statistique mathématique de base : moyennes et variances, écarts-types et quelques tests d'inférence simples. C'est ce que les médecins appelaient la statistique, et sa composante mathématique a été le principal fondement intellectuel de l'autorité du statisticien. En fait, comme le montre Harry Marks, la statistique mathématique a eu un rôle déterminant surtout dans l'histoire de l'essai clinique. Le vrai problème pour la recherche thérapeutique était l'organisation du travail. Les médecins étaient résolument individualistes, peu enclins à « fondre leur individualité » dans un programme de recherche à grande échelle. Ils constituaient une élite professionnelle dont le travail quotidien était encore plus mal normalisé en 1945 qu'il ne l'est aujourd'hui. Il était extrêmement difficile, à cause de leur foi caractéristique dans leur propre jugement, affiné par une longue expérience, de les soumettre à une discipline commune[40].

Hill était parfaitement conscient de ce problème. Il adopta parfois une position conciliante, en suggérant que le protocole expérimental pouvait garder une certaine souplesse, et que les détails de chaque cas pouvaient être laissés à la discrétion du

39. Hill, « Clinical Trial-II », p. 34 et 38 ; idem, « Philosophy of Clinical Trial » (1953), p. 12 et 13 ; Sutherland, « Statistical Requirements », p. 50 ; voir aussi Marks, « Notes from Underground », p. 318.

40. Hill, Principles of Medical Statistics ; Marks, Ideas as Reforms, p. 15-16.

médecin. L'analyse statistique pouvait être conçue comme un test de la thérapie et du jugement clinique, plutôt que d'un programme thérapeutique strict. Les effets perturbateurs du jugement du médecin pouvaient aussi être minimisés en ne disant pas au médecin (ou au patient) qui était dans le groupe de traitement et qui, dans celui de contrôle. C'était le but principal de la méthodologie en double aveugle en médecine : neutraliser les effets du discernement de l'expert sans l'éliminer. Même avec ce modeste perfectionnement, la question à l'étude était embrouillée de quelque façon par le jugement du médecin. Et on ne pouvait certainement pas en tirer de conclusion sur l'intérêt des ajouts non prévus au schéma de traitement. Si une thérapie est modifiée en réponse aux particularités de l'état de santé d'un patient, écrivait Hill, elle ne peut plus servir à expliquer cet état, sauf par un raisonnement circulaire[41].

Ces tensions entre les idéaux statistique et clinique suggèrent que l'élan donné à l'étude statistique des traitements médicaux n'est pas venu principalement des médecins. En Grande-Bretagne, les premiers essais à grande échelle ont été organisés par le Service national de la santé (National Health Service) au lendemain de la seconde guerre mondiale, et donc soutenus par la puissance de l'État. Une pénurie de streptomycine a facilité, du point de vue de l'éthique, la décision de refuser ce traitement à certains patients atteints de tuberculose, choisis au hasard, et a rendu beaucoup plus facile le contrôle des médecins qui ont eu accès à ce médicament[42].

Le contexte politique et bureaucratique de ces essais thérapeutiques britanniques n'a pas été aussi bien étudié que la rencontre entre les statisticiens et les médecins. Cet arrière-plan est plus clair et, dans le cas des États-Unis, vient même ostensiblement au premier plan. Là aussi, l'expertise des statisticiens était indispensable. Un compte rendu culturel et politique de la statistique en médecine qui nierait sa dimension intellectuelle ne serait pas seulement faux, mais inconcevable. Les écoles de médecine ont

41. HILL, « Aims and Ethics », p. 5 ; *idem*, « Clinical Trial-II », p. 38.
42. MARKS, « Notes from Underground ».

rendu hommage à ce savoir statistique en embauchant des statisticiens en grand nombre pour aider à analyser les données
expérimentales et, de plus en plus, à concevoir les expériences.
Mais les médecins américains n'étaient pas plus désireux que
leurs homologues britanniques d'abandonner leur propre jugement d'expert et de s'en remettre à l'objectivité revendiquée par
la statistique. Comment l'essai statistique contrôlé a-t-il acquis,
dans ce cas, son écrasante autorité publique ?

Ce type de rigueur expérimentale n'était pas réclamé par les
médecins. Il n'est pas non plus apparu naturellement dans une
communauté particulière de chercheurs en médecine. Les médecins ont bien sûr appris à l'accepter, mais la demande de normes
uniformes et rigoureuses venait principalement des instances de
réglementation. La crédibilité thérapeutique était à leur avis un
bien précieux et dangereux. Elles estimaient que l'expertise des
médecins n'offrait qu'un contrôle insuffisant des audacieuses prétentions de l'industrie pharmaceutique. Une solution de rechange
pouvait consister en un processus de décision plus centralisé, qui
serait basé principalement sur l'information écrite. En médecine,
comme dans la comptabilité, la mesure normalisée était déjà une
manière familière de composer avec la distance et la méfiance.
Aux États-Unis, à la fin du XIXe siècle, les compagnies d'assurance-vie demandaient aux médecins de présenter des mesures
instrumentales comme preuve de la bonne santé des demandeurs,
contribuant ainsi au progrès de l'instrumentation et de la quantification en médecine. Au début du XXe siècle, la médecine du
travail est devenue tout à fait quantitative, en partie parce que
les travailleurs supposaient que c'était à leur désavantage que
les médecins d'entreprise exerçaient leur jugement[43]. La Food
and Drug Administration (Agence américaine des aliments et
des médicaments), mise en cause de toutes parts, s'efforçait de
réduire la décision d'autoriser un nouveau médicament à une
question de mesure uniforme.

Comme toujours, la tâche de quantification était confiée à
une infrastructure de normalisation qui la favorisait encore plus.

---

43. Davis, « Life Insurance » ; Sellers, « Office of Industrial Hygiene ».

Une pharmacopée de matières organiques variables, mélangées de façon assez différente par chaque pharmacien, ne pouvait pas être testée avec la force probante des traitements chimiques de synthèse. L'énorme pression internationale en faveur de la standardisation biologique était également, comme on l'a vu au premier chapitre, une contribution à la réglementation. Cette normalisation est vite devenue un problème statistique, à mesure que les chercheurs ont constaté que la variabilité des médicaments produits à partir de matières organiques était égale ou même supérieure à la variabilité de la réponse des animaux de laboratoire. C'est pourquoi la « dose létale minimale », résultant d'un seul essai, a été remplacée par la dose létale médiane, ou DL_{50}, nécessitant le sacrifice d'un grand nombre d'animaux. L'essai biologique est devenu un sujet important pour les statisticiens s'intéressant à l'évaluation[44]. Les besoins d'expertise et de main-d'œuvre ont fait de la normalisation biologique une activité à temps plein pour des laboratoires spécialisés, dont le travail était trop coûteux pour quiconque sauf pour les grands fabricants[45]. De la même manière, mais dans une mesure encore plus grande, le protocole de plus en plus formalisé et exigeant permettant d'obtenir l'autorisation d'un nouveau médicament a rendu celle-ci impossible sans un grand laboratoire centralisé.

Ce sont surtout deux lois du Congrès, en 1938 et 1962, qui ont donné à la Food and Drug Administration (FDA) le pouvoir de réglementer les médicaments. En 1938, en particulier, le Congrès était surtout préoccupé par de nouveaux médicaments qui s'étaient révélés dangereux, et cette première loi a autorisé la FDA à les rejeter seulement à cause de leur danger pour la santé et non pas parce qu'ils manquaient d'efficacité. Mais c'était le New Deal, et l'agence a utilisé son pouvoir discrétionnaire. Comme le montre Harry Marks, elle considérait un médicament comme sûr si l'on pouvait s'attendre à ce qu'il soit plus bien-

44. TREVAN, « Determination of Toxicity », qui a introduit l'idée et la notation DL_{50} ; FINNEY, *Statistical Method*.
45. MAINLAND, *Clinical and Laboratory Data*, p. 145-147, traite du dosage de la digitaline. Le pharmacologiste, expliquait-il, indique au fabricant une erreur moyenne et standard pour chaque échantillon.

faisant que nocif. De sorte qu'un médicament inactif pouvait être rejeté comme nuisible s'il pouvait être prescrit à la place de quelque chose de vraiment utile. Initialement, la FDA tenait compte de l'opinion des cliniciens ainsi que des données de la recherche pour mettre en balance les avantages et les dangers.

Les organismes de réglementation n'avaient pas toutefois une grande confiance dans les médecins ordinaires. La réglementation des médicaments a en partie remplacé la tâche impossible de superviser la pratique médicale. La FDA surveillait étroitement la documentation envoyée aux médecins par les compagnies pharmaceutiques. Plus que cela, elle s'est sentie obligée, afin de déterminer si un nouveau médicament allait avoir un effet globalement salutaire, de tenir compte de la tendance des médecins à le prescrire à tort. Une fois approuvé pour un seul but, un médicament pouvait être prescrit pour n'importe quel autre, de sorte qu'un médicament ayant prouvé son efficacité pour une maladie relativement rare pouvait, s'il était quelque peu dangereux, faire encore plus de mal à des personnes auxquelles il aurait été administré par erreur. Les compagnies pharmaceutiques pensaient que ces questions se situaient en dehors du pouvoir de réglementation légitime de l'agence et contestaient toute sa politique d'évaluation de la sûreté par rapport à l'efficacité[46].

La balance du pouvoir a penché de manière décisive en faveur de la FDA à la suite de l'amendement Kefauver de 1962. Comme la plupart des lois de ce genre, il a été inspiré par une catastrophe, concernant en l'occurrence la thalidomide, mais il imposait clairement de démontrer que les médicaments sont aussi sûrs qu'efficaces. La détermination de leur sûreté n'a jamais été normalisée, alors que les entreprises aussi bien que les agences de réglementation préféreraient qu'elle le soit. Des règles arbitraires ne peuvent fonctionner ici, comme elles l'ont fait pour certains aspects de l'analyse coûts-avantages, car l'incapacité d'identifier des dangers potentiels peut avoir des conséquences manifestes qui, si elles sont fatales aux utilisateurs, font du tort à l'agence.

---

46. Marks, *Ideas as Reforms*, chap. 2.

Contrairement à ce que tout le monde préférerait, l'évaluation de la sûreté des nouveaux médicaments reste une question de jugement aussi bien médical que politique, même si des questions subsidiaires peuvent parfois être réglées selon un protocole de routine. La démonstration de l'efficacité est moins problématique, parce qu'il a été possible de définir pour cela des critères relativement stricts et objectifs. Ces critères ont été conçus pour résister à des contestations devant les tribunaux [47]. Une procédure expérimentale correcte sur le plan statistique, suivie par des praticiens qualifiés et donnant une différence statistiquement significative entre le médicament et un placebo, constitue une démonstration acceptable. Cette définition a été parfois suivie à la lettre, au mépris du bon sens. Au début des années 1970, la FDA a autorisé l'usage des amphétamines pour favoriser la perte de poids, en dépit d'avantages très modestes et de graves inconvénients tels que la dépendance, parce qu'il suffisait de démontrer que les avantages d'un médicament étaient statistiquement significatifs et non pas cliniquement [48].

Depuis les années 1960, le test des médicaments a défini la norme de rigueur dans les essais cliniques. C'est une norme aussi bien bureaucratique et politique que scientifique. Le soutien des professionnels a été au mieux inégal : les médecins étaient et sont restés méfiants face aux progrès du régime basé sur l'objectivité [49]. Même les statisticiens insistent souvent, de façon très plausible, sur l'importance de ce qui a été appelé « tact statistique » dans la conception et l'interprétation des expériences. Mais ils ont travaillé efficacement à imposer des normes au jugement clinique,

---

47. BODEWITZ et al., « Regulatory Science ».

48. QUIRK, « Food and Drug Administration », p. 222 ; voir aussi TEMIN, *Taking Your Medicine*. Cette autorisation a été annulée par la suite. La FDA ne fixe pas ces règles à la légère : imposer une norme plus élevée que la signification statistique peut entraîner une contestation légale de la part des compagnies pharmaceutiques.

49. Un exemple de cela est la tentative faite récemment pour obliger les médecins à établir leur diagnostic selon des critères programmables, qui était défendue (sans succès) par les chercheurs au nom de la science et de l'ouverture : ANDERSON, « Reasoning of the Strongest ».

en particulier dans le contexte des expériences thérapeutiques à grande échelle, pour lesquelles leur discipline fournissait une discipline. Aux États-Unis, ainsi qu'en Grande-Bretagne, ce n'était pas toujours explicitement spécifié par les instances de réglementation. La situation complexe au sein de la discipline de la médecine, en particulier la difficulté d'allier la recherche à la pratique, crée des problèmes spécifiques de distance et de méfiance culturelle et encourage la quête d'objectivité. Toutefois, l'usage novateur de procédures expérimentales et de l'analyse statistique a toujours été suscité en médecine, semble-t-il, par des organismes gouvernementaux[50].

Depuis les années 1940, l'usage de tests statistiques est devenu obligatoire dans de nombreux domaines de la recherche médicale, même si ce n'est pas le cas encore dans la majorité d'entre eux. Il n'entre nullement dans mon intention de nier qu'il y a de bonnes raisons à ces développements ou de prétendre qu'ils ne reflètent rien de plus que les effets de la politique de la bureaucratie et des disciplines. Je soutiens cependant qu'ils agissent principalement comme des technologies sociales et non pas comme des guides de la pensée individuelle. Il faut voir dans les progrès de la statistique en médecine une réponse à des problèmes de confiance : ceux-ci ont été particulièrement importants dans le contexte des conflits avec des instances de réglementation ou dans les disciplines[51]. C'est cela, et non pas un quelconque caractère intrinsèquement statistique de la médecine clinique, qui explique pourquoi la statistique inférentielle est entrée dans la médecine à travers la thérapeutique.

---

50. MARKS, *Ideas as Reforms*, chap. 3-4. Sur le tact statistique, voir p. 175 : Major Greenwood a employé l'expression et A.B. Hill l'a citée. Un exemple de tentative de normalisation de la pratique clinique, en particulier dans la recherche, est celui de COCHRANE *et al.*, « Observers' Errors » ; HOFFMANN, *Clinical Laboratory Standardization*.

51. La tendance à l'objectivité en médecine ne se limite pas bien sûr aux statistiques. Des tests de compatibilité d'organes, par exemple, ont été considérés comme une base objective pour décider qui peut recevoir un organe peu disponible, en dépit de leur incapacité à prévoir vraiment la réussite des transplantations : LÖWY, « Tissue Groups ».

TESTS MENTAUX ET PSYCHOLOGIE EXPÉRIMENTALE

« Normaliser l'esprit est aussi futile que normaliser l'électricité », écrivait en 1916 un juge de New York, en refusant que le résultat d'un test d'intelligence pût constituer une preuve suffisante de faiblesse d'esprit[52]. Il est loin d'être évident que la plupart des psychologues eussent été en désaccord avec lui, au moins sur l'esprit. En 1916, le test d'intelligence n'avait pas encore franchi le seuil du bureau du psychologue pour accéder à la salle de classe. Le test de masse a été développé l'année suivante par des psychologues dans le but de contribuer à la mobilisation américaine pour la guerre – ou peut-être d'en profiter –, et il a été appliqué à près de deux millions de recrues de l'armée. Jusque-là, le test d'intelligence était un outil de diagnostic utilisé par des médecins et par des psychologues faisant office de médecins. Il a été bien sûr conçu par un ferme adversaire du tact médical, Alfred Binet. Mais le test était généralement administré par un expert professionnel, à un patient à la fois, et sa crédibilité a été grandement renforcée par sa capacité de correspondre à des jugements intuitifs[53].

Le test normalisé, qui avait des racines industrielles et militaires, a finalement trouvé son fondement le plus sûr dans les écoles publiques. Il était, à bien des égards, typiquement américain. Les tests nationaux ont été utilisés dans de nombreux pays, au XXe siècle, pour orienter les étudiants vers l'université ou vers la technique. Mais la plupart n'ont pas visé une quelconque objectivité mécanique ; le questionnaire à choix multiples, qui fait partie intégrante de la scolarité américaine, était presque inconnu en Europe jusque très récemment. Les écoles européennes n'avaient guère besoin de mesure mentale, parce que leurs lycées, *Gymnasien* et *public schools* étaient protégés par une hiérarchie sociale raisonnablement stable. L'éducation

---

52. Juge John W. Goff, de la Superior Court de New York, cité dans KEVLES, « Testing the Army », p. 566.

53. ZENDERLAND, « Debate over Diagnosis » ; CARSON, « Army Alpha ».

d'élite, au sens d'un enseignement basé sur les langues mortes, les mathématiques, la religion, et peut-être la philosophie, l'histoire, la littérature et les sciences, était censée être la meilleure préparation à une formation universitaire. Les étudiants issus de milieux cultivés ou aisés devaient maîtriser ces sujets. Quelques jeunes moins privilégiés pouvaient prouver leur valeur, non pas en excellant à un examen d'aptitude mais en réussissant dans le programme classique[54].

L'éducation américaine était moins différenciée. Les écoles publiques ont connu une explosion démographique de 1880 à 1910, lorsque le nombre de lycées est passé d'environ 500 à 10 000, et le nombre d'élèves à ce niveau, de 80 000 à 900 000. Seule une infime minorité entrait à l'université. La répartition des élèves en sections avait lieu principalement à l'intérieur des établissements et non pas entre eux. Les tests normalisés servaient surtout à trier les élèves, qui arrivaient en une masse assez indifférenciée et devaient être orientés dans les filières professionnelles, commerciales et universitaires. Des tests ont été également employés pour identifier les « faibles d'esprit » et, parfois, les « doués ». Les tests d'intelligence ne sont pas à l'origine de ce système d'orientation mais lui ont donné une base scientifique. Ou plutôt, ils l'ont rationalisé, en plus d'un sens[55].

En effet, comme le souligne Kurt Danziger, les écoles ont utilisé des tests de groupe des dizaines d'années avant que les psychologues n'entreprennent de leur montrer comment améliorer leur pratique. Les nouveaux systèmes éducatifs, avec leur classement par âge et leurs programmes standard, « créaient effectivement les types de populations statistiques sur lesquels est fondée la psychologie de Galton ». Danziger montre également que le recours à des tests conçus par des psychologues n'était rien moins qu'une nécessité logique. Il y avait d'autres façons de trier les élèves. La plus évidente était de laisser cette tâche aux enseignants. Ceux-ci ne manifestaient aucun enthousiasme

---

54. Von Mayrhauser, « Manager, Medic, and Mediator » ; Samelson, « Mental Testing » ; Sutherland, *Ability, Merit and Measurement*, chap. 10.

55. Resnick, « Educational Testing » ; Chapman, *Schools as Sorters*.

face à l'invasion des tests normalisés, conçus pour offrir une alternative objective à leur jugement. Mais ces enseignants, des femmes célibataires pour la plupart, ne constituaient pas une élite pleine d'assurance ou une profession sûre. Ils étaient en général incapables de résister à cet assaut d'objectivité. Celui-ci était soutenu par une nouvelle génération de directeurs, des hommes pour la plupart, qui recherchaient des moyens de se distinguer des personnes travaillant dans les salles de classe. Ils appréciaient vivement les mérites de l'analyse statistique, qui fournissait « une justification culturellement acceptable du traitement des individus en catégories, qu'exigeaient les structures bureaucratiques »[56].

Cette acceptabilité culturelle était due en partie au statut scientifique, ou aux prétentions, de la psychologie de l'éducation. Mais elle signifiait surtout une objectivité impersonnelle. Cette objectivité n'était évidemment pas absolue. Les écarts entre les résultats de groupes raciaux ou ethniques différents ont fini par être communément considérés, au cours des dernières décennies, comme des preuves d'injustice ou de partialité dans la construction des tests. Au niveau des individus, toutefois, les défenseurs des tests pouvaient du moins affirmer que personne n'était victime d'un examinateur hostile ou ignorant. Quoi qu'il en soit de la validité du test, la notation en était libre de tout jugement. Elle était parfaitement mécanique et a fini très tôt par être effectuée par des machines – c'est ainsi qu'est définie l'objectivité dans le monde des tests. Enfin, elle permettait une normalisation complète, de sorte que, par exemple, les responsables des admissions dans une université pouvaient facilement comparer une note de Wichita avec une de Boston, même s'ils ne connaissaient nullement l'école ni la région.

La statistique a fait son entrée en psychologie « pure » à travers l'évaluation pédagogique – c'est-à-dire à travers la psychologie « appliquée »[57]. Comme dans le cas de la médecine, la

---

56. Danziger, *Constructing the Subject*, citations p. 79 et 109.
57. *Ibid.*, p. 81-83 ; Gigerenzer – Murray, *Cognition as Intuitive Statistics*, p. 27.

poussée de la rigueur quantitative était avant tout une adaptation à l'exposition publique, et non pas le fait d'une communauté de chercheurs bien isolée. Dans les années 1930 et 1940, une statistique moderne est devenue la marque d'une psychologie expérimentale consciemment scientifique. Malgré cela, ce n'était guère le signe d'une discipline sûre. Comme le remarque Mitchell Ash, la psychologie a été plus consciemment scientifique que les sciences de la nature précisément en raison de sa faiblesse institutionnelle et de la discorde intellectuelle qui y règne. Les méthodes inflexibles de la quantification compensaient le manque d'une communauté sûre. Fait révélateur, les tests statistiques en psychologie expérimentale ont d'abord été utilisés par la parapsychologie, sa sous-discipline la plus faible et inspirant le moins confiance. Ils faisaient partie d'un régime de reproductibilité et d'impersonnalité qui était nécessaire si l'étude des phénomènes psychiques devait gagner un jour ne serait-ce qu'un peu de crédibilité scientifique[58].

Cependant, la statistique était importante pour la vie interne de la discipline et non pas seulement pour ses relations extérieures. Utiliser les bonnes méthodes d'inférence devenait une marque de professionnalisme et contribuait à créer une identité de recherche. Des règles statistiques solides pour la conception des expériences et le traitement des données favorisaient un consensus dans la discipline, en écartant au moins quelques-unes des différentes significations qui pouvaient être attachées à des données psychologiques ambiguës. Une orientation globalement statistique protégeait aussi la recherche contre un type de subjectivité indéniablement psychologique, celle du sujet expérimental. Les expérimentateurs américains du xxᵉ siècle voulaient des lois générales, et non pas des phénomènes remarquables concernant des personnes particulières. Enfin, l'insistance sur les expériences, en produisant certains types de données qui pouvaient être analysées de manière conventionnelle, encourageait une sorte d'opérationnalisme qui détournait l'attention de la théorie. Les prises

---

58. Ash, « Historicizing Mind Science » ; Mauskopf – McVaugh, *Elusive Science* ; Hacking, « Telepathy ».

de position théoriques générales étaient de dangereux facteurs de division, et les méthodes statistiques communes ont beaucoup fait pour assurer la cohésion du domaine[59].

Comme l'identité de leur discipline était étroitement liée avec la statistique, les psychologues étaient presque obligés de croire en l'unité et la cohérence de la méthode statistique. Cela ne semblait pas poser de problème, puisque le raisonnement statistique était tombé dans le champ des mathématiques, un modèle de rigueur et de certitude. Mais en fait, les statisticiens mathématiques n'étaient pas unis. Depuis le début du siècle, ils étaient profondément divisés, à la fois personnellement et intellectuellement. Karl Pearson et R.A. Fisher étaient d'accord sur peu de choses ; Jerzy Neyman et Egon Pearson ont développé un protocole expérimental concurrent de celui de Fisher, et ont insisté sur leur incompatibilité. Plus tard, un niveau de complexité supplémentaire a été introduit par le renouveau, en réalité la création, d'une statistique bayésienne plus subjective. Les psychologues, comme la plupart des scientifiques expérimentaux, préféraient ignorer les programmes statistiques rivaux. Leurs manuels présentaient une version synthétique, largement inspirée de Fisher, de la méthode et de l'analyse expérimentale, et l'appelaient simplement « statistique ». C'était souvent un calcul de signification statistique, présenté idéalement comme purement mécanique, qui déterminait si un chercheur avait obtenu un résultat publiable. L'« hypothèse nulle » – d'absence d'effet – devait simplement être « rejetée » au-delà du seuil de $0,05$[60].

Ce chiffre particulier, une indication de la probabilité que les résultats pourraient être dus au hasard, n'est manifestement qu'une convention. La présente section suggère que les méthodes comportent, elles aussi, une part de convention, en particulier

---

59. Danziger, *Constructing the Subject*, p. 148-149 et 153-155 ; Gigerenzer, « Probabilistic Thinking » ; Coon, « Standardizing the Subject ».

60. Gigerenzer, « Probabilistic Thinking » ; Gigerenzer *et al.*, *Empire of Chance*, chap. 3 et 6 ; Hornstein, « Quantifying Psychological Phenomena ». Les critiques de cet idéal d'inférence mécanique ont souvent indiqué qu'il se perpétuait par crainte de la subjectivité : voir par exemple Parkhurst, « Statistical Hypothesis Tests ».

quand un type de test était employé par presque tous les auteurs – sans tenir compte de l'avis des statisticiens, qui demandaient de plus en plus de nuance. Mais dans les disciplines qui les normalisaient le plus strictement, la statistique n'était nullement considérée comme conventionnelle. Les chercheurs étaient incités à suivre des règles statistiques par probité scientifique et à se sentir coupables si, par exemple, ils reformulaient leur hypothèse après l'obtention des données[61]. Peut-être le témoignage le plus convaincant de la foi dans les statistiques comme mode de raisonnement vient-il d'un nouveau champ de la psychologie : l'étude du jugement dans l'incertitude. Comme le note Gerd Gigerenzer, les psychologues se sont tellement accoutumés aux tests statistiques qu'ils les ont acclimatés dans une théorie de la pensée. Dans les années 1950, l'esprit a commencé à être représenté comme un statisticien intuitif appliquant spontanément l'analyse de la variance pour séparer du bruit l'objet de son intérêt, au moyen de la causalité et de la théorie de la détection du signal[62].

Dans les années 1970, le « statisticien intuitif » n'ayant souvent pas réussi à reproduire les résultats du calcul, ce programme de recherche s'est alors tourné vers les « heuristiques et les biais » qui influaient sur l'attribution subjective de probabilité. Les sujets expérimentaux semblaient non seulement calculer de manière incorrecte, mais ignorer certains types de données et même faire de banales erreurs de logique. Ces erreurs ne provenaient pas seulement d'étudiants d'université, sujets de prédilection des expériences psychologiques, mais ont été faites également par des médecins, des ingénieurs et des étudiants de troisième cycle d'écoles de commerce.

Ces résultats ont, à leur tour, alimenté un débat en cours sur les mérites relatifs du jugement d'un expert et de règles quantitatives pour la prise de décisions pratiques de divers types. Comme d'habitude, il y avait des deux côtés des arguments poli-

---

61. GIGERENZER, « Superego, Ego, and Id ».
62. GIGERENZER – MURRAY, *Cognition* ; GIGERENZER *et al.*, *Empire of Chance*, chap. 6.

tiques et moraux ainsi que scientifiques. Une source importante de cette littérature était une étude de l'action des commissions de libération conditionnelle de l'Illinois. Les décisions d'accorder ou de refuser une libération conditionnelle avaient en général la réputation d'être malhonnêtes, ou du moins de dépendre fortement de liens familiaux ou d'avocats astucieux. Le sociologue de Chicago, Ernest Burgess, a fait en 1928 une étude sur les facteurs qui déterminaient la récidive des libérés conditionnels. Il espérait fournir une solution pouvant avantageusement remplacer le pouvoir de décision des commissions de libération conditionnelle, lequel n'était pas facilement distingué de la corruption. C'est de cette manière, écrivait-il, que la gestion de la libération conditionnelle pourrait « s'élever au-dessus du niveau de la simple conjecture et être fondée scientifiquement[63] ». Il constata que les règles statistiques étaient supérieures, tant par la qualité de leurs prévisions que par leur impartialité et leur cohérence.

De plus récents défenseurs des systèmes experts ont souligné eux aussi la supériorité morale des méthodes explicites sur les jugements non exprimés. Ils insistent également sur le fait que les règles informatisées peuvent mieux prédire les résultats que les experts humains. Il y a eu des débats houleux, où le jugement de l'expert a été le plus souvent défendu par des professionnels qui n'ont pas envie de voir leur intelligence raffinée remplacée par sa variante artificielle. Une impressionnante accumulation de preuves favorise les règles. Mais un examen plus attentif révèle que les chiffres ont le plus d'efficacité dans un monde qu'ils ont contribué à créer. Un sujet de débat favori a été celui des diagnostics médicaux, en particulier psychiatriques. L'ordinateur ne peut évidemment pas être mis face à un vrai patient. Dans de nombreuses études, l'expert non plus. Tous deux reçoivent au lieu de cela les résultats numériques des tests, ainsi que des données statistiques sur les taux de faux positifs, de faux négatifs, et les taux de base. Benjamin Kleinmuntz, par exemple, a testé les capacités de diagnostic relatives des psychologues et

---

63. Burgess, « Success or Failure on Parole », p. 245.

des ordinateurs, à partir de réponses à l'inventaire multiphasique de la personnalité du Minnesota (MMPI). Seuls quelques psychologues ont battu la machine. Il y a, reconnaissait-il, des situations où le jugement d'un expert est de loin supérieur à des règles de décision. Mais la plupart du temps, les médecins et autres cliniciens ne faisaient que « traiter des données objectives d'analyses de laboratoire et d'autres examens ». Dans de tels cas, ils ne font guère plus qu'appliquer des règles de décision, les mêmes que les machines, sauf que les êtres humains font davantage d'erreurs[64].

Ils sont particulièrement mauvais en calcul des probabilités, comme l'ont montré de récentes études de jugement dans l'incertitude. On ne sait pas pourquoi les professionnels ayant fait des études supérieures incluant une formation en statistique devraient avoir autant de difficulté à résoudre des problèmes bayésiens élémentaires. Mais il n'y a aucun mystère dans le fait que ces problèmes résistent aux capacités du « statisticien intuitif » que l'on croyait trouver en tout un chacun. Mis à part dans quelques jeux de hasard – et même ceux-ci sont contestables –, nul être humain n'a jamais été confronté à une valeur de probabilité stable, quantifiée, ni même aux données pour en déterminer une, avant le xviie siècle. Les probabilités sont, dans tous les cas, des artefacts créés (mais non arbitrairement) par des instruments et par du travail humain bien discipliné. Aujourd'hui, un économiste, un médecin ou un psychologue qui ne peut pas comprendre des arguments statistiques faisant appel à des variances et des probabilités sera à cause de cela moins efficace dans son travail. Non pas parce que le monde est intrinsèquement statistique. Mais parce que les quantificateurs l'ont rendu statistique pour mieux le gérer.

---

64. KLEINMUNTZ, « Clinical Judgment », p. 553. L'ouvrage classique pour ce débat est MEEHL, *Clinical versus Statistical Prediction*. Le défenseur le plus connu du jugement clinique était Robert R. HOLT ; voir son *Prediction and Research*. On trouvera une histoire des premiers débats dans GOUGH, « Clinical versus Statistical Prediction ».

L'OBJECTIVITÉ PEUT-ELLE REMPLACER L'EXPERTISE ?

La question de savoir si l'objectivité mécanique peut remplacer le jugement expert a généralement été formulée comme une question scientifique. Elle soulève à son tour une question politique et culturelle. L'objectivité mécanique est-elle capable de remplacer les connaissances des experts dans les sociétés humaines et les systèmes politiques ?

Il n'y a pas de réponse simple. Il faut commencer par reconnaître que l'idéal d'objectivité mécanique n'est qu'un idéal. Les sociologues de la connaissance ont montré que, dans toute tentative de résoudre les problèmes selon des règles explicites, y compris dans l'analyse par ordinateur de données quantitatives, il existe un élément d'expertise non exprimé[65]. En outre, le problème de la confiance ne peut jamais être éliminé, il ne peut pas être entièrement séparé des hiérarchies et des institutions. Des chiffres crédibles sont produits par les agences gouvernementales, les chercheurs universitaires, les fondations et instituts de recherche. Lorsqu'ils proviennent de groupes de pression ou de sociétés commerciales, ils peuvent encore être acceptés mais sont susceptibles d'être examinés plus attentivement. Les profanes, et même d'autres spécialistes, sont rarement à même de répéter toute l'opération ; la cohérence interne des chiffres peut au mieux être vérifiée, et ceux-ci peuvent être comparés avec des chiffres semblables provenant d'autres sources.

En résumé, une certaine crédibilité institutionnelle ou personnelle est indispensable même pour produire des chiffres impersonnels. Si l'on ne peut pas reproduire à volonté les rapports d'expérience ou les chiffres introduits dans les calculs, leurs auteurs ne seront crus que s'ils peuvent impressionner de quelque façon les lecteurs par leur compétence et leur probité. L'exigence de crédibilité personnelle est cependant considérablement réduite s'il apparaît que d'autres personnes compétentes

---

65. COLLINS, *Artificial Experts* (trad. *Experts artificiels*) ; ASHMORE et al., *Health and Efficiency* ; MIROWSKI – SKLIVAS, « Why Econometricians Don't Replicate ».

sont en mesure de vérifier ou de recalculer des chiffres, et surtout si certaines de ces personnes ont des intérêts contraires. En pratique, l'objectivité et la factualité signifient rarement une vérité allant de soi. Elles impliquent plutôt l'ouverture à une éventuelle réfutation par d'autres experts. La confiance est inséparable de l'objectivité, dont elle est, en quelque sorte, le double. Mais la forme de confiance sur laquelle s'appuie l'objectivité est anonyme et institutionnelle plutôt que personnelle et résultant d'une confrontation.

Dans la plupart des cas, des scientifiques reconnus ne sont pas automatiquement soupçonnés de fraude ou d'incompétence quand ils annoncent des résultats dans leur propre domaine d'expertise. Se fiant à des routines statistiques, psychologues universitaires et chercheurs en médecine étaient à même de se convaincre les uns les autres, de sorte que, de l'extérieur, nul n'était susceptible de perturber ces prétentions au savoir. Mais même les disciplines les moins sûres n'agissent pas indéfiniment comme des sociétés d'étrangers. À travers leur expérience de la collaboration et du dialogue, les chercheurs se font de plus en plus confiance et acquièrent un sens plus nuancé de qui est crédible et de ce qui l'est. Il arrive même qu'en imposant des normes uniformes on favorise la formation d'une communauté plus sûre. Lorsque cela se produit, cependant, la définition étroite d'une analyse acceptable tend à être assouplie. L'objectivité mécanique, quand elle réussit, devient moins urgente. Le partage des connaissances peut avoir pour effet d'atténuer la méfiance, desserrant ainsi le carcan des règles impersonnelles.

Dans le domaine public, plus étendu, c'est une dynamique différente qui s'applique. Lorsque des règles quantitatives sont soutenues par la puissance ou la crédibilité d'une institution, comme l'a été l'analyse coûts-avantages au moment de son apparition au sein du corps des ingénieurs, elles peuvent être suffisantes pour assurer le bon fonctionnement d'un processus et même pour mettre fin à des controverses mineures. La nécessité d'un soutien institutionnel ne signifie pas que l'acte de quantification lui-même soit inefficace ; le statut du corps n'était pas le premier moteur, la cause non causée, mais il a été renforcé par la réputation d'impersonnalité et même de rigueur de ses analyses économiques. Celle-ci reposait toutefois sur l'absence de puissants rivaux, qui est beaucoup plus difficile à préserver dans une culture politique procédurière que dans une discipline essentiellement théorique. Au sein du corps des ingénieurs, l'analyse coûts-avantages représentait quelque chose de relativement peu ambigu et a aidé à régler les controverses. Mais à l'extérieur d'un cadre institutionnel particulier, la quantification économique pouvait – comme c'était le cas – avoir des significations très différentes. L'idée de mesurer des coûts et des avantages était en elle-même beaucoup trop vague, ou du moins flexible, pour aboutir à un consensus. Dans les conflits d'après-guerre impliquant le corps des ingénieurs, il s'est même avéré impossible de négocier une méthode autorisée unique, alors que, dans un contexte moins procédurier, on aurait pu arriver à un compromis.

L'histoire récente suggère que la poursuite de l'objectivité mécanique peut ne pas suffire à régler les questions d'intérêt public dans des conditions de méfiance généralisée. L'étude de Brian Balogh sur l'énergie nucléaire américaine explique en partie pourquoi. Après la seconde guerre mondiale, l'énergie nucléaire commerciale est restée pendant quelques années fermement contrôlée par la Commission de l'énergie atomique, parce que ses liens avec l'armée lui permettaient le secret. Mais la construction d'un grand nombre de centrales nucléaires a nécessité la collaboration de groupes d'intérêts et de spécialités de toutes sortes. Bientôt le monopole du savoir par les physiciens et les ingénieurs nucléaires d'un même organisme a disparu. Une décennie avant l'émergence dans le public d'un vif débat sur l'énergie nucléaire, se sont déroulées des discussions entre les différents types d'experts qui considéraient certains aspects de l'énergie nucléaire comme relevant de leur propre spécialité. Tous contrôlaient des formes de connaissance raisonnablement crédibles ; le problème était qu'ils ne parvenaient pas à s'entendre. Leurs conflits ouvraient ce domaine hautement technique à un public plus large, éliminant ainsi la possibilité de parvenir à un accord par une négociation paisible. Quelle que soit la rigueur de ses méthodes, une discipline ne peut revendiquer son objectivité de façon convaincante quand elle a des rivaux puissants. La prolifération des spécialistes, du moins au sein d'un système politique décousu tel que celui des États-Unis, signifie qu'il y aura presque toujours des rivaux[66]. Il sera souvent impossible de parvenir à un accord sans jugement ni négociation. Il ne peut y avoir de consensus dans un monde de spécialistes essayant tous de suivre strictement les règles de leur propre discipline – qui sont dans ce sens des formes de savoir local.

En partie en réponse à l'impasse politique actuelle, la récente critique sociologique de l'objectivité a été remarquablement favorable au jugement expert et, en fait, aux élites qui l'exercent. L'expertise est de plus en plus identifiée avec la compétence, base de la confiance et même de la communauté. Deux exemples permettront de montrer ce qui est en jeu. Un livre de Randall Albury nie que l'on puisse trouver beaucoup de sens dans les significations les plus courantes de l'objectivité : connaissances non affectées par les intérêts et les particularités ; « connaissances correspondant à la réalité » ; ou « connaissance indépendante de toute valeur ». Il conclut que l'objectivité n'a pas de sens plus profond que « connaissances produites en conformité avec les normes en vigueur de la pratique scientifique, telle qu'elle est déterminée par les jugements actuels de la communauté scientifique ». Autrement dit, il n'y a pas de point d'Archimède sur lequel les citoyens peuvent fonder une critique utile du savoir expert. Ils peuvent simplement insister pour que les intérêts des scientifiques reflètent de quelque façon ceux du public. Au-delà de cela, ils devraient cesser de vouloir des normes impersonnelles et apprendre à faire confiance aux spécialistes.

Le second exemple est la critique que fait Mark Green de l'analyse coûts-avantages. La recherche de règles quantitatives est, selon lui, futile. L'insistance sur les normes rigoureuses de la connaissance est devenue une stratégie d'opposition, utilisée par de puissants industriels pour immobiliser les agences de réglementation. Rejeter l'avis de l'expert, c'est alors abandonner tout espoir d'une action publique constructive. La nécessité d'une

---

66. Balogh, *Chain Reaction*.

réglementation efficace, conclut-il, nécessite « une présomption favorable aux agences d'expertise nommées et agréées par le président et le Congrès, lesquelles, après avoir entendu l'ensemble des preuves au cours des auditions d'une procédure régulière, émettent un avis »[67].

Green n'est certes pas partisan de l'élitisme bureaucratique en tant que tel. Son opposition aux méthodes revendiquant leur objectivité, comme l'analyse coûts-avantages, vient aussi du sentiment qu'elles mesurent souvent la mauvaise chose. En tant que proposition abstraite, des normes rigoureuses encouragent la responsabilité publique et peuvent fort bien contribuer à la transparence et même à la démocratie. Mais si les objectifs réels de l'action publique doivent être mis de côté afin que les fonctionnaires puissent être jugés par rapport à des normes qui passent à côté de l'essentiel, quelque chose d'important a été perdu. L'effort visant à éliminer la confiance et le jugement du domaine public ne réussira jamais complètement. Peut-être est-ce pis que futile.

67. ALBURY, *Politics of Objectivity*, p. 36 ; GREEN, « Cost-Benefit Analysis as Mirage » ; voir aussi SHAPIN, *Social History of Truth* (trad. *Histoire sociale de la vérité*). Sur la compétence et la communauté, voir le livre incontestablement nostalgique de HARPER, *Working Knowledge*.

Chapitre IX

La science est-elle faite
par des communautés ?

> En défendant les justes prétentions au
> savoir de la communauté scientifique,
> je prends également la défense de la
> supériorité morale de cette communauté
> sur toute autre association humaine.
>
> (Rom HARRÉ, 1986)*

L'objectivité est un des idéaux classiques de la science. Elle correspond à un ensemble d'attributs : le premier d'entre eux est
d'être une vérité sur la nature, mais il y a aussi l'impersonnalité,
l'équité, l'universalité, et en général une grande résistance à toutes
sortes de facteurs de distorsion locaux tels que la nationalité, la
langue, l'intérêt personnel et les préjugés. L'idéal de rationalité et
d'objectivité de certaines langues a semblé impliquer un profond
individualisme de la science. La figure classique ici est Descartes,
qui voulait construire un monde utilisant uniquement des matériaux dont la solidité a été démontrée par la claire lumière de la
raison ; une lumière en principe accessible à n'importe qui, par ses
propres moyens. David Hollinger soutient que, après la seconde
guerre mondiale, l'éthique de l'individualisme a dominé pendant

---

* Épigraphe : HARRÉ, *Varieties of Realism*, p. 1.

un certain temps la littérature américaine qui traite de la science[1]. Il donne l'exemple de Martin Arrowsmith, dans le roman de Sinclair Lewis. N'importe quelle sorte de vie sociale, même la vie sociale à l'intérieur d'un laboratoire, est aux yeux d'Arrowsmith au pire une tentation de truquer ses résultats, au mieux quelque chose qui le détourne de l'entreprise sérieuse de la science. Le roman laisse le héros dans les bois de la Nouvelle-Angleterre, loin de toute société, poursuivant ses recherches de laboratoire avec un compagnon de sexe masculin, dans un splendide isolement. Il était ainsi protégé contre les tentations du pouvoir et de la réputation, consacrant sa vie à la poursuite incessante de la dure vérité et ignorant les agréments de la vie sociale représentés par les douces et trompeuses femmes. Semblable tableau de la vie de la science, si son comique est involontaire, nous paraît aujourd'hui plutôt cocasse. Cependant, l'idée de faire de la rationalité individuelle le fondement de l'objectivité de la science est bien enracinée, et pas seulement chez les scientifiques sans réflexion et les romanciers ingénus. La plupart des philosophes n'ont pas vraiment su, eux non plus, comment se faire une conception sociale de la rationalité.

Entre-temps, la notion de communauté scientifique est devenue un lieu commun. C'est dû en partie au fait que la notion de communauté s'est vidée de son contenu : nous trouvons aujourd'hui dans l'usage journalistique quotidien des locutions telles que « communauté des affaires » et « communauté noire ». Des voix plus inspirées ont parlé de « communauté du renseignement » (les espions) et de « communauté internationale » qui est une sorte d'oxymore[2]. Mais parler de communauté a eu un véritable objectif à remplir dans la rhétorique de la science. Après la guerre, les défenseurs américains de la science, en particulier Vannevar Bush, postulaient une communauté scientifique dans le but de rendre la science autorégulée. Il voulait renforcer ses frontières et tenir à distance la main pesante de la politique scientifique du gouvernement. Dans le cas où la méthode scientifique ne réus-

---

1. HOLLINGER, « Free Enterprise ». Sur l'individualisme et la communauté dans la rhétorique de Vannevar Bush, voir aussi OWENS, « Patents ».
2. « A Word up Your Nose », *The Economist*, 7 août 1993, p. 20.

sirait pas à empêcher certains scientifiques de faire des erreurs, la communauté interviendrait pour séparer le bon du mauvais. Les erreurs seraient éliminées par les examinateurs ou échoueraient au test de reproductibilité et seraient expulsées du corps des connaissances scientifiques. En outre, la communauté était censée juger quel genre de travaux est utile et diriger avec tact, si ce n'est avec une main invisible, les ressources disponibles vers les domaines de recherche où elles seraient le plus efficaces. Bush affirmait que, en tant que communauté libre, elle pouvait le faire beaucoup plus efficacement que n'importe quelle bureaucratie centralisée.

Ces idéaux ont également inspiré à certains sociologues et philosophes d'après-guerre l'idée de faire de la science un modèle pour la vie communautaire à notre époque. La science, selon eux, illustre une démocratie formelle conduisant à une véritable méritocratie. Elle exerce son activité par la libre discussion, en évitant cependant aussi bien la logomachie que la pure idéologie, parce que les scientifiques travaillent beaucoup pour mettre leurs idées à l'épreuve. Cela semble au premier abord une alternative subtile aux pieux discours que l'on prononce d'habitude à la louange de la recherche impartiale de la vérité, mais cela n'a pas toujours été dit avec modération. Un philosophe bien connu affirme que la communauté scientifique est supérieure à toute autre forme d'association humaine et impose des « normes d'honnêteté, de fiabilité et de travail bien fait en comparaison desquelles la qualité morale de la civilisation chrétienne, par exemple, est condamnée ». Si la science ne faisait que résoudre des problèmes et conduire à un « consensus historiquement conditionné », alors « la revendication morale de la communauté d'être la gardienne d'une sorte de pureté de la pratique face aux séductions du carriérisme et aux tentations de la pensée magique » serait fausse. La science « est une institution désintéressée servant à la collecte de connaissances fiables ». L'antiréalisme « n'est pas seulement faux mais moralement odieux comme un dénigrement de cet extraordinaire phénomène moral »[3].

---

3. HARRÉ, *Varieties of Realism*, p. 1-2 et 6-7. Sur la communauté dans les études scientifiques récentes, voir JACOBS, « Scientific Community ».

L'objet de ce mépris, paradoxalement, était Thomas Kuhn, qui a écrit l'étude la plus influente sur la communauté scientifique de notre temps et qui a traité celle-ci avec bienveillance. Ses communautés disciplinaires définissaient les normes, les outils, les concepts et les problèmes qui seraient considérés comme valables dans un domaine particulier. Il soutenait que la science sérieuse n'est faite que par ceux qui ont été bien socialisés dans un corps de spécialistes. Le livre de Kuhn a souligné sans ambiguïté l'importance des facteurs sociaux dans la science. Ces derniers sont maintenant amplement reconnus. Reste la question de savoir si le mot de « communautés » est celui qui convient le mieux pour désigner les groupes qui font la science. La formulation sociologique dépassée de Ferdinand Tönnies distinguait entre communauté et société. Les sociétés sont grandes, impersonnelles et mécanistes ; en revanche, les communautés sont petites, intimes et organiques. La distinction souligne certaines questions-clés dans les débats scientifiques actuels.

Elle se manifeste surtout dans le genre récent des micro-études scientifiques, des études d'un laboratoire ou d'une sous-discipline particulière. Le terme le plus influent de ce qu'on appelle la nouvelle sociologie de la science est peut-être « négociation ». Il exprime l'idée que les principes généraux, les lois scientifiques dites universelles, ne sont jamais suffisamment précis ou concrets pour s'appliquer aux circonstances richement détaillées de l'expérience et de l'expérimentation. C'est pourquoi le sens des expériences, et même des théories, ne peut pas être réglé par des principes généraux mais doit être élaboré par un groupe restreint de spécialistes. De cette façon, les grands problèmes et les vastes questions scientifiques sont ramenés à des questions de détail, et, en même temps, les problèmes abstraits de la vérité sont réglés par des contacts personnels étroits. Cela ne doit pas être pris à la lettre ; les négociations peuvent également avoir lieu par lettre, téléphone, journal, action en justice ou même, dans les cas extrêmes, à travers une publication. Elles doivent cependant impliquer les communautés au sens fort du terme : les délibérations pertinentes sont à petite échelle, à proximité et informelles. Le mot « négociation » l'exige. Ce discours de la négociation et de la communauté suggère également une affinité entre la science et des quêtes objectives, d'une objectivité moins militante. Stanley Fish soutient que la critique littéraire ne peut pas être une question de démonstration, mais toujours de significations « sans cesse négociées ». Et qui fait cette négociation ? « Les communautés interprétatives. » L'interprétation, suggère Fish, est à bien des égards informelle, voire implicite ; elle s'appuie sur une entente tacite, sur des idéologies et des attentes partagées, et sur un trésor commun de connaissances de base[4]. Selon la mode en vigueur aujourd'hui, la science est ainsi faite, elle aussi. Nous pourrions même dire qu'elle est faite par des communautés interprétatives.

Pour quiconque ressent encore une modeste loyauté résiduelle envers le pré-postmodernisme, cela semble toutefois une étrange façon de parler de la science. La science est censée traiter de la nature. Elle est censée produire des connaissances qui sont impersonnelles et, de quelque façon, objectives. Et, pour ne pas continuer trop longtemps sur ce mode ironique, elle y réussit. Les connaissances, dans les sciences, sont largement partagées, au point que les mêmes manuels peuvent être utilisés partout dans le monde. C'est souvent considéré comme une preuve décisive des vertus morales des sciences de la nature, et elles sont réelles, même si elles sont souvent exagérées. Les scientifiques se targuent de faire appel à la nature plutôt qu'à l'opinion et d'employer un langage neutre de faits et de lois, des chiffres et une logique de la quantité. L'universalité de la connaissance scientifique est loin d'être totale, mais la sociologie la plus sceptique concède volontiers qu'elle est impressionnante. N'est-ce pas aux méthodes impersonnelles et objectives de la quantification et de l'expérimentation que nous devons l'universalité de la science ?

J'ai soutenu que, dans un sens, il en est ainsi. Ce qui rend la science plus impersonnelle lui permet de traverser les frontières des nations, des langues, des expériences et des disciplines – en un mot, de la communauté. Mais il n'est pas du tout évident que

---

4. FISH, *Is There a Text in This Class*, p. 14-17 (trad. *Quand lire c'est faire*, p. 46-48).

la rigueur et l'objectivité les plus austères soient des caractères intrinsèques de la pratique normale de la science. Certains des meilleurs et des plus récents travaux historiques, sociologiques et culturels sur la science suggèrent que ce n'est pas le cas.

NÉGOCIATION ET AUTONOMIE

Considérons par exemple l'ouvrage de Martin Rudwick, *La Grande Controverse du dévonien,* sous-titré « La mise en forme des connaissances scientifiques chez les spécialistes gentlemen ». C'est, comme l'annonce le titre, l'histoire d'une controverse, et ses protagonistes n'ont pas gagné leur titre honorifique de gentlemen par un étalage d'élégance flegmatique. Mais ils ont pris soin d'observer un certain décorum. Une façon de le respecter était de permettre de vifs débats pendant les réunions de la Société géologique, tout en dissimulant, au moins en principe, toute controverse en public. Pour que Rudwick puisse connaître en profondeur la teneur des discussions, il lui a fallu beaucoup s'appuyer sur des documents de nature privée : carnets de terrain, lettres et minutes de réunion. Car, selon lui : « Le rôle des documents officiels publiés, relatifs aux discussions informelles des débats, pourrait justement être comparé avec le rôle des articles épisodiques – n'apportant généralement aucune révélation – parus dans la presse pendant des négociations diplomatiques extrêmement difficiles à huis clos[5]. » La métaphore s'applique aussi bien aux personnes qu'aux processus. Les gentlemen d'élite de la science se comportaient comme des diplomates, membres typiques d'une culture fermée et aristocratique. Les gentlemen peuvent souvent régler les affaires publiques au sein de leur monde privé, fait de clubs et de contacts informels. En 1870, et pendant au moins un siècle, le niveau supérieur de la fonction publique britannique a fonctionné en grande partie de cette façon[6]. Les communautés de

---

5. Rudwick, *Great Devonian Controversy,* p. 448.
6. Heclo – Wildavsky, *Private Government of Public Money.*

spécialistes comme les géologues de Rudwick ont fait la même chose : régler entre eux les lois de la nature. Et il ne s'agit pas simplement de savoir où les connaissances scientifiques sont élaborées, mais aussi de quelle façon. Les discussions au sein d'une communauté de spécialistes peuvent se dérouler avec un minimum de formalités, peu de souci de rigueur et un recours fréquent à un savoir partagé et souvent tacite. C'est bien sûr d'autant plus faisable quand, comme dans le cas de Rudwick, presque toutes les personnes qui comptaient habitaient la même ville, Londres.

Mais ce provincialisme, ou ce métropolitanisme, révèle une limitation importante de ce débat. L'évaluation que fait Rudwick des places relatives du débat public et privé dans la science pourrait très bien être acceptée en ce qui concerne les géologues londoniens et cependant mise en doute dans le cas le plus général. C'est désormais un lieu commun de l'analyse sociale d'affirmer que « moderne » signifie l'effondrement de la communauté et l'intrusion des institutions centralisées dans presque tous les aspects de la vie locale et privée. De manière générale, je partage ce point de vue. Mon étude de la statistique médicale et de l'analyse coûts-avantages est en accord avec la manière dont Thomas Bender formule le problème majeur rencontré par les intellectuels américains du XXe siècle : « Comment arriver à être reconnu comme une autorité intellectuelle dans une société d'étrangers ? Comment établit-on une communauté intellectuelle partageant des objectifs, des normes et des règles du discours » dans une ville, une nation ou un monde hétérogènes ? Il montre que les disciplines universitaires étaient une réponse à l'effondrement, dans les villes, d'une élite sociale, économique et intellectuelle plus unifiée. Il souligne que cela a eu tendance à ouvrir la politique aux relativement faibles. Il ajoute, cependant, que cet effondrement de la communauté n'est pas universel et que, (même) pour les élites américaines, le pouvoir et la communauté continuent souvent à se recouvrir[7].

---

7. BENDER, « Erosion of Public Culture », p. 89 ; BENDER, *Community and Social Change*, p. 149.

Cette identité du pouvoir et de la communauté ne s'applique pas bien aux disciplines scientifiques, si le pouvoir est ici considéré comme se rapportant au domaine de la politique et de l'art de gouverner. Lorsque les scientifiques participent efficacement aux décisions commerciales ou politiques, cela nécessite généralement qu'ils soient en mesure de se joindre à d'autres types de communautés. Même sur leur propre terrain, leur pouvoir est loin d'être absolu ; les intrusions gouvernementales ont affaibli l'autonomie des institutions scientifiques. Cela a une incidence frappante sur le profil des carrières, par exemple, et pas seulement aux États-Unis. En 1989, un ancien président de la Deutsche Forschungsgemeinschaft évoquait ses souvenirs :

> Quand je suis arrivé à Göttingen en 1931, tout le monde savait quels professeurs étaient de grands scientifiques. Presque tout le monde savait aussi qui étaient les meilleurs jeunes scientifiques, ceux qui ont un grand avenir [...]. Les grands hommes se connaissaient [...] et chacun avait, dans sa faculté, une influence qui allait au-delà de sa position dans son propre domaine. Cette influence s'étendait jusqu'aux commissions qui décidaient les nominations universitaires, favorisant ainsi la nomination de professeurs de grande qualité [...]. Je ne trouve toujours rien à redire à ce système. Mais je sais qu'aujourd'hui il ne peut plus fonctionner efficacement, sauf dans des circonstances exceptionnelles. C'est un système informel qui nécessite désintéressement et autocritique de la part de ses principaux participants. Ce qui donne prise aux soupçons.

Les fonctionnaires du ministère, qui en Allemagne sont responsables des nominations universitaires, comprenaient bien le système informel et le soutenaient, mais plus aujourd'hui. Notre porte-parole ajoute que les mesures formelles de la qualité dans les sciences peuvent désormais être nécessaires comme moyen de défense contre les organismes bureaucratiques cherchant à arracher le contrôle des scientifiques sur la science[8].

Malgré cela, certaines disciplines qui ne contribuent pas beaucoup aux débats explicitement politiques ont su conserver une grande autonomie intellectuelle. Lorsque les frontières dans l'uni-

---

8. Leibnitz, « Measurement of Quality », p. 483-485.

versité sont nettes, l'absence de frontières géographiques claires comme celles qui définissaient le monde social des géologues londoniens peut ne pas être un obstacle à la formation d'une communauté scientifique étroite. Les liens personnels entre les membres d'une spécialité peuvent être très forts, même aujourd'hui. Un exemple frappant en est la communauté des physiciens des hautes énergies telle que la dépeint Sharon Traweek[9]. La physique des particules est dominée par un petit groupe d'éminents scientifiques extrêmement mobiles. Les expérimentateurs, en particulier, ne peuvent mener à bien leurs recherches qu'en faisant des visites régulières à l'un des rares grands accélérateurs de particules. C'est aussi pourquoi tous ceux qui comptent se connaissent entre eux. La connaissance mutuelle n'est pas, bien sûr, l'unique fondement des valeurs partagées et des hypothèses. Elles s'appuient aussi sur un long processus de socialisation. Celui-ci commence par l'étude formelle de la physique dans les cours de premier cycle et des cycles supérieurs, et se prolonge par une sorte d'apprentissage de la recherche, pendant une longue période postdoctorale au cours de laquelle la plupart des apprentis physiciens des particules sont éliminés. Ceux qui survivent sont remarquablement homogènes, non seulement dans leur engagement scientifique, mais même en ce qui concerne leurs habitudes personnelles, leur façon de se comporter et de s'habiller. Leurs origines nationales et leurs milieux sociaux sont en revanche plus diversifiés.

Cette socialisation intense, combinée avec un réseau serré de contacts personnels, permet aux physiciens des hautes énergies d'agir avec une liberté étonnante. Les informateurs de Traweek lui présentaient l'écrit comme à peine plus important ou révélateur dans la physique expérimentale moderne – de haute technicité – des hautes énergies que dans la géologie victorienne des gentlemen. Seuls les étudiants de troisième cycle accordent beaucoup d'attention aux articles publiés ; les scientifiques confirmés interagissent principalement par la parole, non par l'écriture. Les chercheurs postdoctoraux sont plus susceptibles de consulter des prépublications que des rapports publiés, parce que du moins

---

9. Traweek, *Beamtimes and Lifetimes*.

elles sont faciles d'accès. Même ainsi, les prépublications servent surtout de guide sur le terrain, pour trouver avec qui il vaut la peine de parler. Ceux qui sont vraiment bien placés apprennent de façon informelle ce qu'ils ont besoin de savoir. La publication est confiée à des nègres, c'est principalement une question d'enregistrement, et elle ne contient que ce qui est destiné au public ; par ailleurs, le partage prématuré des résultats ou des doutes avec des personnes extérieures est fortement déconseillé.

Les physiciens expérimentaux des hautes énergies font usage du formalisme de la prose scientifique standard dans leurs écrits, mais une grande partie de ceux-ci ne sont pas pris au sérieux. Cela ne veut pas dire que tout soit permis, ou que les physiciens utilisent les mathématiques seulement comme un ensemble de conventions. Ils aspirent à un monde plus fondamental et moins transitoire que celui dont se contentent des gens tels que les historiens et les administrateurs. C'est une des raisons pour lesquelles ils apprécient l'impersonnalité des mathématiques et aiment plaisanter sur la quantification de l'ineffable et du personnel. Mais, en pratique, ils ne croient pas que la rigueur méthodologique soit la meilleure stratégie pour l'apprentissage de leur monde intemporel.

Les informateurs de Traweek lui disaient que les barres d'erreur sont toujours multipliées officieusement par trois au moins, en règle générale, pour décider si les résultats de quelqu'un sont susceptibles de signifier quelque chose. Plus important encore, ce mode d'interprétation est très nuancé et se rattache à un savoir privé. Les chercheurs qui ne sont pas particulièrement connus pour leur esprit consciencieux et minutieux, leur attention aux détails, devront présenter des résultats encore plus décisifs pour être pris au sérieux. Et, en fait, les jugements informels sur leur caractère et leur fiabilité sont essentiels lorsqu'il s'agit d'interpréter leurs expériences. Dans les sciences où l'équipement est relativement stable ou normalisé, la reproduction d'une expérience est toujours possible d'une certaine façon. Mais les physiciens des particules construisent leurs propres détecteurs, les bricolent constamment, les ajustent et même les reconstruisent

pour de nouvelles expériences. Par conséquent, il est extrêmement difficile de vérifier les résultats d'une expérience, et
rien ne peut remplacer le jugement pour déterminer jusqu'à
quel point on peut se fier à un rapport particulier. Trevor
Pinch le fait explicitement remarquer à propos d'une énorme
expérience de détection des neutrinos solaires, qui a nécessité
de placer des millions de litres de produits chimiques dans
une mine. Personne ne s'attendait à ce que cette expérience
fût effectuée deux fois. De sorte que, pour l'interpréter, les
physiciens devaient évaluer la compétence et la fiabilité des
expérimentateurs. « En bref, la confiance fonctionne dans la
science d'une manière semblable à celle dont elle fonctionne
dans n'importe quel domaine de la vie faisant appel à des
compétences humaines [10]. »

Pinch laisse entendre que c'est un phénomène universel et
que, dans la science, tout dépend de jugements sur le caractère
et la compétence des personnes. Il a sans aucun doute raison.
Mais il est rare que le savoir informel et personnel soit aussi
prédominant que chez les géologues gentlemen et les physiciens des hautes énergies. Il existe des moyens de rendre la
connaissance plus rigoureuse, normalisée et objective, et ils
ont largement contribué à réduire le besoin de confiance personnelle. Les mathématiques et la quantification ne sont pas
bien sûr seules responsables de l'uniformité croissante de la
connaissance, mais leur contribution a été impressionnante. Les
normes rigoureuses de la preuve mathématique, les systèmes
de mesure, les méthodes mathématiques des statistiques et les
chiffres démographiques, économiques et sociaux ont été des
alliés dans une campagne visant à rendre la connaissance plus
ouverte et plus uniforme.

Bien entendu, tout le monde n'a pas voulu cette connaissance
ouverte et uniforme. La forme subjective de la mesure analysée
par Witold Kula était parfaitement adaptée aux communautés de
paysans et de physiciens. Il y avait assurément des désaccords,
mais ils pouvaient être négociés face à face. La mesure informelle

---

10. PINCH, *Confronting Nature*, p. 207.

était inséparable de la structure de ces communautés relativement autonomes. Elle a disparu à la suite de l'intrusion de formes plus centralisées du pouvoir – à la fois politique et économique – dans le domaine relativement privé de la vie communautaire. Une certaine autonomie et de fréquentes interactions personnelles étaient également caractéristiques des géologues londoniens, et le sont même des physiciens des particules. Les physiciens ne sont pas répartis dans le monde entier, mais partagent l'occupation de quelques îlots. Leur travail a toujours été si prestigieux, au moins jusque très récemment, qu'ils ont eu peu de responsabilité, sauf des uns envers les autres. Ils n'ont guère eu à subir les interventions de puissants intérêts extérieurs. Les physiciens n'ont rien attendu des gouvernements, en dehors de l'argent, et, depuis la guerre, les gouvernements ont été satisfaits des marques d'estime mutuelle des physiciens, comme le prix Nobel. Ils ont donc été libres de cultiver leur propre style, leur langage et leurs traditions.

Assurément, tout cela ne manque pas d'aspects standardisés et routiniers. L'objectivité est toujours requise dans certaines choses, en particulier celles d'intérêt secondaire. Elle est clairement nécessaire, par exemple, lors de la première sélection des photographies et des données. Celles-ci sont si abondantes que, jusqu'à une date récente, il fallait faire appel à une main-d'œuvre de statut relativement bas pour le faire ; et cette main-d'œuvre était gérée en imposant une normalisation assez stricte. De plus en plus souvent, ce sont des ordinateurs qui séparent les signaux du bruit, avec une fiabilité presque totale et un manque absolu de bon sens ou de jugement. Donc, quand nous disons que la plupart des choses qui se passent en physique des particules expérimentale sont improvisées et négociables, nous nous référons aux travaux de haut niveau des chercheurs eux-mêmes et de quelques techniciens de confiance, installés en sûreté au sommet d'une pyramide de travail fastidieux objectivé[11].

11. Et pas seulement en physique. HARAWAY, *Primate Visions*, p. 170-171, décrit comment Jane Goodall a normalisé la notation de ses observations dans

Nous semblons maintenant avoir atteint le point où la science est identifiée à un type de connaissance négociée, locale et privée, ou plutôt de compétence, puisque le mot « connaissance » suppose généralement une forme plus rationnelle. Ce qui a la belle particularité d'être paradoxal, mais tout ce qui semble faux n'est pas nécessairement vrai. Nous pouvons rappeler que lorsque l'État a supprimé tous les poids et mesures, il l'a fait en imposant le système métrique, qui a été élaboré par les scientifiques. La science a été encore plus étroitement impliquée dans d'autres efforts visant à normaliser les instruments et les mesures concernant l'électricité, la température et les formes d'énergie. Des congrès de scientifiques, certains de tout premier rang, ont défini les unités de base de l'électricité à la fin du xixe siècle. Presque tous les pays industrialisés ont un bureau de normalisation, composé surtout de scientifiques et d'ingénieurs. C'est au nom de la science que des règles de calcul strictes ont été définies pour gouverner les décisions des actuaires et des ingénieurs publics. Il y a plus d'une raison pour mettre la science du côté de l'État, des instances d'objectivation et des intrus, qui ont imposé un langage plus uniforme, plus ouvert, et chassé les coutumes locales et les conventions implicites. Il y a quelque chose de profondément juste dans l'expression de Bruno Latour, « centre de calcul », désignant le point à partir duquel les empires sont administrés, et dans la manière dont elle est soulignée dans son livre sur la technologie et la science[12].

Le rôle de la science dans la normalisation et l'objectivation de la vie politique et économique est l'une des plus importantes raisons qui devraient inciter les humanistes et les chercheurs en sciences sociales à s'y intéresser. Mais nous devrions peut-être nous demander encore pourquoi la science a joué ce rôle, et d'ailleurs pourquoi la connaissance scientifique elle-même est normalement exprimée dans un langage très rationaliste et objectivé. Dans ce livre, j'ai insisté sur deux sortes de réponses à cela, mais au

---

des formulaires avant de la confier sur le terrain à un assistant tanzanien puis à un groupe d'étudiants.

12. LATOUR, *Science in Action* (trad. *Science en action*).

fond elles sont presque identiques. La première reflète les relations sociales et politiques plus larges de la science, les pressions de l'extérieur. La seconde concerne la vie sociale des scientifiques dans leurs propres institutions et les difficultés qu'ils doivent surmonter pour former une communauté de croyances et de pratiques.

COMMUNAUTÉS FORTES ET COMMUNAUTÉS FAIBLES

La remarquable ouverture et l'absence de règles strictes dans la physique des hautes énergies ne sont possibles que dans des circonstances très particulières. Il convient d'ajouter que la physique des hautes énergies n'est guère un modèle d'anti-objectivisme dans la science. Tout corps de scientifiques, tout groupement disciplinaire, est soumis à de fortes pressions tendant à limiter le jugement en faveur de normes mécaniques et impersonnelles. Thomas Hobbes, le héros du livre de Steven Shapin et Simon Schaffer, *Léviathan et la pompe à air*, a posé clairement le problème. On ne peut se fonder sur l'expérience, pensait-il, pour acquérir des connaissances publiques. L'expérience est intrinsèquement privée. Une expérience donnée ne peut avoir pour témoins qu'un petit nombre de personnes. Il est toujours possible de critiquer une expérience en mettant au premier plan des détails de construction et d'exécution qui, selon la logique de la démonstration expérimentale elle-même, doivent être fermement relégués à l'arrière-plan. Hobbes lui-même a tenté de cette manière de déconstruire, si l'on peut dire, la pompe à air de Robert Boyle : il affirmait qu'elle fuyait et il attirait l'attention sur les essais où elle n'avait pas fonctionné comme Boyle l'espérait. L'expérimentation est futile, suggérait-il. Le seul fondement solide des connaissances publiques, et en fait de l'organisation d'un régime politique, est le raisonnement géométrique : la démonstration solide, qui apporte avec elle sa propre preuve et ne nécessite rien de plus que d'écrire sur du papier[13].

---

13. Shapin – Schaffer, *Leviathan and the Air-Pump* (trad. *Léviathan et la pompe à air*).

Bien que son attaque de l'expérimentation eût échoué de façon spectaculaire, les problèmes soulevés par Hobbes étaient réels. Il n'est pas facile de baser des connaissances publiques sur ce que produisent des instruments spéciaux et des compétences éprouvées. Les expérimentateurs ont développé une gamme de stratégies pour surmonter ces problèmes. Certaines reposaient sur des formes de prestige qui étaient largement acceptées dans la société en général. Au XVIIe siècle, elles se sont inspirées des codes sociaux aristocratiques ou de ceux de la cour, affichant leur dignité et leur indépendance ou leurs relations avec de puissants protecteurs comme des marques de désintéressement. Des hommes qui avaient atteint une certaine position et qui étaient au-dessus des préoccupations matérielles n'avaient vrai-semblablement aucun intérêt à tromper. D'autres technologies de confiance ont pris une forme que nous pouvons facilement reconnaître comme caractéristique d'une communauté. Les scientifiques ont tracé les limites de leur profession et exclu ceux qui étaient à l'extérieur comme autant d'amateurs, d'ex-centriques ou de charlatans. Les diplômes et le titre de profes-seur sont devenus des signes de compétence et d'intégrité. Pour les gentlemen comme pour les scientifiques professionnels, dire la vérité était une question d'honneur et s'il était toujours pos-sible de douter de leurs déclarations, ce n'était pas une chose à faire à la légère[14].

À ces preuves formelles d'intégrité et de compétence s'ajou-taient des preuves personnelles. Les initiés communiquaient régulièrement et passionnément entre eux. Les capitales fran-çaise et anglaise, en particulier, étaient suffisamment attractives pour permettre à beaucoup de philosophes de la nature, parmi les plus importants, de se rencontrer fréquemment. Lorsque ce n'était pas possible, en particulier à cause des frontières natio-nales, les universitaires et les scientifiques formaient aux XVIIIe et XIXe siècles une « république des lettres » en entretenant de vastes correspondances qui mêlaient souvent les affaires per-

---

14. BIAGIOLI, *Galileo Courtier* ; SHAPIN, *Social History of Truth* (trad. *Histoire sociale de la vérité*).

sonnelles et scientifiques[15]. Les publications étaient ostensiblement moins personnelles, car elles mettaient la connaissance à la disposition de presque tout le monde, mais les revues ont souvent contribué à définir un type de communauté plus intime. De nombreuses revues du xixe siècle étaient des publications maison publiant surtout les recherches d'un professeur, de ses étudiants et d'autres proches collaborateurs. Même quand ce n'était pas le cas, faire paraître un article dans une revue revenait souvent à être accepté dans un club, de sorte que la décision de le publier pouvait nécessiter de s'intéresser explicitement au caractère de l'auteur. Au xxe siècle encore, les rapports des lecteurs suggèrent que les habitudes, les méthodes et les milieux des chercheurs eux-mêmes sont jugés en même temps que leur travail[16]. Il semble peu probable que les récentes tentatives de critique anonyme aient beaucoup diminué l'importance accordée à la dimension personnelle. Celle-ci comprend désormais des conférences, des colloques et, en outre, une sorte d'exogamie avec les étudiants diplômés, les professeurs débutants ou en visite sabbatique et surtout les chercheurs postdoctoraux. Une tradition du don basée sur l'échange d'échantillons et de techniques entre les laboratoires permet de convaincre plus facilement et facilite la reproduction des expériences, tandis qu'au sein des laboratoires un mélange intime de la vie privée et de la vie professionnelle est parfois senti comme un moyen de renforcer la confiance[17].

Une condition au moins aussi importante de la connaissance partagée était ce que j'appelle l'« objectivité ». Diverses stratégies ont été mises en œuvre pour rendre la connaissance moins

15. DASTON, « Republic of Letters ».

16. NYHART, « Writing Zoologically » ; Harry M. MARKS, « Local Knowledge : Experimental Communities and Experimental Practices, 1918-1950 », conférence donnée à l'université de Californie (San Francisco) en mai 1988. J'espère que le lecteur me pardonnera de citer, sur ce sujet, un article non publié ; je remercie Harry Marks de me l'avoir transmis.

17. HOLTON, « Fermi's Group » ; HOLTON, « Doing One's Damnedest » (trad. « Faire l'impossible »). Sur les instituts de recherche, voir GEISON, « Research Schools », et GEISON – HOLMES, Research Schools.

artisanale et plus ouverte. Un dispositif courant au début de la science moderne était le témoignage : transformation d'un jugement porté sur la validité d'une expérience en une sorte d'action en justice. C'était particulièrement important dans des contextes où une véritable communauté ne s'était pas encore formée. Il y avait aussi des flambées de témoignages dans des communautés relativement bien établies lorsqu'il n'y avait plus de consensus. Les expériences de Lavoisier sur l'oxygène, par exemple, ont été l'occasion d'une crise dans la communauté allemande de la chimie. Il était particulièrement troublant que plusieurs tentatives pour les reproduire aient conduit à des résultats radicalement différents. On supposait jusqu'alors que la compétence et l'intégrité expérimentales étaient des critères d'appartenance à la communauté des chimistes, et le fait que des chercheurs respectés eussent donné des résultats contradictoires d'une expérience cruciale avait causé un grand embarras. Il s'ensuivit une épidémie de témoignages, qui a atteint son apogée lorsque le pro-français Hermbstädt en a énuméré treize, provenant de chimistes, de comtes et de médecins. Cette nouvelle mode de faire parade de témoins, écrivait un adversaire de Hermbstädt (et de Lavoisier), suggère que « les chimistes ne se font plus mutuellement confiance[18] ». Ce qui était vrai. Une sorte d'objectivité judiciaire était devenue obligatoire pour guérir les divisions de la communauté, et parfois l'est encore aujourd'hui. Il devrait être évident qu'une communauté fondée sur l'objectivité est une communauté faible ou en danger, sans frontières nettes avec l'extérieur et où la compréhension mutuelle ne va pas de soi : en un mot, un type de communauté très moderne.

Les stratégies les plus usuelles pour communiquer des résultats à des chercheurs éloignés sont relativement bien connues. Une des plus importantes est de rendre compte des expériences de façon suffisamment détaillée pour que, en principe, des scientifiques du même domaine ou de la même communauté soient en mesure de les reproduire. Ce qui exige par consé-

---

18. W.B. Trommsdorff, cité dans HUFBAUER, *German Chemical Community*, p. 139.

quent de ne pas annoncer les résultats tant qu'on n'a pas atteint une maîtrise expérimentale suffisante. Autrement dit, les exigences de la communication contribuaient à définir l'objet de la science, et à éliminer en grande partie ce qui dépendait trop d'observations impossibles à reproduire, auxquelles il fallait se fier. Elle imposait aussi des restrictions aux méthodes et instruments acceptables. Les chimistes britanniques de la fin du XVIIIe siècle considéraient Lavoisier comme dépourvu d'esprit de collégialité pour s'être appuyé sur un appareillage si complexe et si coûteux, car cela a eu pour effet, pour les personnes moins bien dotées, de les exclure d'un débat de philosophie naturelle[19].

Il n'est pas du tout facile, cependant, de reproduire une expérience, même avec l'avantage de la normalisation moderne des mesures et de la fabrication en série des instruments. Malgré la solidité attrayante et l'impersonnalité d'une rhétorique du « fait expérimental », il est souvent plus facile de constituer une communauté de recherche théorique plutôt qu'expérimentale. La théorie, en particulier de type mathématique, a au moins les vertus mentionnées par Hobbes : le raisonnement y est explicite et ce qui apparaît sur la page imprimée se suffit à soi-même. L'accord théorique contribue grandement à la stabilité des communautés expérimentales. Il y a aussi des communautés scientifiques qui se consacrent principalement à une théorie mathématique : par exemple, la mécanique rationnelle du XVIIIe siècle ou l'économie néo-classique moderne. Toutes deux ont été abstraites et détachées du monde afin d'être rigoureuses ; et un avantage de la rigueur mathématique est qu'elle contribue à former et à préserver les communautés scientifiques s'intéressant à des phénomènes encore mal contrôlés en laboratoire ou dans l'observatoire, ou à des conceptions qui sont contestées.

Une sorte de rigueur de la théorie mathématisée est réalisable par d'autres moyens. Parmi les plus importants, se trouvent les stratégies uniformes de quantification et les préceptes de la méthode scientifique. La science normale, écrivait Kuhn, n'a

---

19. GOLINSKI, *Science as Public Culture*, p. 138.

guère besoin de règles tant que les paradigmes sont sûrs[20]. Mais des domaines nouveaux, faibles et exposés doivent souvent se passer d'hypothèses et de significations largement partagées. Les normes explicites font face à l'incertitude et à la variabilité en tentant de contrôler et de normaliser les personnes. C'est aussi ce que font les formes stéréotypées de présentation. Dans beaucoup de domaines, on enseigne aux chercheurs à présenter dans un ordre prescrit, presque selon une formule, leurs méthodes, leurs résultats et leurs conclusions. Les psychologues américains sont à l'avant-garde en la matière. Leur manuel contient des centaines de pages traitant des points de style et de rhétorique qui définissent un document de recherche acceptable. La rigueur exigée dans les tests statistiques, désormais très courants dans de nombreux domaines des sciences de la nature, des sciences sociales et médicales, est un autre moyen de standardiser les personnes, d'organiser un discours et d'imposer des valeurs qui favorisent l'unité scientifique, même si elles peuvent parfois faire obstacle à la compréhension des phénomènes[21].

Les aspirants-scientifiques ne sont pas seuls dans cette situation. Au xviiie siècle, les historiens en voie de professionnalisation, au moins en Amérique, ont redéfini leur domaine à partir de faits bien authentifiés, de préférence découverts dans les archives, pour se distinguer des amateurs gentlemen et pour servir de base à un consensus. Franklin Jameson craignait que les documents nécessaires pour faire de l'histoire sociale ne soient pas représentatifs et a préféré pour cette raison limiter sa discipline à des questions politiques où les documents étaient normalisés et où les méthodes semblaient claires. Implicitement, et parfois explicitement, on jugeait préférable de préserver l'objectivité au prix d'une certaine étroitesse de vues, plutôt que de courir le risque qu'une discipline se brise sur de grandes questions insolubles[22].

---

20. KUHN, *Structure of Scientific Revolutions*, p. 47 (trad. *Structure des révolutions scientifiques*, p. 74-77).

21. McCLOSKEY, *Rhetoric of Economics*, chap. 9-10 (trad. *Rhétorique des sciences économiques*, p. 85-95) ; BAZERMAN, *Shaping Written Knowledge*, chap. 9.

22. NOVICK, *That Noble Dream*, p. 4, 52-53 et 89-90.

Je suggère ici que la relative rigueur des règles de composition d'un article, de l'analyse de données et même de la formulation d'une théorie, devrait être comprise en partie comme un moyen de produire un discours commun, d'unifier une communauté de recherche lorsqu'elle est faible. Des règles objectives sont analogues aux témoins présentés par les chimistes allemands à une époque de vives controverses ; ils servent d'alternative à la confiance. Les résultats doivent être évalués selon un protocole qui doit être aussi mécanique que possible. Il devrait y avoir peu de place pour le jugement personnel et donc aussi moins d'occasions pour que d'autres doutent de l'analyse.

FRONTIÈRES INCERTAINES ET POUVOIRS EXTERNES

Ces considérations permettent d'expliquer dans une large mesure pourquoi les règles du raisonnement correct ont généralement été définies plus explicitement et appliquées plus rigoureusement dans les disciplines les plus faibles. La rigueur méthodologique sert à remplacer les croyances partagées et à contrôler l'expression d'opinions personnelles. Mais examiner les disciplines de l'intérieur ne permet de dire qu'une partie de leur histoire. L'insistance de la communication scientifique sur l'objectivité et l'impersonnalité est aussi une réponse aux pressions de l'extérieur. Ou plutôt, l'objectivité mécanique est particulièrement importante lorsque l'intérieur et l'extérieur ne sont pas nettement différenciés. Les domaines appliqués, au moins ceux qui portent sur des questions de politique, sont presque toujours exposés aux critiques provenant des intérêts auxquels ils portent atteinte. Comme la science est, pour des raisons pratiques, de plus en plus prise en charge par l'État, la catégorie du « domaine appliqué » s'est étendue jusqu'à inclure la plupart des recherches. La responsabilité publique, même si elle est mise en œuvre légèrement, abolit les frontières autour de la communauté de recherche et oblige à satisfaire un public plus large[23].

---

23. Sur l'importance des pressions extérieures pour donner forme aux méthodes scientifiques, voir KNORR-CETINA, *Manufacture of Knowledge*, chap. 4.

Cette situation encourage la normalisation et l'objectivité les plus extrêmes, une recherche de formes de connaissance explicites et publiques. C'est naturellement plus évident lorsque la connaissance doit être mise en forme à des fins politiques, comme dans le cas des analyses coûts-avantages examinées au chapitre VII. Mais la frontière entre public et privé dans la science est de plus en plus menacée. Comme le remarque Gerald Holton avec une exagération pardonnable, en Amérique le cahier de laboratoire est devenu un répertoire que l'on tient pour se protéger, puisqu'on ne sait jamais quand les services secrets pourraient être appelés pour examiner des résultats scientifiques mis en doute par quelque membre du Congrès. La National Academy of Sciences a accepté le principe que les scientifiques devaient déclarer leurs conflits d'intérêts et leurs participations financières avant d'offrir au gouvernement des conseils stratégiques ou même des informations[24]. Et tandis que les inspections de cahiers de laboratoire par la police restent exceptionnelles, les intérêts personnels et financiers des scientifiques et des ingénieurs sont souvent considérés comme importants, en particulier dans des contextes juridiques et réglementaires.

Les stratégies d'impersonnalité doivent être comprises en partie comme des défenses contre ces soupçons et contre leur extension à bien d'autres contextes. Elles prennent généralement la forme de prétentions à l'objectivité. L'objectivité est la qualité d'une connaissance qui ne dépend pas trop des individus particuliers qui en sont les auteurs. Elle ne permet pas de défendre l'ensemble d'un domaine contre des critiques qui pourraient vouloir en saper les fondements. Elle tend cependant à ébranler l'affirmation selon laquelle dans ce cas particulier quelqu'un a orienté la connaissance pour en tirer un avantage personnel ou a traité injustement quelqu'un d'autre. Dans une tradition politique démocratique fondée avant tout sur l'intérêt, ces arguments

---

24. HOLTON, « Doing One's Damnedest » (trad. « Faire l'impossible ») ; HAMMOND – ADELMAN, « Science, Values, and Human Judgment », p. 390-391. Les auteurs déplorent que « [la National Academy of Sciences] ait déjà succombé à l'éthique de l'avocat (et du journaliste). La règle est de ne faire confiance à personne, à moins qu'il ne puisse donner cette preuve négative ».

constituent souvent la plus grande menace pour la crédibilité d'une discipline appliquée.

C'est pourquoi le langage de l'objectivité a été plus attrayant pour ceux qui conçoivent les tests d'intelligence ou pour les chercheurs en sciences sociales appliquées, ou encore ceux qui pratiquent l'analyse coûts-avantages. Nous trouvons chez eux une crainte omniprésente des « préjugés de l'enquêteur » et, souvent, une volonté de ne pas toucher aux questions les plus importantes afin de traiter objectivement celles qui peuvent être quantifiées de manière adéquate. C'est ainsi qu'un membre de la commission de recherche de Herbert Hoover sur les tendances sociales écrivait : « Pour préserver les conclusions de toute partialité, les chercheurs ont été limités à l'analyse de données objectives. Puisque les données disponibles ne couvrent pas toutes les phases des nombreux sujets étudiés, il était souvent impossible de répondre à des questions d'un grand intérêt »[25]. Les ingénieurs de l'armée se félicitaient que d'importants « intangibles » fussent omis dans les justifications de projets hydrauliques car ils ne pouvaient être chiffrés de façon fiable. Les économistes ont souvent mis en garde contre le chaos qui s'ensuivrait si la parfaite objectivité des règles quantitatives était compromise par l'usage d'un simple jugement. Du point de vue d'une personne extérieure, l'avis d'un expert ne se distingue pas facilement de préjugés personnels, et les deux sont souvent confondus. La solution est de bannir la subjectivité. Ce sont les règles qui doivent décider, même si les vérités acceptées doivent être complétées par des conventions. Comme disait Thomas Gradgrind, le personnage de Dickens : « Dans la vie, il n'y a que les faits qui comptent. »

Naturellement, les chercheurs ne s'efforcent pas tous de s'exonérer de leur responsabilité en abandonnant tout jugement au profit d'un étalage de faits. L'auteur d'une étude américaine sur

---

25. Bulmer, « Social Indicator Research », p. 112 et 119 ; la première citation est de William F. Ogburn, la seconde, de Leonard White. Des fondations comme celle de Rockefeller, désireuses de soutenir une recherche qui ne provoque pas de controverse, encourageaient cette attitude ; voir Craver, « Patronage ».

les sciences sociales dans le gouvernement a soutenu récemment avec force que l'exhaustivité ne doit jamais être sacrifiée à la rigueur quantitative. Tout en admettant que cela est susceptible d'affaiblir l'impact des sciences sociales, il affirme pour finir que « les considérations scientifiques l'emportent sur ces arguments politiques ». Ce n'est pas la science mais la politique qui exige une rigueur bornée[26].

La science est-elle faite par des communautés ? La réponse est certainement affirmative. Qui oserait le nier aujourd'hui ? Mais c'est seulement une partie très insatisfaisante de la réponse. Il n'y a que quelques disciplines où la dynamique de l'activité de recherche se suffit si bien à elle-même que les interactions au sein de la communauté sont principalement responsables des formes de connaissances reconnues. Et dans ces domaines, dominés par une communauté relativement sûre, une grande partie de ce que nous associons normalement à la mentalité scientifique – comme l'insistance sur l'objectivité, sur l'écrit, sur la quantification rigoureuse – est absent à un point surprenant. La connaissance scientifique est plus susceptible d'afficher ostensiblement les signes extérieurs de la science dans des domaines aux frontières incertaines, dans des communautés ayant des problèmes persistants de limites. Autrement dit, pour comprendre même les formes reconnues de la production scientifique, les normes selon lesquelles les travaux sont jugés, il faut considérer un contexte plus large. Donc la science est bien faite par des communautés, mais des communautés qui sont souvent troublées, incertaines et mal protégées de la critique extérieure. Certains des traits distinctifs du discours scientifique reflètent cette faiblesse de la communauté. L'énorme valeur attachée à l'objectivité dans la science est, au moins en partie, une réponse aux pressions qui résultent de cette situation.

La science fournit peut-être bien, après tout, un modèle de société démocratique, comme l'espéraient les sociologues d'après-guerre. Mais c'est aussi un miroir des sociétés politiques existant réellement. Cette congruence permet d'expliquer dans une large

---

26. NATHAN, *Social Science in Government*, p. 94.

mesure le prestige de la forme scientifique de la connaissance dans la vie publique moderne. Ce n'est pas là la *Gemeinschaft* stable et organique, mais la *Gesellschaft* impersonnelle et soupçonneuse, nécessitant une forme de savoir qui, à maints égards, a un caractère authentiquement public.

Abréviations utilisées dans les notes

AN :	Archives nationales, Paris
BENPC :	Bibliothèque de l'École nationale des ponts et chaussées, Paris
H.R. :	House of Representatives (Chambre des représentants des USA)
N.A. :	National Archives (USA)
USGPO :	U.S. Government Printing Office

Bibliographie

Note sur les sources

Cette bibliographie a l'ambition d'être complète, à deux notables exceptions près. Elle omet la plupart des publications gouvernementales n'apparaissant pas sous le nom d'un auteur particulier, sauf un petit nombre de livres importants qui sont plusieurs fois cités dans les notes. Elle omet aussi le matériel manuscrit, y compris des publications éphémères qu'il est peu probable de trouver hors des archives où je les ai consultées. Dans chaque cas, les lieux d'archivage sont donnés dans les notes. Aux Archives nationales (Paris), je me suis appuyé sur du matériel relatif aux travaux publics dans la sous-série F/14. Aux National Archives (USA), j'ai utilisé quatre groupes de documents : 77 (Army Corps of Engineers), 83 (Bureau of Agricultural Economics), 115 (Bureau of Reclamation) et 315 (Federal Inter-Agency River Basin Committee). Les documents qui ont été catalogués sont identifiés seulement par des chiffres séparés par des barres obliques : p. ex., N.A. 77/111/642/301, où 77 indique le groupe de documents ; 111, l'« entrée » ; 642, le numéro de carton ; et les chiffres suivants la localisation interne. Les archives que j'ai consultées sont toutes citées dans les remerciements.

ABIR-AM, Pnina, « The Politics of Macromolecules : Molecular Biologists, Biochemists, and Rhetoric », *Osiris*, 7 (1992), p. 210-237.
ACKERMAN, Bruce – HASSLER, William T., *Clean Coal, Dirty Air*, New Haven (Conn.), Yale University Press, 1981.
ACKERMAN, Bruce *et al.*, *The Uncertain Search for Environmental Quality*, New York, Free Press, 1974.

ADORNO, Theodor W., « Wissenschaftliche Erfahrungen in Amerika », dans *Kulturkritik und Gesellschaft II. Eingriffe – Stichworte – Anhang*, Francfort, Suhrkamp, 1977 ; « Recherches expérimentales aux États-Unis », dans *Modèles critiques : Interventions – Répliques*, trad. de l'allemand par M. Jimenez et É. Kaufholz, Paris, Payot, 2003, p. 265-300.

ALBORN, Timothy, *The Other Economists : Science and Commercial Culture in Victorian England*, mémoire de Ph.D., Harvard University, 1991.

—, « A Calculating Profession : Victorian Actuaries among the Statisticians », *Science in Context*, 7 (1994), p. 433-468.

ALBRAND, M., *Rapport de la commission spéciale des docks au conseil municipal de la ville de Marseille*, Marseille, Typographie des Hoirs, Feissat aîné et Demonchy, 1836.

ALBURY, Randall, *The Politics of Objectivity*, Waurn Ponds (Victoria), Deakin University Press, 1983.

ALCOUFFE, Alain, « The Institutionalization of Political Economy in French Universities, 1819-1896 », *History of Political Economy*, 21 (1989), p. 313-344.

ALDER, Ken, « A Revolution to Measure : The Political Economy of the Metric System in France », dans WISE, *Values of Precision*, p. 39-71.

ALONSO, William – STARR, Paul [éd.], *The Politics of Numbers*, New York, Russell Sage Foundation, 1987.

AMERICAN PSYCHOLOGICAL ASSOCIATION, *Publication Manual*, 2e éd., Washington (D.C.), American Psychological Association, 1974.

ANDERSON, Benedict, *Imagined Communities : Reflections on the Origin and Spread of Nationalism*, 2e éd., New York, Verso, 1991 ; *L'Imaginaire national : réflexions sur l'origine et l'essor du nationalisme*, trad. P.-E. Dauzat, Paris, La Découverte, 1996.

ANDERSON, Margo J., *The American Census : A Social History*, New Haven, (Conn.), Yale University Press, 1989.

ANDERSON, Warwick, « The Reasoning of the Strongest : The Polemics of Skill and Science in Medical Diagnosis », *Social Studies of Science*, 22 (1992), p. 653-684.

ANSARI, Shahid L. – McDONOUGH, John J., « Intersubjectivity : The Challenge and Opportunity for Accounting », *Accounting, Organizations, and Society*, 5 (1980), p. 129-142.

ARAGO, François, *Histoire de ma jeunesse*, Paris, Christian Bourgois, 1985.

ARMATTE, Michel, « La moyenne à travers les traités de statistique au XIXe siècle », dans FELDMAN *et al.*, *Moyenne*, p. 85-106.

—, « L'économie à l'École polytechnique », dans BELHOSTE *et al.*, *Formation*, p. 375-396.

ARNETT, H.E., « What Does "Objectivity" Mean to Accountants », *Journal of Accountancy*, mai 1961, p. 63-68.

ARNOLD, Joseph L., *The Evolution of the 1936 Flood Control Act*, Fort Belvoir (Virginie), Office of History, U.S. Army Corps of Engineers, 1988.

ASH, Mitchell, « Historicizing Mind Science : Discourse, Practice, Subjectivity », *Science in Context*, 5 (1992), p. 193-207.

ASHMORE, Malcolm – MULKAY, Michael – PINCH, Trevor, *Health and Efficiency : A Sociology of Health Economics*, Milton Keynes (G.B.), Open University Press, 1989.

ASHTON, Robert H., « Objectivity of Accounting Measures : A Multirule-Multimeasure Approach », *Accounting Review*, 52 (1977), p. 567-575.

BABBAGE, Charles, *On the Economy of Machinery and Manufactures*, 3ᵉ éd., Londres, Charles Knight, 1833 ; *Traité sur l'économie des machines et des manufactures*, trad. par Éd. Biot, Bachelier, Paris, 1833.

—, *A Comparative View of the Various Institutions for the Assurance of Lives*, 1826, réimpr. New York, Augustus M. Kelley, 1967.

BAILEY, Arthur – DAY, Archibald, « On the Rate of Mortality amongst the Families of the Peerage », *Assurance Magazine*, 9 (1860-1861), p. 305-326.

BAKER, Keith, *Condorcet : From Natural Philosophy to Social Mathematics*, Chicago, University of Chicago Press, 1975 ; trad. par M. Nobile, *Condorcet : raison et politique*, Paris, Hermann, 1988.

BALOGH, Brian, *Chain Reaction : Expert Debate and Public Participation in American Commercial Nuclear Power, 1945-1975*, New York, Cambridge University Press, 1991.

BALZAC, Honoré de, *Le Curé de village*, 1ʳᵉ éd., 1841, Paris, Société d'éditions littéraires et artistiques, 1901.

—, *Les Employés*, dans *La Comédie humaine*, vol. 7, Paris, Gallimard, 1977.

BARBER, William J., *From New Era to New Deal : Herbert Hoover, the Economists, and American Economic Policy, 1921-1933*, Cambridge (G.B.), Cambridge University Press, 1985.

BARNES, Barry, « On Authority and Its Relation to Power », dans LAW, *Power*, p. 180-195.

BARTRIP, P.W.J. – FENN, P.T., « The Measurement of Safety : Factory Accident Statistics in Victorian and Edwardian Britain », *Historical Research*, 63 (1990), p. 58-72.

BAUCHARD, Philippe, *Les Technocrates et le Pouvoir*, Paris, Arthaud, 1966.

BAUM, Charles, « Des prix de revient des transports par chemin de fer », *Annales des Ponts et Chaussées*, [5], 10 (1875), p. 422-481.

—, « Étude sur les chemins de fer d'intérêt local », *Annales des Ponts et Chaussées*, [5], 16 (1878), p. 489-546.

—, « Des longueurs virtuelles d'un tracé de chemin de fer », *Annales des Ponts et Chaussées*, [5], 19 (1880), p. 455-578.

—, « Note sur les prix de revient des transports par chemin de fer, en France », *Annales des Ponts et Chaussées*, [6], 6 (1883), p. 543-594.

—, *Chemins de fer d'intérêt local du département du Morbihan : rapport de l'ingénieur en chef*, Vannes, Imprimerie Galles, 1885.

—, « Le prix de revient des transports par chemin de fer », *Journal de la Société de statistique de Paris*, 26 (1885), p. 199-217.

—, « Note sur les prix de revient des transports », *Annales des Ponts et Chaussées*, [6], 15 (1888), p. 637-683.

BAZERMAN, Charles, *Shaping Written Knowledge*, Madison, University of Wisconsin Press, 1988.

BELHOSTE, Bruno – DAHAN-DALMEDICO, Amy – PICON, Antoine [éd.], *La Formation polytechnicienne*, Paris, Dunod, 1994.

BELPAIRE, Alphonse, *Traité des dépenses d'exploitation aux chemins de fer*, Bruxelles, Decq, 1847.

BENDER, Thomas, *Community and Social Change in America*, New Brunswick (N.J.), Rutgers University Press, 1978.

—, « The Erosion of Public Culture : Cities, Discourses, and Professional Disciplines », dans Thomas HASKELL [éd.], *The Authority of Experts*, Bloomington, Indiana University Press, 1984.

BENVENISTE, Guy, *The Politics of Expertise*, 2e éd., San Francisco, Boyd & Fraser, 1977.

BERKSON, Joseph, « The Statistical Study of Association between Smoking and Lung Cancer », *Proceedings of the Staff Meetings of the Mayo Clinic*, 30 (15), 27 juillet 1955, p. 319-348.

BERLANSTEIN, Lenard, *Big Business and Industrial Conflict in Nineteenth-Century France*, Berkeley, University of California Press, 1991.

BERTILLON, Louis-Adolphe, « Des diverses manières de mesurer la durée de la vie humaine », *Journal de la Société de statistique de Paris*, 7 (1866), p. 45-64.

—, « Méthode pour calculer la mortalité d'une collectivité pendant son passage dans un milieu déterminé », *Journal de la Société de statistique de Paris*, 10 (1869), p. 29-40, 57-65.

BERTRAND, Joseph, *Éloges académiques. Nouvelle série*, Paris, Hachette, 1902.

BIAGIOLI, Mario, « The Social Status of Italian Mathematicians, 1450-1600 », *History of Science*, 27 (1989), p. 41-95.

—, *Galileo, Courtier : Science, Patronage, and Political Absolutism*, Chicago, University of Chicago Press, 1993.

BIERMAN, Harold, « Measurement and Accounting », *Accounting Review*, 38 (1963), p. 501-507.

BLANCKAERT, Claude, « Méthodes des moyennes et notion de série suffisante en anthropologie physique (1830-1880) », dans FELDMAN *et al.*, *Moyenne*, p. 213-243.

BLEDSTEIN, Burton, *The Culture of Professionalism*, New York, Norton, 1976.

BLOOR, David, « Left and Right Wittgensteinians », dans PICKERING, *Science*, p. 266-282.

BODEWITZ, J.H.W. – BUURMA, Henk – VRIES, Gerard H. de, « Regulatory Science and the Social Management of Trust in Medicine », dans Wiebe E. BIJKER – Thomas P. HUGHES – Trevor PINCH [éd.], *The Social Construction of Technological Systems*, Cambridge (Mass.), MIT Press, 1987, p. 243-259.

BOLTANSKI, Luc, *Les Cadres : la formation d'un groupe social*, Paris, Éditions de Minuit, 1982.

BOOTH, Henry, « Chemin de fer de Liverpool à Manchester : notice historique », *Annales des Ponts et Chaussées*, 1 (1831), p. 1-92.

BORDAS, Louis, « De la mesure de l'utilité des travaux publics », *Annales des Ponts et Chaussées* [2], 13 (1847), p. 249-284.

BOURGUET, Marie-Noëlle, *Déchiffrer la France : la statistique départementale à l'époque napoléonienne*, Paris, Éd. des Archives Contemporaines, 1988.

BRAUTIGAM, Jeffrey, *Inventing Biometry, Inventing "Man" : Biometrika and the Transformation of the Human Sciences*, mémoire de Ph.D., University of Florida, 1993.

BRIAN, Éric, « Les moyennes à la Société de statistique de Paris (1874-1885) », dans FELDMAN *et al.*, *Moyenne*, p. 107-134.

—, « Le Prix Montyon de statistique à l'Académie des sciences pendant la Restauration », *Revue de synthèse*, 112 (1991), p. 207-236.

—, *La Mesure de l'État : administrateurs et géomètres au XVIIIe siècle*, Paris, Albin Michel, 1994.

BRICKMAN, Ronald – JASANOFF, Sheila – ILGEN, Thomas, *Controlling Chemicals : The Politics of Regulation in Europe and the United States*, Ithaca, (N.Y.), Cornell University Press, 1985.

BROCK, William Ranulf, *Investigation and Responsibility : Public Responsibility in the United States, 1865-1900*, Cambridge (G.B.), Cambridge University Press, 1984.

Brown, Donaldson, *Centralized Control with Decentralized Responsibilities*, New York, American Management Association, 1927.

Brown, Richard D., *Knowledge Is Power : The Diffusion of Information in Early America, 1700-1865*, New York, Oxford University Press, 1989.

Brown, Samuel, « On the Fires in London During the 17 Years from 1833 to 1849 », *Assurance Magazine*, 1, n° 2 (1851), p. 31-62.

Bru, Bernard, « Estimations laplaciennes », dans Jacques Mairesse [éd.], *Estimations et Sondages*, Paris, Économica, 1988, p. 7-46.

Brun, Gérard, *Technocrates et technocratie en France, 1918-1945*, Paris, Éditions Albatros, 1985.

Brundage, Anthony, *England's Prussian Minister : Edwin Chadwick and the Politics of Government Growth*, University Park, Pennsylvania State University Press, 1988.

Brunot, A. – Coquand, R., *Le Corps des Ponts et Chaussées*, Paris, Éditions du Centre national de la recherche scientifique, 1982.

Bud-Frierman, Lisa [éd.], *Information Acumen : The Understanding and Use of Knowledge in Modern Business*, Londres, Routledge, 1994.

Bulmer, Martin, « The Methodology of Early Social Indicator Research : William Fielding Ogburn and "Recent Social Trends", 1933 », *Social Indicators Research*, 13 (1983), p. 109-130.

—, « Governments and Social Science : Patterns of Mutual Influence », dans Bulmer, *Social Science Research*, p. 1-23.

— [éd.], *Social Science Research and the Government : Comparative Essays on Britain and the United States*, Cambridge (G.B.), Cambridge University Press, 1987.

—, « The Decline of the Social Survey Movement and the Rise of American Empirical Sociology », dans Bulmer et al., *Social Survey*, p. 291-315.

Bulmer, Martin – Bales, Kevin – Sklar, Kathryn Kish, « The Social Survey in Historical Perspective », dans Bulmer et al., *Social Survey*, p. 13-48.

— [éd.], *The Social Survey in Historical Perspective*, Cambridge (G.B.), Cambridge University Press, 1991.

Burchell, Stuart – Clubb, Colin – Hopwood, Anthony, « Accounting in Its Social Context : Towards a History of Value Added in the United Kingdom », *Accounting, Organizations, and Society*, 17 (1992), p. 477-499.

Burgess, Ernest W., « Factors Determining Success or Failure on Parole », dans Andrew A. Bruce et al., *The Workings of the Indeterminate Sentence Law and the Parole System in Illinois*, 1928 ; rééd. Montclair (N.J.), Patterson Smith, 1968.

BURKE, Edward J., « Objectivity and Accounting », *Accounting Review*, 39 (1964), p. 837-849.

BURN, Joshua H., « The Errors of Biological Assay », *Physiological Review*, 10 (1930), p. 146-169.

BURN, J.H. – FINNEY, D.J. – GOODWIN, L.G., *Biological Standardization*, 1937 ; 2ᵉ éd., Oxford, Oxford University Press, 1950.

BURNHAM, John C., « The Evolution of Editorial Peer Review », *Journal of the American Medical Association*, 263, n° 10, 9 mars 1990, p. 1323-1329.

CAHAN, David, *An Institute for an Empire : The Physikalisch-Technische Reichsanstalt, 1871-1918*, Cambridge (G.B.), Cambridge University Press, 1989.

CAIRNS, John – PRATT, James R., « The Scientific Basis of Bioassays », *Hydrobiologia*, 188/189 (1989), p. 5-20.

CALHOUN, Daniel, *The American Civil Engineer : Origins and Conflict*, Cambridge (Mass.), MIT Press, 1960.

—, *The Intelligence of a People*, Princeton (N.J.), Princeton University Press, 1973.

CAMPBELL-KELLY, Martin, « Large-Scale Data Processing in the Prudential, 1850-1930 », *Accounting, Business, and Financial History*, 2 (1992), p. 117-139.

CARNOT, Sadi, *Réflexions sur la puissance motrice du feu*, introd. par R. Fox, Paris, Vrin, 1979.

CARON, François, *Histoire de l'exploitation d'un grand réseau : la Compagnie du chemin de fer du Nord, 1846-1937*, Paris, Mouton, 1973.

CARSON, John, « Army Alpha, Army Brass, and the Search for Army Intelligence », *Isis*, 84 (1993), p. 278-309.

CARTER, Luther J., « Water Projects : How to Erase the "Pork Barrel" Image », *Science*, 182, 19 octobre 1973, p. 267-269, 316.

CARTWRIGHT, Nancy, *Nature's Capacities and Their Measurement*, Oxford, Clarendon Press, 1989.

CAUFIELD, Catherine, « The Pacific Forest », *New Yorker*, 14 mai 1990, p. 46-84.

CHAMBERS, R.J., « Measurement and Objectivity in Accounting », *Accounting Review*, 39 (1964), p. 264-274.

CHANDLER, Alfred Dupont, *Strategy and Structure : Chapters in the History of Industrial Enterprise*, Cambridge (Mass.), MIT Press, 1962 ; *Stratégies et structures de l'entreprise*, trad. par Ph. Schaufelberger, Éd. d'Organisation, 1994.

—, *The Visible Hand : The Managerial Revolution in American Business*, Cambridge (Mass.), Harvard University Press, 1977 ; *La Main visible des managers : une analyse historique*, trad. par F. Langer, Paris, Économica, 1988.

CHAPMAN, Paul Davis, *Schools as Sorters : Lewis M. Terman, Applied Psychology, and the Intelligence Testing Movement*, New York, New York University Press, 1988.

CHARDON, Henri, *Les Travaux publics : essai sur le fonctionnement de nos administrations*, Paris, Perrin, 1904.

—, *L'Administration de la France : les fonctionnaires*, Paris, Perrin, 1908.

—, *Le Pouvoir administratif*, Paris, Perrin, nouv. éd., 1912.

CHARGAFF, Erwin, *Essays on nucleic acids*, Amsterdam, Elsevier, 1963.

CHARLE, Christophe, *Les Hauts Fonctionnaires en France au XIXe siècle*, Paris, Gallimard, 1980.

—, *Les Élites de la République*, Paris, Fayard, 1987.

CHEVALIER, Michel, discours inaugural, *Journal de la Société de statistique de Paris*, 1 (1860), p. 1-6.

CHEYSSON, Émile, « Le cadre, l'objet et la méthode de l'économie politique » (1882), dans CHEYSSON, *Œuvres*, vol. 2, p. 37-66.

—, [rapport de la commission du prix], 1883, *Journal de la Société de statistique de Paris*, 25 (1884), p. 50-57.

—, « La statistique géométrique » (1887), dans CHEYSSON, *Œuvres*, vol. 1, p. 185-218.

—, *Œuvres choisies*, 2 vol., Paris, A. Rousseau, 1911.

CHRISTOPHLE, Albert, *Discours sur les travaux publics prononcés [...] dans les sessions législatives de 1876 et 1877*, Paris, Guillaumin, [vers 1888].

CHURCH, Robert, « Economists as Experts : The Rise of an Academic Profession in the United States, 1870-1920 », dans Lawrence STONE [éd.], *The University in Society*, Princeton (N.J.), Princeton University Press, 1974.

CIRIACY-WANTRUP, S.V., « Cost Allocation in Relation to Western Water Policies », *Journal of Farm Economics*, 36 (1954), p. 108-129.

CLARK, John M., *Economics of Planning Public Works*, 1935 ; réimpr. New York, Augustus M. Kelley, 1965.

COCHRANE, A.L. – CHAPMAN, P.J. – OLDHAM, P.D., « Observers' Errors in Taking Medical Histories », *The Lancet*, 5 mai 1951, p. 1007-1009.

COHEN, Patricia Cline, *A Calculating People : The Spread of Numeracy in Early America*, Chicago, University of Chicago Press, 1982.

COLEMAN, William, *Death Is a Social Disease : Public Health and Political Economy in Early Industrial France*, Madison, University of Wisconsin Press, 1982.

COLLINS, Harry, *Changing Order*, Los Angeles, Russell Sage Foundation, 1985.

—, *Artificial Experts : Social Knowledge and Intelligent Machines*, Cambridge (Mass.), MIT Press, 1990 ; *Experts artificiels : machines intelligentes et savoir social*, trad. par B. Jurdant et G. Chouraqui, Paris, Seuil, 1992.

COLSON, Clément-Léon, « La formule d'exploitation de M. Considère », *Annales des Ponts et Chaussées* [7], 4 (1892), p. 561-616.

—, « Note sur le nouveau mémoire de M. Considère », *Annales des Ponts et Chaussées* [7], 7 (1894), p. 152-164.

—, *Transports et Tarifs*, 2ᵉ éd., Paris, J. Rothschild, 1898.

—, *Théorie générale des phénomènes économiques*, vol. 1 de son *Cours d'économie*.

—, *Les Travaux publics et les Transports*, vol. 6 de son *Cours d'économie*.

—, *Cours d'économie politique professé à l'École nationale des ponts et chaussées*, 2ᵉ éd., 6 vol., Paris, Gauthier-Villars et Félix Alcan, 1907-1910.

COLVIN, Phyllis, *The Economic Ideal in British Government : Calculating Costs and Benefits in the 1970s*, Manchester (G.B.), Manchester University Press, 1985.

CONSIDÈRE, Armand, « Utilité des chemins de fer d'intérêt local : nature et valeur des divers types de convention », *Annales des Ponts et Chaussées* [7], 3 (1892), p. 217-485.

—, « Utilité des chemins de fer d'intérêt local : examen des observations formulées par M. Colson », *Annales des Ponts et Chaussées* [7], 7 (1894), p. 16-151.

CONVERSE, Jean M., *Survey Research in the United States : Roots and Emergence, 1890-1960*, Berkeley, University of California Press, 1987.

COON, Deborah J., « Standardizing the Subject : Experimental Psychologists, Introspection, and the Quest for a Technoscientific Ideal », *Technology and Culture*, 34 (1993), p. 261-283.

CORIOLIS, G., « Premiers résultats de quelques expériences relatives à la durée comparative de différentes natures de grès », *Annales des Ponts et Chaussées*, 7 (1834), p. 235-240.

COUDERC, J., *Essai sur l'administration et le corps royal des Ponts et Chaussées*, Paris, Carillan-Goeury, 1829.

COURCELLE-SENEUIL, J.-G., « Étude sur le mandarinat français », dans THUILLIER, *Bureaucratie*.

COURNOT, A.A., *Recherches sur les principes mathématiques de la théorie des richesses*, Paris, Hachette, 1838.

—, *Exposition de la théorie des chances et des probabilités*, Paris, Hachette, 1843.

COURTOIS, Charlemagne, *Mémoire sur différentes questions d'économie politique relatives à l'établissement des voies de communication*, Paris, Carillan-Goeury, 1833.

—, *Mémoire sur les questions que fait naître le choix de la direction d'une nouvelle voie de communication*, Paris, impr. Schneider et Langrand, 1843.

CRAVER, Earlene, « Patronage and the Directions of Research in Economics : The Rockefeller Foundation in Europe, 1924-1938 », *Minerva*, 24 (1986), p. 205-222.

CRENSON, Matthew A. – ROURKE, Francis E., « By Way of Conclusion : American Bureaucracy since World War II », dans GALAMBOS, *New American State*, p. 137-177.

CRÉPEL, Pierre [éd.], *Arago*, vol. 4 de *Sabix, bulletin de la Société des amis de la bibliothèque de l'École polytechnique*, mai 1989.

CRONON, William, *Changes in the Land : Indians, colonists and the ecology of New England*, New York, Hill and Wang, 1983.

—, *Nature's Metropolis : Chicago and the Great West*, New York, Norton, 1991.

CULLEN, Michael, *The Statistical Movement in Early Victorian Britain*, Hassocks (G.B.), Harvester, 1975.

CURTIN, Philip, *Death by Migration : Europe's Encounter with the Tropical World in the Nineteenth Century*, Cambridge (G.B.), Cambridge University Press, 1989.

DANZIGER, Kurt, *Constructing the Subject : Historical Origins of Psychological Research*, Cambridge (G.B.), Cambridge University Press, 1990.

DARU, Napoléon, *Des chemins de fer et de l'application de la loi du 11 juin 1842*, Paris, L. Mathias, 1843.

DASTON, Lorraine, *Classical Probability in the Enlightenment*, Princeton (N.J.), Princeton University Press, 1988.

—, « The Ideal and Reality of the Republic of Letters in the Enlightenment », *Science in Context*, 4 (1991), p. 367-386.

—, « Objectivity and the Escape from Perspective », *Social Studies of Science*, 22 (1992), p. 597-618.

DASTON, Lorraine – GALISON, Peter, « The Image of Objectivity », *Representations* (1992).

DASTON, Lorraine – PARK, Katharine, *Wonders and the Order of Nature, 1150-1750*, New York, Zone Books, 1998.

DAVIS, Audrey B., « Life Insurance and the Physical Examination : A Chapter in the Rise of American Medical Technology », *Bulletin of the History of Medicine*, 55 (1981), p. 392-406.

DAY, Archibald, « On the Determination of the Rates of Premiums for Assuring against Issue », *Assurance Magazine*, 8 (1858-1860), p. 127-138.

DAY, Charles R., *Education for the Industrial World : The Écoles d'arts et métiers and the Rise of French Industrial Engineering*, Cambridge (Mass.), MIT Press, 1987 ; *Les Écoles d'arts et métiers : l'enseignement technique en France, XIXᵉ-XXᵉ siècle*, trad. par J.-P. Bardos, Paris, Belin, 1991.

DEAR, Peter, « *Totius in verba* : The Rhetorical Construction of Authority in the Early Royal Society », *Isis*, 76 (1985), p. 145-161.

—, « From Truth to Disinterestedness in the Seventeenth Century », *Social Studies of Science*, 22 (1992), p. 619-631.

DEFOE, Daniel, *The Complete English Tradesman*, 1726 ; Gloucester, Alan Sutton, 1987.

DEGROOT, Morris H. – FIENBERG, Stephen E. – KADANE, Joseph B. [éd.], *Statistics and the Law*, New York, John Wiley & Sons, 1986.

DENNIS, Michael Aaron, « Graphic Understanding : Instruments and Interpretation in Robert Hooke's *Micrographia* », *Science in Context*, 3 (1989), p. 309-364.

DESROSIÈRES, Alain, « Les spécificités de la statistique publique en France : une mise en perspective historique », *Courrier des Statistiques*, 49 (janvier 1989), p. 37-54.

—, « How to Make Things Which Hold Together : Social Science, Statistics and the State », dans P. WAGNER – B. WITTROCK – R. WHITLEY [éd.], *Discourses on Society, Sociology of the Sciences Yearbook*, 15 (1990), p. 195-218.

—, « Masses, individus, moyennes : la statistique sociale au XIXᵉ siècle », dans FELDMAN *et al.*, *Moyenne*, p. 245-273.

—, *La Politique des grands nombres : histoire de la raison statistique*, Paris, La Découverte, 1993.

DESROSIÈRES, Alain – THÉVENOT, Laurent, *Les Catégories socioprofessionnelles*, Paris, La Découverte, 1988.

DHOMBRES, Jean, « L'École polytechnique et ses historiens », dans FOURCY, *Histoire*, p. 30-39.

DICKENS, Charles, *Martin Chuzzlewit*, New York, Penguin, 1968 ; *Esquisses de Boz* [suivi de] *Martin Chuzzlewit*, Paris, Gallimard, coll. Pléiade, 1986.

DIVISIA, François, *Exposés d'économique : l'apport des ingénieurs français aux sciences économiques*, Paris, Dunod, 1951.

DODGE, David A. – STAGER, David A.A., « Economic Returns to Graduate Study in Science, Engineering, and Business », *Benefit-Cost Analysis : An Aldine Annual, 1972*, Chicago, Aldine, 1973.

DORFMAN, Robert, « Forty Years of Cost-Benefit Analysis », dans Richard STONE – William PETERSON [éd.], *Econometric Contributions to Public Policy*, Londres, Macmillan, 1978, p. 268-288.

— [éd.]., *Measuring Benefits of Government Investments*, Washington (D.C.), Brookings Institution, 1965.

DOUKAS, Kimon A., *The French Railroads and the State*, 1945 ; réimpr. New York, Farrar, Straus & Giroux, 1976.

DOUSSOT, Antoine, « Observations sur une note de M. l'ingénieur en chef Labry relative à l'utilité des travaux publics », *Annales des Ponts et Chaussées* [5], 20 (1880), p. 125-130.

DREW, Elizabeth, « Dam Outrage : The Story of the Army Engineers », *Atlantic*, 225 (avril 1970), p. 51-62.

DUHAMEL, Henry, « De la nécessité d'une statistique des accidents », *Journal de la Société de statistique de Paris*, 29 (1888), p. 127-168.

DUMEZ, Hervé, *L'Économiste, la science et le pouvoir : le cas Walras*, Paris, Presses universitaires de France, 1985.

DUNCAN, Otis Dudley, *Notes on Social Measurement : Historical and Critical*, New York, Russell Sage Foundation, 1984.

DUNHAM, Arthur L., « How the First French Railways Were Planned », *Journal of Economic History*, 1 (1941), p. 12-25.

DUPUIT, Jules, « Sur les frais d'entretien des routes », *Annales des Ponts et Chaussées* [2], 3 (1842), p. 1-90.

—, « De la mesure de l'utilité des travaux publics », *Annales des Ponts et Chaussées* [2], 8 (1844), p. 332-375.

—, « De l'influence des péages sur l'utilité des voies de communication », *Annales des Ponts et Chaussées* [2], 17 (1849), p. 170-249.

—, *Titres scientifiques de M. J. Dupuit*, Paris, Mallet-Bachelier, 1857.

—, *La Liberté commerciale : son principe et ses conséquences*, Paris, Guillaumin, 1861.

—, *De l'utilité et de sa mesure : écrits choisis et republiés*, éd. par Mario de Bernardi, Turin, La Riforma Sociale, 1933.

ECKSTEIN, Otto, *Water-Resource Development : The Economics of Project Evaluation*, Cambridge (Mass.), Harvard University Press, 1958.

EKELUND, Robert B. – HÉBERT, Robert F., « French Engineers, Welfare Economics and Public Finance in the Nineteenth Century », *History of Political Economy*, 10 (1978), p. 636-668.

ELWITT, Sanford, *The Making of the Third Republic : Class and Politics in France, 1868-1884*, Baton Rouge, Louisiana State University Press, 1975.

—, *The Third Republic Defended : Bourgeois Reform in France, 1880-1914*, Baton Rouge, Louisiana State University Press, 1986.

ETNER, François, *Histoire du calcul économique en France*, Paris, Économica, 1987.

EVANS, Hughes, « Losing Touch : The Controversy over the Introduction of Blood Pressure Instruments into Medicine », *Technology and Culture*, 34 (1993), p. 784-807.

EZRAHI, Yaron, *The Descent of Icarus : Science and the Transformation of Contemporary Democracy*, Cambridge (Mass.), Harvard University Press, 1990.

FAGOT-LARGEAULT, Anne, *Les Causes de la mort : histoire naturelle et facteurs de risque*, Paris, Vrin, 1989.

FARREN, Edwin James, « On the Improvement of Life Contingency Calculation », *Assurance Magazine*, 5 (1854-1855), p. 185-196 ; 8 (1858-1860), p. 121-127.

—, « On the Reliability of Data, when tested by the conclusions to which they lead », *Assurance Magazine*, 3 (1852-1853), p. 204-209.

FAURE, Fernand, « Observations sur l'organisation de l'enseignement de la statistique », *Journal de la Société de statistique de Paris*, 34 (1893), p. 25-29.

FAYOL, Henri, *Administration industrielle et générale : prévoyance, organisation, commandement, coordination, contrôle*, Paris, Dunod, 1918 ; éd. fac-sim., Paris, Dunod, 1979.

FEDERAL INTER-AGENCY RIVER BASIN COMMITTEE, SUBCOMMITTEE ON BENEFITS AND COSTS, *Proposed Practices for Economic Analysis of River Basin Projects*, Washington (D.C.), USGPO, 1950 ; éd. revue, 1958.

FELDMAN, Jacqueline – LAGNEAU, Gérard – MATALON, Benjamin [éd.], *Moyenne, milieu, centre : histoires et usages*, Paris, Éd. de l'École des hautes études en sciences sociales, 1991.

FELDMAN, Theodore S., « Applied Mathematics and the Quantification of Experimental Physics : The Example of Barometric Hypsometry », *Historical Studies in the Physical Sciences*, 15 (1985), p. 127-197.

—, « Late Enlightenment Meteorology », dans FRÄNGSMYR *et al.*, *Quantifying Spirit*, p. 143-177.

FEREJOHN, John A., *Pork Barrel Politics : Rivers and Harbors Legislation, 1947-1968*, Stanford (Calif.), Stanford University Press, 1974.

FICHET-POITREY, F., *Le Corps des Ponts et Chaussées : du génie civil à l'aménagement du territoire*, Paris, 1982.

FINK, Albert, *Argument [...] before the Committee on Commerce of the United States House of Representatives*, 17-18 mars 1882, Washington (D.C.), USGPO, 1882.

FINKELSTEIN, Michael – LEVENBACH, Hans, « Regression Estimates of Damages in Price-Fixing Cases », dans DEGROOT *et al.*, *Statistics*, p. 79-106.

Finney, Donald J., *Statistical Method in Biological Assay*, Londres, Charles Griffin and Co., 1952.

Fischhoff, Baruch *et al.*, *Acceptable Risk*, Cambridge (G.B.), Cambridge University Press, 1981.

Fish, Stanley, *Is There a Text in This Class ? The Authority of Interpretive Communities*, Cambridge (Mass.), Harvard University Press, 1980 ; *Quand lire c'est faire : l'autorité des communautés interprétatives*, trad. par É. Dobenesque, Paris, Les Prairies ordinaires, 2007.

Flamholtz, Eric, « The Process of Measurement in Managerial Accounting : A Psycho-Technical Systems Perspective », *Accounting, Organizations, and Society*, 5 (1980), p. 31-42.

Fleming, Donald, « Attitude : The History of a Concept », *Perspectives in American History*, 1 (1967), p. 287-365.

Fortun, M. – Schweber, S.S., « Scientists and the Legacy of World War II : The Case of Operations Research », *Social Studies of Science*, 23 (1993), p. 595-642.

Foucault, Michel, *Les Mots et les Choses*, Paris, Gallimard, 1966.

Fougère, Louis, « Introduction générale », *Histoire de l'Administration française depuis 1800*, Genève, Droz, 1975.

Fourcy, Ambroise, *Histoire de l'École polytechnique*, 1837 ; Paris, Belin, 1987.

Fournier de Flaix, E., « Le canal de Panama », *Journal de la Société de statistique de Paris*, 22 (1881), p. 64-70.

Fourquet, François, *Les Comptes de la puissance : histoire de la comptabilité nationale et du plan*, Paris, Encres Recherches, 1980.

Foville, Alfred de, « La statistique et ses ennemis », *Journal de la Société de statistique de Paris*, 26 (1885), p. 448-454.

—, « Le rôle de la statistique dans le présent et dans l'avenir », *Journal de la Société de statistique de Paris*, 33 (1892), p. 211-214.

Fox, Robert, « The Rise and Fall of Laplacian Physics », *Historical Studies in the Physical Sciences*, 4 (1974), p. 89-136.

Fox, Robert – Weisz, George [éd.], *The Organization of Science and Technology in France, 1808-1914*, Cambridge (G.B.), Cambridge University Press, 1980.

Foxwell, H.S., « The Economic Movement in England », *Quarterly Journal of Economics*, 1 (1886-1887), p. 84-103.

Frängsmyr, Tore – Heilbron, John – Rider, Robin [éd.], *The Quantifying Spirit in the Eighteenth Century*, Berkeley, University of California Press, 1990.

Frank, Robert, « The Telltale Heart : Physiological Instruments, Graphic Methods and Clinical Hopes, 1865-1914 », dans William Coleman – Frederic L. Holmes [éd.], *The Investigative Enterprise :*

Experimental Physiology in Nineteenth-Century Medicine, Berkeley, University of California Press, 1988, p. 211-290.

FREIDSON, Eliot, *Professional Powers : A Study of the Institutionalization of Formal Knowledge*, Chicago, University of Chicago Press, 1986.

FRIEDMAN, Robert Marc, *Appropriating the Weather : Vilhelm Bjerknes and the Construction of a Modern Meteorology*, Ithaca (N.Y.), Cornell University Press, 1989.

FULLER, Steve, « Social Epistemology as Research Agenda of Science Studies », dans PICKERING, *Science*, p. 390-428.

FUNKENSTEIN, Amos, *Theology and the Scientific Imagination from the Middle Ages to the Seventeenth Century*, Princeton (N.J.), Princeton University Press, 1986 ; *Théologie et imagination scientifique du Moyen âge au XVIIe siècle*, trad. par J.-P. Rothschild, Paris, Presses universitaires de France, 1995.

FURNER, Mary O. – SUPPLE, Barry [éd.], *The State and Economic Knowledge : The American and British Experiences*, Cambridge (G.B.), Cambridge University Press, 1990.

GALAMBOS, Louis [éd.], *The New American State : Bureaucracies and Policies since World War II*, Baltimore, Johns Hopkins University Press, 1987.

GALISON, Peter, « Aufbau/Bauhaus : Logical Positivism and Architectural Modernism », *Critical Inquiry*, 16 (1990), p. 709-752.

GARNIER, Joseph, « Sur les frais d'entretien des routes en empierrement », *Annales des Ponts et Chaussées* [2], 10 (1845), p. 146-196.

GEIGER, Reed, « Planning the French Canals : The "Becquey Plan" of 1820-1822 », *Journal of Economic History*, 44 (1984), p. 329-339.

GEISON, Gerald L., « "Divided We Stand" : Physiologists and Clinicians in the American Context », dans Morris J. VOGEL – Charles ROSENBERG [éd.], *The Therapeutic Revolution : Essays in the Social History of American Medicine*, Philadelphia, University of Pennsylvania Press, 1979, p. 67-90.

—, « Scientific Change, Emerging Specialties, and Research Schools », *History of Science*, 19 (1981), p. 20-40.

—, [éd.], *Professions and the French State, 1700-1900*, Philadelphia, University of Pennsylvania Press, 1984.

GEISON, Gerald L. – HOLMES, Frederic L. [éd.], *Research Schools : Historical Reappraisals, Osiris*, 8 (1993).

GERTEL, Karl, « Recent Suggestions for Cost Allocation of Multiple Purpose Projects in the Light of Public Interest », *Journal of Farm Economics*, 33 (1951), p. 130-134.

GIGERENZER, Gerd, « Probabilistic Thinking and the Fight against Subjectivity », dans KRÜGER *et al.*, *Probabilistic Revolution*, vol. 2, p. 11-33.

—, « The Superego, the Ego, and the Id in Statistical Reasoning », dans Gideon KEREN – Charles LEWIS [éd.], *A Handbook for Data Analysis in the Behavioral Sciences : Methodological Issues*, Hillsdale (N.J.), Erlbaum, 1993.

GIGERENZER, Gerd – MURRAY, David J., *Cognition as Intuitive Statistics*, Hillsdale (N.J.), Erlbaum, 1987.

GIGERENZER, Gerd, *et al.*, *The Empire of Chance : How Probability Changed Science and Everyday Life*, Cambridge (G.B.), Cambridge University Press, 1989.

GILLISPIE, Charles, *The Edge of Objectivity*, Princeton (N.J.), Princeton University Press, 1960.

—, « Social Selection as a Factor in the Progressiveness of Science », *American Scientist*, 56 (1968), p. 438-450.

—, *Science and Polity in France at the End of the Old Regime*, Princeton (N.J.), Princeton University Press, 1980.

—, *The Montgolfier Brothers and the Invention of Aviation*, Princeton (N.J.), Princeton University Press, 1983 ; *Les Frères Montgolfier et l'invention de l'aéronautique*, trad. par M. Rolland et B. Hou, Arles, Actes Sud, 1987.

—, « Un enseignement hégémonique : les mathématiques », dans BELHOSTE *et al.*, *Formation*, p. 31-43.

GILPIN, Robert, *France in the Age of the Scientific State*, Princeton (N.J.), Princeton University Press, 1968 ; *La Science et l'État en France*, trad. par M. Carrière, Paris, Gallimard, 1970.

GISPERT, Hélène, « L'enseignement scientifique supérieur et les enseignants, 1860-1900 : les mathématiques », *Histoire de l'éducation*, 41 (janvier 1989), p. 47-78.

GLAESER, Martin G., *Outlines of Public Utility Economics*, New York, Macmillan, 1927.

GOLDSTEIN, Jan, « The Advent of Psychological Modernism in France : An Alternative Narrative », dans Ross, *Modernist Impulses*, p. 190-209.

GOLINSKI, Jan, *Science as Public Culture : Chemistry and Enlightenment in Britain*, New York, Cambridge University Press, 1992.

GONDINET, Edmond, *Le Panache. Comédie en trois actes*, Paris, Michel Levy Frères, 1876.

GOODAY, Graeme, « Precision Measurement and the Genesis of Teaching Laboratories in Victorian Britain », *British Journal for the History of Science*, 23 (1990), p. 25-51.

GOODING, David – PINCH, Trevor – SCHAFFER, Simon [éd.], *The Uses of Experiment*, Cambridge (G.B.), Cambridge University Press, 1989.

GOODWIN, Craufurd D., « The Valley Authority Idea : The Failing of a National Vision », dans Erwin C. HARGROVE – Paul K. CONKIN [éd.], *TVA : Fifty Years of Grass-Roots Bureaucracy*, Urbana, University of Illinois Press, 1983, p. 263-296.

GOODY, Jack, *The Domestication of the Savage Mind*, Cambridge (G.B.), Cambridge University Press, 1977 ; *La Raison graphique : la domestication de la pensée sauvage*, trad. J. Bazin et A. Bensa, Paris, Éditions de Minuit, 1978.

—, [éd.], *Literacy in Traditional Societies*, Cambridge (G.B.), Cambridge University Press, 1968.

GORGES, Irmela, « The Social Survey in Germany before 1933 », dans BULMER *et al.*, *Social Survey*, p. 316-339.

GOUGH, Harrison G., « Clinical versus Statistical Prediction in Psychology », dans Leo POSTMAN [éd.], *Psychology in the Making : Histories of Selected Research Problems*, New York, Alfred A. Knopf, 1964.

GOURVISH, T.R., « The Rise of the Professions », dans T.R. GOURVISH – Alan O'DAY [éd.], *Later Victorian Britain, 1867-1900*, New York, St. Martin's Press, 1988, p. 13-35.

GOWAN, Peter, « The Origins of the Administrative Elite », *New Left Review*, 61 (mars-avril 1987), p. 4-34.

GRAFF, Harvey J., *The Legacies of Literacy*, Bloomington, Indiana University Press, 1987.

GRANT, Eugene L., *Principles of Engineering Economy*, New York, Ronald Press, 1930.

GRATTAN-GUINNESS, Ivor, « Work for the Workers : Advances in Engineering Mechanics and Instruction in France, 1800-1930 », *Annals of Science*, 41 (1984), p. 1-33.

—, *Convolutions in French Mathematics*, 3 vol., Bâle, Birkhäuser, 1990.

GRAY, Peter, « On the Construction of Survivorship Assurance Tables », *Assurance Magazine*, 5 (1854-1855), p. 107-126.

GRAY, Ralph D., *The National Waterway : A History of the Chesapeake and Delaware Canal, 1769-1985*, 2ᵉ éd., Urbana, University of Illinois Press, 1989.

GREEN, Mark J., « Cost-Benefit Analysis as a Mirage », dans Timothy B. CLARK – Marvin H. KOSTERS – James C. MILLER III [éd.], *Reforming Regulation*, Washington (D.C.), American Enterprise Institute, 1980.

GREENAWALT, Kent, *Law and Objectivity*, New York, Oxford University Press, 1992.

GREENBERG, John, « Mathematical Physics in Eighteenth-Century France », *Isis*, 77 (1986), p. 59-78.

GREENLEAF, William Howard, *The British Political Tradition*, vol. 3 : *A Much Governed Nation*, Londres, Methuen, 1987.

GRÉGOIRE, Roger, *La Fonction publique*, Paris, Armand Colin, 1954.

GRILICHES, Zvi, « Research Costs and Social Returns : Hybrid Corn and Related Innovations », *Journal of Political Economy*, 66 (1958), p. 419-431.

GRISON, Emmanuel, « François Arago et l'École polytechnique », dans CRÉPEL, *Arago*, p. 1-28.

HABERMAS, Jürgen, *Strukturwandel der Öffentlichkeit, Untersuchungen zu einer Kategorie der bürgerlichen Gesellschaft*, Berlin, Luchterhand, 1965 ; *L'Espace public : archéologie de la publicité comme dimension constitutive de la société bourgeoise*, trad. par Marc de Launay, Paris, Payot, 1978.

HACKETT, John – HACKETT, Anne-Marie, *Economic Planning in France*, Cambridge (Mass.), Harvard University Press, 1963.

HACKING, Ian, *Representing and Intervening*, Cambridge (G.B.), Cambridge University Press, 1983 ; *Concevoir et expérimenter*, trad. par B. Ducrest, Paris, Bourgois, 1989.

—, « Telepathy : Origins of Randomization in Experimental Design », *Isis*, 79 (1988), p. 427-451.

—, *The Taming of Chance*, Cambridge (G.B.), Cambridge University Press, 1990.

—, « Statistical Language, Statistical Truth, and Statistical Reason : The Self-Authentication of a Style of Scientific Reasoning », dans Ernan McMULLIN [éd.], *The Social Dimensions of Science*, Notre Dame, University of Notre Dame Press, 1992, p. 130-157.

—, « The Self-Vindication of the Laboratory Sciences », dans PICKERING, *Science as Practice*, p. 29-64.

HAMLIN, Christopher, *A Science of Impurity : Water Analysis in Nineteenth-Century Britain*, Berkeley, University of California Press, 1990.

HAMMOND, Kenneth R. – ADELMAN, Leonard, « Science, Values, and Human Judgement », *Science*, 194, 22 octobre 1976, p. 389-396.

HAMMOND, Richard J., *Benefit-Cost Analysis and Water-Pollution Control*, Stanford (Calif.), Food Research Institute of Stanford University, 1960.

—, « Convention and Limitation in Benefit-Cost Analysis », *Natural Resources Journal*, 6 (1966), p. 195-222.

HANNAWAY, Owen, « Laboratory Design and the Aim of Science : Andreas Libavius versus Tycho Brahe », *Isis*, 77 (1986), p. 585-610.

HANSEN, W. Lee, « Total and Private Rates of Return to Investment in Schooling », *Journal of Political Economy*, 71 (1963), p. 128-140.

HARAWAY, Donna, *Primate Visions : Gender, Race, and Nature in the World of Modern Science*, New York, Routledge, 1989.

HARPER, Douglas, *Working Knowledge : Skill and Community in a Small Shop*, Chicago, University of Chicago Press, 1987.

HARRÉ, Rom, *Varieties of Realism*, New York, Basil Blackwell, 1986.

HARRIS, Jose, « Economic Knowledge and British Social Policy », dans FURNER – SUPPLE, *State and Economic Knowledge*, p. 379-400.

HASKELL, Thomas, *The Emergence of Professional Social Science*, Urbana, University of Illinois Press, 1977.

HATCHER, Robert A. – BRODY, J.G., « The Biological Standardization of Drugs », *American Journal of Pharmacy*, 82 (1910), p. 360-372.

HAVEMAN, Robert, *Water Resource Investment and the Public Interest*, Nashville, Vanderbilt University Press, 1965.

HAWLEY, Ellis R., « Economic Inquiry and the State in New Era America : Antistatist Corporatism and Positive Statism in Uneasy Coexistence », dans FURNER – SUPPLE, *State and Economic Knowledge*, p. 287-324.

HAYEK, Friedrich, *The Counterrevolution of Science*, Indianapolis, Liberty Press, 1979 (réimpression).

HAYS, Samuel P., *Conservation and the Gospel of Efficiency : The Progressive Conservation Movement, 1890-1920*, 2ᵉ éd., Cambridge (Mass.), Harvard University Press, 1969.

—, « The Politics of Environmental Administration », dans GALAMBOS, *New American State*, p. 21-53.

HECLO, Hugh, *A Government of Strangers : Executive Politics in Washington*, Washington (D.C.), The Brookings Institution, 1977.

HECLO, Hugh – WILDAVSKY, Aaron, *The Private Government of Public Money : Community and Policy inside British Politics*, Berkeley, University of California Press, 1974.

HEIDELBERGER, Michael, *Die innere Seite der Natur : Gustav Theodor Fechners wissenschaftlich-philosophische Weltauffassung*, Francfort, Vittorio Klostermann, 1993 ; *Nature from within : Gustav Theodor Fechner and his psychophysical worldview*, trad. par C. Klohr, Pittsburgh (Pa.), University of Pittsburgh Press, 2004.

HEILBRON, John L., *Electricity in the 17th and 18th Centuries*, Berkeley, University of California Press, 1979.

—, « Fin-de-siècle Physics », dans Carl-Gustav BERNHARD – Elisabeth CRAWFORD – Per SÖRBOM [éd.], *Science, Technology, and Society in the Time of Alfred Nobel*, Oxford, Pergamon Press, 1982, p. 51-71.

—, *The Dilemmas of an Upright Man : Max Planck as Spokesman for German Science*, Berkeley, University of California Press, 1986 ; *Max Planck. Ein Leben für die Wissenschaft*, Stuttgart, S. Hirzel Verlag,

1987 ; *Planck : 1858-1947 : une conscience déchirée*, trad. de l'allemand par N. Dhombres, Paris, Belin, 1988.

—, « Introductory Essay », dans Frängsmyr *et al.*, *Quantifying Spirit*, p. 1-23.

—, « The Measure of Enlightenment », dans Frängsmyr *et al.*, *Quantifying Spirit*, p. 207-242.

Heilbron, John – Seidel, Robert, *Lawrence and His Laboratory*, Berkeley, University of California Press, 1989.

Henderson, James P., « Induction, Deduction, and the Role of Mathematics : The Whewell Group vs. the Ricardian Economists », *Research in the History of Economic Thought and Methodology*, 7 (1990), p. 1-36.

Henry, Ernest, *Les Formes des enquêtes administratives en matière de travaux d'intérêt public*, Paris – Nancy, Berger-Levrault, 1891.

Hill, Austin Bradford, *Principles of Medical Statistics*, Londres, The Lancet, 1937 (nombreuses rééditions).

—, « The Clinical Trial-II » (1952), dans Hill, *Statistical*, p. 29-43.

—, « The Philosophy of the Clinical Trial » (1953), dans Hill, *Statistical*, p. 3-14.

—, « Smoking and Carcinoma of the Lung », dans Hill, *Statistical*, p. 384-413.

—, « Observation and Experiment », dans Hill, *Statistical*, p. 369-383.

—, « Aims and Ethics », dans Hill, *Controlled Clinical Trials*, p. 3-7.

—, [éd.], *Controlled Clinical Trials*, Oxford, Blackwell Scientific Publication, 1960.

—, *Statistical Methods in Clinical and Preventive Medicine*, Édimbourg (G.B.), E. & S. Livingston Ltd., 1962.

Hilts, Victor, « *Aliis exterendum*, or the Origins of the Statistical Society of London », *Isis*, 69 (1978), p. 21-43.

Himmelfarb, Gertrude, *Poverty and Compassion : The Moral Imagination of the Late Victorians*, New York, Alfred A. Knopf, 1991.

Hines, Lawrence G., « Precursors to Benefit-Cost Analysis in Early United States Public Investment Projects », *Land Economics*, 49 (1973), p. 310-317.

Hoffmann, Robert G., *New Clinical Laboratory Standardization Methods*, New York, Exposition Press, 1974.

Hoffmann, Stanley, « Paradoxes of the French Political Community », dans Hoffmann *et al.*, *In Search of France*, Cambridge (Mass.), Harvard University Press, 1963, p. 1-117 ; « Paradoxes de la communauté politique française », dans Hoffmann *et al.*, *À la recherche de la France*, Paris, Seuil, 1963, p. 13-138.

HOFSTADTER, Douglas R., *Gödel, Escher, Bach : An Eternal Golden Braid*, New York, Vintage Books, 1980 ; *Gödel, Escher, Bach : les brins d'une guirlande éternelle*, trad. par J. Henry et R. French, Paris, Inter-Éd., 1985.

HOFSTADTER, Richard, *Anti-Intellectualism in American Life*, New York, Alfred A. Knopf, 1963.

HOLLANDER, Samuel, « William Whewell and John Stuart Mill on the Methodology of Political Economy », *Studies in the History and Philosophy of Science*, 14 (1983), p. 127-168.

HOLLINGER, David, « Free Enterprise and Free Inquiry : The Emergence of Laissez-Faire Communitarianism in the Ideology of Science in the United States », *New Literary History*, 21 (1990), p. 897-919.

HOLT, Robert R., *Methods in Clinical Psychology*, vol. 2 : *Prediction and Research*, New York, Plenum Press, 1978.

HOLTON, Gerald, « Fermi's Group and the Recapture of Italy's Place in Physics », dans HOLTON, *The Scientific Imagination : Case Studies*, Cambridge (G.B.), Cambridge University Press, 1978 ; *L'Invention scientifique : thémata et interprétation*, trad. par P. Scheurer, Paris, Presses universitaires de France, 1982.

—, « "Doing One's Damnedest" : The Evolution of Trust in Scientific Findings », dans Gerald HOLTON, *Einstein, History, and Other Passions*, Reading (Mass.), Addison-Wesley, 1996, p. 58-77 ; « Faire l'impossible : l'évolution de la confiance dans les découvertes scientifiques » dans *Science en gloire, science en procès*, trad. par A. Gezunt, Paris, Gallimard, 1998, p. 83-106.

HOPWOOD, Anthony, *An Accounting System and Managerial Behaviour*, Lexington (Mass.), Lexington Books, 1973.

HORKHEIMER, Max – ADORNO, Theodor W., *Dialektik der Aufklärung : Philosophische Fragmente*, Francfort, S. Fischer, 1948 ; *La Dialectique de la raison : fragments philosophiques*, trad. par É. Kaufholz, Paris, Gallimard, 1974.

HORNSTEIN, Gail A., « Quantifying Psychological Phenomena : Debates, Dilemmas, and Implications », dans Jill G. MORAWSKI [éd.], *The Rise of Experimentation in American Psychology*, New Haven (Conn.), Yale University Press, 1988.

HOSKIN, Keith W. – MACVE, Richard R., « Accounting and the Examination : A Genealogy of Disciplinary Power », *Accounting, Organizations, and Society*, 11 (1986), p. 105-136.

HOSLIN, C., *Les Limites de l'intérêt public dans l'établissement des chemins de fer*, Marseille, Imprimerie Saint-Joseph, 1878.

Hudson, Liam, *The Cult of the Fact*, Londres, Jonathan Cape Ltd., 1972.

Hufbauer, Karl, *The Formation of the German Chemical Community (1720-1905)*, Berkeley, University of California Press, 1982.

Hundley, Norris, *The Great Thirst : Californians and Water*, Berkeley, University of California Press, 1992.

Hunt, Bruce J., *The Maxwellians*, Ithaca (N.Y.), Cornell University Press, 1991.

Hunter, J.S., « The National System of Scientific Measurement », *Science*, 210 (21 novembre 1980), p. 869-874.

Ijiri, Yuji – Jaedicke, Robert K., « Reliability and Objectivity of Accounting Measurements », *Accounting Review*, 41 (1986), p. 474-483.

Ingrao, Bruna – Israel, Giorgio, *La mano invisibile. L'equilibrio economico nella storia della scienza*, Rome, Laterza, 1987 ; *The Invisible Hand : Equilibrium in the History of Science*, trad. par Ian McGilvray, Cambridge (Mass.), MIT Press, 1990.

Jacobs, Stuart, « Scientific Community : Formulations and Critique of a Sociological Motif », *British Journal of Sociology*, 38 (1987), p. 266-276.

Jaffé, William [éd.], *Correspondence of Léon Walras and Related Papers*, 3 vol., Amsterdam, 1965.

Jasanoff, Sheila, « The Misrule of Law at OSHA », dans Dorothy Nelkin [éd.], *The Language of Risk*, Beverly Hills, Sage, 1985, p. 155-178.

—, *Risk Management and Political Culture*, New York, Russell Sage Foundation, 1986.

—, « The Problem of Rationality in American Health and Safety Regulation », dans Smith – Wynne, *Expert Evidence*, p. 151-183.

—, *The Fifth Branch : Science Advisers as Policymakers*, Cambridge (Mass.), Harvard University Press, 1990.

—, « Science, Politics and the Renegotiation of Expertise at EPA », *Osiris*, 7 (1991), p. 194-217.

Jellicoe, Charles, « On the Rate of Premiums to be charged for Assurances on the Lives of Military Officers serving in Bengal », *Assurance Magazine*, 1 (1850-1851), n° 3, p. 166-178.

—, « On the Rates of Mortality Prevailing […] in the Eagle Insurance Company », *Assurance Magazine*, 4 (1853-1854), p. 199-215.

Jenkin, Henry Charles Fleeming, « Trade-Unions : How Far Legitimate » (1868), dans *Papers*, vol. 2, p. 1-75.

—, « The Graphic Representation of the Laws of Supply and Demand » (1870), dans *Papers*, vol. 2, p. 76-106.

—, « On the Principles which Regulate the Incidence of Taxes » (1871-1872), dans *Papers*, vol. 2, p. 107-121.

JENKIN, Henry Charles Fleeming, *Papers : Literary, Scientific, etc.*, éd. par Sidney Colvin et J.A. Ewing, 2 vol., Londres, Longman, Green and Co., 1887.

JOHNSON, H. Thomas, « Management Accounting in an Early Multidivisional Organization : General Motors in the 1920's », *Business History Review*, 52 (1978), p. 490-517.

—, « Toward a New Understanding of Nineteenth-Century Cost Accounting », *Accounting Review*, 56 (1981), p. 510-518.

JOHNSON, H.T., – KAPLAN, R.S., *Relevance Lost : The Rise and Fall of Management Accounting*, Boston, Harvard Business School Press, 1987.

JOHNSON, Hildegard Binder, *Order upon the Land : The US Rectangular Land Survey and the Upper Mississippi Country*, New York, Oxford University Press, 1976.

JONES, Edgar, *Accountancy and the British Economy, 1840-1980*, Londres, B.T. Batsford, 1981.

JOUFFROY, Louis-Maurice, *La Ligne de Paris à la frontière d'Allemagne (1825-1852) : une étape de la construction des grandes lignes de chemins de fer en France*, 3 vol., Paris, S. Barreau & Cie, 1932, vol. 1.

JOUVENEL, Bertrand de, *L'Art de la conjecture*, Paris, Hachette, 1972.

JULLIEN, Ad., « Du prix des transports sur les chemins de fer », *Annales des Ponts et Chaussées* [2], 8 (1844), p. 1-68.

JUNGNICKEL, Christa – McCORMMACH, Russell, *Intellectual Mastery of Nature : Theoretical Physics from Ohm to Einstein*, 2 vol., Chicago, University of Chicago Press, 1986.

KANG, Zheng, *Lieu de savoir social : la Société de statistique de Paris au XIXᵉ siècle (1860-1910)*, thèse de doctorat en histoire, École des hautes études en sciences sociales, 1989.

KELLER, Evelyn Fox, *Reflections on Gender and Science*, New Haven (Conn.), Yale University Press, 1985.

—, « The Paradox of Scientific Subjectivity », *Annals of Scholarship*, 9 (1992), p. 135-153.

KELLER, Morton, *Affairs of State : Public Life in Late Nineteenth Century America*, Cambridge (Mass.), Harvard University Press, 1977.

—, *Regulating a New Economy : Public Policy and Economic Change in America, 1900-1933*, Cambridge (Mass.), Harvard University Press, 1990.

KEVLES, Daniel J., « Testing the Army's Intelligence : Psychologists and the Military in World War I », *Journal of American History*, 55 (1968-1969), p. 565-581.

KEYFITZ, Nathan, « The Social and Political Context of Population Forecasting », dans ALONSO – STARR, *Politics of Numbers*, p. 235-258.

KINDLEBERGER, Charles P., « Technical Education and the French Entrepreneur », dans E.C. CARTER *et al.* [éd.], *Enterprise and Entrepreneurs in Nineteenth-and Twentieth-Century France*, Baltimore, Johns Hopkins University Press, 1976.

KLEIN, Judy, *Statistical visions in time : a history of time series analysis, 1662-1938*, Cambridge (G.B.), Cambridge University Press, 1997.

KLEINMUNTZ, Benjamin, « The Scientific Study of Clinical Judgment in Psychology and Medicine » (1984), dans Hal R. ARKES – Kenneth R. HAMMOND [éd.], *Judgement and Decision Making*, Cambridge (G.B.), Cambridge University Press, 1986.

KNOLL, Elizabeth, « The Communities of Scientists and Journal Peer Review », *Journal of the American Medical Association*, 263, n° 10, 9 mars 1990, p. 1330-1332.

KNORR-CETINA, Karin D., *The Manufacture of Knowledge*, Oxford, Pergamon, 1981.

KRANAKIS, Eda, « The Affair of the Invalides Bridge », *Jaarboek voor de Geschiedenis van Bedrijf in Techniek*, 4 (1987), p. 106-130.

—, « Social Determinants of Engineering Practice : A Comparative View of France and America in the Nineteenth Century », *Social Studies of Science*, 19 (1989), p. 5-70.

KRÜGER, Lorenz – DASTON, Lorraine – HEIDELBERGER, Michael [éd.], *The Probabilistic Revolution*, vol. 1 : *Ideas in History*, Cambridge (Mass.), MIT Press, 1987.

KRÜGER, Lorenz – GIGERENZER, Gerd – MORGAN, Mary [éd.], *The Probabilistic Revolution*, vol. 2 : *Ideas in the Sciences*, Cambridge (Mass.), MIT Press, 1987.

KRUTILLA, John – ECKSTEIN, Otto, *Multiple-Purpose River Development*, Baltimore, Johns Hopkins University Press, 1958.

KUHN, Thomas, *The Structure of Scientific Revolutions*, 2ᵉ éd., Chicago, University of Chicago Press, 1970 ; *La Structure des révolutions scientifiques*, trad. par L. Meyer, Paris, Flammarion, 1991.

KUHN, Tillo E., *Public Enterprise Economics and Transport Problems*, Berkeley, University of California Press, 1962.

KUISEL, Richard F., *Ernest Mercier : French Technocrat*, Berkeley, University of California Press, 1967.

—, *Capitalism and the State in Modern France*, Cambridge (G.B.), Cambridge University Press, 1981 ; *Le Capitalisme et l'État en France : modernisation et dirigisme au xxᵉ siècle*, trad. par A. Charpentier, Paris, Gallimard, 1984.

KULA, Witold, *Les Mesures et les Hommes*, trad. du polonais. par J. Ritt, Paris, Éditions de la Maison des sciences de l'homme, 1984.

LABICHE, Eugène – MARTIN, Édouard, *Les Vivacités du capitaine Tic*, Paris, Calmann-Lévy, s.d. ; 1re représentation 1861.

LABRY, Félix de, « À quelles conditions les travaux publics sont-ils rémunérateurs ? », *Journal des économistes*, 10 (novembre 1875), p. 301-307.

—, « Note sur le profit des travaux », *Annales des Ponts et Chaussées* [5], 19 (1880), p. 76-85.

—, « L'outillage national et la dette de l'État : réplique à M. Doussot », *Annales des Ponts et Chaussées* [5], 20 (1880), p. 131-144.

LA GOURNERIE, Jules de, « Essai sur le principe des tarifs dans l'exploitation des chemins de fer » (1879), dans LA GOURNERIE, *Études économiques*.

—, *Études économiques sur l'exploitation des chemins de fer*, Paris, Gauthier-Villars, 1880.

LALANNE, Léon, « Sur les tables graphiques et sur la géométrie anamorphique appliquée à diverses questions qui se rattachent à l'art de l'ingénieur », *Annales des Ponts et Chaussées* [2], 11 (1846).

LAMOREAUX, Naomi, « Information Problems and Banks' Specialization in Short Term Commercial Lending : New England in the Nineteenth Century », dans TEMIN, *Inside*, p. 161-195.

LANCE, William, « Paper upon Marine Insurance », *Assurance Magazine*, 2 (1851-1852), p. 362-376.

LANDES, David Saul, *Revolution in Time*, Cambridge (Mass.), Harvard University Press, 1983 ; *L'Heure qu'il est : les horloges, la mesure du temps et la formation du monde moderne*, trad. par P.-E. Dauzat et L. Évrard, Paris, Gallimard, 1987.

LATOUR, Bruno, *Science in Action*, Cambridge (Mass.), Harvard University Press, 1987 ; *La Science en action : introduction à la sociologie des sciences*, trad. par M. Biezunski, Paris, La Découverte, 2005.

—, *Guerre et paix des microbes*, suivi de *Irréductions*, Paris, La Découverte, 2001.

—, *Nous n'avons jamais été modernes*, Paris, La Découverte, 1991.

LAURENT, Hermann, *Petit traité d'économie politique, rédigé conformément aux préceptes de l'école de Lausanne*, Paris, Charles Schmid, 1902.

—, *Statistique mathématique*, Paris, Octave Doin, 1908.

LAVE, Jean, « The Values of Quantification », dans LAW, *Power*, p. 88-111.

LAVOIE, Don, « The Accounting of Interpretations and the Interpretation of Accounts », *Accounting, Organizations, and Society*, 12 (1987), p. 579-604.

LAVOISIER, Antoine, *De la richesse territoriale du royaume de France*, éd. par J.-C. Perrot, Paris, Éditions du C.T.H.S., 1988.

LAVOLLÉE, Hubert, « Les chemins de fer et le budget », *Revue des deux mondes*, 55, (15 février 1883), p. 857-885.

LAW, John [éd.], *Power, Action, and Belief : A New Sociology of Knowledge ?*, Londres, Routledge, 1986.

LAWRENCE, Christopher, « Incommunicable Knowledge : Science Technology and the Clinical Art in Britain, 1850-1914 », *Journal of Contemporary History*, 20 (1985), p. 503-520.

LÉCUYER, Bernard-Pierre, « L'hygiène en France avant Pasteur », dans Claire SALOMON-BAYET [éd.], *Pasteur et la révolution pastorienne*, Paris, Payot, 1986, p. 65-142.

—, « The Statistician's Role in Society : The Institutional Establishment of Statistics in France », *Minerva*, 25 (1987), p. 35-55.

LEGENDRE, Pierre, *Histoire de l'administration de 1750 jusqu'à nos jours*, Paris, Presses universitaires de France, 1968.

LEGOYT, A., « Les congrès de statistique et particulièrement le congrès de statistique de Berlin », *Journal de la Société de statistique de Paris*, 4 (1863), p. 271-285.

—, [Remarques sans titre], *Journal de la Société de statistique de Paris*, 8 (1867), p. 284.

LEIBNITZ, Heinz-Maier, « The Measurement of Quality and Reputation in the World of Learning », *Minerva*, 27 (1989), p. 483-504.

LÉON, A., compte rendu de l'ouvrage de Michel Chevalier, *Travaux publics de la France*, Annales des Ponts et Chaussées, 16 (1838), p. 201-246.

LEONARD, Robert, « War as a "Simple Economic Problem" : The Rise of an Economics of Defense », dans Craufurd D. GOODWIN [éd.], *Economics and National Security : A History of Their Interactions*, Durham (N.C.), Duke University Press, 1991, p. 261-283.

LEOPOLD, Luna B. – MADDOCK, Thomas, *The Flood Control Controversy : Big Dams, Little Dams, and Land Management*, New York, Ronald Press, 1954.

LE PLAY, Frédéric, « Vues générales sur la statistique », *Journal de la Société de statistique de Paris*, 26 (1885), p. 6-11.

LEUCHTENBERG, William, *Flood Control Politics : The Connecticut River Valley Problem, 1927-1950*, Cambridge (Mass.), Harvard University Press, 1953.

LEVASSEUR, E., « Le département du travail et les bureaux de statistique aux États-Unis », *Journal de la Société de statistique de Paris*, 35 (1894), p. 21-29.

LEWIS, Gene D., *Charles Ellet, Jr. : The Engineer as Individualist*, Urbana, University of Illinois Press, 1968.

LEWIS, Jane, « The Place of Social Investigation, Social Theory, and Social Work in the Approach to Late Victorian and Edwardian Social Problems : The Case of Beatrice Webb and Helen Bosanquet », dans BULMER *et al.*, *Social Survey*, p. 148-170.

LEXIS, Wilhelm, « Zur mathematisch-ökonomischen Literatur », *Jahrbücher für Nationalökonomie und Statistik*, nouv. série, 3 (1881), p. 427-434.

LIEBENAU, Jonathan, *Medical Science and Medical Industry*, Londres, Macmillan, 1987.

LIESSE, André, *La Statistique : ses difficultés, ses procédés, ses résultats*, 5ᵉ éd., Paris, Félix Alcan, 1927.

LINDQVIST, Svante, « Labs in the Woods : The Quantification of Technology in the Late Enlightenment », dans FRÄNGSMYR *et al.*, *Quantifying Spirit*, p. 291-314.

LOFT, Anne, « Towards a Critical Understanding of Accounting : The Case of Cost Accounting in the U.K., 1914-1925 », *Accounting, Organizations, and Society*, 12 (1987), p. 235-265.

LOISNE, Henri Menche de, « De l'influence des rampes sur le prix de revient des transports en transit », *Annales des Ponts et Chaussées* [5], 17 (1879), p. 283-298.

LOUA, Toussaint, [remarques], *Journal de la Société de statistique de Paris*, 10 (1869), p. 65-67.

—, « À nos lecteurs », *Journal de la Société de statistique de Paris*, 15 (1874), p. 57-59.

LOUVOIS, marquis de, « Au rédacteur », *Journal des débats politiques et littéraires*, 14 janvier 1842, p. 1.

LOWI, Theodore J., *The End of Liberalism : Ideology, Policy, and the Crisis of Public Authority*, 2ᵉ éd., New York, Norton, 1979 ; *La Deuxième République des États-Unis : la fin du libéralisme*, trad. par P.-O. Monteil, Paris, Presses universitaires de France, 1987.

—, « The State in Political Science : How We Become What We Study », *American Political Science Review*, 86 (1992), p. 1-7.

LÖWY, Ilana, « Tissue Groups and Cadaver Kidney Sharing : Sociocultural Aspects of a Medical Controversy », *International Journal of Technology Assessment in Health Care*, 2 (1986), p. 195-218.

LÜTHY, Herbert, *Frankreichs Uhren gehen anders*, Zurich, Europa-Verlag, 1954 ; *À l'heure de son clocher, essai sur la France*, trad. par H. Thiès, Paris, Calmann-Lévy, 1955.

LUNDGREEN, Peter, « Measures for Objectivity in the Public Interest », dans *Idem, Standardization – Testing – Regulation, Report Wissenschaftsforschung*, 29, Bielefeld, Kleine Verlag, 1986, 2ᵉ partie.

LUNDGREEN, Peter, « Engineering Education in Europe and the U.S.A., 1750-1930 : The Rise to Dominance of School Culture and the Engineering Profession », *Annals of Science*, 47 (1990), p. 37-75.

MAASS, Arthur, *Muddy Waters : The Army Engineers and the Nation's Rivers*, Cambridge (Mass.), Harvard University Press, 1951.

MAASS, Arthur – ANDERSON, Raymond L.,... *And the Desert Shall Rejoice : Conflict, Growth, and Justice in Arid Environments*, Cambridge (Mass.), MIT Press, 1978.

McCANDLISH, J.M., « Fire Insurance », *Encyclopædia Britannica*, 9e éd., 1881, vol. 13.

McCLOSKEY, Deirdre Nansen, *The Rhetoric of Economics*, Madison, University of Wisconsin Press, 1985 ; *La Rhétorique des sciences économiques*, trad. par F. Regard, dans L. FROBERT, « *Si vous êtes si malins* » : *McCloskey et la rhétorique des sciences économiques*, Lyon, ENS éd., 2004.

—, « Economics Science : A Search through the Hyperspace of Assumptions ? », *Methodus*, 3 juin 1991, p. 6-16.

McCRAW, Thomas K. [éd.], *Regulation in Perspective : Historical Essays*, Cambridge (Mass.), Harvard University Press, 1981.

McKEAN, Roland N., *Efficiency in Government through Systems Analysis, with Emphasis on Water Resource Development : A RAND Corporation Study*, New York, John Wiley & Sons, 1958.

MacKENZIE, Donald, « Negotiating Arithmetic, Constructing Proof : The Sociology of Mathematics and Information Technology », *Social Studies of Science*, 23 (1993), p. 37-65.

MacLEOD, Roy [éd.], *Government and Expertise : Specialists, Administrators, and Professionals, 1860-1919*, Cambridge (G.B.), Cambridge University Press, 1988.

McPHEE, John, *The Control of Nature*, New York, Farrar, Straus & Giroux, 1989.

MAIER, Paul – SACKS, Jerome – ZABELL, Sandy, « What Happened in Hazelwood : Statistics, Employment Discrimination, and the 80 % Rule », dans DEGROOT *et al.*, *Statistics*, p. 1-40.

MAINLAND, Donald, *The Treatment of Clinical and Laboratory Data*, Édimbourg (G. B), Oliver and Boyd, 1938.

MAKEHAM, William Matthew, « On the Law of Mortality and the Construction of Annuity Tables », *Assurance Magazine*, 8 (1858-1860), p. 301-330.

MARCUSE, Herbert, *Reason and Revolution : Hegel and the Rise of Social Theory*, New York, Oxford University Press, 1941 ; *Raison et révolution : Hegel et la naissance de la théorie sociale*, trad. par R. Castel et P.-H. Gonthier, Paris, Éditions de Minuit, 1968.

MARGOLIS, Julius, « Secondary Benefits, External Economies, and the Justification of Public Investment », *Review of Economics and Statistics*, 39 (1957), p. 284-291.

—, « The Economic Evaluation of Federal Water Resource Development », *American Economic Review*, 49 (1959), p. 96-111.

MARKS, Harry M., *Ideas as Reforms : Therapeutic Experiments and Medical Practice, 1900-1980*, mémoire de Ph.D., MIT, 1987.

—, « Notes from the Underground : The Social Organization of Therapeutic Research », dans Russell C. MAULITZ – Diana E. LONG [éd.], *Grand Rounds : One Hundred Years of Internal Medicine*, Philadelphia, University of Pennsylvania Press, 1988, p. 297-336.

MARTINEZ-ALIER, Juan, *Ecological Economics*, New York, Basil Blackwell, 1987.

MATTHEWS, J. Rosser, *Mathematics and the Quest for Medical Certainty*, Princeton (N.J.), Princeton University Press, 1995.

MAUSKOPF, Seymour – McVAUGH, Michael R., *The Elusive Science : Origins of Experimental Psychical Research*, Baltimore, Johns Hopkins University Press, 1980.

MEEHL, Paul E., *Clinical versus Statistical Prediction*, Minneapolis, University of Minnesota Press, 1954.

MEGILL, Allan, « Introduction : Four Senses of Objectivity », dans MEGILL, *Rethinking Objectivity*, p. 301-320.

— [éd.], *Rethinking Objectivity*, numéro spécial de *Annals of Scholarship*, 8 (1991), 3e et 4e parties, et 9 (1992), 1re et 2e parties.

MEHRTENS, Herbert, *Moderne, Sprache, Mathematik : Eine Geschichte des Streits um die Grundlagen der Disziplin und des Subjekts formaler Systeme*, Francfort, Suhrkamp Verlag, 1990.

MELLET, François-Noël – HENRY, Charles-Joseph, *L'arbitraire administratif des Ponts et Chaussées dévoilé aux chambres*, Paris, Giraudet et Jouaust, 1835.

MÉNARD, Claude, *La Formation d'une rationalité économique : A.A. Cournot*, Paris, Flammarion, 1978.

—, « La machine et le cœur : essai sur les analogies dans le raisonnement économique », dans André LICHNEROWICZ [éd.], *Analogie et Connaissance*, Paris, Librairie Maloine, 1981.

MENDOZA, Eric, « Physics, Chemistry, and the Theory of Errors », *Archives internationales d'histoire des sciences*, 41 (1991), p. 282-306.

MERCHANT, Carolyn, *Ecological Revolutions : Nature, Gender, and Science in New England*, Chapel Hill, University of North Carolina Press, 1989.

MEYNAUD, Jean, « À propos des spéculations sur l'avenir. Esquisse bibliographique », *Revue française de la science politique*, 13 (1963), p. 666-688.

—, *La Technocratie mythe ou réalité ?*, Paris, Payot, 1964.

MICHEL, Louis-Jules, « Étude sur le trafic probable des chemins de fer d'intérêt local », *Annales des Ponts et Chaussées* [4], 1868, p. 145-179.

MILES, A.A., « Biological Standards and the Measurement of Therapeutic Activity », *British Medical Bulletin*, 7 (1951), n° 4 (numéro spécial : « Measurement in Medicine »), p. 283-291.

MILLER, Leslie A., « The Battle That Squanders Billions », *Saturday Evening Post*, 221, 14 mai 1949, p. 30-31.

MILLER, Peter – O'LEARY, Ted, « Accounting and the Construction of the Governable Person », *Accounting, Organizations, and Society*, 12 (1987), p. 235-265.

MILLER, Peter – ROSE, Nikolas, « Governing Economic Life », *Economy and Society*, 19 (1991), p. 1-31.

MINARD, Charles-Joseph, « Tableau comparatif de l'estimation et de la dépense de quelques canaux anglais », *Annales des Ponts et Chaussées*, 1832 (tiré à part).

—, *Second mémoire sur l'importance du parcours partiel sur les chemins de fer*, Paris, imprimerie de Fain et Thunot, 1843.

MIROWSKI, Philip, *More Heat than Light : Economics as Social Physics. Physics as Nature's Economics*, New York, Cambridge University Press, 1989 ; *Plus de chaleur que de lumière : l'économie comme physique sociale, la physique comme économie de la nature*, trad. par F. Briozzo et al., Paris, Économica, 2001.

—, « Looking for Those Natural Numbers : Dimensions Constants and the Idea of Natural Measurement », *Science in Context*, 5 (1992), p. 165-188.

MIROWSKI, Philip – SKLIVAS, Steven, « Why Econometricians Don't Replicate (Although They Do Reproduce) », *Review of Political Economy*, 3 (1991), p. 146-162.

MOORE, Jamie W. – MOORE, Dorothy P., *The Army Corps of Engineers and the Evolution of Federal Flood Plain Management Policy*, Boulder, Institute of Behavioral Science, University of Colorado, 1989.

MOYER, Albert E., *Simon Newcomb : A Scientist's Voice in American Culture*, Berkeley, University of California Press, 1992.

NATHAN, Richard P., *Social Science in Government : Uses and Misuses*, New York, Basic Books, 1988.

NAVIER, C.L.M.H., « De l'exécution des travaux publics, et particulièrement des concessions », *Annales des Ponts et Chaussées*, 3 (1832), p. 1-31.

PINCH, Trevor, *Confronting Nature : The Sociology of Solar-Neutrino Detection*, Dordrecht, D. Reidel, 1986.

PINGLE, Gautam, « The Early Development of Cost-Benefit Analysis », *Journal of Agricultural Economics*, 29 (1978), p. 63-71.

PINKNEY, David H., *Decisive Years in France, 1840-1848*, Princeton (N.J.), Princeton University Press, 1986.

POIRRIER, A., *Tarifs des chemins de fer : rapport [...] présenté à la chambre de commerce de Paris*, Le Havre, Imprimerie Brennier & Cie, 1882.

POLANYI, Michael, *Personal Knowledge : Towards a Post-Critical Philosophy*, Chicago, University of Chicago Press, 1958.

POPPER, Karl, *The Open Society and Its Enemies*, 2 vol., 4ᵉ éd., Londres, Routledge and Kegan Paul, 1962 ; *La Société ouverte et ses ennemis*, 2 vol., trad. (abrégée) par J. Bernard et Ph. Monod, Paris, Seuil, 1979.

PORTER, Henry W., « On Some Points Connected with the Education of an Actuary », *Assurance Magazine*, 4 (1853-1854), p. 108-118.

PORTER, Theodore M., « The Promotion of Mining and the Advancement of Science : The Chemical Revolution of Mineralogy », *Annals of Science*, 38 (1981), p. 543-570.

—, *The Rise of Statistical Thinking, 1820-1900*, Princeton (N.J.), Princeton University Press, 1986.

—, « Objectivity and Authority : How French Engineers Reduced Public Utility to Numbers », *Poetics Today*, 12 (1991), p. 245-265.

—, « Quantification and the Accounting Ideal in Science », *Social Studies of Science*, 22, (1992), p. 633-652.

—, « Objectivity as Standardization : The Rhetoric of Impersonality in Measurement, Statistics, and Cost-Benefit Analysis », dans MEGILL, *Rethinking Objectivity, Annals of Scholarship*, 9 (1992), p. 19-59.

—, « Statistics and the Politics of Objectivity », *Revue de Synthèse*, 114 (1993), p. 87-101.

—, « Information, Power, and the View from Nowhere », dans BUD-FRIERMAN, *Information Acumen*, p. 217-230.

—, « The Death of the Object : Fin-de-siècle Philosophy of Physics », dans Ross, *Modernist Impulses*, p. 128-151.

—, « Rigor and Practicality : Rival Ideals of Quantification in Nineteenth-Century Economics », dans Philip MIROWSKI [éd.], *Natural Images in Economic Thought : Markets Read in Tooth and Claw*, New York, Cambridge University Press, 1994, p. 128-170.

—, « Precision and Trust : Early Victorian Insurance and the Politics of Calculation », dans WISE, *Values of Precision*, p. 173-197.

—, « Information Cultures : A Review Essay », *Accounting, Organizations, and Society*, 20 (1995), p. 83-92.

Power, Michael, « After Calculation ? Reflections on *Critique of Economic Reason* by André Gorz », *Accounting, Organizations, and Society*, 17 (1992), p. 477-499.

Prest, A.R. – Turvey, R., « Cost-Benefit Analysis : A Survey », *Economic Journal*, 75 (1965), p. 683-735.

Price, Don K., *The Scientific Estate*, Cambridge (Mass.), Harvard University Press, 1965 ; *Science et Pouvoir*, trad. par F. Aubert, Paris, Fayard, 1972.

Proctor, Robert N., *Value-Free Science ? : Purity and Power in Modern Knowledge*, Cambridge (Mass.), Harvard University Press, 1991.

Quirk, Paul J., « Food and Drug Administration », dans James Q. Wilson [éd.], *The Politics of Regulation*, New York, Basic Books, 1980, p. 191-235.

Ratcliffe, Barrie M., « Bureaucracy and Early French Railroads : The Myth and the Reality », *Journal of European Economic History*, 18 (1989), p. 331-370.

Reader, William Joseph, *Professional Men : The Rise of the Professional Classes in Nineteenth-Century England*, Londres, Weidenfeld and Nicolson, 1966.

Regan, Mark M. – Greenshields, E.L., « Benefit-Cost Analysis of Resource Development Programs », *Journal of Farm Economics*, 33 (1951), p. 866-878.

Reisner, Marc, *Cadillac Desert : The American West and Its Disappearing Water*, New York, Viking Penguin, 1986.

Resnick, Daniel, « History of Educational Testing », dans Alexandra K. Wigdor – Wendell R. Garner [éd.], *Ability Testing : Uses, consequences, and Controversies*, 2 vol., Washington (D.C.), National Academy Press, 1982, vol. 2, p. 173-194.

Reuss, Martin, *Water Resources, People, and Issues : Interview with Arthur Maass*, Fort Belvoir (Virginie), Office of History, U.S. Army Corps of Engineers, 1989.

—, « Coping with Uncertainty : Social Scientists, Engineers, and Federal Water Resource Planning », *Natural Resources Journal*, 32 (1992), p. 101-135.

Reuss, Martin – Walker, Paul K., *Financing Water Resources Development : A Brief History*, Fort Belvoir (Virginie), Historical Division, Office of the Chief of Engineers, 1983.

Revel, Jacques, « Knowledge of the Territory », *Science in Context*, 4 (1991), p. 133-162.

Reynaud, « Tracé des routes et des chemins de fer », *Annales des Ponts et Chaussées* [2], 2 (1841), p. 76-113.

Ribeill, Georges, *La Révolution ferroviaire*, Paris, Belin, 1993.

Richards, Joan, *Mathematical Visions : The Pursuit of Geometry in Victorian England*, Boston, Academic Press, 1988.

—, « Rigor and Clarity : Foundations of Mathematics in France and England, 1800-1840 », *Science in Context*, 4 (1991), p. 297-319.

Ricour, Théophile, « Notice sur la répartition du trafic des chemins de fer français et sur le prix de revient des transports », *Annales des Ponts et Chaussées* [6], 13 (1887), p. 143-194.

—, « Le prix de revient sur les chemins de fer », *Annales des Ponts et Chaussées* [6], 15 (1888), p. 534-564.

Rider, Robin, « Measures of Ideas, Rule of Language : Mathematics and Language in the 18th Century », dans Frängsmyr *et al.*, *Quantifying Spirit*, p. 113-140.

Ringer, Fritz, *The Decline of the German Mandarins, 1890-1933*, Cambridge (Mass.), Harvard University Press, 1969.

Roberts, Lissa, « A Word and the World : The Significance of Naming the Calorimeter », *Isis*, 82 (1991), p. 198-222.

Rorty, Richard, *Objectivity, Relativism, and Truth*, Cambridge (Mass.), Cambridge University Press, 1991 ; *Objectivisme, relativisme et vérité*, trad. par J.-P. Cometti, Paris, Presses universitaires de France, 1994.

Rose, Nikolas, *Governing the Soul*, Londres, Routledge, 1990.

Ross, Dorothy, *The Origins of American Social Science*, Cambridge (G.B.), Cambridge University Press, 1991.

— [éd.], *Modernist Impulses in the Human Sciences*, Baltimore, Johns Hopkins University Press, 1994.

Rothermel, Holly, « Images of the Sun : Warren De la Rue, George Biddell Airy and Celestial Photography », *British Journal for the History of Science*, 26 (1993), p. 137-169.

Rudwick, Martin J.S., *The Great Devonian Controversy*, Chicago, University of Chicago Press, 1985.

S., M., « La mesure de l'utilité des chemins de fer », *Journal des économistes*, 7 (1879), p. 231-243.

Sagoff, Mark, *The Economy of the Earth : Philosophy, Law, and the Environment*, Cambridge (G.B.), Cambridge University Press, 1988.

Salomon-Bayet, Claire [éd.], *Pasteur et la révolution pastorienne*, Paris, Payot, 1986.

Samelson, Franz, « Was Mental Testing (a) Racist Inspired, (b) Objective Science, (c) a Technology for Democracy, (d) the Origin of Multiple-Choice Exams, (e) None of the Above ? (Mark the Right Answer) », dans Sokal, *Psychological Testing*, p. 113-127.

Schabas, Margaret, *A World Ruled by Number : William Stanley Jevons and the Rise of Mathematical Economics*, Princeton (N.J.), Princeton University Press, 1989.

SCHAFFER, Simon, « Glass Works : Newton's Prisms and the Uses of Experiment », dans GOODING et al., Uses of Experiment, p. 67-104.

—, « Astronomers Mark Time : Discipline and the Personal Equation », Science in Context, 2 (1988), p. 115-145.

—, « Late Victorian Metrology and Its Instrumentation : A Manufactory of Ohms », dans Robert BUD – Susan E. COZZENS [éd.], Invisible Connections : Instruments, Institutions, and Science, Bellingham (Wash.), SPIE Optical Engineering Press, 1992, p. 23-56.

SCHIESL, Martin J., The Politics of Efficiency : Municipal Administration and Reform in America, Berkeley, University of California Press, 1977.

SCHNEIDER, Ivo, « Forms of Professional Activity in Mathematics before the Nineteenth Century », dans Herbert MEHRTENS – H. Bos – I. SCHNEIDER [éd.], Social History of Nineteenth-Century Mathematics, Boston, Birkhäuser, 1981, p. 89-110.

—, « Maß und Messen bei den Praktikern der Mathematik vom 16. bis 19. Jahrhundert », dans Harald WITTHÖFT et al. [éd.], Die historische Metrologie in den Wissenschaften, Sankt Katharinen, Scripta Mercaturae Verlag, 1986.

SCHUSTER, John A. – YEO, Richard R. [éd.], The Politics and Rhetoric of Scientific Method, Dordrecht, Reidel, 1986.

SELECT COMMITTEE ON ASSURANCE ASSOCIATIONS (SCAA), Report, British Parliamentary Papers, 1853, vol. 21.

SELF, Peter, Econocrats and the Policy Process : The Politics and Philosophy of Cost-Benefit Analysis, Londres, Macmillan, 1975.

SELLERS, Christopher, « The Public Health Service's Office of Industrial Hygiene », Bulletin of the History of Medicine, 65 (1991), p. 42-73.

SERVOS, John, « Mathematics and the Physical Sciences in America », Isis, 77 (1986), p. 611-629.

SEWELL, William, Work and Revolution in France : The Language of Labor from the Old Regime to 1848, New York, Cambridge University Press, 1980 ; Gens de métier et révolutions : le langage du travail, de l'Ancien Régime à 1848, trad. par J.-M. Denis, Paris, Aubier-Montaigne, 1983.

SHABMAN, Leonard A., « Water Resources Management : Policy Economics for an Era of Transitions », Southern Journal of Agricultural Economics, juillet 1984, p. 53-65.

SHALLAT, Todd, « Engineering Policy : The U.S. Army Corps of Engineers and the Historical Foundation of Power », The Public Historian, 11 (1989), p. 7-27.

SHAPIN, Steven, A Social History of Truth : Gentility, Credibility, and Scientific Knowledge in Seventeenth-Century England, Chicago, University of Chicago Press, 1994 ; *Une histoire sociale de la vérité : science et mondanité dans l'Angleterre du xviie siècle*, trad. par S. Coavoux et A. Steiger, Paris, La Découverte, 2014.

SHAPIN, Steven – SCHAFFER, Simon, *Leviathan and the Air-Pump : Hobbes, Boyle, and the Experimental Life*, Princeton (N.J.), Princeton University Press, 1985 ; *Léviathan et la pompe à air : Hobbes et Boyle entre science et politique*, trad. par T. Piélat, Paris, La Découverte, 1993.

SHARP, Walter Rice, *The French Civil Service : Bureaucracy in Transition*, New York, Macmillan, 1931.

SHINN, Terry, *Savoir scientifique et pouvoir social : l'École polytechnique (1794-1914)*, Paris, Presses de la Fondation nationale des sciences politiques, 1980.

SIMON, Marion J., *The Panama Affair*, New York, Charles Scribner's Sons, 1971.

SKLAR, Kathryn Kish, « *Hull House Maps and Papers* : Social Science as Women's Work in the 1890s », dans BULMER *et al.*, *Social Survey*, p. 111-147.

SKOWRONEK, Stephen, *Building a New American State : The Expansion of National Administrative Capacities, 1877-1920*, Cambridge (G.B.), Cambridge University Press, 1982.

SLOAN, Alfred P., *My Years with General Motors*, Garden City (N.Y.), Doubleday, 1964 ; *Mes années à la General Motors*, trad. par M. Perineau, Paris, Éd. Hommes et techniques, 1967.

SMITH, Adam, *The Wealth of Nations*, 2 vol., 1776 ; *Enquête sur la nature et les causes de la richesse des nations*, 4 vol., trad. par P. Taieb, Paris, Presses universitaires de France, 1995.

SMITH, Cecil O., « The Longest Run : Public Engineers and Planning in France », *American Historical Review*, 95 (1990), p. 657-692.

SMITH, Crosbie – WISE, M. Norton, *Energy and Empire : A Biographical Study of Lord Kelvin*, Cambridge (G.B.), Cambridge University Press, 1989.

SMITH, Roger – WYNNE, Brian, « Introduction », dans SMITH – WYNNE, *Expert Evidence*, p. 1-22.

—, [éd], *Expert Evidence : Interpreting Science in the Law*, Londres, Routledge, 1989.

SMITH, V. Kerry, [éd.], *Environmental Policy under Reagan's Executive Order : The Role of Benefit-Cost Analysis*, Chapel Hill, University of North Carolina Press, 1984.

SOCIÉTÉ DE STATISTIQUE DE PARIS, [Extrait des statuts], *Journal de la Société de statistique de Paris*, 1 (1860), p. 7-9.

Sokal, Michael M., [éd.], *Psychological Testing and American Society, 1890-1930*, New Brunswick (N.J.), Rutgers University Press, 1987.

Starr, Paul, *The Social Transformation of American Medicine*, New York, Basic Books, 1982.

—, « The Sociology of Official Statistics », dans Alonso – Starr, *Politics of Numbers*, p. 7-57.

Stechl, Peter, *Biological Standardization of Drugs before 1928*, mémoire de Ph.D., University of Wisconsin, 1969.

Stigler, George, *Memoirs of an Unregulated Economist*, New York, Basic Books, 1988.

Stigler, Stephen M., *The History of Statistics : The Measurement of Uncertainty before 1900*, Cambridge (Mass.), Harvard University Press, 1986.

Stine, Jeffrey K., « Environmental Politics in the American South : The Fight over the Tennessee-Tombigbee Waterway », *Environmental History Review*, 15 (1991), p. 1-24.

Suleiman, Ezra N., *Politics, Power, and Bureaucracy in France : The Administrative Elite*, Princeton (N.J.), Princeton University Press, 1974, *Les Hauts Fonctionnaires et la Politique*, éd. abrégée, traduit par M. Meusy, Paris, Seuil, 1976.

—, *Elites in French Society : The Politics of Survival*, Princeton (N.J.), Princeton University Press, 1978 ; *Les Élites en France : grands corps et grandes écoles*, traduit par M. Meusy, Paris, Seuil, 1979.

—, « From Right to Left : Bureaucracy and Politics in France », dans Suleiman [éd.], *Bureaucrats and Policy Making : A Comparative Overview*, New York, Holmes and Meier, 1985, p. 107-135.

Supple, Barry, *Royal Exchange Assurance : A History of British Assurance : 1720-1970*, Cambridge (G.B.), Cambridge University Press, 1970.

Sutherland, Gillian, *Ability, Merit, and Measurement : Mental Testing and English Education, 1880-1940*, Oxford, Clarendon Press, 1984.

Sutherland, Ian, « The Statistical Requirements and Methods », dans Hill, *Controlled Clinical Trials*, p. 47-51.

Swift, Jonathan, *Œuvres*, trad. par É. Pons *et al.*, Paris, Gallimard, 1965.

Swijtink, Zeno, « The Objectification of Observation : Measurement and Statistical Methods in the Nineteenth Century », dans Krüger *et al.*, *Probabilistic Revolution*, vol. 1, p. 261-285.

Tarbé de Saint-Hardouin, *Quelques mots sur M. Dupuit*, Paris, Dunod, 1868.

Tarbé de Vauxclairs, Jean-Bernard, *Dictionnaire des travaux publics, civils, militaires et maritimes*, Paris, Carilian-Goeury, 1835.

TAVERNIER, René, « Note sur l'exploitation des grandes compagnies et la nécessité de réformes décentralisatrices », *Annales des Ponts et Chaussées* [6], 15 (1888), p. 637-683.

—, « Note sur les principes de tarification et d'exploitation du trafic voyageurs », *Annales des Ponts et Chaussées* [6], 18 (1889), p. 559-654.

TEISSERENC, Edmond, « Des principes généraux qui doivent présider au choix des tracés des chemins de fer : observations sur le rapport présenté par M. le comte Daru, au nom de la sous-commission supérieure d'enquête », *Revue indépendante*, 10 septembre 1843, p. 6-8.

TEMIN, Peter, *Taking Your Medicine : Drug Regulation in the United States*, Cambridge (Mass.), Harvard University Press, 1980.

—, [éd.], *Inside the Business Enterprise*, Chicago, University of Chicago Press, 1991.

TERRALL, Mary, *Maupertuis and Eighteenth-Century Scientific Culture*, mémoire de Ph.D., University of California, Los Angeles, 1987.

—, « Representing the Earth's Shape : The Polemics Surrounding Maupertuis's Expedition to Lapland », *Isis*, 83 (1992), p. 218-237.

TÉZENAS DU MONTCEL, A. – GÉRENTET, C., *Rapport de la commission des tarifs de chemins de fer*, Saint-Étienne, Imprimerie Théolier Frères, 1877.

THÉVENEZ, René, *Législation des chemins de fer et des tramways*, Paris, Dunod et Pinat, 1909.

THÉVENOT, Laurent, « La politique des statistiques : les origines des enquêtes de mobilité sociale », *Annales : Économies, sociétés, civilisations*, n° 6 (1990), p. 1275-1300.

THOENIG, Jean-Claude, *L'Ère des technocrates : le cas des Ponts et Chaussées*, Paris, Éditions d'Organisation, 1973.

THOMPSON, E.P., « Time, Work Discipline, and Industrial Capitalism », *Past and Present*, 38 (décembre 1967), p. 56-97.

THUILLIER, Guy, *Bureaucratie et bureaucrates en France au XIXe siècle*, Genève, Droz, 1980.

TODHUNTER, Isaac [éd.], *William Whewell, D.D., An Account of his Writings*, 2 vol., Londres, Macmillan, 1876.

TOMPKINS, H., « Remarks upon the Present State of Information Relating to the Laws of Sickness and Mortality », *Assurance Magazine*, 3 (1852-1853), p. 7-15 ; « Editorial Note », *ibid.*, p. 15-17.

TRAWEEK, Sharon, *Beamtimes and Lifetimes : The World of High Energy Physicists*, Cambridge (Mass.), Harvard University Press, 1988.

TREBILCOCK, Clive, *Phoenix Assurance and the Development of British Insurance*, vol. 1 : 1782-1870, Cambridge (G.B.), Cambridge University Press, 1985.

TREVAN, J.W., « The Error of Determination of Toxicity », *Proceedings of the Royal Society of London*, B, 101 (juillet 1927), p. 483-514.

TRIBE, Lawrence, « Trial by Mathematics : Precision and Ritual in the Legal Process », *Harvard Law Review*, 84 (1971), p. 1329-1393 et 1801-1820.

TUDESQ, André-Jean, *Les Grands Notables en France : (1840-1849), étude historique d'une psychologie sociale*, 2 vol., Paris, Presses universitaires de France, 1964.

TURHOLLOW, Anthony F., *A History of the Los Angeles District, U.S. Army Corps of Engineers*, Los Angeles, Los Angeles District, Corps of Engineers, 1975.

VOGEL, David, « The "New" Social Regulation in Historical and Comparative Perspective », dans McCRAW, *Regulation*, p. 155-185.

VON MAYRHAUSER, Richard T., « The Manager, the Medic, and the Mediator : The Clash of Professional Styles and the Wartime Origins of Group Mental Testing », dans SOKAL, *Psychological Testing*, p. 128-157.

WAGNER, John W., « Defining Objectivity in Accounting », *Accounting Review*, 40 (1965), p. 599-605.

WARD, Stephen H., « Treatise on the Medical Estimate of Life for Life Assurance », *Assurance Magazine*, 8 (1858-1860), p. 248-263 et 329-343.

WARNER, John Harley, *The Therapeutic Perspective : Medical Practice, Knowledge, and Identity in America, 1820-1885*, Cambridge (Mass.), Harvard University Press, 1986.

WEBER, Eugen, *Peasants into Frenchmen : The Modernization of Rural France, 1870-1914*, Stanford (Calif.), Stanford University Press, 1976 ; *La Fin des terroirs : la modernisation de la France rurale, 1870-1914*, trad. par A. Berman et B. Géniès, Paris, Fayard, 1983.

WEBER, Max, *La Domination*, trad. par I. Kalinowski, Paris, La Découverte, 2013.

—, *Wirtschaft und Gesellschaft*, Tübingen, Mohr, 1980 ; *Économie et Société*, trad. par J. Freund, P. Kamnitzer *et al.*, 2 vol., Paris, Pocket, 1995.

WEISBROD, Burton A., *Economics of Public Health : Measuring the Economic Impact of Diseases*, Philadelphia, University of Pennsylvania Press, 1961.

—, « Costs and Benefits of Medical Research : A Case Study of Poliomyelitis », dans *Benefit-Cost Analysis : An Aldine Annual, 1971*, Chicago, Aldine-Atherton, 1972, p. 142-160.

WEISS, John H., *The Making of Technological Man : The Social Origins of French Engineering Education*, Cambridge (Mass.), MIT Press, 1982.

—, « Bridges and Barriers : Narrowing Access and Changing Structure in the French Engineering Profession, 1800-1850 », dans GEISON, *Professions*, p. 15-65.

—, « Careers and Comrades », manuscrit non publié.

WEISZ, George, *The Emergence of Modern Universities in France, 1863-1914*, Princeton (N.J.), Princeton University Press, 1983.

—, « Academic Debate and Therapeutic Reasoning in Mid-19th Century France », dans Ilana Löwy *et al.* [éd.], *Medicine and Change : Historical and Sociological Studies of Medical Innovation*, Paris – Londres, John Libbey Eurotext, 1993.

WESTBROOK, Robert B., *John Dewey and American Democracy*, Ithaca (N.Y.), Cornell University Press, 1991.

WHEWELL, William, « Mathematical Exposition of Some of the Leading Doctrines in Mr. Ricardo's "Principles of Political Economy and Taxation" », réédité dans WHEWELL, *Mathematical Exposition of Some Doctrines of Political Economy*, 1831 ; New York, Augustus M. Kelley, 1971.

—, compte rendu de l'ouvrage de Richard Jones, *An Essay on the Distribution of Wealth and on the Sources of Taxation*, *The British Critic*, 10 (1831), p. 41-61.

WHITE, Gilbert F., « The Limit of Economic Justification for Flood Protection », *Journal of Land and Public Utility Economics*, 12 (1936), p. 133-148.

WHITE, James Boyd, « Rhetoric and Law : The Arts of Cultural and Communal Life », dans NELSON *et al.*, *Rhetoric*, p. 298-318.

WIEBE, Robert, *The Search for Order*, New York, Hill and Wang, 1967.

WIENER, Martin J., *Reconstructing the Criminal : Culture, Law, and Policy in England, 1830-1914*, Cambridge (G.B.), Cambridge University Press, 1990.

WILLIAMS, Alan, « Cost-Benefit Analysis : Bastard Science ? And/Or Insidious Poison in the Body Politick », *Journal of Public Economics*, 1 (1972), p. 199-225.

WILLIAMS, L. Pearce, « Science, Education, and Napoleon I », *Isis*, 47 (1956), p. 369-382.

WILSON, James Q., *Bureaucracy : What Government Agencies Do and Why They Do It*, New York, Basic Books, 1989.

WISE, M. Norton, « Work and Waste : Political Economy and Natural Philosophy in Nineteenth-Century Britain », *History of Science*, 27 (1989), p. 263-317 et 391-449 ; 28 (1990), p. 221-261.

—, « Exchange Value : Fleeming Jenkin Measures Energy and Utility », manuscrit non publié.

— [éd.], *The Values of Precision*, Princeton (N.J.), Princeton University Press, 1995.

WISE, M. Norton – SMITH, Crosbie, « The Practical Imperative : Kelvin Challenges the Maxwellians », dans Robert KARGON – Peter ACHINSTEIN [éd.], *Kelvin's Baltimore Lectures and Modern Theoretical Physics*, Cambridge (Mass.), MIT Press, 1987, p. 324-348.

WOJDAK, Joseph F., « Levels of Objectivity in the Accounting Process », *Accounting Review*, 45 (1970), p. 88-97.

WOLMAN, Abel – HOWSON, Louis R. – VEATCH, R.T., *Flood Protection in Kansas River Basin*, Kansas City, Kansas Board of Engineers, mai 1953.

WOOD, Gordon S., *The Radicalism of the American Revolution*, New York, Alfred A. Knopf, 1992.

WORSTER, Donald, *Nature's Economy*, Cambridge (Mass.), Cambridge University Press, 1985 ; *Les Pionniers de l'écologie : une histoire des idées écologiques*, trad. par J.-P. Denis, Paris, Éd. Sang de la terre, 1992.

—, *Rivers of Empire : Water, Aridity, and the Growth of the American West*, New York, Pantheon, 1985.

WYNNE, Brian, *Rationality and Ritual : The Windscale Inquiry and Nuclear Decisions in Britain*, Chalfont St. Giles (G.B.), British Society for the History of Science, 1982.

—, « Establishing the Rules of Laws : Constructing Expert Authority », dans SMITH – WYNNE, *Expert Evidence*, p. 23-55.

YEO, Richard, « Scientific Method and the Rhetoric of Science in Britain, 1830-1917 », dans SCHUSTER – YEO, *Politics and Rhetoric*, p. 259-297.

ZAHAR, Élie, « Einstein, Meyerson, and the Role of Mathematics in Physical Discovery », *British Journal for the Philosophy of Science*, 31 (1980), p. 1-43.

ZEFF, Stephen A., « Some Junctures in the Evolution of the Process of Establishing Accounting Principles in the USA : 1917-1972 », *Accounting Review*, 59 (1984), p. 447-468.

—, [éd.], *Accounting Principles through the Years : The Views of Professional and Academic Leaders, 1938-1954*, New York, Garland, 1982.

ZELDIN, Theodore, *France, 1848-1945*, vol. 1 : *Ambition, Love, and Politics*, Oxford, Clarendon Press, 1973 ; *Histoire des passions françaises : 1848-1945*, 2 vol., trad. par P. Bolo *et al.*, Paris, Payot, 1994.

—, *France, 1848-1945*, vol. 2 : *Intellect, Taste, and Anxiety*, Oxford, Clarendon Press, 1977 ; *Histoire des passions françaises : 1848-1945*, 2 vol., trad. par P. Bolo *et al.*, Paris, Payot, 1994.

ZENDERLAND, Leila, « The Debate over Diagnosis : Henry Goddard and the Medical Acceptance of Intelligence Testing », dans SOKAL, *Psychological Testing*, p. 46-74.

ZIMAN, John, *Reliable Knowledge : An Exploration of the Grounds for Belief in Science*, Cambridge (G.B.), Cambridge University Press, 1978.

ZINOVIEV, Alexandre, *Homo Sovieticus*, trad. par J. Michaut, Paris, Julliard, 1983.

ZWERLING, Craig, « The Emergence of the École normale supérieure as a Centre of Scientific Education in the Nineteenth Century », dans Fox – WEISZ, *Organization*.

ZYLBERBERG, André, *L'Économie mathématique en France, 1870-1914*, Paris, Économica, 1990.

Index

Table des matières

Première partie
Le pouvoir des chiffres

COLLECTION « L'ÂNE D'OR »

MIGUEL ÁNGEL GRANADA ET ÉDOUARD MEHL (éd.)
– Nouveau ciel. Nouvelle terre.
– Kepler. La physique céleste.

PIERRE HADOT
– Études de philosophie ancienne.
– Plotin, Porphyre. Études néoplatoniciennes.
– Études de patristique et d'histoire des concepts.

JEAN IRIGOIN
La Tradition des textes grecs.

PIERRE KERSZBERG
Kant et la nature.

ALEXANDRE KOYRÉ
La Révolution astronomique. Copernic - Kepler - Borelli.

ANNE KRAATZ
Mode et philosophie ou le néoplatonisme en silhouette 1470-1500.

THOMAS S. KUHN
La Révolution copernicienne.

CLAUDE LANGLOIS
Le Crime d'Onan.

MICHEL-PIERRE LERNER
Le Monde des sphères (2 vol.), 2ᵉ éd. corrigée et augmentée.

ELSA MARMURSZTEJN
Le Baptême forcé des enfants juifs.

ÉDOUARD MEHL ET NICOLAS ROUDET (éd.)
L'Astronomie et le décompte du temps de Pierre d'Ailly à Newton.

ANNE MERKER
– Une morale pour les mortels. L'éthique de Platon et d'Aristote.
– Le Principe de l'action humaine selon Démosthène et Aristote.

JEAN-MARC NARBONNE
Hénologie, ontologie et *Ereignis*.

NUCCIO ORDINE
– Le Mystère de l'âne.
– Le Seuil de l'ombre.

JACKIE PIGEAUD
– Poétiques du corps.
– Folies et cures de la folie chez les médecins de l'Antiquité gréco-romaine.

ÉDOUARD POMMIER
La Beauté et le paysage dans l'Italie de la Renaissance.

THEODORE M. PORTER
La Confiance dans les chiffres. La recherche de l'objectivité
dans la science et dans la vie publique.

FRANCISCO RICO
Le Rêve de l'Humanisme.

Cet ouvrage,
le soixante-troisième
de la collection « L'Âne d'or »
publié aux Éditions Les Belles Lettres
a été achevé d'imprimer
en mars 2017
sur les presses
de Présence Graphique
37260 Monts, France

N° d'éditeur : 8509
N° d'imprimeur : 031757283
Dépôt légal : avril 2017